日本とドイツの気候エネルギー政策転換

Climate and Energy Policy Changes in Japan and Germany

パラダイム転換のメカニズム

A path to paradigmatic policy change

渡邉理絵 著
WATANABE Rie

有信堂

日本とドイツの気候エネルギー政策転換―パラダイム転換のメカニズム／**目次**

第1章　はじめに ——————————————————— 3
- **1.1.** 研究上の問い：気候エネルギー政策転換と理念変化　3
- **1.2.** 理論上の基盤と分析枠組み：政策転換のタイプ、要因、メカニズム　8
- **1.3.** 日本とドイツの気候エネルギー政策転換：事例選択の根拠　29
- **1.4.** 日本とドイツの気候エネルギー政策を比較した先行研究　38
- **1.5.** 本書の仮説、方法論、構成　43

第2章　気候変動問題の歴史的背景 ———————————— 53
- **2.1.** 気候変動問題に関する科学的知見　54
- **2.2.** 国際気候政治の進展　60
- **2.3.** 世論　71
- **2.4.** 気候変動問題の重要性　76

第3章　日本における気候エネルギー政策転換 ——————— 79
- **3.1.** 第1期（1980年代後半～1996年）：地球環境政策システムの出現　80
  - 3.1.1. 地球環境政策システムの出現（80）　3.1.2. 国別排出抑制・削減数値目標：地球温暖化防止行動計画の策定（82）　3.1.3. 政策措置：炭素税導入に関する議論（83）　3.1.4. 第1期のまとめ：地球環境政策システムの出現と国別排出抑制・削減数値目標設定をめぐる対立（84）
- **3.2.** 第2期（1996年～1998年）：最初の政策の窓―京都会議の開催　85
  - 3.2.1. 地球温暖化問題に対処する国内手段に関する関連審議会合同会議：国別目標と部門別目標の設定（85）　3.2.2. 地球温暖化対策推進本部の設置（87）　3.2.3. 政策措置（90）　3.2.4. 第2期のまとめ：部門別温室効果ガス排出抑制・削減数値目標の設定と政策措置に関する対立（96）
- **3.3.** 第3期（1999年～2002年）：2度目の政策の窓―京都議定書の批准　97
  - 3.3.1. 京都議定書を批准するための国内法準備（97）　3.3.2. 政策措置（101）　3.3.3. エネルギー政策基本法制定とエネルギー基本計画策定（106）　3.3.4. 第3期のまとめ：部門別目標の採択と政策措置に関する対立（108）
- **3.4.** 第4期（2002年～2005年）：3度目の政策の窓―京都議定書発効　109
  - 3.4.1. 気候政策措置の第1回目評価・見直し：削減目標に関する対立（109）

3.4.2. 政策措置（111） 3.4.3. 京都議定書目標達成計画（116） 3.4.4. 2013年以降の国別排出抑制・削減目標（117） 3.4.5. 第4期のまとめ：部門別目標と京都目標達成のための政策手段導入、中長期目標に関する議論（119）

3.5. 第5期（2005年〜2009年）：中長期目標と気候政策措置の第2回評価・見直し　120

3.5.1. 中長期目標設定過程（120） 3.5.2. 気候政策の第2回目評価・見直し（2007年）と京都議定書目標達成計画改定（2008年）（129） 3.5.3. 第5期のまとめ：中期（2020年）目標設定と気候政策の第2回目評価・見直し（2007年）（136）

3.6. 第6期（2009年〜2012年）：政権交代と福島原発事故　137

3.6.1. 中期目標の見直し（137） 3.6.2. 国内政策措置（141） 3.6.3. エネルギー政策（145） 3.6.4. エネルギー政策の見直し：福島原子力発電所事故という危機の効果、エネルギー政策と気候政策の統合（147） 3.6.5. 第6期のまとめ：福島原子力発電所事故とエネルギー政策の見直し（154）

3.7. 日本における気候エネルギー政策転換　155

第4章　ドイツにおける気候エネルギー政策転換 ——— 165

4.1. 第1期（1980年代後半〜1990年）：気候政策サブシステムの出現　166

4.1.1. 国家目標設定（166） 4.1.2. 政策措置（168） 4.1.3. 第1期のまとめ：ドイツのCO_2削減数値目標設定（172）

4.2. 第2期（1990年〜1994年）：ドイツ再統一　174

4.2.1. 再統一（174） 4.2.2. CO_2削減数値目標（175） 4.2.3. 政策措置（176） 4.2.4. 第2期のまとめ：政策措置に関する対立の激化（180）

4.3. 第3期（1994年〜1998年）：産業エネルギー部門からの排出を抑制する主要手段としての自主的取組み　181

4.3.1. CO_2削減数値目標の強化（181） 4.3.2. 科学的知見による裏づけ（182） 4.3.3. 政策措置（183） 4.3.4. 第3期のまとめ：均衡状態の気候政策サブシステム（187）

4.4. 第4期（1998年〜2002年）：政権交代—気候エネルギー政策のブレークスルー？　188

4.4.1. 温室効果ガス削減数値目標の部門別目標への細分化：国家気候政策プログラム（省庁間作業部会中間および第5次CO_2削減報告書）の採択（188） 4.4.2. 政策措置（190） 4.4.3. 第4期のまとめ：赤緑政権の誕生とエコロジー税の導入（199）

4.5. 第 5 期（2002 年〜2005 年）：緑の党と EU の影響力の拡大と排出量取引制度導入　201

4.5.1. 政策措置（202）　4.5.2. 中期目標に関する議論（207）　4.5.3. 第 5 期のまとめ：排出量取引制度の導入—ドイツ気候政策における最大の政策転換（208）

4.6. 第 6 期（2005 年〜2009 年）：大連立政権—2020 年中期目標の採択　208

4.6.1. 中期目標（2020 年までに温室効果ガスを 40％削減する目標）の採択過程（209）　4.6.2. 政策措置（213）　4.6.3. 第 6 期のまとめ：2020 年中期目標の採択（217）

4.7. 第 7 期（2009 年〜2013 年）：保守連立政権の復帰—エネルギー転換（Energiwende）と福島原子力発電所事故　219

4.7.1. 長期目標（エネルギー転換〈Energiwende〉）：2050 年までに温室効果ガスを 80〜95％削減する目標の採択過程（219）　4.7.2. 福島原子力発電所事故と原子力発電所の段階的廃止の加速化（223）　4.7.3. 再生可能エネルギー法再改正（225）　4.7.4. 第 7 期のまとめ：2050 年長期目標の採択と福島原子力発電所事故の影響下での原子力発電所の段階的廃止の加速化（226）

4.8. ドイツにおける気候エネルギー政策転換　226

第 5 章　日本とドイツのアクターの理念　233

5.1. 規範的な政策核心理念　234

5.2. ドイツのアクターの経験則的な政策核心理念　247

5.2.1. 気候変動問題の深刻さ（248）　5.2.2. 気候緩和対策の影響（251）　5.2.3. 望ましい政策手段（256）

5.3. 日本のアクターの経験則的な政策核心理念　265

5.3.1. 気候変動問題の深刻さ（265）　5.3.2. 気候緩和対策の影響（268）　5.3.3. 望ましい政策措置（271）

5.4. 日独アクターの政策核心理念の比較　277

第 6 章　ドイツにおける排出量取引制度の導入事例　287

6.1. 排出量取引制度の導入経緯：アジェンダ設定—京都議定書における市場メカニズムの導入（1998 年〜2000 年）　288

6.2. 政策形成（2000 年〜2001 年）　292

6.2.1. 利害関係者のダイアログ：議論フォーラムの設置（292）　6.2.2. 公式提案の提出（295）

6.3. 政策決定（2001 年〜2003 年）：欧州議会と閣僚理事会での交渉　298

6.3.1. 欧州議会での議論（298） 6.3.2. 欧州閣僚理事会（環境閣僚理事会）での交渉（299）
　6.4. ドイツにおけるキャップアンドトレーディング制度導入を説明する決定的な要因　303

第7章　日本とドイツの気候エネルギー政策転換：パラダイム転換のメカニズム ─── 311
　7.1. 日本とドイツの気候エネルギー政策転換のタイプ（レベル）　311
　7.2. 日本とドイツの気候エネルギー政策転換の差を決定する要因　313
　7.3. 理論面での検討　322
　　7.3.1. 大規模政策転換を導く要因と条件（323）　7.3.2. 根本的なパラダイム転換のメカニズム（336）
　7.4. 将来の研究課題　340

参照文献　345
附則1　聞取り調査対象者　369
附則2　アクターの理念に関する質問票　373
謝辞　379
索引　383

日本とドイツの気候エネルギー政策転換

―パラダイム転換のメカニズム―

第1章 はじめに

1.1. 研究上の問い:気候エネルギー政策転換[1]と理念変化

気候変動問題は現代社会が直面している主要政治課題の1つである。地球温暖化に関する科学的知見の集約と評価のために1988年に設立された気候変動に関する政府間パネル(Intergovernmental Panel on Climate Change: IPCC)が2013年末から2014年にかけて公表した第5次評価報告書によれば、温暖化が起きていることは疑う余地がなく、また人為的に排出された温室効果ガスの影響が20世紀半ば以降に観測された温暖化の支配的な(dominant)要因だった可能性は極めて高い(extremely high: 95％以上)(IPCC 2013: 17)。またこのような気候系の変化が危険な水準に達することを回避するには、温度変化を産業革命以前の水準と比較して2℃以内に抑制する必要があり、このような気温上昇の抑制は、地球の温室効果ガス濃度を2100年までに450ppm(濃度はCO_2換算の体積百万分率、以下同)の水準以下に抑制すると実現される可能性が高い(IPCC 2014: 13)。そのためには、エネルギーシステムと、可能であれば土地利用の大規模な変化によって、今世紀半ばまでに人為的な温室効果ガスの排出量を地球全体で40～70％程度削減し、2100年にはほぼゼロかマイナスとすることを要する(同上)[2]。仮にこの水準で削減しなければ、人類が生息し、経済社会活動を営む

---

[1] 英語版ではpolicy changeという用語を用いている。本書では英語版で用いた"policy change"を政策転換と訳したが、日本でpolicy changeの定訳はまだないようである。例えば秋吉(2007)は政策変容という用語を、また城山・大串(2008)は政策革新という用語を使っている。

[2] 2007年に公表されたIPCC第4次評価報告書では、この目標を達成するには、温室効果ガス排出に歴史的責任があり、また排出による経済発展の恩恵にあずかってきた先進工業国は、仮に途上国が何も対策を施さない場合と比較してその温室効果ガス排出量を約15～30％削減したとしても、温室効果ガス排出量を現在の水準から80～95％削減しなければならないとの

場である地球の気候生態系は大きく変化し、最悪の場合には人類が生息することが困難になったり、そこまでには至らなくても変化に適応するのに大きな犠牲を払うことになる可能性がある（環境破壊について Catton 1980; O'Connor 1991; Schnaiberg and Gould 1994 参照）。

　他方で、世界中で再生可能エネルギーの普及が進んではいるものの、すべての国が、先進国が現在営んでいる水準で、経済社会活動を営むには依然として化石燃料が不可欠であり、再生可能エネルギーが化石燃料の役割を代替するにはいまだ至っていない。このような状況下で、気候系の危険な水準の変化を回避するために温室効果ガス、特に二酸化炭素（CO_2）の排出を抑制するには、産業革命以来人類が追求してきたものとサービスの生産と消費の継続的な拡大、物質的豊かさという伝統的な意味での経済的繁栄という基本的価値観を見直して、経済活動を抑制しながら、伝統的な方法とは異なる方法で豊かさを追求する、いわゆる社会を支えるパラダイムの転換を要する可能性が高い（例：Hall 1990: 59-60; Hall 1993: 291; Inglehart 1990: 3）。

　このようなパラダイム転換への第1歩として、1992年に気候変動枠組条約が、また1997年に京都議定書が採択された。気候変動枠組条約では、温室効果ガスの法的拘束力がある削減目標は設定されていないが、京都議定書では、産業革命以来排出された温室効果ガスの大部分に責任がある先進国について、2008年から2012年までの5年間の温室効果ガス排出抑制・削減数値目標が定められた。京都議定書の目標は、先進工業国全体の温室効果ガス排出量を、2008年から2012年の5年間で、1990年水準と比較して、約5％削減することであり、科学者が気候系への危険な人為的干渉を回避するために必要であるとしている排出削減水準からすると野心的とは言い難い目標だった。このように削減量が限られていたにもかかわらず、先進工業各国は異なる反応を示した。例えば米国は世界最大の温室効果ガス排出国だったにもかかわらず（2000年の温室効果ガスで約20％、CO_2 で24％）（WRI 2010）、2001年3月に京都議定書を離脱すると宣言し、京都議定書上何ら削減義務を負わなかった。その他の先進工

見解を示していた。第5次評価報告書では、目標差異化に関する既存研究を整理し、能力、公平、責任・能力・必要性、1人当たり排出量均等化、段階的方法などの指標を用いて各地域ごとに許容排出量を示している。

業国を見ても、ドイツ、英国など温室効果ガス排出量を大幅に削減した国がある一方で、実質的な排出削減対策を導入、実施しないまま、京都議定書の第1約束期間を終えた国も多い。

　気候変動問題が人類共通の課題であるにもかかわらず、なぜ各国で対策の進展に差が見られるのだろうか。過去25年間の各国の気候エネルギー政策転換の差はどのような要因から説明されるのだろうか。気候系の危険な水準の変化を回避する上で、十分な責任を果たしていると評価できる程度の政策転換、いわゆるパラダイム転換をすでに経験した国はあるのだろうか。そもそもどのようなメカニズムによって、パラダイム転換は起こるのだろうか。

　気候系の危険な変化を回避するには、理念およびパラダイムの転換を要する可能性が高いことを踏まえると、各国の対策の進展の差は、各国の気候エネルギー政策形成に関与しているアクター、特に経済を担う産業界のアクターと産業育成を重視する政治家、官僚など、伝統的に先進工業国でより大きな権力を持ち、またその意向が政策に反映されやすいアクターが、ものとサービスの生産と消費の継続的な拡大という意味での経済的繁栄を追求するには限界があり、伝統的な方法とは異なる方法で豊かさを追求する必要があるという新たな理念を受け入れているかどうか、すなわちアクターの理念の差から説明できるかもしれない。

　実際、欧米各国で特に福祉政策、経済財政政策転換の必要性が認識されるようになった1970年代以降、比較政治学分野で、複数国が同じ問題に対して異なる対応をする、すなわちある国が別の国よりも大きな政策転換を経験したことを説明する要因として、理念あるいはアイデアが注目されるようになった。過去100年間の英国とスウェーデンの福祉政策の発展過程を比較し、両国における福祉政策の差を説明する要因として利害だけではなく社会思想、理念、アイデアという要素に着目したヘクロ（Heclo 1974）の研究、そしてケインズ主義という理念が、ある国では比較的早い時期に、他の国では比較的遅い時期に採用され、また他の国では採用されなかったのはなぜか、ある国ではケインズ主義は持続したが、他の国ではマネタリズムに移行したのはなぜかという問いに答えるために、各国の経済財政政策を比較したホールの編著書（Hall 1989）は、理念やアイデアという要素に着目した代表的な研究である。環境政策、気

候政策に関する比較政治・政策研究でも、近年、ハリソンとサンドストローム (Harrison and Sundstrom 2010) やシュタインベルグとヴァンデーヴァー (Steinberg and Van Deveer 2012) が制度や利害と並んで理念に着目して、各国の環境政策、気候政策の相違を説明している。

さらに国際関係論や政治学全般に目を向けると、政治学分野では米国ですでに1950年代に、アクターの利害とその利害を実現するための権力に着目する伝統的な分析の視点の限界が認識されるようになり（秋吉 2007: 7）、このような限界を克服するための1つのアプローチとして、1980年代以降、特定の理念の説得力とその理念の推進者に注目する理念の政治の概念が生まれた（同上: 40）。また国際関係論分野でも、それまで主流だったネオリアリズムが冷戦終結を予測できなかったことを1つの契機として、1980年代後半から、利益やパワーを重視していたネオリアリズムが捨象していた規範、理念、信条、認識などの概念的要素がアクターの行為を拘束すると主張するコンストラクティビズム（構成主義）が脚光を浴びるようになった（大矢根 2005: 125-6[3]；大矢根 2013: 5）。これら分野では、理念やアイデアを非漸進的な政策転換あるいはそれまで

---

3) 大矢根（2005）は、コンストラクティビズムは、概念的要素に着目しただけではなく、この概念的要素を介してアクターと国際構造は相互作用することを指摘している。すなわち「アクターAの行為がアクターBへのシグナルとなり、Bはそれを解釈してAに反応し（たとえば敵対的行為だと解釈し、敵対的な方法で反応）、Aの行為に一定の意味づけ（敵対的行為）をする。この過程が反復し、広範なアクターに伝播して、アクター間の共通知識に発展すれば、それが国際構造（敵対的な国際関係）になる。この時、共通知識は客観的な存在でも個々のアクターの主観でもなく、間主観的意味をなしている。こうして国際構造が成立すると、今度はこれがアクターに作用し、アクターは構造化した概念的要素を受け入れ、社会化する。その結果、アクターは国際構造に即して自分のアイデンティティを形成し、それに基づく利益を自覚するのである。」（大矢根 2005: 126-7）。こうしてアクターの行為は、国際構造に即した「適切性の論理」に基づくものとなるが、危機や新たな課題を通じて、従来の共通知識が広く疑われ、新たな知識が供給されれば、アクターはいわば適切性を欠く行為をとるようになり、国際関係は変化するとして、国際構造の動態性にも注目しており、アクターの理念の変化と政策転換の関係、さらに非漸進的政策転換とアクターの理念の変化とパラダイム転換の関係性を明らかにしようと試みる筆者の問題意識が、国際関係論の分野ではアクターの認識と国際構造という形で成り立っていたことを示している。また山本（2008）は、コンストラクティビズムをネオリアリスト統合に対する対抗仮説として位置づけ、ウォルト（Walt 1998）を引用して、リアリズムとリベラリズムに対する第3の極とされるようになると述べているが（山本 2008: 21-2）、大矢根（2005）は、コンストラクティビズムがネオリアリズム批判を出発点とし、特にネオリアリズムのものの見方を問題視したとしながらも、コンストラクティビズムはネオリアリズムをはじめとする、従来の理論のオルタナティブとは言い難いとしている（大矢根 2005: 128-9）。

予想できなかったような政策転換を説明する一要因としてとらえている。

　他方、1980年代後半から政策転換が起こる過程を説明する一般モデルあるいは理論を構築する試みを続けてきた政策過程論では、危機、ショック、フォーカシングイベント、外部要因の変動（perturbation）など、用語の違いこそあれ、非漸進的政策転換が起こるには、外部要因の変化を要するという考え方が一般的である。例えば、政策転換を説明する主要理論モデルの1つで、特に理念に焦点をあてた唱道連携モデル（Advocacy Coalition Framework）は、政策転換の要因を外部要因（危機、社会経済状況の変化、政権交替、他政策の影響、資源の分配の変更、社会の価値観の変化、憲法など基本制度の変更など）と利害関係者の理念変化をもたらす政策志向学習（policy-oriented learning）に分けた上で、大規模政策転換（major policy change）が起こるには外部要因の変化が必要だという仮説を提示している（Sabatier and Jenkins-Smith 1993, 1999; Sabatier and Weible 2007）。他方で唱道連携モデルは、アクターの理念は通常、既存の制度、規則、政治・経済・宗教・教育システムによって補強されるため、その表層部分が変化することはあっても、深層部分が変化することは稀であり、よって政策志向学習（policy-oriented learning）は理念の表層部分を変化させることによって小規模（漸進的）政策転換を引き起こす要因となることはあっても、大規模（非漸進的）政策転換を引き起こすことは稀であるという仮説も提示している（同上）。このような仮説は、理念を大規模政策転換を説明する要因としてとらえている比較政治学・政策学の考え方と矛盾するようにも見える。理念は、政策転換、特に長期的なパラダイム転換が起こる過程でどのような役割を果たすのだろうか。

　本書の目的は、なぜ各国が気候変動問題という共通の問題に直面して異なる政策の進展を示しているのかという実証研究上の問い、そして理念は各国の政策転換の差を説明する要因として機能するのかという理論研究上の問いに答えることにある。本書では実証研究上の問いに答えるために、日本とドイツ2カ国を取り上げ、その1980年代後半から2012年の25年に及ぶ気候エネルギー政策転換を、政策過程論の既存の理論研究の到達点を踏まえて、アクターの理念の差を含む、気候エネルギー問題に関係が深い四つの要因に焦点をあて、比較分析を実施する。4つの要因とは1) 政策決定に深く関与しているアクターの

理念、2) 異なるレベルでの政策決定による影響（重層的ガバナンス）、3) 政権交代の頻度、4) 政策転換を画策するリーダー（政策起業家）の存在と行動である。事例研究部分では、他の 3 つの要因と比較することで、政策転換の差を説明する要因としての理念の役割を浮き彫りにすることを試みる。さらにこの事例研究に基づいて既存の政策過程論の理論の有効性を検証した上で、理念が政策転換、特に長期的なパラダイム転換が起こる過程でどのような役割を果たすのかという理論研究上の問いについて考察する。

1.2. 理論上の基盤と分析枠組み：政策転換のタイプ、要因、メカニズム

　この節では、日本とドイツの気候エネルギー政策の進展を比較するための分析枠組みを、主に米国で発展してきた政策過程論で用いられている概念やモデルに基づいて構築する。なお米国を中心として発展してきた理論を、米国とは異なる政体の日本に適用できるのか、「ケースと依拠するアプローチの選択の齟齬」（木寺 2012: 44-5）という問題を指摘する学者もいる。例えば木寺元はジョン・キャンベル（Campbell 2002）の枠組みを踏まえた徳久の研究（2008）について、「米国は単純な政体に近く、そもそも複雑な政体である日本政治の分析には適さない」と批判する[4]（木寺 2012: 44-5）。木寺のように米国の政体を分析するために開発されたモデルや枠組みを日本へ適用することを批判する見解がある一方で、日本における新しい分析視覚の提示の立ち遅れ[5]を指摘し、1980 年

---

4) 木寺は、米国が大統領制であるのに対し、日本は英国などと同様に議院内閣制に分類され、しかも「選挙によって勝利し、政権を担当する政府は、選挙による公約実現のために、行政組織を使って新規立法を準備し、それを成立させたり、あるいは日常行政業務の変更・改善を企てたりするという議院内閣制の理念型」（飯尾 2004）とは異質な慣行が目につくことを指摘し、日本の政策過程は意思決定手続きが極めて水平的で、その拘束性が堅固な定着を遂げた「複雑な政体」（金井 2007: 27; 牧原 2009）であると述べている（木寺 2012）。

5) 秋吉（2007: 12）は、1980 年以前の日本の研究者による政策過程分析を、「評論的、印象主義的な分析にとどまり、日本の政策過程を理解するためには外国人による日本政治研究を参照するという奇妙な状況にあり、また政策過程理論の研究においても同様の状況であり、米国政治学の輸入紹介にとどまっていた」と批判している。さらに秋吉（2007）は、「このような状況は、1980 年前後の大嶽秀夫、猪口孝、村松岐夫らレヴァイアサングループの登場により、仮説─検証型研究をベースに、現代日本政治に関する本格的な実証研究がおこなわれるようになり、大きく変化したものの、レヴァイアサングループの功績は、彼らが欧米で既に有効性が疑問視されていた多元主義を分析枠組として採用したこともあり、戦後政治学でサボタージュされてきた日本政治の実証分析を行ったにとどまり、理論面での欧米からの立ち遅れを取り戻

代に米国で主流となった新制度論、アイデア、政策学習といった概念をむしろ積極的に日本の政治や政策形成過程に適用し、分析しようとする試みもある[6] (例えば唱道連携モデルについては、秋吉 2000, 2007; 手塚 2002 など)。ただし後者の研究も、米国の学者が 1980 年代に開発した初期のモデルの日本の事例への適用可能性を探ることに主眼を置いており、これらモデルに基づいて実施した自らの事例研究を通じて、モデルの各要素の有効性を検証したり、政策転換過程を説明する理論をさらに発展させる提言をすることを目的としてはいない。

　本研究は、上記のような政策転換に関する先行研究が日本でも蓄積されていることを認識しつつ、先行研究とは異なり、本書の第3章から第6章で実施する事例研究に基づいて、第7章で政策転換を説明するモデルの各要素の有効性を検証し、また政策転換過程、特にパラダイム転換のメカニズムを説明する理論を発展させるための提言を行うことを試みる[7]。

　　　すものではなかった」と述べ、その理由として、すでに 1980 年代後半から欧米ではそれまでの多元主義的なアプローチから再び国家の自律的な役割を見直す傾向が生まれ、新制度論やアイデア、政策学習といった研究が主流になっていたにもかかわらず、日本では逆に多元主義に基づく利益と権力構造での説明に終始した点をあげている。秋吉は、レヴァイアサングループの科学性の追求という姿勢は高く評価し、また真渕勝、加藤淳子らの高度な実証研究を生み出したとしている。また「近年では、欧米での社会科学方法論の真渕らによる紹介や合理的選択制度論に基づいた実証分析の進展といったように、わが国の政策過程研究はようやく欧米での政策過程研究に比肩してきたように思われる」が、わが国の政策過程研究においては、「政策変容に代表される政策過程の動態を分析するための認識的要因という視点の欠如が指摘されている」と述べている。
6) 米国で開発されたモデルに基づいて日本の政治や政策形成過程を分析する試みは 2000 年代に入って見られるようになったが、これらモデルはすでに 1990 年代から多くの日本人学者によって紹介されてきた。その先駆けは、政策科学の主要モデルの概要を日本に紹介した宮川 (1990, 1999) であろう。大嶽 (1990) もキングダンの「政策の窓モデル」や、冒頭に述べたホールのアプローチを詳述しているし、真渕もまた、ホール (真渕 1991) やスコッチポールの国家論アプローチ (真渕 1987, 1991)、さらにはカッツエンシュタイン、ザイスマンらの「政策回路アプローチ (policy network approach)」(真渕 1987)、マーチ・オルセンのゴミ箱モデル (真渕 1991) を詳しく紹介している。さらに利益や制度と並んでアイデア (イデオロギー) が政治的結果の新たな説明要因となるかどうかという米国における議論を紹介し、1970 年代米国エネルギー政策を分析した秋月 (1992) の業績もある。これらの業績は、1980 年代後半から 1990 年代前半の米国の政治学そして政策科学の新たな研究を日本に紹介し、日本の政治学のアプローチが抱えていた問題点を浮き彫りにした。
7) このような試みにより、政策転換を説明するモデル自体の発展にも貢献することができれば幸いである。例えば本書が分析枠組み構築にあたり、その要素の多くについて中核として参照している唱道連携モデル (Sabatier and Jenkins-Smith 1993, 1999; Sabatier and Weible 2007) は、穏健な妥協規範と開かれた決定システムを有する米国の多元主義的な連合機会構造に基づいて構築された理論が、強い合意と妥協の規範や比較的限定された参加規範を有するコーポラ

「連合」と政策形成

政策転換は、ある政策分野（政策サブシステム）におけるアクターの相互作用を通じて起こると考えられている（例：Sabatier and Jenkins-Smith 1993, 1999; Baumgartner and Jones 1993; Birkland 2006）。かつて国家主義（ステイティズム）が主流だった時代には、「アクター」という用語は、政策領域における法律、規則の策定に常時関わる、自立した集団あるいは個人を意味するものとして使われていた。米国を例にとれば、「鉄の三角形」（例：Cater 1964）、「サブガバメント」（例：deHaven-Smith and Van Horn 1984）、「政策コミュニティ」（例：Richardson and Jordan 1979）などの概念の下、利害集団、議会の委員会のメンバー、そして政府のエージェントなどがアクターに含まれていた（Howlett and Ramesh 2003: 144-59 参照）。しかし多元主義（プルラリズム）、協調主義（コーポラティズム）の隆盛とともに、アクターという用語の意味が拡大し、行政機関や議会の立法委員会など、1つのレベルの特定分野の政策形成に関わる自立した個人あるいは集団だけではなく、科学者、ジャーナリスト、シンクタンクの研究者、そして上位あるいは下位レベルの政策形成に関わることで、対象となっている政策レベルの政策形成に間接的に影響を及ぼす者もアクターに含まれるようになった（例：イシューネットワーク：Heclo 1978、政策〈エリート〉ネットワーク：Rhodes 1984; Heintz et al. 1990 など、政策サブシステム：Sabatier and Jenkins-Smith 1993; Baumgartner and Jones 1993 など）。

サバティエ（Sabatier）らによれば、新しい問題が政治課題として認識されるようになると、当初はその政策領域のサブシステムは存在しないが、次第にその政策に関する専門的な知識を共有する自律的な集団が形成され、その集団が一定期間当該政策形成に影響を及ぼそうとすること、そして政府機関、利益集

ティストあるいは弱い妥協の規範と比較的制限された参加の規範を有するウェストミンスターシステムに適用できるのかというモデルの側からの問いかけを行っている。こうした問いかけに答えるために、同モデルに基づいて 80 以上の事例研究が実施されている。日本への適用事例は 1 件（Sato 1999）しか存在しないものの、台湾、韓国など他のアジア地域そして欧州諸国への適用事例は増え続けており、モデル自体が米国以外の政体の事例研究結果を踏まえて射程を拡大するために、修正されてきたという経緯がある。本書の理論的関心は、唱道連携モデル自体の改良ではなく、政策転換における理念の役割を明らかにし、またパラダイム転換のメカニズムについて考察することにあるが、その前提として、政策転換を説明するモデルの各要素の有効性や限界を論じるため、各モデルの発展に少しでも貢献できれば幸甚である。

団、研究所などがその政策分野に特化した部門を設置し、一定期間以上にわたり、その部門を維持することで、サブシステムが初期段階から成熟段階へと発展する（Sabatier and Weible 2007: 192）。

サバティエとジェンキンス・スミス（Jenkins-Smith）は、政策形成におけるアクター間の相互作用という機能を明らかにするために、「唱道連合」（advocacy coalition）という概念を提唱し、規範的あるいは因果的な理念を共有するアクターは、その理念を政策に反映させようとして「連合」を形成すると主張した（Sabatier and Jenkins-Smith 1993, 1999）。多くの政治学者は、サバティエとジェンキンス・スミスほど明示的ではないにせよ、政策形成における連合やグループの存在を前提として、政策形成を説明するモデルを構築している。ただし多元主義の下では、連合を結び付ける中心的な要素として、理念ではなく利害をあげる学者が多かった（例：Baumgartner and Jones 1993: 6-9, 19; Hall 1993: 61）。どの政策分野（政策サブシステム）でも、2から5つの連合、すなわち政策サブシステムの中で有利な立場にあり、現状を維持しようとする支配連合と、現状では不利な立場に置かれ、変化を実現しようとする少数連合が存在する（Sabatier and Weible 2007: 196）。いずれの連合も、社会、法律、制度、資源などの要因の制約を受けながら、自身の理念を公共政策に反映させ、また公共政策を通じて利害を実現しようと試みる（例：Sabatier and Jenkins-Smith 1993, 1999; Baumgartner and Jones 1993; Baumgartner and Leech 1998）。ただし「連合」がどの程度強く政策形成に影響を及ぼすために協働するのかは、国や地域により異なり、同じ理念あるいは利害を共有する、緩い集まり（グループ）に過ぎない場合もある。

政策転換のタイプ（レベル）

冒頭に述べたように、気候政策分野で気候系の危険な水準の変化を回避するには、政策形成に関与するアクターがパラダイムを転換しなければならない可能性が高い。そもそもパラダイム転換とは何を意味するのだろうか。それは通常の政策転換とは異なるのだろうか。異なるとしたらどのように異なるのだろうか。ここでは政策転換のタイプ（レベル）を整理する。

政治学者は、政策転換を2つの異なるタイプ（レベル）、すなわち漸進的政策転換（小規模政策転換）と非漸進的政策転換（大規模政策転換）に分けて説明して

きた。しかしこのような伝統的な分類は解釈の余地を残しており、同じ用語が学者によって異なる意味に用いられている。例えば政策転換のスピードと持続性について、非漸進的政策転換は突然起こり、漸進的政策転換は徐々に起こると考える学者が多い（例：Kingdon 1995; Sabatier and Jenkins-Smith 1993）が、ヒューレット（Howlett）とラメシュ（Ramesh）はこの一般的な考え方を踏まえつつも、非漸進的政策転換には急進的なものと漸進的なものがあると主張する（Howlett and Ramesh 2003）。類似の観点から、ボームガルトナー（F. R. Baumgartner）とジョーンズ（B. D. Jones）は、政策や制度の大規模な転換は突然の外的ショックの下で起こる場合もあるが、社会における問題のイメージを徐々に変える漸進的あるいは非漸進的転換の集積から生じる場合もあると指摘する（同上）。

さらに伝統的な分類では、漸進的政策転換と非漸進的政策転換の境界が明らかではない。10年から30年程度に及ぶ大規模な政策転換を大規模あるいは非漸進的政策転換とする学者（例：Sabatier and Jenkins-Smith 1993, 1999）もいれば、同じ用語をより大規模で、50年あるいは1世紀以上に及んで起こる長期的な政策転換を示す用語として使用する学者もいる（例：Baumgartner and Jones 1993）。また漸進的政策転換と革命的なパラダイム転換の間に位置する、より大きな政策転換をすべて漸進的政策転換に分類する学者もいる（例：Mintrom and Vergari 1996; Hall 1993; Streeck and Thelen 2005）。このような2分類とは異なり、ホール（Hall 1993）は、政策転換を第1、第2、第3層の変化という3つに分類することを提唱した。ホールの分類では、第1層の変化は政策目標とそれを達成するための手段は変えないまま、手段の設定を変える漸進的で日常的な政策決定である。第2層は、手段の設定と同様に手段そのものを変える決定、すなわち新たな政策措置の導入である。第2層は、中間的なタイプあるいはレベルの変化であり、政策を決定する上位の目標の優先順位に影響を及ぼすわけではない。そして第3層は政策目標を達成するための手段だけではなく、政策目標の優先順位あるいは目標自体を変更する決定で、科学分野でいえばトーマス・クーン（Thomas Kuhn）のパラダイム転換（Kuhn 1962）に当たる、根底にある考え方や世界観の転換を意味する。ホールは、政策転換を2つではなく3つに分類し、それらを政府のプログラムの変化との関連で定義づけすること

で、異なるタイプ（レベル）の政策転換の間に明確な線引きをしており、漸進的政策転換、非漸進的政策転換という用語の定義の不統一という、伝統的な政策転換の2分類が、抱える問題に対処する方法を考える上で参考となる。

　3分類することのメリットを、気候エネルギー政策、特に産業エネルギー部門からの温室効果ガスの排出削減対策を例に具体的に考えてみよう。日本とドイツはともに1990年代半ばから、産業エネルギー部門のCO_2排出抑制手段として、産業エネルギー部門自らが個別企業ごとではなく業種ごとに排出削減目標を定める自主的取組み（具体的には、ドイツの場合には1995年にドイツ産業連盟が発表した自主宣言、日本の場合には1997年に経済団体連合が発表した自主行動計画）を用いてきた。後述するように自主的取組みの下では産業エネルギー部門は、自主的取組みに参加する企業全体からのCO_2排出量を抑制する権限を自らの手中に収めていた。他方、排出量取引制度の下では、個別企業ひいては産業エネルギー部門全体の排出量に上限を設定する権限が政府に与えられる。温室効果ガス、中でも経済活動に不可欠な化石燃料の燃焼に伴って排出されるCO_2の排出量に上限を設定することは、とりもなおさず生産活動、ひいては経済成長の制限につながると、産業エネルギー部門のアクターは見てきたことから、排出量取引制度の導入は、これらメンバーに基本的な価値観の見直しを迫ることになり、非漸進的政策転換を構成する。ドイツは2005年に欧州排出量取引制度の国内実施という形で、個別企業から排出されるCO_2排出量に上限を設定する権限を政府に与える排出量取引制度を導入し、非漸進的政策転換を経験した。しかしそれだけでは、気候変動に関する政府間パネル（IPCC）が、気候系の危険な水準の変化を回避するために必要だとしている、地球全体の温室効果ガスを2050年までに40〜70%削減するために、先進各国がより大きな排出削減を達成する低炭素社会の実現には遠い。したがって非漸進的政策転換（伝統的な価値観の見直しを迫る政策手段の導入）と、その結果としての経済的繁栄の伝統的な追求方法とは異なる方法で繁栄を追求する、あるいはそもそも伝統的な経済的繁栄とは異なる繁栄を追求する低炭素社会の創出、すなわちパラダイム転換を明確に区別して考える必要がある。このような考えに基づき、本書では政策転換の過程を正確に分析するために、政策転換を2分するのではなく、ホールのように3分類する（表1-1）。

表1-1：政策転換のタイプ（レベル）の分類

伝統的な分類方法	本書における政策変化の分類名 （内はホールの分類名）	定義
漸進的（小規模）政策転換	漸進的政策転換（第1層の変化）	既存のプログラムや措置の、連続的で、小規模あるいは重要ではない調整 例：マクロ経済政策において、年度ごとの予算編成における修正を行う。
非漸進的（大規模）政策転換	大規模政策転換（第2層の変化）	政策プログラムと措置の実質的な変化 例：1971年の新貨幣システムの導入、1976年のキャッシュ・リミットによる公共支出統制等
	パラダイム転換（第3層の変化）	社会を価値の根本的な転換により起こる政策の劇的変化 例：ケインズ主義的財政政策がインフレと景気後退の同時進行により行き詰まった際に、金融主義的な財政政策へ転換。

出典：Watanabe（2011）、Hall（1993）[8]に基づいて作成。分類名を変更。

　ただしホールは、第1層だけではなく第2層の変化も、官僚制が中心的な役割を果たす、技術的で閉鎖的なプロセスによって導かれる漸進的な変化であり、他方、第3層の変化は、多層なアクターを巻き込んで起きる社会的・政治的変化であるとしており、第3層以外はすべて漸進的であると考えていると解釈できる。一方、サバティエとジェンキンス・スミスはホールの分類でいうところの第2層の変化を大規模政策転換としており、第3層の変化を想定していないように読める。本書では、上述の気候エネルギー政策の事例を踏まえて、ホールとサバティエ双方の考えを取り入れて、ホールの第2層と第3層の変化を非漸進的政策転換に分類することとした。

---

[8] ホールのアプローチについては、真渕が、「多数の変数を掲げ、対象（国、政策領域）ごとにその中から妥当しそうな変数を取り出すという特徴があり、その結果アドホックな説明に流れてしまう」と批判している（真渕1991）。河野は具体例として、西ドイツ、イタリアと並んで日本でケインズ主義の受容が遅れた要因を説明しようとすると、「若干の例外を除いて保守政党がずっと政権についていたこと、官僚制度（国家）の社会への開放度が低いことなど、ホールの説明を支持する要因もある一方で、政府の役割に関する国民の期待が高かった」など、ホールが掲げている要因の中に、日本においてケインズ主義の早期の採用を予想させるものがあることをあげ、「歴史的経緯に正確であろうとするあまり、考えられるすべての要因を最初に大風呂敷に広げておいて、その中から都合のいいものを事後的に選択するのであれば、その説明の仕方は恣意的だというほかはない」と批判している（河野 2002: 120）。

政策転換の要因と条件

政策転換の定義が明らかになったので、次にどのような要因が漸進的政策転換、非漸進的政策転換、あるいはパラダイム転換をもたらすのか検討する。初期の比較政治・政策研究は、経済発展と工業化によって社会問題、環境問題が発生したため、同じような経済水準に到達した国々は、経済発展に起因して発生する同様の問題に対し、同様の政策の組合せで対処すると主張し、社会経済的要因を強調していた（Wilensky 1975: 47; Wilensky et al. 1985: 10）。しかし現実の政治では同程度の経済水準にある国々が同様の問題に同じような対応をするとは限らないことは、気候エネルギー政策の事例からも明らかである。このように現実の政治状況を踏まえて、1980年代以降、政策の結果も政策形成過程も単一の要因ではなく[9]、社会経済、文化、政治階級、利害集団、そしてアイデアや理念といった複数の要因の組合せにより説明されるという考え方が主流となった（例：Deutsch 1987; Vogel 1987; Knöpfel et al. 1987; Richardson, Gustafsson and Jordan 1982; Heidenheimer, Heclo and Adam 1990; Heclo 1994; Hall 1997; Castles 1998）。こうした理解は、ハロルド・ラスウェル（Harold Lasswell）以来、50余年にもわたり上記の要因のいくつかに着目して、政策転換や制度転換を説明する理論、枠組み、モデル[10]の構築を試みてきた政策過程論の学者にも共有されている。

政策転換の簡易な分析手法として最もよく使われる手法であり、また政策過程を浮き彫りにする最も効果的な方法の1つが、政策形成過程を一連の段階（通常はアジェンダ設定、政策形成、政策決定、実施、評価）に分け、各段階で政策決定に影響を与える要因を検証する政策サイクルあるいは段階発見的アプローチ（the stage heuristic approach）である（Lasswell 1956; Jones 1970; Rose 1973; Cobb,

---

9) ここでは「政策の結果」という用語は、政策が人々に実際に与えた影響を意味する。政府のプログラムが必ずしも意図していた結果を導くとは限らないことは自明である（Stone 1989: 285-6）。

10) オストロム（Ostrom）は、枠組み、理論、そしてモデルを次のように区別している。一般的な枠組みは、分析のための要素と要素間の関係を同定するのに役立つ。理論は、分析者が、枠組みのどの要素が特にあるタイプの疑問と関連があるのか特定し、これら要素について一般的に有効な仮説を立てることを可能にする。通常、いかなる枠組みとも整合性がある理論は複数存在する。モデルとは、限られた数のパラメーターや変数について正確な仮説を立てたものである。多くの理論は、複数のモデルに適合する（Ostrom 1999: 39-40）。

Ross and Ross 1976; Pressmann and Wildavsky 1984; Mazmanian and Sabatier 1989; de Leon 1988; Nakamura 1987)。政策サイクルアプローチはハロルド・ラスウェルの初期の研究で最初に提案され (Lasswell 1956)、それ以降、多くの学者によって用いられ、精緻化された (例: Jones 1970; Rose 1973; Jenkins 1978; Hogwood and Gunn 1984; Polsby 1984)。政策サイクルアプローチは、複雑な政策形成過程を単純化して説明する上で非常に有用である。また多くの秀逸な研究がこのアプローチの各段階、特にアジェンダ設定段階 (例: Cobb, Ross and Ross 1976; Kingdon 1995) と政策実施段階 (例: Pressmann and Wildavsky 1984; Hjern and Hull 1982; Mazmanian and Sabatier 1989) について実施されてきた。一方で事例が蓄積されるにつれて、政策がある段階から次の段階に移るのか因果的な説明を提供していない、検証可能な仮説を提供していないといった批判が、政策サイクルアプローチに寄せられるようになった (Jenkins-Smith and Sabatier 1993a: 3-4)。

このような政策サイクルアプローチに対する批判を踏まえて、1980年代後半から、さまざまなモデル、理論、枠組みが開発された。代表的なものに、政策の窓モデル (Multiple-sream approach: Kingdon 1995)、断続平衡モデル (Punctuated equilibrium approach: Baumgartner and Jones 1993)、唱道連携モデル (Sabatier 1986; Jenkins-Smith and Sabatier 1993a, 1993b; Sabatier and Jenkins-Smith 1999; Sabatier and Weible 2007; Weible 2005)、制度合理的選択論 (Ostrom 1990) などがある。

以下では、これらモデルの中で政策転換を説明することを主眼としている唱道連携モデル、断続均衡モデル、政策の窓モデルを中心にホールのパラダイム転換モデル、バークランド (T. Birkland) の危機と政策転換モデルにも触れながら、これらのモデルでは、どのような要因が異なるタイプ (レベル) の政策転換を導くと説明されているのか、先行研究の到達点、そしてパラダイム転換と理念の役割を説明する上での課題を明確にする[11]。

---

11) なおオストロムの制度合理的選択論については、政策転換の説明を主眼としていないため、上記のモデルと同じレベルで取り上げることはしない。また「制度」は、1980年代後半以降、多元主義、行動論批判と呼応して、再び注目される傾向にあったが、例えばホールは「個人の行動を構造づけるもの」と極めて一般的、抽象的に定義し、政治文化やエリートの価値観 (後者は理念に当たる) でさえも制度に含めるなど、制度をどのようなものとしてとらえているかは必ずしも明確ではない (大嶽1990; 真渕1991; 秋月1992) ため以下ではあえて「制度」という要素を論じていない。ただし唱道連携モデルでは、大規模政策転換が起こる十分ではないが必要な外的要因を、非常にゆっくりとしか変わらない安定的なシステムパラメーター (例: 問

1) 危機、ショック、フォーカシングイベント、外部要因の変動と非漸進的政策転換

多くの政治・政策学者が、大規模あるいは非漸進的政策転換は、危機、ショック、フォーカシングイベント（focusing event）[12]、外部要因の変動（exogenous perturbation）など用語こそ違え、何らかの触媒があって初めて起こると仮定する。ショック、危機、フォーカシングイベント、外部要因の変動は同じものを指しているのだろうか。ここでは非漸進的政策転換を引き起こす触媒を明らかにする目的で、さまざまな学者が、これらの用語を何を意味するものとして用いているのか整理する。ジョン・キングダン（John Kingdon）は、政策転換は、政治の流れ（政治のムード、ロビイスト団体の活動、行政官や立法官の交代など）によって、問題の流れ（政策問題）と政策の流れ（問題に対処するためのさまざまなアイデアで、ある特定の政策領域の専門家、官僚、学者のネットワークの中で生まれる）が融合し、政策の窓が開くことによって起こると説明する。キングダンは、ある問題（問題の流れ）が政府内外のアクターの関心を集めて、政治の主要課題（アジェンダ）として議論されるには、フォーカシングイベントを要するとし、このフォーカシングイベントを危機や災害、シンボリックな事件と定義する（Kingdon 1995: 94-9）。

バークランド（Birkland 1997: 22）は、キングダンらがフォーカシングイベントの重要性を指摘しつつも、アジェンダ設定において重要な事件を後づけでフォーカシングイベントとしていると批判し、フォーカシングイベントを明確に定義することを試みている。バークランドによれば、フォーカシングイベントとは、1)突然、2)しかも稀に起こり、3)非常に多くの人々に影響を及ぼし、しかも政策決定者と一般大衆にほぼ同時に伝わる出来事である。このようなイベントは、利害集団、政府のリーダー、新聞メディア、そして公衆による新た

題分野の基本的な特性、自然資源の基本的な配分、基本的な社会文化的な価値と社会構造、基本的な憲法構造など）と、外生的イベント（例：社会経済的状況の変化、世論の変化、システム統治構造の変化、他のサブシステムにおける政策決定の影響）の２つに分類しており、制度は安定的なシステムパラメーターに含まれている。そこで本書では、制度については、後述する４つの仮説の中で、関連する法制度を検討する。

12) バークランドは、フォーカシングイベントについて、キングダンやコッブとエルダー（Cobb and Elder）らは、アジェンダを変化させたある出来事を後づけでフォーカシングイベントとしてとらえており、フォーカシングイベントは触媒となった特別な出来事であるというトートロジーに陥っていると指摘する（Birkland 1997: 22参照）。

な問題、あるいはもともと存在していたが休眠状態にあった問題への関心を高めたり、将来起こるであろう政策の失敗に対処するための解決策を模索するきっかけを提供する（Birkland 1997: 22-27）。バークランドは明示はしていないが、フォーカシングイベントの例として9.11（航空機事故）、ハリケーンカトリーナ、スリーマイルアイランド（Three Mile Island: TMI）原子力発電所事故、エクソン・ヴァルデス油濁事故などをあげている（Birkland 2006: 5-6）ことから、フォーカシングイベントをある政策に直接関連する自然あるいは人為的な危機、災害、あるいは惨事を意味するものと考えていることが窺える。

　一方、触媒をより広く定義する学者もいる。サバティエらは、中期的に起こる非漸進的政策転換（10～30年をかけて起きる大規模な政策転換）は、政策サブシステムの外で起こる変動なくして、1つの政策決定レベルでは起こらないと主張し（Sabatier and Jenkins-Smith 1999: 121, 149）、変動（perturbation）として原発事故、油濁事故、テロリズムなどバークランドがフォーカシングイベントの例としてあげているものだけではなく、社会経済状況の変化、世論の変化、政権交代（システム統治構造の変化）、そして他の政策システムにおける決定の影響などを幅広くあげている（同上）。これらの事象は数年間で変化するため、ある政策サブシステム内のアクター連合の資源バランスを短期的に覆し、政策転換を導くきっかけを提供する（同上）[13]。

　このようにサバティエとジェンキンス・スミスは、もともとは大規模政策転換はサブシステム外の変動（外的変動）を要すると主張していた。しかし唱道連携モデルに基づいて実施された事例研究（例：Nohrstedt 2005, 2007, 2008）を踏まえて、サバティエとヴァイブレがもともとのモデルに修正を加えた唱道連携モデル2007年版では、バークランドがフォーカシングイベントと呼ぶ、政策サブシステム内の事件（例えば石油政策サブシステムとの関連でいえばサンタ・バーバラ油濁事故など）を、大規模政策転換を導く代替的な経路（「内的ショック」）として追加した。サバティエとヴァイブレは、「内的ショック」は、支配連合の政策核心理念に直接影響を及ぼすため、サブシステムの「内」と「外」

---

[13] これに対し安定的なシステムパラメーター（例：問題分野の特性、資源の配分、社会文化的な価値と社会構造、憲法構造など）は非常にゆっくりと変わるため、これらの変化が非漸進的政策転換の要因となることは稀である。

を区別する必要があると主張するが、「内的ショック」と「外的ショック」の影響の違いはいまだ実証されていない。

上記の整理から、大規模政策転換が起こるには何らかの触媒を要するといえそうだが、その触媒が何を意味するのか、さらにはサバティエらが主張するように触媒がサブシステム外で起こるのかサブシステム内で起こるのかで効果に違いがあり、両者を区別する必要があるのか先行研究では明らかにされていない。

政治・政策学者が、変動の1つとして分類するかどうかは別として、特に重要な大規模政策転換の要因としてあげているのが政権交代である。政権交代は1つの政策システムではなく、さまざまな政策システムに同時に影響を与えるため、大規模な政策転換を引き起こす要因となる（例：Baumgartner and Jones 1993）。例えばサバティエとジェンキンス・スミスは、「政権交代」を外部要因の変動に含めているが、政権交代という要因については外部要因に関する仮説とは別に、ある政策プログラムを導入した政権が続く限り、大規模な政策転換は起こらないという独立した仮説を立てて、政権交代の重要性を強調する（Sabatier and Jenkins-Smith 1999: 123-4）。

政治・政策科学者が、大規模政策転換を導くもう1つの重要な要因として指摘しているのが、異なる政策レベルでの政策決定の影響である（Putnam 1988; Bache and Flinders 2005; Hooghe and Marks 2001; Baumgartner and Jones 1993; Sabatier and Jenkins-Smith 1999: 123-4）。あるレベルの政策決定が他のレベルの政策形成に及ぼす影響を、重層的ガバナンスと呼ぶ学者もいる。この重層的ガバナンスという要因は、ロバート・パットナム（Robert Putnam 1988）に代表される国際関係論の学者により1980年代半ばに注目されるようになった。パットナムは「2つのレベルのゲーム（two-level game）」という概念を用いて、国際交渉と国内政策決定の相互関係を分析した（同上）。1990年代初頭、この概念は、欧州統合の進展に呼応して、欧州と構成国レベルにおける政策決定の相互関係を分析するために再び注目されるようになり（例：Bache and Flinders 2005; Hooghe and Marks 2001）、さらに国際、地域（特に欧州連合〈EU〉）、国内そして地方レベルといった、さまざまな政策決定レベルの相互作用を分析するために広く用いられるようになった（例：Betsill and Bulkeley 2006）。また政策過程論の分野で

も、1990年代初頭、ボームガルトナーとジョーンズは、「ヴェニュー・ショッピング（venue shopping）」という用語を使って、現状で不利な立場にあるアクター（の集団）（弱小連合）が、政策課題をその問題がもともと議論されていたのとは異なる政策分野や異なる政策レベルに持ち込んで議論することで、それまで当該問題について関心を示さなかったアクターの関与を促すことによって、大規模な政策転換を導く場合があると主張した（Baumgartner and Jones 1993）。さらにサバティエとジェンキンス・スミスも外部要因の変動がない場合でも、変化がより上位の政策形成主体によって強制されれば、非漸進的（大規模）政策転換が起こることがあると主張する[14]（Sabatier and Jenkins-Smith 1999）。

2) アクターの理念変化と政策学習効果

上記で説明したフォーカシングイベントに対し、アクターの理念はどのような役割を果たすのだろうか。冒頭に述べたように、理念あるいはアイデアが政策形成・政治決定において果たす役割は、多くの学者によって指摘されている。国際政治研究、国際関係論分野では1990年代以降、規範や理念といった要素を重視するアプローチに強い関心が集まり、コンストラクティビズムが主流となった。また国内政治研究、政策過程論の分野でも、1970年代以降、福祉国家の変化などをアイデアの変化から説明するアプローチに注目が集まった（例：Heclo 1974; Sabatier 1986; Hall 1993; Kingdon 1995; Sabatier and Jenkins-Smith 1993, 1999; Baumgartner and Jones 1993; Peffley and Hurwitz 1985; Bonham and Shapiro 1976）。理念やアイデアという要素を重視する傾向は、日本でも1990年代以降強くなった（例：大嶽 1994）。

それではアイデアあるいは理念とは何を意味するのだろうか。ペフリーとヒューウィッツ（Peffley and Hurwitz 1985）によれば、理念システムは、深層理念（deep-core beliefs）、政策核心理念（policy-core beliefs）、そして表層理念（sec-

---

14) サバティエとジェンキンス・スミスは、上位の政策レベルの決定が下位の政策レベルの政策に及ぼす影響を、「外的変動」とは異なる要素として分類しているように見えるが、他方で、彼らは、上述のように、「他の政策サブシステムの影響」を外的変動に含めている。したがって、彼らが「異なるレベル（国際、地域、国内、地方）における政策決定の影響」を「他の政策サブシステムの影響」とは別に分類しているのかどうかは不明確なままである。

ondary level) の3層で構成される[15]。理念システムの構造は、階層を成しており、より高次にあり、抽象性の高い理念は、より低次にある、具体的な理念を拘束する（同上）。深層理念（deep core beliefs）は、個人の根幹にある規範的原理であり、あらゆる政策分野に関わる（Sabatier and Jenkins-Smith 1999）。次の層に位置する政策核心理念（policy core beliefs）は、気候保全と経済的繁栄などのように、ある政策分野全体に及ぶ根本的な価値の優劣を決定する規範性の高いもの（normative policy core beliefs）と、その問題の深刻さや主な原因、価値を実現するための戦略などの規範性がそれほど高くない経験則に基づくもの（empirical policy core beliefs）に分類される（同上）。政策核心理念、特に規範性の高い理念は深層理念ほどではないものの、なかなか変わらず、アクターは自身の政策核心理念と矛盾する新事実や知見を受け入れることを拒絶する傾向にある（フィルターファンクション）。最後に表層理念は、政策措置などより具体的で規範性が低い理念であり、この部分は新しい情報、事実、知見、経験の蓄積により比較的容易に変化する（同上）。

　このように理念が3つの階層で構成されるとして、それぞれの層はどのようにして変化するのだろうか。唱道連携モデル（Sabatier and Jenkins-Smith 1993, 1999; Sabatier and Weible 2007）は、理念を政策転換を説明する要素として取り込んだ代表的なモデルである。前述のように唱道連携モデルは、非漸進的政策転換は外部要因の変動を必要条件とする（必要十分条件ではない）と仮定する（同上）。一方で、政策形成に関わる利害関係者の政策核心理念はめったに変わらないので、後述する政策志向学習（policy-oriented learning）は、新しい事実や知見の蓄積によって変わることがある表層理念に働きかけることによって漸進的政策転換を引き起こすことはあっても、政策核心理念を変えるには至らず、非漸進的政策転換を引き起こす要因となることは稀であるという仮説を提示している（同上）。政策核心理念、特に規範的な政策核心理念が変わらないのは、これら理念が既存の制度、過程、規則、そして政治・経済・宗教・教育システムによって補強されるからである（Dunlap and Van Liere 1984; Baumgartner and

---

15）　国際関係論で信念を説明する際にしばしば引用されるゴールドシュタインとコヘイン（Goldstein and Keohane 1993）は、アイデアを「世界観（world views）」、「道義的信念（principled beliefs）」、「因果的信念（causal beliefs）」の3つの信念に分類しているが、これは上記の理念の各分類とほぼ重なっている。

Jones 1993; Hall 1993 参照)。しかし過ちを犯しがちで、不完全な情報しか有していない人間の創造物である以上、これらシステムには当然、欠陥がある。リンドブロム (Lindblom) とウッドハウス (Woodhouse) をはじめとする学者 (Hayes 2001; Lindblom and Woodhouse 1993; Hall 1993 参照) は、既存システムに内包されている伝統的な政策核心理念の問題や限界は時の経過とともに明らかになるとする。仮にこのような問題が明らかになったとしても、既存システムの中で支配的な立場にあり、その利害や理念がすでに反映されている支配連合のメンバーは、前述のフィルターファンクション (Sabatier and Jenkins-Smith 1999) により、このような問題を受け入れることを拒否する場合がある。

　このように考えると、政策志向学習は政策理念レベルで起きることは稀であるというサバティエらの主張には合理性があるように思われるが、これは一般的な見解なのだろうか。政策志向学習以外にも「政策学習 (policy learning)」(Heclo 1974; Hall 1993)、「政府の学習 (governmental learning)」(Etheredge and Short 1983)、「教訓導引 (lesson-drawing)」(Rose 1991) など集団的社会学習の役割を示す用語は多々ある。これらの用語はその射程は多少異なるが、経験から派生し、自身の理念の実現や修正との関連で起こる思想、行動、意識の継続的変化という現象 (例: Sabatier 1987: 672; Jenkins-Smith and Sabatier 1993b: 42) を表しているという点では共通している (社会学習の異なる定義については Bennett and Howlett 1992 を参照)。しかし政策学習効果が理念のどのレベルで起こるのかという疑問については、サバティエらと同様に表層理念レベルで起こることを示唆した学者もいれば (Nohrstedt 2005)、ホールやバークランドのように、政策核心理念のレベルで起こる可能性があることを示唆する学者もいる (Hall 1993; Birkland 2006)。例えばバークランド (Birkland 1997, 2006) は、政策形成における理念やアイデアの重要性を、サバティエらを引用しながら強調し、危機や惨事は既存システムがこれらに対応できないことによって機能不全に陥っていることを露呈し、よって学習過程そして大規模政策転換の端緒となると主張する。バークランドは触媒を狭くとらえている点でサバティエらとは異なるが、彼の仮説によれば、危機や惨事は学習効果を通じて、アクターの理念を変化させる要因として機能する場合もあることになる。またホール (Hall 1993) も、政策転換のタイプで分類した第1および第2層の転換だけではなく第3層

表1-2：政策学習効果の定義

	内因性学習効果	外因性学習効果	
		経験則部分の外因性学習効果	規範部分の外因性学習効果
学習により変わる部分	表層理念	政策核心理念のうち経験則的な部分	政策核心理念のうち規範的な部分
政策変化との関連性	漸進的政策転換	非漸進的政策転換	パラダイム転換

出典：Watanabe（2011）を改定

の転換、すなわちパラダイム転換も学習効果を通じて発生するとしている。

　上記の整理から、政策学習効果がどのレベルで起こるのかについては先行研究で見解が統一されているわけではないことが明らかになった。本書では、日独の気候エネルギー政策転換の比較という事例に基づいて、理念のどの部分が政策学習効果を通じて変化するのか同定し、政策核心理念の変化の可能性と政策学習効果の機能について考察するために、政策学習効果を、政策核心理念の表層レベルで起こり、漸進的政策転換を引き起こす内因性政策学習効果（endogenous learning）と、政策核心理念で起こり、非漸進的政策転換を引き起こす外因性政策学習効果（exogenous learning）に分類し、さらに外因性学習効果は、経験則部分の外因性学習効果と規範部分の外因性学習効果に分類しておく。

3) 利害

　政策がアクター間の相互作用によって形成される以上、既存システムの中で有利な立場にあり、現状維持をはかろうとする支配連合メンバーの少なくとも一部がその立ち位置を変えなければ、非漸進的政策転換は起こらないはずである。もし政策核心理念が学習効果によって変化することが稀であるとしたら、支配連合メンバーはどのようにして立ち位置を変えるのであろうか。

　唱道連携モデルに基づいて事例研究を実施した研究の中には、外部要因の変動の影響により、支配連合のアクターが理念の変化によってではなく利害によって立ち位置を変えることを明らかにしたものがある。事例には、支配連合のメンバーが危機の影響により政策核心理念を変えずに利害を変え、その結果、非漸進的政策転換が起こったことを明らかにした研究もあれば（例：Schlager 1995; Nohrstedt 2005, 2008）、もともと理念を共有していないアクターが共通の利害を実現するために連合を形成し、非漸進的政策転換を導いたことを明らかにした研究もある（Meijerink 2005; Zafonte and Sabatier 2004）。

前者の事例として、ノーステッドによる1979年のスリーマイルアイランド（Three Mile Island: TMI）原子力発電所事故後のスウェーデンにおける原子力政策転換の要因分析があげられる。ノーステッドは、スウェーデンの社会民主党が、長らく国民投票制度は議会制に反するとしてその使用を反対していたにもかかわらず、TMI事故後、原子力政策について国民投票を実施することを決定した主要因は、同党が政策学習効果を通じて政策理念を変化させたからではなく、TMI事故後、原子力利用に懐疑的になった民意に反して政権党として原子力利用の継続を決定する危険性を意識し、得票の最大化、党内統一維持、そして選挙民の代表という政党としての利害を維持しようとしたからだと分析している（Nohrstedt 2005）。彼は、社会民主党の党としての利害は、TMI事故前は、原子力政策システムにおける政策核心理念と一致していたが、TMI事故後は政策理念と一致しなくなり、社会民主党は理念よりも利害を優先させた結果として、国民投票制度実施に関する立ち位置を変化させ、それが原子力政策の決定に関する非漸進的政策転換を引き起こしたと分析する（同上）。

後者の事例として、マイアーリンク（Meijerink 2005）は、オランダの沿岸洪水防止政策システムで、人類は自然の一部であるという理念を有する環境派のグループと、東部シェルト（Scheldt）における貝漁に経済的に依存していた漁師のグループが、政策理念を共有していないにもかかわらず、東部シェルトの入江を維持することに共通の利害を見出し、協調行動をとったことを明らかにした。またザフォンテ（Zafonte）とサバティエ（Zafonte and Sabatier 2004）も米国の自動車排ガス規制導入過程で、ホンダとグールド（Gould）社が理念を変化させたからではなく、自身の技術によって市場を独占するという利害のためにその立ち位置を変化させたと指摘している。ホンダは1973年には、その複合渦流調整燃焼方式（Compound Vortex Controlled Combustion: CVCC）エンジンが炭化水素の排出基準に適合する数少ない技術だったため、厳格な排出基準が導入されれば大きな利益をあげることができると見て厳格な排出基準を支持したが、CVCCエンジンが排出基準適合技術として選択されなかったため、1989年以降は排ガス規制反対派に加わった（同上：96-97）。一方、触媒コンバーターの製造メーカーだったグールド社は、1970年には排ガス規制に反対するグループに所属していたが、触媒コンバーター技術が規制手段として選択された

1975年には排ガス規制を支持するグループに加わった（同上）。

そもそも利害は、人間活動の決定要因の1つとして理念が注目される以前から、政治学や政策科学で取り上げられてきた（例：March and Olsen 1998; Baumgartner and Jones 1993）。前述のように、日本でも1980年代以降、多元主義[16]が注目されるようになり、利益追求をアクターの基本的な行動原理とするモデルが支配的になった（加藤 1997; 木寺 2012も参照）。冒頭で紹介したヘクロの研究は、すでに1970年代に、利害とアイデアの相互作用により政策が形成されると指摘している（Heclo 1974: 305）が、多くの研究者は利害とアイデアのいずれかに重点を置いており、両者を1つのモデルや枠組みに統合してこなかった。理念を政策形成モデルに取り込んだサバティエらは、理念に突き動かされる個人のモデルと利害に突き動かされる個人のモデルは異なるとすら主張している。すなわち理念に突き動かされる個人は必ずしも自身の利益の最大化を目指さず、利害と密接に関連する、望ましい結果を得ようとする際に理念を犠牲にすることはないと主張する。しかし前述のように人間が不完全である以上、理念に従って行動することを試みる人間が、理念と利害がときに相反する場合に、利害に従って立ち位置を変えることもあると考えられる。ここで立ち位置とは、発言などを通じて外界に対して表現されるものであるのに対し、理念とは人間の心の内側に存在する価値システムの一部であり、通常は内に秘められているもので、立ち位置を決定する根拠となる（例：Sabatier and Hunter 1988: 254）。したがって立ち位置は通常は理念が外界に表現されたもの、あるいは理念に基づいて形成されたものである（Axelrod 1976a, b）。本書では、人間の認識には限界があるからこそ、個人は利害に基づいて立ち位置を変えることで理念が実現できると信じて、立ち位置を変えることもあるだろうし、現実には、短期的には理念に反することを認識していても、利害を実現するために立ち位置を変えることもあると仮定する。

4）政策起業家

上述のように、さまざまな事象が外部要因の変動、危機、ショック、あるいはフォーカシングイベントとして機能する可能性があるが、外部要因だけで非漸進的政策転換が導かれるわけではない。非漸進的政策転換の実現には、弱小

---

16) 多元主義は、1980年には、米国では主流ではなくなっていた。

連合に属する個人が危機によって拡大した政策転換の機会を有効活用することを要する。政策転換を分析するにあたっては、このような好機をとらえて有効活用する個人は政策起業家（policy entrepreneurs）あるいは政治起業家（political entrepreneurs）、政策ブローカー（policy brokers）と呼ばれる（Heclo 1974; Cobb and Elder 1972; Polsby 1984; Roberts and King 1991; Baumgartner and Jones 1993; Kingdon 1995; Mintrom and Vergari 1996; Mintrom 1997; Zahariadis 1999; Mintrom 2000; Kübler 2001; Mintrom and Norman 2009; Sabatier and Jenkins-Smith 1999）。

政策起業家は、通常、弱小連合に属し、政策転換を引き起こすために、1)新しいアイデアを唱道し、提案を作成する（Kingdon 1995: 180; Polsby 1984: 171-2)、2)そのアイデアに反対するであろうアクターや議論となっている問題に特に関心がないアクターを取り込むために、問題を定義しなおす（Polsby 1984: 171-2; Kingdon 1995: 180; Mintrom and Vergari 1996: 423; Mintrom 2000: 57)、3)作成した提案を効果的に示す戦略を練る（Kingdon 1995: 180; Mintrom and Vergari 1996: 423; Mintrom 2000: 57; Mintrom and Norma 2009)、4)利害関係者の考えを理解するためにネットワークを形成したり、議論する場を立ち上げたり、さらには自身の考えを共有する連合を構築する（Kingdon 1995: 180; Mintrom and Vergari 1996: 423; Mintrom 2000: 57)。政策起業家は、非漸進的政策転換を実現するために、他人が政策連合に供与する資源（権威、世論、情報、人的および物的資源）を活用したり（Sabatier and Weible 2007)、自身の資源（情報、人的・物質的資源およびリーダーシップ）を投資する。政策起業家がこのようなさまざまな活動に従事するのは、自分のキャリアアップなどの利害に基づく場合もあるだろうし、自分の政策核心理念を実現するという理念に基づく場合もある。

5) 政策転換のメカニズム

今まで見てきたように、先行研究は、漸進的政策転換および数十年の期間で起こる非漸進的政策転換（中期的な非漸進的政策転換）を説明する要因や条件を完全ではないにせよ明らかにしてきた。しかしながら先行研究は、根本的なパラダイム転換を引き起こすメカニズムをいまだ完全に説明していない。

その理由の1つとして、政策転換を2分する伝統的な分類によるにせよ本書が拠って立つ3分類によるにせよ、政策転換のスピードや転換にかかる期間について学者間で見解が統一されていない点があげられる。中でもパラダイム転

換は突然起こるのか、それとも50年あるいは100年以上かけて徐々に起こるのか明らかではない。米国における人種差別に対する社会的あるいは政治的対応の歴史を例にとって具体的に考えてみよう。人種差別は、19世紀に入り米国で社会問題として認識されるようになった。1964年、公民権法が制定され、民間企業、連邦政府そして地方政府による、雇用における恣意的な人種差別が救済されるようになった。公民権法の制定は、人種政策における非漸進的政策転換であるが、公民権法の制定により、人種差別問題が解決されたわけではない。2008年、米国の有権者は、バラク・オバマ（Barak Obama）氏を米国歴史上最初のアフリカルーツの大統領として選出した。オバマ氏の大統領選出は、米国市民の多数が人間の能力が肌の色によって決定される可能性があるという人種政策分野でのかつてのパラダイムから脱却しつつあることを示す非漸進的政策転換である。このようなより大規模な非漸進的政策転換は、19世紀から2008年までに起きた人種政策分野での漸進的、非漸進的政策転換の蓄積の結果であるが、またこの政策転換自体が、長期的なパラダイム転換（この場合は、人種差別の完全な撤廃）へ向けた一歩でもある。人種差別政策における、ゆっくりとした、集積的な転換はパラダイム転換のパターンとして一般化されるのだろうか。

　根本的なパラダイム転換のメカニズムが説明しきれていないもう1つの大きな要因として、理念が政策転換、特にパラダイム転換の過程でどのような役割を果たすのか、先行研究ではいまだ明らかにされていない点があげられる[17]。

---

17)　例えばホールはパラダイム転換の過程を6段階に分けて説明している。ヒューレット（Howlett 1993）は、ホールのパラダイム転換の6段階を、1)旧パラダイムの安定期、2)旧パラダイムにおける例外の蓄積、3)旧パラダイムの権威がゆらぐ過渡期、4)新たなパラダイムに基づく実験期、5)旧パラダイムと新パラダイムの対立期、そして6)新たなパラダイムの制度化の6段階にまとめている。ホールの説明は、旧パラダイムから新パラダイムへの移行過程とその過程における外部要因の変動との関係の説明として参考になるが、アクターの理念が政策転換の過程でどのような役割を果たすのか、また利害がどのような役割を果たすのか、さらにこれら要素と異なるタイプの政策転換、そしてパラダイム転換の関係について何ら触れていない。この点について、本書と同様に、理念に着目しつつ、政策学習によるパラダイム転換を説明することを試みている秋吉（2007）は、ホールの分類をよりわかりやすく3段階に分けて説明する。第1段階を政策パラダイムの転換としており、安定的な旧政策パラダイム下で不合理の集積によって新しい手段・手段設定が試行され、これが成功すると旧政策パラダイムの安定性が継続するが、これが失敗すると旧政策パラダイムは崩壊する。旧政策パラダイムが崩壊した場合、第2段階に突入し、新パラダイムに基づく政策アイデアが探索され、採択される。第3段階では、新しい政策パラダイムおよび政策アイデアの下で個別政策の内容を決定していく

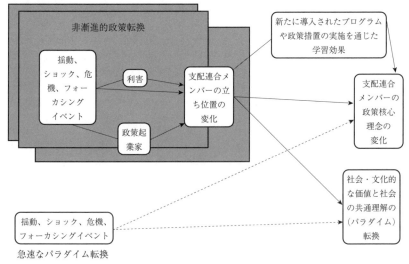

注：実線―先行研究で明らかにされた経路
　　点線―先行研究では十分に明らかになっていない経路

図1-1：パラダイム転換のメカニズム

例えばサバティエとジェンキンス・スミスは、理念変化も政策転換もともに政策志向学習を通じて起きる非独立変数として扱っている（Sabatier and Weible 2007）が、理念変化と政策転換の関係については明らかにしていない。たしかに漸進的政策転換は、理念の表層部分が変化することによって起こることがあるという仮説が提示されている。しかし先行研究は、政策核心理念が中期的な非漸進的政策転換、さらにはパラダイム転換に対して独立変数として機能するのか、あるいは従属変数として機能するのか、すなわち政策核心理念の経験則

上で、直接的あるいは間接的に影響のあるアクターの利害の調整が行われる。この秋吉の解釈によれば、まずパラダイムが転換し、その結果、新パラダイムに基づく政策手段が導入され、その結果として利害調整が行われることになる。しかしサバティエらが述べるように、アクターの理念、特に深層理念に関するフィルターファンクションを考慮に入れると、新パラダイムが簡単に受け入れられるとは考えにくく、まずパラダイム転換が起こるとする説明には無理がある。また第3段階で新パラダイムを体現する政策アイデアを取り込んだ制度を設計する中でアクターの利害調整が行われるとする点も、国家主義的な立場から制度を重視しすぎているように見える。現実は本書の利害の部分で述べたように、アクターがまず利害に基づいて、理念からすると受け入れがたいアイデアを受け入れることも多々あるのではなかろうか。

部分は非漸進的政策転換の過程で変化し、非漸進的政策転換を引き起こすのか、それとも非漸進的政策転換の結果として政策核心理念の経験則部分、さらには規範的部分が変化し、パラダイム転換を引き起こすのか、それとも政策核心理念の規範的部分はパラダイム転換の結果として変化するのか明らかにしていない。本書では、第7章で、日独の25年に及ぶ気候エネルギー政策転換の比較研究に基づいて、上記の理論研究上の問い、特に理念変化とパラダイム転換の関係に関する問いに立ち返る。

1.3. 日本とドイツの気候エネルギー政策転換：事例選択の根拠

日本とドイツの気候エネルギー政策転換を事例の対象として取り上げたのは以下の理由による。日本とドイツは、経済規模、温室効果ガス排出量、経済構造、産業界と政府の緊密な協力による政策形成、そして強力な行政に支えられた議院内閣制の採用、さらには過去の環境政策における産業・エネルギー部門の活動を規制する政策手段などの独立変数で類似している。最後の点については、いずれの国も環境政策において規制的手法を多用してきたが、1980年代に地球環境問題が台頭するにつれ、自主的手法も規制的手法と組み合わせて用いられるようになった。また両国とも環境政策分野、特に大気汚染分野では、市場的手法を用いてこなかった。他方でこの2カ国は気候エネルギー政策、特に産業エネルギー部門からのCO_2排出量を抑制する政策において異なるタイプ（レベル）の変化を経験した（従属変数）。このように独立変数で類似しながら従属変数で異なる特徴を示す2カ国の比較は、各国間の気候エネルギー政策転換の違いを説明する決定要因を同定し、どのような要因が異なるタイプの政策転換をもたらすのかを考察する上で格好の事例を提供する。

上記の要因について具体的に見てみよう。2012年、日本とドイツは米国（14兆6,580億ドル）と中国（5兆8,780億ドル）に次いで、GDPで世界第3位（5兆4,590億ドル）と4位の国（3兆6,070億ドル）である（IMF 2014）。1970年代以降、いずれの国も製造部門がGDPに占める割合は減少し続けたが、1995年以降は20%前後で推移しており、2012年には日本で19%、ドイツで22%を占めている（World Bank 2014）。それでも日本やドイツでは、米国（12%）や英国

（10%）と比較すれば、依然として製造部門が占める割合は大きい。

両国は 2012 年時点で、土地利用、土地利用変化、そして森林管理部門を除くと、先進工業国中、第 3 番目および 4 番目の温室効果ガス排出国であり、また世界で第 6 番目と 8 番目の排出大国である（それぞれ 1,343.117Mt、939.083Mt〈CO_2 換算、土地利用・土地利用変化・林業部門：LULUCF を除く〉）（UNFCCC 2014a, b）。また両国の産業エネルギー部門の CO_2 排出量は全温室効果ガス排出量の 66.0％と 56.37％を占めている（LULUCF を除く）（同上）。温室効果ガスは運輸・家庭部門からも排出され、危険なレベルの気候システムの変化を回避するには、すべての部門からの温室効果ガスの排出を抑制する必要があるが、先進工業国においては産業エネルギー部門からの CO_2 排出量が全体に占める割合が大きく、また大排出源は小規模排出源と比べてコントロールしやすいため、気候変動問題に対処するための政策措置に関する議論は、ごく最近まで主に産業エネルギー部門からの CO_2 排出量の抑制に焦点をあてていた。したがって、特に産業エネルギー部門からの CO_2 排出量を抑制する政策措置の決定過程は、日独を含む多くの先進工業国における気候エネルギー政策決定過程の特徴を体現しているといえる。

さらに日独両国は製造業が依然として強いこともあり、政府と重工業産業部門の緊密な協力関係の下、政策が形成される点[18)][19)]、そして強い行政部門に支えられた議院内閣制を採用している点でも類似している（猪口 1983: 8-9; Katzenstein 1987: 3, 1996: 35）。後者については、いずれの国でも、省庁が政策形成において重要な役割を果たしており、法律の策定については、ドイツの連邦議会、日本の衆議院に第一義的責任があるが、多くの法案は省庁が草案する[20)]。したがって省庁は、議会が採択しようとする政策に同意しない場合には、法案策定を遅らせることによって法律の制定を遅延させることができる（例：西尾 1993:

---

18) エネルギー部門を除く。
19) 2010 年現在、2008 年の温室効果ガス排出データは、先進国についてのみ公表されている。日本の温室効果ガス排出量は 128 万 8,821t であり、ドイツの温室効果ガス排出量は 95 万 8,060t である（UNFCCC 2010a, b）。途上国の最新の温室効果ガス排出データは 2005 年のものなので、ここでは 2005 年のデータを使用した。
20) 例えば、日本では、議員立法は増えつつあるものの、87％の通過法案はいまだ内閣草案である（田村 2008）。同様に、ドイツでは 1949 年から 1983 年までの間、70～80％の通過法案は連邦省庁が草案したものであった（Beyme 1985: 4）。

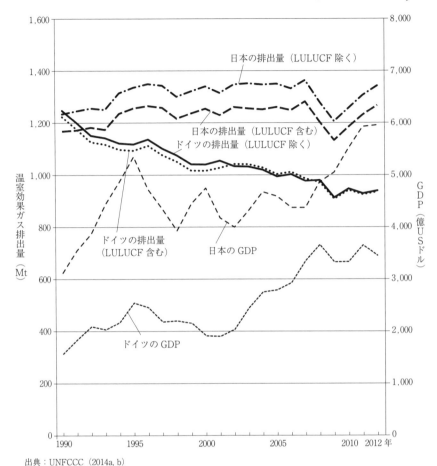

出典：UNFCCC（2014a, b）
図 1-2：日本とドイツの温室効果ガス排出量、GDP の推移

192-4)。また企業はその豊富な人的・物的資源を駆使して、政策形成に大きな影響を及ぼしている (Jänicke 1990: 16; Lindblom and Woodhouse 1993: 91, 102-3 参照)。特に気候エネルギー政策については、産業活動と温室効果ガス排出量が密接不可分の関係にあるため、企業は各国の政策形成に自身の意向を反映させようと試みる。日本では、企業は省庁と定期的な会合を持ち、また省庁が組織する審議会に自社あるいは産業団体の代表を委員として送り込んで、利益を政策に反映させることを試みている (辻中 1988: 148-52; Okimoto 1989: 119-21; Watanabe 2005a)。ドイツには審議会制度はないが、企業は政府が組織する作業グループに参加したり、議員や担当省庁の官僚と直接面会して、その利益を政策に反映させることを試みている。

また日本とドイツはより広い意味での環境政策において、産業エネルギー部門を規制するために活用している政策措置についても類似性を示している。いずれの国も規制的手法に頼ってきた長い歴史がある（例：日本について Imura 2005: 155; Sugiyama and Imura 1999: 128; ドイツについて Jänicke and Weidner 1997a: 139; Heritier, Knill and Mingers 1996: 66-70; Weidner 1995: 63; Wurzel et al. 2003: 115)。特にドイツの環境政策における規制的手法への依存は、「旧態依然とした法と国家主義のイデオロギー」(Jänicke and Weidner 1997a: 140; Böhmer-Christiansen and Skea 1991: 68) と、社会市場経済の哲学 (soziale Marktwirtschaft) (Schreurs 2002: 248; Weidner 1995: 20) に根差したものだった。しかし 1990 年代に入ると、国家介入は非効率的であるという認識が高まり[21]、また個人および企業活動への国家介入の正当性[22]が疑問視されるようになり、規制的手法の限界が明らかになった (Collier 1998: 3; Wurzel et al. 2003: 121; Jänicke and Jörgens 2006: 189; Liefferink, Andersen and Enevoldsen 2000: 12 参照)。汚染物質が不特定多数の汚染源から排出されるため、原因究明が困難な地球環境問題の出現は、規制的手法の限界をさらに印象づけた。その結果、ドイツは協力的な政策措置、特に自主的アプローチを多用するようになった (Jänicke and Jörgens 2006: 173-4, 189-90; Wurzel et al. 2003: 123)。産業界とドイツ連邦政府、そしてドイツ地方政府との自主協定の数は、特に廃棄物と気候変動分野で著しく増加した[23] (OECD 1999: 46; Mol, Liefferink and Lauber 2000: 4)。しかしこのような協定は、産業界側の一方的な公

---

21) ドイツでは、規制的手法は、主に認可と基準を意味する。その結果、極めて詳細な規定の策定とモニタリングおよび制裁のための行政監督手続きに時間を要し、また厳格で非効率的であるとして批判を浴びることになった (Heritier, Knill and Mingers 1996: 66-70; Jänicke and Weidner 1997a: 137; Weidner 1995: 63)。この手法の総合的な見直しを経て、政府は、計画および産業施設の認可手続きの加速化を試みる (Weidner 1995: 64) 一方で、情報と交渉の役割を強調することによって手法の近代化をはかった (Jänicke and Weidner 1997a: 137)。

22) 産業界は、追加的な負担を負うことになる新法制定への抵抗を強めた (Liefferink, Andersen and Enevoldsen 2000: 12 参照)。政治家の中には、産業界は環境上の責任を果たす上でもっと柔軟性を与えられるべきであると主張する者もいた (Mol, Liefferink and Lauber 2000: 1)。

23) 欧州諸国の中では、ドイツは、107 件の自主協定を締結したオランダに続いて、2 番目に自主協定を多く結んだ国だった (93 件) (EEA 1997: 29)。

約[24]であり、法的拘束力を伴わないものが多かった[25] (Öko-Institut 1998: 7)。

ドイツと同様、日本も排出基準や許認可などの規制的手法に依存しており、また行政指導と呼ばれる日本独自の、より非公式の手法を多用してきた[26]。日本がドイツと異なるのは、ドイツが1990年代に入って自主的取組みを活用し始めたのに対し、日本はすでに1960年代から、主に地方の大気汚染問題に対処するために公害防止協定という形態で自主的取組み[27]を、規制的手法と組み合わせて用いてきた点である。公害防止協定は1990年代半ばまでに4万件以上締結されたが、公害問題が解決に向かったこともあり、約1万件が失効した (Imura and Watanabe 2002: 4)。この政策措置は、地球環境問題が規制的アプローチの限界を露呈した1990年代に入ってドイツと同様に日本でも再び注目されるようになった。

このように両国の過去の政策が類似していることを踏まえると、政策の発展はその国が過去において導入した制度、採用した政策や決定に左右されるとする経路依存論に基づけば（例：Sewell 1996; Nielson, Jessop and Hausner 1995）、ドイツと日本は同じタイプ（レベル）の政策転換を経験するはずである。しかし2000年代に入ってから、この2カ国は、気候エネルギー政策、特に産業エネ

---

24) OECD (1999: 16-8) によれば、自主的アプローチは4つのタイプに分類される。4つのタイプとは、企業によって設定された環境改善プログラムからなる一方的なコミットメント、企業（あるいは企業集団）とその排出により損害を受ける被害者（労働者、地域住民、近隣企業など）あるいはその代表者との間で締結され、環境管理プログラムを実施し、かつ（あるいは）公害防止装置を設置するなど企業の義務を定めた民間契約、公的機関が定める、一定の行動基準や会員となる基準を定めた公的な自主スキーム、そして産業界と公的機関の間で締結され、具体的な環境問題への対処を目的とする交渉協定である。

25) その一因として、憲法が政府に交渉協定に署名する権限を付与していない点があげられる。実際、省庁はしばしば目標設定に関与し、また企業の一方的なコミットメントを、例えば報道発表などを通じて、非公式に承認している (OECD 1999: 51-3)。

26) これは、法的根拠がない、省庁による書面上のあるいは口頭上の指導を意味する。行政指導は、産業部門を代表する組織あるいは個別企業の活動を、柔軟かつ具体的な方法で規制することを目的とする（西尾・村松 1994: 94）。

27) 深刻な公害被害を受けている大規模工業地域で新規施設を建設し、あるいは既存施設を拡張することを計画している地方政府と企業は、公害防止協定を締結した。このような協定は、関連法や地方令で定められている規則や基準を達成するのに必要な通常の手段に加えて企業がとらなければならない手段を定めている。協定の範囲は、既存の法令の対象となる事項に限定されない。さらに、目標は法令で定められるのよりも厳格である。その見返りとして、企業は、地域住民の反対なく、営業認可を容易に得ることができる。

ルギー部門からの CO_2 排出量を抑制する政策の発展において異なるタイプ（レベル）の政策転換を経験している。さらに温室効果ガス排出量の削減という政策の結果でも、日本とドイツは異なっている。2012 年時点で、ドイツの温室効果ガス排出量は基準年と比較して 23.53％減少しており[28] (UNFCCC 2014a)、ドイツは京都議定書上 EU 15 カ国（当時）が負った基準年比 8％削減という数値目標を EU 内で配分した 21％目標を達成した。一方、日本の温室効果ガス排出量は、美浜、柏崎刈羽原子力発電所が停止していた 2007 年にピーク（基準年比 7.16％増）を迎え、京都議定書の目標達成が危ぶまれたが、その後リーマンショックなど金融危機を発端とした経済停滞により減少に転じた。しかし 2011 年の福島第 1 原子力発電所事故以降、原子力発電所が次々に稼働を停止したため、すべての電力会社が、長期停止していた火力発電所（主に重油）の運転を再開し、また北海道、東北、東京、関西、九州の各電力会社が天然ガス、LNG、軽油火力発電所を緊急設置電源として新設して代替したため、京都議定書第 1 約束期間（2008 年—2012 年）において 8.61％増加した（UNFCCC 2014b）。そのため日本は、政府および民間企業が海外から購入したクレジットを利用して、ようやく京都議定書上負った温室効果ガスを基準年比で 6％削減するという目標を達成した[29]。

　政策措置に目を転じてみると、ドイツは、気候変動枠組条約が採択される前の 1990 年に、1987 年から 2005 年までの間に、旧西独州で CO_2 排出量を絶対量で 25％削減するという国レベルでの削減目標を掲げ、この目標は 1991 年に旧東独州にも拡張された。一方で、日本は同時期に、2000 年までに 1990 年水準で 1 人当たりの CO_2 排出量を安定化させると同時に絶対量でも安定化させるという目標を打ち出したが、後者については新エネルギー分野での技術開発

---

28) この数値は、土地利用・土地利用変化・森林管理を除いて計算した。両国の CO_2、CH_4、N_2O については 1990 年が基準年であり、HFC、PFC、SF_6 については 1995 年が基準年である。

29) 2008 年現在、両国の差は縮小している。ドイツの土地利用・土地利用変化・森林管理を除く温室効果ガス排出量は 95 万 8,060t で、基準年と比較すると 22.2％減少している。しかし、土地利用・土地利用変化・森林管理を含めると 98 万 8,245t で、基準年比 18.43％減である。日本の温室効果ガス排出量は、土地利用・土地利用変化・森林管理を除くと 128 万 1,822t で、基準年比 1.04％増であり、土地利用・土地利用変化・森林管理を含めると 120 万 3,014t で、0.19％減である。したがって、ドイツは 21％目標を達成するために温室効果ガスをさらに 2.57％削減する必要があり、日本は 6％目標を達成するために 5.87％削減する必要がある。

が進展するという条件をつけた。日本は 1997 年に京都議定書が採択された後、地球温暖化防止対策推進大綱の中で、議定書に沿って、温室効果ガスを基準年比で 6 ％削減するという目標を採択するまで、1990 年に採択した CO_2 排出量を 2000 年までに安定化させるという目標を改定することはなかった。

　さらにドイツと日本は、過去の環境政策プログラム・措置で類似性を示しているにもかかわらず、2014 年現在、産業エネルギー部門からの CO_2 排出量を抑制するために異なる政策措置を用いている。気候変動問題が国際・国内政治の主要課題として認識されるようになった当初は、CO_2 が有害物質であると考えられていなかったため CO_2 排出量を抑制するプログラムはなく、また他の汚染物質を抑制する手法としては主に規制的手法が用いられていた。1990 年代に入って、CO_2 が地球温暖化を引き起こす主な物質の 1 つであると見なされるようになると、日独いずれの国でも CO_2 排出量を規制する政策措置の導入が議論され始めた。しかしいずれの国も産業エネルギー部門が宣言した自主的取組み、ドイツの場合には 1995 年にドイツ産業連盟が発表した自主宣言、日本の場合には 1997 年に日本経済団体連合会が発表した自主行動計画に落ち着いた。産業エネルギー部門から排出される CO_2 の抑制を民間アクター自身の手に委ねたのは、前述したように環境政策全般において協力的な手法をとることが多くなったことにもよるが、CO_2 排出量の抑制は生産活動さらには経済発展の制限につながると一般的に考えられており、したがってより厳しいプログラムや手段を導入することが困難だったことが大きい。どちらの自主的取組みでも、産業エネルギー部門は排出削減目標を個別企業ごとではなく産業部門ごとに設定した。さらに多くの産業団体が絶対量ではなく、原単位での目標を定めた。

　このように日本とドイツは、産業エネルギー部門からの CO_2 排出量削減対策について状況を同じくしていた。しかし 2003 年に EU 域内での温室効果ガスの排出許可証を取引する制度を創設する EU 指令が採択されたため、ドイツは、EU 指令の国内実施という形で、2005 年からキャップアンドトレーディング制度を導入した（2003/87/EC 指令）。自主的取組み自体は 2010 年を目標年としており、排出枠取引制度の導入後も残ったものの、ドイツの産業エネルギー部門からの CO_2 排出量を抑制する主要手段は自主的取組みから排出枠取引制

度へと事実上移行することになった。キャップアンドトレーディング制度の導入により、気候変動問題がドイツで重要な政治課題であると認識されるようになってから初めて、政府は産業エネルギー部門からのCO_2排出量に上限を課す実質的な権限を獲得した。支配連合、特に産業界の利害関係者が、このようにCO_2排出量に上限を課す実質的な権限を政府に付与する政策措置を生産能力ひいては経済成長に制限を課すものとして、その導入に反対していたことを踏まえれば、ドイツにおけるキャップアンドトレーディング制度の導入は、政策核心理念の経験則部分だけではなく、規範的部分にも関わる、より大きな非漸進的政策転換であると考えられる。

　ドイツとは対照的に日本は、産業エネルギー部門からの排出量を抑制する主要手段の1つとして2014年時点でも自主的取組みを使用しており、2005年に採択された京都議定書目標達成計画は2007年の改定時点では、自主的取組みとあわせて技術主導の政策を中心に据えていた。しかし2005年にEUで排出量取引制度が導入された後、カナダ、米国、ニュージーランド、そしてオーストラリアで類似の制度導入について議論が進むにつれて、日本でも2008年に排出量取引制度導入に関する議論が正式に始まった。2008年6月には、当時の福田康夫首相が、北海道の洞爺湖で開催されたG8サミットの主催国として、日本のリーダーシップを示すために、福田ヴィジョンと呼ばれる提案（福田 2008）を公表し、その中で排出量取引制度の早期導入を呼びかけた。これを受けて、日本は2008年10月に試行的排出量取引制度を開始した（地球温暖化対策推進本部 2008）。しかしこの制度は、そもそも経団連自主行動計画の目標を達成するための一手段と位置づけられており、以下に説明するように、EUのキャップアンドトレーディング制度とは異なる自主的な制度に過ぎなかった。まず企業は、同制度に参加するかどうかを個別に決定することができた。さらに参加企業は削減目標の水準も、また目標を絶対量で設定するのか原単位で設定するのかも自分で決定することができた[30]。したがって、このシステムは、政府が、規制対象部門からの排出量に絶対量での上限を課すキャップアンドトレーディング制度とは本質的に異なるものであった。2010年4月時点では、

---

30) 経団連自主行動計画参加企業は、実際、自主行動計画の目標に沿って、目標を設定することを要請された。

2005年に環境省のイニシアティブで始まった自主的取引制度参加企業数を大幅に上回る101の団体が、試行的排出量取引制度に参加した。しかし鉄鋼連盟と自動車連盟は、経団連自主行動計画の下で各産業連盟が負った部門全体の自主目標との整合性を維持するために、いずれも個別企業の目標を特定せずに連盟として参加した（内閣府、経済産業省、環境省 2010）。当時の民主党政権は、2010年に国会に提出した地球温暖化対策基本法案に義務的な排出量取引制度の導入を盛り込んだが、この法案は廃案となった。

また特にエネルギー転換部門からのCO_2排出量を抑制するために不可欠な再生可能エネルギー導入促進策については、ドイツが1990年代初頭に再生可能エネルギーの固定価格買取制度を導入し、その後2000年に再生可能エネルギー法を採択して、再生可能エネルギーが一次エネルギーに占める割合を拡大したのに対し、日本は2012年になりようやく固定価格買取制度を導入した。再生可能エネルギー導入が順調に進んでいたこともあり、ドイツは2001年に原子力発電所の稼働期間を32年と定め、原子力発電所の段階的廃止を決定しており、さらに2011年3月に起きた福島第1原子力発電所事故後、原子力発電所廃止スケジュールを加速化させ、2022年までにすべての原子力発電所を送電網から切り離すことを決定した。これに対し日本は、民主党政権成立当初は、地球温暖化対策基本法案に原子力発電所を2020年までに9基、2030年までに合計で14基新増設することを盛り込むなど、自民党政権時と変わらず、あるいはそれ以上に原子力発電所に依存する方向性を打ち出していた。しかし福島第1原子力発電所事故後の2012年、ようやく固定価格買取制度が導入されて、再生可能エネルギーの普及促進が本格化し、さらに2030年代の原子力発電所全廃を盛り込んだ革新的環境エネルギー戦略も採択された。しかし2012年末の総選挙後、政権に返り咲いた自民党政権は、民主党政権下で採択されたエネルギー基本計画も革新的環境エネルギー戦略も全面的に見直し、「原子力発電所への依存を可能な限り低減させる」としているものの、「ベース電源である」と記載したエネルギー基本計画を採択した（経済産業省 2014）。

要約すると、過去25年間の気候・エネルギー政策の進展を見る限り、産業・エネルギー部門からのCO_2排出量を抑制する政策手段について、ドイツは日本よりも早期により多くの非漸進的政策転換を経験したように見える。こ

の観察は現実を反映しているのだろうか。もしそうだとしたら、両国の気候エネルギー政策転換の差を説明する要因はどのようなものだろうか。ドイツと日本が経験した気候エネルギー政策転換のタイプ（レベル）は、ドイツがパラダイム転換をすでに経験したといえるレベルに達している、あるいは少なくともパラダイム転換の途上にあるといえるほど大きく異なるのだろうか。理念は政策転換の過程でどのような役割を果たすのだろうか。そしてパラダイム転換はどのようなメカニズムを通じて起こるのだろうか。

1.4. 日本とドイツの気候エネルギー政策を比較した先行研究

日独2カ国を含む複数国の気候・エネルギー政策を比較した研究は主に海外の研究者を中心に実施されてきた。代表的なものとして、シュラーズ（Schreurs）は、日独（Schreurs 1997）、あるいは日独米（Schreurs 2002）の気候政策を含む環境政策の包括的な比較研究を実施している。彼女の研究は、主に制度に焦点をあてて3カ国を比較しており、第1に日独米でなぜ環境保護運動の制度化の形態が異なったのか、運動の目的や戦略が時とともに変容してきた原因は何か、第2に環境コミュニティの構造が3国の間でどう異なるのか、さらにそれらとより大きな政治経済システムのアクターとの関係の違いが、国内外の環境問題をめぐる政策変化や環境保護の手法とどう関わっているのか、第3に環境保護のとらえ方が変わったり、また国際的な環境保護政策の立案過程に参加することによって、国内の政治アクターの戦略や目標、政策立案の制度がどう変化するのか、という3つの疑問に答えることを試みている（Schreurs 2002: 30）。

シュレーダー（Schröder 2001）はEU（ドイツを含む）、日本、そして米国のエネルギー供給、政府構造、産業界の利害の3要因を比較して、異なる国が異なる立ち位置をとるのはなぜかという疑問に答えようとしている。他国に目を向けると、フィッシャー（Fisher 2004）は、日本、オランダ、米国の気候政策形成を比較分析している。彼女は国内アクター、すなわち国家、市場、社会、科学者集団間の関係から、各国の国際交渉における異なる立ち位置を説明することを試みている。またソウェル（Sewell 2005）は、日本、オランダ、米国の気

候変動に関する国際交渉における立ち位置がなぜ異なるのか、その決定要因を1988年から1992年までの気候変動枠組条約交渉時と1997年から2002年までの京都議定書交渉時の2つの時期における3カ国の立ち位置を、本書も分析枠組みを構築する際に参考とした唱道連携モデルに基づいて比較している。

　海外の先行研究が示すように、気候政策については、シュラーズを除くと国内の温暖化対策よりもむしろ気候変動問題という人類共通の課題に対処するための国際交渉において、なぜ各国が異なる立ち位置をとるのかを説明する試みが多い。このような傾向は実は気候変動問題に限ったことではない。オゾン層破壊でも越境大気汚染でも、国際政治学者あるいは国際関係論学者による研究が先行してきたこともあり、主要研究業績は国内政策ではなく国際政治にあり、なぜその問題について国際的な合意が成立したのかを説明する一要因として国内政治を取り上げるものが多かった。そのような取組みは、国際交渉と関係がある要素についての国内政治、気候変動問題でいえば温室効果ガス削減数値目標の設定をめぐる政治に限定されることが多かった。

　国内研究でも、気候政策に関する研究は、国内政策形成過程ではなく国際政治学者、国際関係論の学者による国際的な気候変動交渉を説明する研究や、細分化する交渉アジェンダについてその交渉プロセスを説明する研究が多かった。例えば川島（Kawashima 1997）は、気候変動枠組条約交渉における日本とドイツを含むいくつかの先進工業国の立ち位置と立ち位置を決定する要因を比較した。彼女は交渉で各先進工業国が異なる立ち位置を採用するに至った要因を、気候変動の影響、対策費用、国内政策、国際政治に着目して説明している。川島は、オゾン層保護に関するウィーン条約と気候変動枠組条約の交渉における日米両国の立ち位置を決定する過程を、便益、費用、手続き、国内政治、権威、学習過程という点からも比較している（川島1994）。また太田（2003）は、気候変動をめぐる国際政治について、科学と政治の関係そして国際的な政策連合といった分析視座を整理した上で、安定した気候を維持するための戦略あるいは政策と価値の関係について分析している。さらに実際に気候変動問題に対処するための国際条約交渉に関わった交渉官や研究者による、国際交渉の内容と交渉過程における日本の立ち位置を描写、説明した文献もある（田辺1999; 浜中2006; 高村・亀山2002, 2005; 亀山・高村2011）。

このように国際関係に焦点をあてた傾向には近年変化が見られる。筆者がベルリン自由大学に2009年に提出した、本書の前身となる博士論文では、1987年から2005年までの、日本とドイツの気候政策転換を、アクターの理念、重層的ガバナンス、政権交代の頻度、政策起業家の存在・不在の4点で比較した。また本書の冒頭で紹介したハリソンとサンドストローム（Harrison and Sundstrom 2010）編著は、EU、日本を含む7カ国の京都議定書採択以降の国内気候政策形成過程を利益、制度、アイデアの3つの要因で比較分析している。またヴルツェルとコネリー（Wurzel and Connelly 2011）は、EUが気候変動問題に関する国際交渉でどのようにリーダーシップを発揮してきたのかという疑問に答えるために、EUの気候政策形成に関わるEU諸機関、英国、フランス、ドイツ、オランダ、ポーランド、スペイン6カ国、産業界とNGOなどのアクターの関与をリーダーシップ、エコロジカル・モダナイゼイション、政策措置、重層的ガバナンスの4点で比較分析している。

　日独いずれか1カ国の気候あるいはエネルギー政策形成過程を説明する試みに目を転じると、日本については、服部（1999）、澤・菊川（2004）、亀山（Kameyama 2008）、久保（2011）などがある。例えば服部（1999）は、京都議定書採択後短期間で地球温暖化対策推進大綱が採択されるに至った理由を、それまでの各省庁間調整による政策決定から橋本龍太郎首相主導下で内閣官房に温暖化対策推進本部が設置され、内閣官房が調整する政策決定へと変化した点から説明している。澤・菊川（2004）は、京都議定書という国際ゲームの1つの解に対して、さまざまなアクターが参加する国内ゲームがどのように発生し、どのような国内対策が導かれるのか、そうして形成された国内対策が持続可能な解なのかどうかを、パットナムの2レベルゲームのアプローチを用いて分析している。亀山（Kameyama 2008）は、京都議定書交渉前後の、国際交渉に向けた日本国内での立ち位置に合意する過程を比較し、京都議定書採択後の過程ではNGOや産業界がより大きな影響を及ぼすようになってきたと主張する。久保（2011）は、2020年に向けた温暖化防止に関する中期目標の採択へ向けて、自民党政権下の福田、麻生政権、そして民主党政権移行後の鳩山政権下での内閣官房に設置された専門家会合における検討を、専門知の活用という観点から分析している。いずれも分析対象の期間は短いが、日本の気候政策形成過程を分

析した研究であり、本書第3章でも参照している。

　エネルギー政策形成、特に原子力政策過程となると、過去の原子力政策形成過程を分析した代表的な文献として、本田（2005）、吉岡（2009）、シュラーズと吉田（Schreurs and Yoshida 2013）がある。また民主党政権下での2030年までに原子力発電所を廃止するという内容を盛り込んだ革新的エネルギー・環境戦略については、植田・梶原（2011）、植田（2013）のほか、民主党政権首脳部が執筆した著書（枝野 2012; 菅 2012; 仙石 2013; 細野・鳥越 2012）や革新的エネルギー・環境戦略の策定にあたった内閣府国家戦略室の担当官が執筆した著書（下村 2013）、そして朝日新聞編集局に連載されたルポルタージュを書籍化した「プロメテウスの罠」（朝日新聞特別報道部 2013）が詳しい。

　ドイツについていえば、ドイツが1990年代初頭に温室効果ガスを2005年までに25％削減するという野心的な目標を採択した原因を、ドイツ統合、連邦議会諮問委員会（Enquête-Kommission）の設置、再生可能エネルギー導入促進などに求めた文献（例：Cavender and Jäger 1993; Weidner 1995; Beuermann and Jäger 1996; Loske 1997; Müller 1998; Bang 2000）、1999年のエコロジー税導入を政権交代から、また排出量取引制度導入をEUにおける政策決定のドイツへの影響から説明した文献（Watanabe and Mez 2004）、特に2005年以降の新たな展開に重点を置き、また技術革新が果たす役割に着目したイェニッケ（Jänicke 2011）や、地方と中央レベルの政策の相互関係に着目したメッツとヴァイトナー（Mez and Weidner 2008）がある。

　このほか、税、排出量取引、自主的取組みなど政策措置の導入を決定する要因を、制度、経済効用、アクター間の相互作用、メディアが世論に与える影響などに基づいて同定する試み（例：Asayama and Ishii 2012; Reiche and Krebs 1999; Imura and Watanabe 2002; 渡邉 2004; Watanabe 2005b; Skjærseth and Wettestad 2008; 浜本 2008〈主に米国を分析の対象としているが〉; 渡邉 2009b）、各政策措置を費用効果、環境改善効果、政治の受容、学習効果などに基づいて評価する試み（例：Mez 1997; Sugiyama and Imura 1999; Buttermann and Hillebrand 2000; 諸富 2000; 渡邉 2001; Matthes, Graichen and Reppening 2005; Matsuno 2005; Zerle 2005; Mez 2006; 西条 2006; 浜本 2009; 諸富 2009; 大島 2010）のほか、日本における排出量取引制度案を提示した文献（諸富・山岸 2010）も存在する。

これらの研究は、日独の気候エネルギー政策形成過程の特徴を明確にし、また政策措置導入を決定する要因を同定する上で大きく貢献した。しかしこれら既存研究のうち、政策過程論の主要理論に基づいて、各国国内の気候エネルギー政策の進展の差を説明する要因を体系的に比較分析したものは少ない。また気候エネルギー政策形成過程を分析した文献の多くは、京都議定書が採択された1997年以降の数年を対象としたもの、または1997年以降の一定期間を対象としたものが多く、1980年代後半から25年にわたる期間を対象として政策転換を説明したものは筆者が知る限りない。さらに本書が仮説で1つの要因として提示した焦点をあてているアクターの理念は、気候変動問題は経済成長、物質的な豊かさ重視の価値観に立脚した化石燃料依存型の経済社会活動様式に端を発していることから、対策の進展とアクターの理念の間の関連性が深いと予想されるにもかかわらず、主要アクターの理念を同定するのは困難で、時間を要するせいもあって、先行研究で、気候エネルギー政策転換の中でアクターが保有する理念が果たす役割を詳細に検証したものはない。

　本書では先行研究の成果を参照しながら、次の2点で日本とドイツの気候エネルギー政策形成過程の実証研究に貢献することを試みる。第1に日独の気候エネルギー政策転換を1980年代後半以降25年という先行研究よりも長い期間にわたって分析する。第2に両国の気候エネルギー政策形成に深く関与してきた利害関係者に対し、2006・2007年と2012・2013年の2度にわたり聞取り調査を実施し、利害関係者の理念を同定することにより、理念が両国の政策転換の違いを説明する要因として機能するのか明らかにすることを試みる。またこのような試みを通じて、いずれかの国がパラダイム転換のレベルに移行したのか、あるいは移行する途上にあるのか、もし移行しているとしたらどのようなメカニズムにより移行したのか、利害関係者の理念は非漸進的政策転換そしてパラダイム転換の過程の中でどのような役割を果たすのかという理論研究上の問いにも答えることを試みる。

　なお気候系の危険な変化を回避するには、ドイツがすでに達成した1990年水準と比較して温室効果ガス21％削減あるいは日本が達成した6％削減を大幅に上回る削減を実現しなければならないため、日本だけではなくドイツもパラダイム転換のレベルには至っていない可能性が高い。さらにいえば、2カ国

の比較に基づく結論を一般化するには限界がある。このような問題点を認識しつつも、気候変動問題はすべての国家に共通する課題であり、この課題に対して日本とドイツは異なる対応をしているので、2カ国の比較事例研究に基づいて、政策転換のメカニズムについて含意を導く意味はある。さらに先行研究よりもはるかに長い、25年にわたる変化を分析することにより、パラダイム転換に向けた動きを示唆する政策核心理念の変化のきざしをとらえることができる可能性もある。

1.5. 本書の仮説、方法論、構成

冒頭に述べたように本書の目的は以下の2つである。第1の目的は、日独の25年に及ぶ気候エネルギー政策転換を比較し、2カ国の政策転換のタイプ（レベル）に違いがあるのか、もしあるとしたらどのような要因によってその違いが説明されるのかという実証研究上の問いに答えることである。第2の目的は、25年に及ぶ日独の気候エネルギー政策転換の比較事例研究に基づいて、非漸進的政策転換を説明する上で既存の理論の効用と限界を明らかにし、さらに根本的なパラダイム転換がどのようにして起こるのかという理論研究上の問いに答えることである。

第1番目の目的を追求するために、本書は気候エネルギー政策が日独両国でどのように進展したのか、主に産業エネルギー部門からのCO_2排出量を抑制する政策手段に焦点をあてて検証する。第2章では、本章で後述する日独の気候エネルギー政策サブシステムに異なる影響を与えたと考えられる仮説で提示する要因以外に、両国に類似の影響を及ぼしたであろう3つの要因について説明する。3つの要因とは、科学的知見の蓄積、国際気候政治の進展、気候変動問題に関する両国の世論の変化である。第2章は、第3章以降に説明する、複雑な気候エネルギー政策形成過程を理解するための背景情報の提供という意味もある。

第3章と第4章は、仮説および第2章で説明する要因の影響の下、日独の気候エネルギー政策がそれぞれどのように進展したのか検証する。産業エネルギー部門における気候政策に関する議論は、国別目標、産業エネルギー部門の

目標、これらの目標を達成するために実施される政策措置に関するものが中心だった。しかし2050年までに地球全体で温室効果ガス排出量を40〜70％削減するという、IPCC第5次評価報告書で示された目標を達成するために、先進国がより大きな排出削減を実現するには、エネルギー転換部門はもとより産業、民生、運輸すべての部門でエネルギー効率性の向上と再生可能エネルギーの導入促進をはかる必要があることが認識されるようになり、現在、気候政策とエネルギー政策の統合が進んでいる。そこで第3章と第4章では日本とドイツそれぞれで、気候政策とエネルギー政策の統合が意識されるようになる以前（日本については2011年以前、ドイツについては2007年以前）は気候政策という用語を用い、以降は気候エネルギー政策という言葉を用いる。これらの章では、どの時点で気候政策サブシステムが成熟したのか、気候政策サブシステムにおける主要なアクターの立ち位置は上記の3点（国別目標、産業エネルギー部門の目標、これらを達成するために実施される政策措置）についてどのようなものだったのか、いつ気候政策とエネルギー政策は結合したのか、日本およびドイツはそれぞれ、どのタイプ（レベル）の政策転換（漸進、非漸進、そしてパラダイム転換）を経験したのか検証する。第3章および第4章の分析は、主に日本およびドイツ政府や関連団体が公表している報告書や記者発表、両国の気候エネルギー政策の進展について説明あるいは評価した二次文献、そしてさまざまなアクターに対して実施した聞取り調査の結果に基づいている。

　第5章および第6章では、日独2カ国の政策転換の違いを説明する可能性がある4つの仮説を検証し、日独の気候エネルギー政策転換の違いを説明する要因を同定する。1番目の仮説は、日独両国のアクターが保有する理念の違いである。ドイツでは、気候変動に関する国際政治の牽引役を果たすことによって、第3の産業革命を惹起し、結果として経済成長と気候保全の同時達成が可能となると考えるアクターも多い（Jänicke 2006; Machnig 2007; BMU 2008; Eisgruber et al. 2008; Franz, Mayer and Tidow 2008）。このような見解は、日本でしばしば聞かれる気候保全は経済成長を制約するという見解と対照的である（日本経団連 2001c, 2004b）。両国のアクターが保有する理念の違い、特に産業界のアクターが保有する理念の違いは、日独の異なるタイプ（レベル）の政策転換を説明する要因の1つかもしれない。さらに、もしいずれかの国の主要なアクター

が理念変化を示していれば、その国がすでに根本的なパラダイム転換を経験した、あるいは経験する途上にあると考えることもできる。

2番目の仮説として、異なる政策レベルにおける政策決定の影響について検証する。EUの重層的なガバナンス制度に支えられた、超国家的なEUレベルの政治はドイツの気候政策プログラムや手段の選択に影響を及ぼし、他国に先駆けて排出量取引制度のような新しい政策措置を導入・実施することを促してきた。EUは1957年の欧州共同体の正式な設立[31]以来、常に統合・拡大を進めており、EU制度が構成国の政策決定に及ぼす影響は拡大している。特に欧州委員会は、構成国レベルでの政策決定ほど利害団体に影響を受けない環境下で法案の起草を行うため、EUレベルの政策形成において大きな役割を果たす (Weale et al. 2000: 117-18; Liefferink, Lowe and Mol 1993: 2-3; Liefferink and Andersen 2005: 59参照)。さらに1990年代末から2000年代初めにかけて、ドイツ、英国、フランスなどの欧州主要国で、社会民主党、労働党、あるいは社会党政権が誕生し、気候保全を重視し、経済的な繁栄を伝統的な物質志向の様式とは異なる様式で実現する新しい道を模索する動きが出現した(例: Giddens 1998)。さかのぼると1980年頃には、環境保護を唱える集団によっていくつかの欧州諸国、そして欧州議会で緑の党が結成された(O'Neill 1997: 5-10)。それ以来、EUにおける緑の党の政治的な影響力は、拡大し続けている。例えば欧州緑の党・急進連合 (Coordination of European Green and Radical Parties: CEGRP) は1979年の欧州議会選挙で有効投票の2.4%しか獲得できず、議席を得ることができなかったが、1999年には欧州緑の党連盟 (the European Federation of Green Parties: EFGP) が、投票の7.7%、38議席を獲得した。2004年2月のEFGPの第4会議では、欧州緑の党 (the European Green Parties: EGP) が、EU内の32の緑の党の参加により創設された。EGPは2004年には欧州議会で35議席、また2009年には46議席を獲得した。

このように気候保全に重きを置くEU政治の、構成国の政策決定への影響が拡大する中 (Weale 2005: 137参照)、構成国は気候政策プログラムや政策手段を

---

31) 欧州委員会は、1967年のブリュッセル条約で、欧州石炭鉄鋼共同体 (the European Coal and Steel Community: ECSC)、欧州経済共同体 (the European Economic Community: EEC)、そして欧州原子力共同体 (the European Atomic Energy Community: EAEC) を統合し、単一の執行機関として創設された。

導入するよう、他の構成国、あるいは EU 組織による圧力にさらされてきた (Liefferink and Andersen 2005; Börzel 2005)。EU レベルで排出量取引指令が採択されなかったら、ドイツでキャップアンドトレーディング制度を導入することはなかっただろうという見方をする学者も多い (Zapfel and Vainio 2002; Jordan, Wurzel and Zito 2003; Lefevere 2004; Watanabe 2004, 2005b; Skjærseth and Wettestad 2008)。一方、日本は、ドイツのように気候保全を推進する方向での他のレベルでの政策決定の影響を受けていない。日本の長年にわたる外交パートナーである米国は、日本の政策形成に大きな影響を与え続けているが、京都議定書を批准しておらず、また議定書で米国に課せられるはずだった 1990 年比で 7 % 削減という目標を達成するための国内政策措置も導入してこなかった。したがって米国との関係は、日本の気候政策の進展を阻むことはあっても、推進することはなかった。また日本の気候政策はアジア地域の政治によっても推進に向かうことはなかった。アジア太平洋経済協力 (Asia-Pacific Economic Cooperation: APEC) に代表される、日本が属しているアジア地域の組織は、EU がドイツに対して及ぼすような影響力を行使する正式の権限はなく、また経済発展や成長は依然として多くのアジア諸国にとって最重要政治課題である。

　3 番目の仮説は、両国の政権交代の頻度の違いである。ドイツでは、戦後、数十年にわたり、政権は 2 大政党間をいったりきたりしてきた。1960 年代後半にはキリスト教民主同盟[32]・社会同盟が政権党となり、1970 年代には社会民主党と自由民主党の連立政権が成立し[33]、その後、1982 年から 1998 年まではキリスト教民主同盟・社会同盟と自由民主党の連立政権が 16 年間続いた。1979 年に環境保護や平和活動を唱えるグループから成る非政府組織として創

---

32) キリスト教民主同盟は、第 2 次世界大戦後、さまざまな保守中道グループによって創設された。

33) 社会民主党は、1875 年に政党として創設され、第 2 次世界大戦後、労働者階級と労働組合の利害を代表する党として再生した。しかしキリスト教民主同盟に対する度重なる敗北により、社会民主党は、得票数を伸ばすために党の基盤を見直すことになった。1959 年、同党は、バードゴーデスブルグプログラムを採択し、社会経済原則を放棄し、社会市場経済原則を採用することを決定した。その結果、社会民主党は、1966 年 11 月に、キリスト教民主同盟・社会同盟とともに「大連立」を形成し、また 1969 年の連邦議会選挙では、自由民主党と連立政権を形成した。社会民主党は 1970 年代後半から内部で 2 つに分裂するようになった。左派は、経済社会的正義、平等主義、環境保護を重視し、右派は、インフレーションを抑制し、財政均衡を促進し、ドイツが欧州の安全保障システムで重要な役割を果たすことを重視した。

第1章　はじめに　47

設されたドイツの緑の党は1980年代初頭から連邦議会に議席を得て[34]、1998年から2005年までは社会民主党との連立政権に参加した。その結果、1998年の政権交代[35]は、単なる二大政党間の政権交代とは異なる、極めて大きな意義があるものとなった。その後、2005年から2009年までのキリスト教民主同盟・社会同盟と社会民主党の大連立政権を経て、2009年にはキリスト教民主同盟・社会同盟と自由民主党の保守連合が復活した。このような定期的な政権交代は、1993年から1994年の11カ月を除いて[36]、2009年に民主党政権が誕生するまで1955年以降50年にわたり、自由民主党（自民党）が政権を独占し続けた日本と大きく異なる。さらに自民党で影響力が大きい政治家は、産業・エネルギー部門のアクターと緊密な関係を保ってきた。政権交代は法制審議事項の優先度、権力構造、資源の配分、そして制度さえも変えることがあるため、大規模な政策転換のきっかけを提供する。このような政権交代の効果を踏まえると、この要因によって日独の政策転換のタイプ（レベル）の差が説明されるかもしれない。

34）　緑の党は、1983年の連邦議会選挙で初めて、連邦議会に議席を獲得した。連邦議会選挙の得票率は5.7％で、議席数は27議席だった。

35）　これは、伝統的に2つの大政党と2つ（2007年以降は3つ）の中規模政党、そして複数のより小さな政党により構成されてきたドイツの選挙システムに由来するところがある。2つの大政党が存在することにより、定期的な政権交代が起こり、また中規模政党に、連立政権のパートナーとして重要な役割を果たす機会を提供した。

36）　自由民主党（自民党）は、伝統的には農民と産業界を主な支持基盤とする保守政党である。自民党は、さまざまな派閥で構成されており、各派閥の長は自民党内で最も有力な議員が務めていた。派閥は議員に選挙活動資金を提供し、選挙後に政府ポストを配分するなど、党内で重要な役割を果たしてきた。単記非移譲式直接「指名」投票制度を採用する衆議院議員として選出されるには、大派閥の支援を受けることが不可欠であった。これらの要素はすべて、贈収賄の温床となるシステムを作り出したため、厳しい非難を浴びた。1980年代後半そして1990年代前半における贈収賄事件を経て、多くの有力な自民党議員が自民党を離党し、新党を創設した。このうちさきがけは、武村正義と鳩山由紀夫（2009年9月16日から2010年6月8日まで首相）が代表を務め、また新生党は、小沢一郎と羽田孜（1994年4月28日から6月30日まで首相）が代表を務めた。宮沢喜一首相が衆議院を解散した後の1993年の選挙では、自民党は衆議院で過半数議席を獲得することができなかった。代わって、細川護熙率いる日本新党が、さきがけ、新生党他と8党連立政権を形成し、自民党は1955年以来の野党となった。しかし8党連立政権は、政権内の政治的な妥協に到達することが難しく、長くは続かなかった。1994年に、自民党は11カ月の野党期間を経て、社会民主党とさきがけと連立を組み、政権に復帰した。自民党は1998年には単独で政権党となったが、1999年の選挙に敗れ、単独で政権をとるために必要な議席を衆議院で獲得することができなかった。これ以降、自民党は、公明党などと連立を組んで、政権を形成している。

4番目の仮説は、両国における政策起業家の存在あるいは不在である。省庁は日独両国で重要な役割を果たしており、したがって官僚は政策起業家として機能する可能性が高いアクターである。これは長期にわたり同じ部署で働き続け、特定の分野について専門的知見と経験を蓄積して、他国のアクターや官僚と緊密なネットワークを形成する機会に恵まれたドイツの官僚については特にいえることである。一方、日本の行政システムでは官僚は1年あるいは2年おきにさまざまな部署を異動するので、特定の政策分野で政策起業家として機能する機会が少ない。

本書では、気候エネルギー政策と関連が深いと思われる、上記の4つの仮説を検証する。第5章は、ドイツのアクターが日本のアクターよりも気候保全指向の政策核心理念を保有しているという最初の仮説を検証する。そもそも理念の同定には困難を伴う。多くの事例研究ではアクターの理念と行動に関するデータを組織的に収集していないという問題が指摘されたため、唱道連携モデルに基づいて事例研究を実施する研究者は、立法あるいは行政機関のヒアリングの議事録を組織的にコーディングする手法を開発した (Jenkins-Smith, St. Clair and Woods 1991; Jenkins-Smith and St. Clair 1993; Sabatier and Brasher 1993; Sabatier and Jenkins-Smith 1993; Zafonte and Sabatier 2004)。しかしこのような手法を本書で用いるには2つの問題がある。第1に議事録のコーディングには時間と人的資源をさかなければならない。そのため唱道連携モデルに基づく多くの先行事例研究は、政策サブシステム内に複数の唱道連合が存在することを確認したものが多く、理念変化と政策転換の関係を分析していない。第2にコーディングは10年以上の期間に及ぶ議事録の蓄積を要する。このような長期にわたる議事録を入手することは、米国では可能であるが、政策決定がより閉鎖的な場で行われる日本やドイツ (Timmins 2000: 93; 西尾 1993: 340-51) では難しい。分析枠組みの節で述べたように、日本でも唱道連携モデルを1つの基盤とした政策形成過程分析はいくつか実施されている (秋吉 2007, 2000; 手塚 2002)。しかし日本あるいはドイツのアクターの理念を体系的に同定、分析した業績は、筆者が知る限り存在しない。

そこで本書では、長期にわたる議事録の入手可能性が限定されるという問題に対処しながら、理念が政策転換を促す決定要因として機能しているかどうか

を分析するために、聞取り調査という手法を用いる。聞取り調査は、長期にわたる議事録を入手できない日本やドイツでも用いることができるデータ収集手法だが、一方で信頼性に限界がある（Axelrod 1976a: 7）。まず聞取り対象者自身が、自分の深層理念や政策核心理念を明確に把握しているとは限らない。第2に対象者は仮に自分の理念について明確に把握していたとしても、これら理念を正確に表現するとは限らない（Hann 1995: 24 参照）。第3に仮に対象者が理念を明確に表現したとしても、研究者の側が対象者の発言を正確に解釈しないという危険性がある。このようにデータの信頼性を損なう可能性がある3つの問題があるものの、聞取り調査はコーディングを除いて、アクターの理念を同定する唯一の方法であると考えられる。また議事録のコーディングも研究者の主観に全く影響されないわけではない。本書では上記のような聞取り調査の信頼性という問題に対処するために、アクターの政策核心理念について質問する際に、各質問について予め選択肢を準備し、聞取り調査対象者に選択してもらうという構造的質問票を用意した。さらに調査対象者にある選択肢を選択した理由について自由回答をしていただき、追加情報も収集した。

　聞取り調査は2006年から2007年まで（第1回聞取り調査）と2012年から2013年まで（第2回聞取り調査）の2回にわたって実施した。聞取り調査対象者は、気候エネルギー政策形成・実施に、10年あるいはそれ以上の期間にわたって関与し、気候エネルギー政策に精通している専門家の方々である。聞取り調査の対象者を同定するにあたって、本書ではまず各国の気候政策サブシステムに関与したアクター群を同定し、さらに各群を代表する個人を同定した。気候政策サブシステムに長期にわたり、関与してきた各群を代表する個人は、1998年から2006年までの8年半にわたって地球環境戦略研究機関に勤務し、また2002年から2006年までの4年間にわたって気候変動枠組条約交渉の日本代表団員として勤務し、また2003年10月から2004年3月までドイツヴッパタール研究所で客員研究員として勤務し、さらに2006年10月から2010年9月まで同研究所で主任研究員兼プロジェクト・コーディネーターとして勤務した際にお目にかかった方々、一次資料で審議会やワーキンググループのメンバーとして参加された方々のリストに基づいて同定した。上記の方法で同定し、聞取り調査を実施したアクターの方から、さらに別のアクターをご紹介い

ただいたこともあった。第1回聞取り調査では、附則1に記載するドイツ16名、日本10名のアクターに、ドイツについては2006年2月と2007年2月、3月に、日本については2006年12月に聞取りを実施した。また第2回聞取り調査では、ドイツ20名、日本17名のアクターに、ドイツについては2012年2月、3月、12月、2013年3月に、また日本については2012年5月、11月、2013年4月、9月、2014年2月に聞取りを実施した。なお聞取り調査の結果の精度を増すことを目的として、第2回調査では日独両国ともアクターの数を増やし、範囲を拡大した。

　アクターの政策核心理念を同定する上で質問票が有効であるかどうかを検証するために、まず2005年9月に8名のドイツ人研究者に対して仮インタビューを実施し、その際に使用した質問票を、2006・2007年の本調査で用いる前に修正した。また2012・2013年の調査では、日独両国で、気候政策とエネルギー政策の統合が進んだことから、エネルギーの需要・供給に関する質問を追加した。第5章では、第1章で提示したアクターの政策核心理念は変化するのかという問いについて考察するために、日独2カ国のアクターの理念の比較に加えて、日独それぞれの国で2006・2007年と2012・2013年という2つの時点でアクターの理念を比較する。

　第6章では、日独の気候エネルギー政策転換の違いを特徴づける、ドイツにおけるキャップアンドトレーディング制度の導入を決定づけた要因と制度導入に至るメカニズムについて詳細な検証を実施した。同章は上記に掲げた4つの仮説、すなわち支配連合アクターの理念の変化、EUレベルの政策形成が構成国レベルの政策形成に及ぼす影響、ドイツにおける定期的な政権交代とその結果としての緑の党の政権参加、そして政策起業家の存在に基づいて、ドイツにおけるキャップアンドトレーディング制度導入を検討する。同章では、まずキャップアンドトレーディング制度がドイツでEU指令の国内実施として導入されたことを踏まえて、EU排出量取引指令の採択の過程を検証する。この検証では、2000年にEU排出量取引に関する議論が始まってから、2003年に排出量取引指令が採択されるまでの、ドイツのアクターのキャップアンドトレーディング制度に関する立ち位置の変化、立ち位置が変化した理由、そして政策起業家が外部要因の変動によって開いた政策の窓をどのように活用したのかに

焦点をあてる。第6章の分析は主に2004年にドイツとEUの利害関係者に対して行った排出量取引制度に関する聞取り調査に基づいている。聞取り調査に基づく、ドイツにおけるキャップアンドトレーディング制度導入過程を説明した初期の論文（Watanabe 2004, 2005b）は、筆者の主観に基づく解釈で執筆するという問題を克服するために、聞取り調査対象者に引用部分を確認していただいた。聞取り調査対象者は附則1に列挙した。

　第7章では、日独両国が経験した政策転換のタイプ（レベル）に違いがあるのか、あるとしたらどのような要因が両国の政策転換のタイプ（レベル）の違いを決定したのかという冒頭の疑問に立ち返る。同章ではさらに、第2章から第6章までの実証研究の結果に基づいて、漸進的政策転換、中期的に起こる非漸進的政策転換を説明する既存理論の有効性と限界を論じる。さらに先行研究では明らかにされていない、どのようにしてパラダイム転換が起こるのか、理念はパラダイム転換の過程でどのような役割を果たすのかという理論研究上の問いに答えるために、第5章で実施する日独それぞれの国の2時点（2006・2007年と2012・2013年）のアクターの理念の比較に基づいて、アクターの政策核心理念の変化の過程とパラダイム転換のメカニズムをモデル化することを試みる。

第2章　気候変動問題の歴史的背景

　1980年代に入り、地球の大気の平均気温が人為的な活動から排出される温室効果ガス量の増加により上昇しているという科学的知見が蓄積されるに従い、気候変動問題は、国際政治でも各国国内政治でも重要課題として認識されるようになった。1980年代後半には、気候変動問題への対応には国際協調行動が不可欠であるという気候変動に関する政府間パネル報告書（IPCC 1990: xxviii）を引用して、国連総会が、気候変動問題に対処するための条約の交渉を開始することを正式に決定した。これ以降、条約の採択に向けて、数多くの国際会議が国連内外で開催された。これらの2つの要因、すなわち気候変動に関する科学的知見の蓄積と気候変動問題に対処するための国際条約交渉の進展がメディアで報道されるようになると、政策決定者だけではなく一般市民の気候変動問題への関心も高まった。一般市民が、政策、特に複雑な科学的知見に対する理解を要する気候政策の具体的内容に影響を及ぼすことは稀である（Sabatier and Jenkins-Smith 1993: 223; Weiss 1977: 535 も参照）。とはいうものの国民世論は、ある政治問題をどの程度の優先順位で扱うか、あるいはその政策にどの程度予算を配分するのかといった政策決定者の判断に影響を及ぼし、その結果、大規模政策転換を引き起こすきっかけを創出する可能性がある（Sabatier and Jenkins-Smith 1999: 148）。

　本章では、第1章で仮説として提示した日本とドイツに異なる影響を及ぼすであろう4つの要因とともに、日本とドイツを含む多くの国々に共通して、その気候エネルギー政策の進展に影響を及ぼすであろう3つの要因、すなわち気候変動問題に関する科学的知見の蓄積、気候変動問題に対処するための国際条約交渉の進展、そして一般市民の気候変動問題への関心の高まりを見ていく。

この 3 要因の説明は、次章以降で詳述する、日本とドイツの複雑な気候エネルギー政策形成過程を理解するための背景情報の提供という意味もある。

2.1. 気候変動問題に関する科学的知見

一部の科学者は、すでに 19 世紀初頭に、地球温暖化の現象に着目した研究を実施していた。このような科学者の代表として、スヴァンテ・アレニウス (Svante A. Arrhenius) があげられる。アレニウスは、1896 年に、大規模石炭燃焼施設からの二酸化炭素 (CO_2) 排出量の増加は、長期的には、地球全体の大気と地表温度に影響を及ぼすという研究成果を公表した。このように温暖化問題は、すでに 19 世紀後半から一部の学者により指摘されていたものの、1980 年代に入るまで政策決定者や一般市民の関心を集めることはなかった（例：Agrawala 1999: 159）。政策決定者が気候変動問題に注目する 1 つのきっかけとなったのが、世界気象機関（World Meteorological Organization: WMO）が 1979 年に主催した第 1 回世界気候会議である。この会議では、地球上における人間の経済活動の継続的拡大は、地域さらには地球全体の気候変動を引き起こす可能性があることが指摘され、世界各国に、人類に悪影響を及ぼす可能性がある気候系の人為的な変化を回避することが求められた。しかし気候変動が起こるメカニズムについていまだ科学的不確実性が残されていたため、不確実性に対処することを目的として、世界気象機関、国連環境計画（United Nations Environment Programme: UNEP）、国際科学会議（ICSU）は、一連のワークショップを開催した。1985 年、これら 3 機関は協同して、オーストリアのフィラハで、「気候変化とその影響における二酸化炭素および他の温室効果ガスの役割の評価」に関する会議を開催した。この会議で初めて、温暖化問題の国際的な専門家たちが、大気中の温室効果ガスの増加により、21 世紀の前半に、地表の平均気温が人類史上いずれの時期よりも上昇する可能性があるという認識を共有するに至った。1986 年、世界気象機関、国連環境計画、国際科学会議は、科学的知見の状況を定期的に評価する必要があるという要請に応えて、温室効果ガスに関する助言グループを設置した。1987 年、温室効果ガスに関する助言グループにより開催されたベラジオ会議では、参加者は、人類に悪影響を及ぼす可能

性がある気候系の危険な人為的変化を回避するためには、地表の平均気温の上昇を 10 年間で 0.1℃ 以内に抑制する必要があること、そして気温上昇を閾値内に抑えるために政策を策定する必要があることに合意した（同上: 162）。このように科学者の間には、気温上昇の閾値と閾値達成のための政策策定の必要性については合意があったものの、依然として気候変動が生じるメカニズムについては見解に隔たりがあったため、一層の科学的・技術的な研究の推進が要請され、このような要請を受けて、1988 年、世界気象機関と国連環境計画により、気候変動問題に関する政府間パネル（International Panel on Climate Change: IPCC）が設立された。IPCC は、気候変動問題のさまざまな要素に関する科学的知見を評価するために必要であると考えられる 3 つの側面を扱う作業部会、すなわち気候系と気候変動に関する物理的・科学的側面（第 1 作業部会）、気候変動の社会経済および自然システムへの影響（第 2 作業部会）、温室効果ガス排出量の抑制と気候変動の緩和のための手段（第 3 作業部会）で構成される。

　IPCC は、ジュネーブで開催された第 2 回世界気候会議に合わせて、1990 年 11 月に第 1 次評価報告書を公表した。第 1 作業部会の報告書は、「地表の平均気温は、100 年間で 0.3～0.6℃ 上昇し、最も暑い年は 1980 年代に集中して」（IPCC 1992: 53）おり、また人為的な温室効果ガス排出量は、自然に発生する温室効果ガス量よりもはるかに小さいが、「大気中に継続的に排出される人為的な温室効果ガスは、人為的な温室効果ガスの排出が増加する以前にはほぼ均衡を保っていた自然の炭素循環に影響を及ぼし」（同上: 52）、「その結果として大気中の温室効果ガスの濃度が上昇し、過去 1 万年間に観測された上昇よりも速い速度、すなわち 10 年間で 0.3℃ という速度で、地表の平均気温の上昇をもたらす」（同上）という結論を公表した。第 2 作業部会の評価報告書は、気候変動の潜在的な影響を評価し、現在（1990 年）～2025 年あるいは 2050 年の期間に大気中の CO_2 濃度は 2 倍に達し、その結果、地表の平均気温は 1.5℃ ～4.5℃ 上昇し、海水面は 2050 年までに 0.3～0.5m、2100 年までに 1m 上昇する可能性があるという結論を示した（同上: 54）。また第 2 作業部会の報告書は気候系の変化は不可逆的であることを強調している（同上: 53）。第 1、2 作業部会の報告を踏まえて、第 3 作業部会の報告書は、不確実性がある中でも直ち

に導入することが正当化される対策手段を導入することを勧告した (IPCC 1990: xxvi)。

第1次評価報告書は、気候変動問題に関する既存の科学的知見をまとめた最初の包括的な報告書だった。同報告書は、3つの作業部会の報告書すべてで、気候変化の時間軸、程度、地域的パターン、気候変動の生態系への影響、生態系変化の社会経済への影響、具体的な対策措置の効果、その費用と経済成長への影響、経済社会的な含意などの点で不確実性が残されていることを指摘しつつも、人為的な温室効果ガスの排出増加が、地球の気候系に変化を及ぼした蓋然性があることを明確に示した (IPCC 1992: 53, 54, 56)。第1次評価報告書が公表されると、メディアが気候変動問題を取り上げるようになり、政治家、政府関係者だけではなく一般市民が気候変動問題に大きな関心を抱くようになった。同報告書は「枠組条約に関する国際交渉をできる限り迅速に開始すること (IPCC 1990: xxviii)」を勧告し、気候変動枠組条約の交渉の開始を後押しした。

IPCCは、1995年に第2次評価報告書、2001年に第3次評価報告書、2007年に第4次評価報告書を公表し、また2013年から2014年にかけて第5次評価報告書を公表した。いずれの評価報告書も、気候変動のメカニズムや影響、気候変動問題緩和のための手段について、直前の評価報告書執筆後に学術雑誌で公表された新たな科学的知見[1]を盛り込んでいる。第2次評価報告書では、第1作業部会が、大気海洋気候モデルとの連携を通じて改良された気候シミュレーションから得たさまざまな証拠に基づいて、「地球上の気候に対する否定しがたい人為的な影響」があるという結論を示した (IPCC 1995: 22)。第3作業部会報告書は、仮に現在の水準で温室効果ガスを排出し続けると、大気中の温室効果ガス濃度は産業革命以前の水準と比較して2倍を超える（産業革命以前のCO_2濃度は280ppmであった）と予測し（同上: 21)、大気中の温室効果ガス濃度を安定化させるための緩和行動を早期にとればとるほど、行動の範囲が拡大し、多くの国で数多くの「後悔しない選択肢」があることを示した（同上: 45)。1996年にジュネーブで開催された気候変動枠組条約第2回締約国会合

---

1) これまで欠けていた途上国からのローカルな情報もレビューに加えられるよう、査読付き英語論文という縛りを若干緩めて、一部査読付きではないペーパーを含めることも可能になった。

(COP2)に先駆けて、すべての作業部会からの第2次評価報告書を公表したことは、国際気候変動交渉を推進する原動力となった。ジュネーブ宣言は、第2次評価報告書の内容を支持するとともに、科学的知見、特に途上国における社会経済上、環境上の影響に関する科学的知見を蓄積するために、IPCCの活動を継続する必要性に留意した（UNFCCC 1996a）。本評価報告書は、また地球規模の問題に関する米国国務次官補ティム・ワース（Tim Wirth）の発言に見られるように、米国がCOP2でそれまでの法的拘束力のある目標の採択の拒否から、法的拘束力のある目標の受け入れ（ただし目標値が現実的なものであることを条件として）へと立ち位置を変化させた要因の1つでもあると考えられている（Edwards and Schneider 1997: 3）。

　2000年の特別報告書（IPCC 2000）で用いられたより精緻なモデルを使用して、2001年に公表された第3次評価報告書は、第1次および第2次評価報告書の内容を裏づける、より強力で新たな知見を提供し、気候変動問題に対処するための国際交渉および国内気候政策の進展に貢献した。例えば第1作業部会の報告書では、地球全体の地表の平均気温の上昇は、第2次評価報告書が予想したのよりもはるかに高く、1.4℃～5.8℃にのぼるという予測が示された（IPCC 2001）。2007年に公表された第4次評価報告書では、第1次から第3次評価報告書の成果を踏まえつつ、第3次評価報告書公表後6年間の新たな研究成果、特により包括的なデータの使用とデータの精緻な分析、そして気候変動の過程に関する理論研究、気候モデルを用いたシミュレーションを用いた研究成果などを盛り込み、気候変動に関する科学的不確実性をより低減させることが試みられた。すなわち第3次評価報告書では、第1作業部会報告書が「過去50年間の観測された温暖化の大部分は、温室効果ガスの濃度の増加による可能性が高い（likely: 66％以上）」と結論づけていたのに対し、第4次評価報告書では、「20世紀半ば以降の地球の平均気温の大部分は、大気中の温室効果ガス濃度の観測される増加による可能性が非常に高い（very likely: 90％以上）」と結論づけた（IPCC 2007a: 10）。同報告書によれば、「20世紀後半の北半球の平均気温は、過去1300年間で最も高温で、最近12年（1995年～2006年）のうち1996年を除く11年の世界の地上気温は、1850年以降で最も温暖な12年の中に入る。また過去100年（1906年～2005年）に世界平均気温が長期的に0.74℃上昇

し、最近50年間（1956年～2005年）の温度変化の傾向は10年間で0.13℃で、過去100年間の約2倍の上昇率を示している。」第2作業部会報告書は、気候変動による影響のタイミングと程度について過去の報告書よりも、より統合的な理解を示した（IPCC 2007b）。第3作業部会の報告書は、気候系の危険な水準の変化とその影響を回避するためには、大気中の温室効果ガス濃度は、第4次評価報告書で示された最も温室効果ガスの濃度が低いシナリオの水準（445～490ppm〈CO_2換算の体積百万分率、以下同〉）で安定化される必要があり、そうすれば地表の平均気温の上昇を産業革命前と比較して2～2.4℃に抑制することができる可能性が高いと指摘している。この水準での安定化には、地球全体のCO_2量が2000年～2015年にピークを迎え、以降、徐々に減少し、2050年には2000年水準の半分以下まで削減されることを要する（IPCC 2007c: 173, 198）。同報告書は、このような大規模な温室効果ガスの排出削減を実現するには、仮に途上国が、何も対策を施さない場合と比較して「相当の削減」を達成した場合でも、先進国が全体でその温室効果ガス排出量を2020年までに1990年比で25～40％削減し、さらに2050年までに1990年比で80～95％削減する必要があるという見解を示した（IPCC 2007c）[2]。

IPCCは、2013年末から2014年にかけて第5次評価報告書を公表した。第1作業部会報告書では、気候システムの観測から古気候の記録、気候変動の諸過程に関する理論的研究、気候モデルを用いたシミュレーションにまで至る、さまざまな独立した多くの科学的分析に基づいた気候変動の新しい証拠を精査し、また第4次評価報告書公表以降の新しい研究成果を踏まえて、「気候システムの温暖化は疑う余地がなく、1950年代以降、観測された変化の多くは数十年から数千年間にわたり前例のないものである。大気と海洋は温暖化し、雪氷の量は減少し、海面水位は上昇し、温室効果ガス濃度は増加している」（IPCC 2013: 4）ことを示し、さらに人為的に排出された温室効果ガスの影響が20世紀半ば以降に観測された温暖化の支配的な（dominant）要因だった可能性が極めて高い（extremely high: 95％以上）という結論を示している（同上: 17）。同報

---

[2] デン・エルツェン（den Elzen）とヘーネ（Höhne）は、2008年に、IPCC第4次評価報告書が公表された後、途上国は、何も対策を施さない場合と比較してその温室効果ガス排出量を15～30％削減する必要があるという結論を示した論文を公表した（den Elzen and Höhne 2008）。

告書によれば、人為的な温室効果ガス総排出量は、1970年～2010年までの間に増加しており、しかも年を追うごとに絶対量での増加量が増えている。多くの気候変動の緩和策が導入されたにもかかわらず、温室効果ガスの年間排出量は、年間平均0.4Gtだった1970年～2000年と比較して、2000年～2010年には年間平均1.0Gtに増加した。第3作業部会の報告書は、さまざまな技術と行動に関する選択肢から構成される多数のシナリオの中から、2100年の温室効果ガスの濃度の水準が430～720ppm[3]の間に収まる900の緩和シナリオをデータベースに取り込んで分析した結果、人為的な温室効果ガスによる温度変化が産業革命以前の水準と比較して2℃以内に抑制される可能性がある削減シナリオは、2100年の温室効果ガス濃度の水準を450ppm以下に抑えるシナリオであるという評価を示した（IPCC 2014: 10）。さらに同報告書は、産業革命以前の水準と比較して温度変化を2℃以内に抑制する可能性がある、温室効果ガス濃度を2100年までに450ppmの水準以下に抑制するシナリオを実現するには、エネルギーシステム、そして可能であれば土地利用の大規模な変化によって、今世紀半ばまでに人為的な温室効果ガスの排出量を地球全体で40～70％程度削減し、2100年にはほぼゼロかマイナスとすることが必要であるとしている。エネルギーシステムについては、エネルギー効率性を迅速に向上させ、さらに再生可能エネルギー、原子力、CCSと組み合わせた化石燃料、あるいはCCSと組み合わせたバイオエネルギーからのエネルギー供給を3～4倍にすることを要するという見解が示された（IPCC 2014）。また第3作業部会報告書は、もし気温変化を2℃以内に抑制するという目標を実現するのであれば、2020年以降に大幅な温室効果ガス排出量の削減が必要となるため、今日、実施されている緩和対策を超える緩和努力の実施を遅延させることは、長期的に排出水準を低下させて、産業革命以前の水準と比較して気温上昇を2℃以内に抑制する選択肢へ移行することを大幅に困難にするとしている。

　IPCC評価報告書の注意深い表現が示すように、科学的不確実性が0％になることはないが、多くの科学的研究は、温暖化が起きていること、そしてそれは人為的な温室効果ガスの排出に起因する可能性が極めて高いことを示している。一方で温暖化は必ずしも人間の経済社会活動に起因しているわけではない

---

[3]　430ppm以下となるシナリオも評価した。

と主張する科学者も依然として存在（例：Lomborg 2001; George C. Marshall Institute 2001; New Hope Environmental Services 2000; 槌田 2006; Vahrenholt and Luening 2012) し、CO_2濃度の上昇が社会にとって全体として便益をもたらすと結論づける研究もある（New Hope Environmental Services 2000)。また科学的知見の受容は、利害関係者や国によってさまざまである。科学的知見の受容についての国や利害関係者による差とその政策転換への影響については、第3章から第5章で検証する。

2.2. 国際気候政治の進展

気候変動問題への政治的な関心が高まったことを受けて、同問題は1988年に国連総会で取り上げられた（United Nations General Assembly 1988)。さらにIPCC第1次評価報告書公表後の1990年11月にジュネーブで開催された第2回世界気候会議では、気候変動に関する枠組条約の交渉を直ちに開始することを呼びかける大臣級の宣言が採択され、1990年12月、国連総会からの正式な承認を得た（United Nations General Assembly 1990)。こうして設立された気候変動に関する政府間交渉委員会(the Intergovernmental Negotiating Committee: INC[4])の6度にわたる交渉会合の後、国連気候変動枠組条約（the United Nations Framework Convention on Climate Change: UNFCCC）が1992年5月にニューヨークで策定され、1992年6月にブラジルのリオデジャネイロで開催された国連環境開発会議で採択された。

国連気候変動枠組条約は、「気候系に対して危険な人為的干渉を及ぼすこととならない水準において大気中の温室効果ガスの濃度を安定化させることを究極的な目的とする」(気候変動枠組条約2条[5])。しかし同条約は、温室効果ガスの濃度をどの水準に安定化させれば気候系への危険な人為的な干渉を回避できるのかを具体的に定めてはいない。同条約は、共通だが差異ある責任原則や応

---

[4] 政府間交渉委員会は、1992年2月18日から28日まで開催された第5回会合で交渉を終えることを予定していた。しかし、数多くの課題が1991年末になっても残されていたため、再開第5回会合が1992年4月に開催された。

[5] 気候変動枠組条約の日本語訳は、環境省訳（http://www.env.go.jp/earth/cop3/kaigi/jouyaku.html）による。

能原則(気候変動枠組条約3条1項)[6]など、上記の目標を達成し、その条項を実施する上で、締約国の指針となるような原則も盛り込んでいる。また先進工業国は、産業革命以降、大気中に排出された温室効果ガスの大半に責任があり、その結果、経済成長を遂げて、現在、気候変動問題に対処する上でより大きな負担を負う能力を有するに至ったことを踏まえて、3条1項は「先進締約国は、率先して気候変動及びその悪影響に対処するべきである。」と規定する。しかし主に米国が反対したため、気候変動枠組条約には先進工業国(いわゆる附属書Ⅰ国)の温室効果ガス排出削減に関する法的拘束力のある数値目標は盛り込まれなかった(Bodansky 1993: 478)。その代わりに同条約は、附属書Ⅰ国に「温室効果ガスの人為的な排出を抑制すること並びに温室効果ガスの吸収源及び貯蔵庫を保護し及び強化することによって気候変動を緩和するための自国の政策を採用し、これに沿った措置をとる」ことを要請している(4条2項(a))。4条2項(a)は、さらに「これらの政策及び措置は、温室効果ガスの人為的な排出の長期的な傾向をこの条約の目的に沿って修正することについて、先進国が率先してこれを行っていることを示すこととなる。二酸化炭素その他の温室効果ガス(モントリオール議定書によって規制されているものを除く。)の人為的な排出の量を千九百九十〔1990〕年代の終わりまでに従前の水準に戻すことは、このような修正に寄与するものであることが認識される。」として、先進工業各国に、2000年までに1990年の排出水準に回帰させることを目的として、政策措置を実施することを要請している。さらに4条2項(b)では、4条2項(a)の目的を達成するために、「〔4条2項〕(a)に規定する政策及び措置並びにこれらの政策及び措置をとった結果〔4条2項〕(a)に規定する期間について予測される二酸化炭素その他の温室効果ガス(モントリオール議定書によって規制されているものを除く。)の発生源による人為的な排出及び吸収源による除去に関する詳細な情報を、この条約が自国について効力を生じた後六箇月以内に及びその後は定期的に」、国別報告書として提出するという義務を定めている[7]。

多くの先進工業国は、気候変動枠組条約の交渉・採択の過程で、温室効果ガ

---

6) 原則に関する詳細は、Watanabe (2009a) 参照。
7) 植物の成長は CO_2 を吸収するため、京都議定書の下では、大規模植林を排出削減としてカウントすることが認められた。

ス排出削減目標を自主的に定めた（IEA 1994）。しかし気候変動枠組条約を採択した先進国が、気候変動枠組条約4条2項(b)に基づいて提出した第1次国別報告書からは、温室効果ガスの排出量を2000年までに1990年の水準に回帰させる途上にある締約国は極めて少ないことが明らかになった（UNFCCC 1996b）[8]。こうして温室効果ガス排出量を抑制し、危険な気候変動の発生を回避するには、各国の自主性に委ねるのではなく、より厳格な目標を国際条約で合意する必要があることが認識されるに至った。このような背景の下、1995年3月から4月にかけて開催された気候変動枠組条約第1回締約国会合（COP1）で、「気候変動枠組条約第4条2項(a)、(b)を検証した結果、これらの条項は不適切であるとの結論に達し、議定書あるいは他の法的文書の採択によって、同条項における附属書I国のコミットメントの強化を含む、2000年以降の期間において適切な行動をとることを可能にするための交渉プロセスを開始することに合意する。」と前文で規定するベルリンマンデートが採択された。ベルリンマンデートは、気候変動枠組条約第4条2項(a)、(b)における先進工業国およびその他の附属書I国のコミットメントを強化するプロセスの優先事項として、政策措置を強化すること、人為的な温室効果ガス（モントリオール議定書によって規制されるものを除く）の排出および吸収による除去を、2005年、2010年、2020年といった定められた期間において、抑制あるいは削減する数値目標を設定することを目的とし、このような目的を達成するためにベルリンマンデート作業部会が設置された（UNFCCC 1995）。気候変動枠組条約第1回締約国会合は、会議を主催したドイツを含め多くの国で、気候変動問題に関する一般国民の関心を喚起した（72頁図2-1参照）。

　ベルリンマンデート作業部会は、1995年3月から1997年12月までの2年半に及ぶ期間、9度にわたり開催された交渉会合の結果を踏まえて、1997年12月11日に、日本の京都で開催された気候変動枠組条約第3回締約国会合（The Third Conference of the Parties: CPO3）で、京都議定書が採択された。京都議定書では、6つの温室効果ガス（CO_2、CH_4、N_2O、PFCs、HFCs、SF_6）の総排

---

[8] 気候変動枠組条約12条5項は、先進工業国で附属書I国記載の締約国はそれぞれ、条約が発効した日から6カ月以内に第1回国別報告書を提出する義務を負うと規定している。条約は1994年3月12日に発効したため、附属書I国の第1回国別報告書の提出期限は、1994年9月だった。

出量を、2008年から2012年までの5年間の平均で、1990年水準から少なくとも5%削減するために、先進工業国ごとに異なる法的拘束力のある排出抑制・削減数値目標が合意された。日本、米国、欧州連合（EU）は、それぞれ6、7、8%の削減目標を負った。これらの目標は、排出抑制・削減目標値を決定する合理的な基準ではなく、主要先進工業国間での政治的な妥協により決定された。とはいうもののCOP3は、先進工業国に対し絶対量での温室効果ガス排出抑制・削減数値目標を定めた国際条約の採択を実現し、国際・国内政治双方で気候変動問題を重要政治課題に押し上げた。このような効果は、特にその都市の名を冠した最初の国際条約を採択した主催国日本において顕著だった。

京都議定書では、吸収源による除去のほか、他国の排出枠の購入（排出量取引）、他国における排出削減プロジェクトの実施（共同実施、クリーン開発メカニズム）（あわせて京都メカニズムと呼ぶ）も排出抑制・削減数値目標を達成するための手段として認められた。したがって議定書を実施するには、吸収源の計算方法や京都メカニズムの運用、さらには議定書で定められた排出抑制・削減数値目標の達成を確認し、また達成されなかった場合の措置を定める手続（遵守手続）などの運用細則を決定しなければならなかった[9]。このような議定書の細則の合意に向けて、ブエノスアイレスで開催されたCOP4では、細則合意に向けた2年間のプログラム（the Buenos Aires Plan of Action : BAPA：ブエノスアイレス行動計画）が採択された。ブエノスアイレス行動計画では、気候変動枠組条約が署名されたリオサミットから10年を記念して2002年に開催されたヨハネスブルグサミットでの議定書発効を目指して、締約国に議定書の国内締結手続きを終えるのに十分な準備期間を与えるため、2000年11月にハーグで開催されるCOP6で議定書細則に合意するスケジュールが盛り込まれた（UNFCCC 1998）。

このように議定書細則合意への期待が高かったにもかかわらず、数々の問題、特に吸収源（植林、再植林、森林管理による温室効果ガスの吸収）についてEUと米国が対立したため、COP6は物別れに終わった（Ott 2001: 282）。2001年3

---

9) 気候変動枠組条約締約国会合（The Conference of the Parties: COP）は、実施に関する補助機関（the Subsidiary Body for Implementation: SBI）と科学的・技術的助言に関する補助機関（the Subsidiary Body for Scientific and Technological Advice: SBSTA）の2機関の補助を受ける。

月28日の米国議定書離脱宣言は、ハーグでの交渉失敗の傷をさらに広げた。議定書離脱にあたり、米国のジョージ・ブッシュ (George W. Bush) 大統領は、京都議定書は「完全に死んだ」と表現した。しかし米国を除く主要締約国は、2001年7月にドイツ、ボンで開催されたCOP6再開会合で、米国が参加しなくても細則に合意するための交渉を進め、その結果、議定書の運用細則に政治的に合意した、いわゆるボン合意を採択し、2001年11月にマラケシュで開催されたCOP7で、ボン合意を法的文書にしたマラケシュアコードを採択した。COP6再開会合の開催により、気候変動問題は、再び、日本そして会議主催国のドイツで世論の関心を集めた。ボン会議の成功は、気候政策を政治的な主導権を発揮し、国際政治における米国の覇権に挑戦することができる分野と見ていたドイツそしてEUにとって極めて重要だった。気候政策を重視するEUの姿勢は、当時の環境・原子力安全・市民保護欧州委員マルゴット・ヴァルストローム (Margot Wallstrom) がボン合意採択の際に述べた「今日、米国とEU間の力の均衡に変化があった。」という発言に表れている (IISD 2001: 14)。ところで議定書が発効するには、気候変動枠組条約締約国のうち、批准先進国の1990年時のCO_2排出量が未批准国を含む全先進国の55％以上に達する、55カ国以上の批准が必要だった（京都議定書25条）。2000年の温室効果ガス総排出量が世界最大だった（約20％、CO_2排出量では約24％、WRI 2010）米国が、2001年3月に議定書から離脱すると宣言したため、運用細則の採択にあたっては、ロシア（先進国中第2番目の排出大国）と日本（第3番目の排出大国）が合意し、批准する内容でなければ、京都議定書が発効しないという事態が想定された。こうして日本はロシアとともに、COP6再開会合 (COP6.5) においてボン合意採択の鍵を握る国となった。

　議定書は上記の条件を充足するために必要となる、最後の締約国が上記の条件を満たして批准書を国連に提出してから90日後に発効する（京都議定書25条）。したがって2002年8月29日から9月4日に開催されたジョハネスブルグサミットで条約が発効するには、各国が2002年6月中に議定書を批准する必要があった。ほとんどの先進工業国は6月中に議定書を批准したが、ロシアが6月中に批准しなかったため、議定書はサミット期間中に発効することはなく、ロシアが2004年末に批准した後ようやく2005年2月16日に発効した。

前述のように、京都議定書で合意された先進工業国の温室効果ガス排出抑制・削減数値目標は、2008 年から 2012 年の第 1 約束期間を対象としており、次期約束期間以降の先進工業国の温室効果ガス排出抑制・削減目標については、議定書 3 条 9 項が、条約締約国会合および議定書締約国会合は、第 1 約束期間の終了時期の 7 年前、すなわち 2005 年までに交渉を開始すると定めた。しかし議定書の発効が遅れ、議定書締約国会合は、議定書 3 条 9 項で定める次期約束期間の排出抑制・削減目標に関する交渉の開始期限である 2005 年末になってようやくカナダのモントリオールで開催されたため、第 1 回締約国会合で、先進工業国の次期以降の約束期間の排出抑制・削減数値目標について交渉することを目的として、京都議定書の下でのさらなる目標に関する作業グループ（The Ad Hoc Working Group on Further Commitments for Annex I Parties under the Kyoto Protocol: AWG-KP）が設置された。さらに京都議定書の下で排出抑制・削減目標を負わず、温室効果ガス排出量が継続的に増加している開発途上国と、京都議定書から離脱した米国に、2012 年以降適用される国際枠組みへの参加を促すことを目的として、京都議定書下で設置された AWG-KP と並んで、気候変動枠組条約の下でも、「気候変動問題に対処するための長期的協力の行動に関する対話」が設置された。京都議定書に参加していない米国と中国は 2 カ国で 2005 年の地球全体の温室効果ガス排出量の約 37％を占めており（WRI 2010）、この両国が参加しなければ、他国が排出抑制・削減努力を行っても、気候系の危険な変化を回避するに足りる水準で、大気中の温室効果ガス濃度を安定化させることは不可能であることが明らかだったからである。しかし途上国と米国はともに正式な交渉を開始することに難色を示したため、「対話」は「条約下の将来の交渉、約束、過程、枠組み、マンデート等を予断しない」「開かれた、拘束力のない意見交換」の場として設置された（UNFCCC 2005）。

　締約国は、2007 年にインドネシア、バリで開催された気候変動枠組条約第 13 回締約国会合・京都議定書第 3 回締約国会合（COP13/CMP3）で採択されたバリ行動計画の下、この非公式の対話に代わって、気候変動枠組条約の下での長期的協力行動に関する特別作業部会（The Ad Hoc Working Group on Long-Term Cooperative Action under the Convention: AWG-LCA）を立ち上げることに合意した（UNFCCC 2007: パラグラフ 1）。AWG-LCA の目的は、「すべての先進工業国（米

国を含む）による、排出抑制・削減数値目標を含む、計測・報告・検証可能な、国別の適切な緩和に関する目標や活動」（パラグラフ1(b)(i)）、そして「持続可能性という意味で、開発途上国による国別の適切な緩和行動」に合意することであった。バリ会議は、国際気候変動交渉が始まって以来初めて、途上国の抑制行動に関する交渉の開始に締約国が合意するという成果をあげた。その代わりに、途上国が交渉開始以来、要求し続けてきたにもかかわらず、十分な水準で供与されることがなかった技術、資金、能力開発支援は、緩和行動実施の条件として増強されることになった（パラグラフ1(b)(ii)）。またバリ行動計画には、AWG-LCA は、2009 年にコペンハーゲンで開催された COP15/CMP5 で、2012 年以降のレジームのための包括的なパッケージに合意することを目指して、すでに作業を開始していた AWG-KP と並行して交渉を進めるというスケジュールも盛り込まれた。

その後2年にわたり、10 度の AWG-KP 準備会合、8度の AWG-LCA 準備会合（そのうち5度は 2009 年に開催）が開催されたが、締約国は主要な争点に合意することができなかった。こうして迎えたコペンハーゲン会合では、119 カ国の首脳が出席したにもかかわらず、ベネズエラ、キューバ、ボリビア、スーダンなど数カ国が政治宣言であるコペンハーゲンアコードの草案過程が不透明だったことに異議を唱えたため、締約国は、議定書などの法的文書はもとより政治宣言の採択にも合意できず[10]、結局、コペンハーゲンアコードに留意するにとどまった。「留意する」とは、枠組条約の締約国会合がその存在を承認したものの、枠組条約の外側にあり、それだけでは合意した国のみを拘束し、すべての締約国を拘束することはないことを意味する（高村 2012: 61）。コペンハーゲンアコードには、地球の平均気温の上昇を 2℃ 以内に抑えることを要請する文言（UNFCCC 2010c: パラグラフ2）が盛り込まれたが、法的拘束力のある温室効果ガスの排出抑制・削減数値目標は盛り込まれていない。このような法的拘束力のある目標の代わりに、先進工業国には 2020 年へ向けた、国全体の排出抑制・制限数値目標を、また途上国には適切な排出緩和行動を 2010 年 1

---

10) コペンハーゲン会合の前に、AWG-KP と AWG-LCA はそれぞれ再開第9回会合と第7回会合という追加会合を開催した。2009 年に開催された会合数5回は、これらの追加会合も含めた数である。

月31日までに提出することを求めた（同上：パラグラフ5, 6）。先進工業国は、自国での排出緩和に加えて、途上国の排出緩和行動および適応行動を促進するために、2010年から2012年までの期間で、300億米ドルの追加的な財政支援を提供し、また途上国が意味ある排出緩和行動を実施し、実施の透明性を確保するために、2020年までに1,000億ドルを調達することを約束した（同上：パラグラフ9）。また先進工業国による排出緩和および財政支援の実施と、途上国の緩和行動の実施はいずれも観測され、報告され、検証される。このような内容が盛り込まれたコペンハーゲンアコードは採択こそされなかったものの、114カ国によって追認され、全附属書Ⅰ国が温室効果ガス排出抑制・削減数値目標を提出し、40を超える非附属書Ⅰ国が適切な緩和行動計画を提出した（UNFCCC 2010d, e）。しかしながら、これらの目標を足し合わせても、温室効果ガスの濃度を気候系の危険な変化を回避する水準で安定化させるのに必要な排出削減量には及ばない可能性が高い（例：Climate Action Tracker 2010）[11]。

このように、締約国はコペンハーゲンでは、国際社会が気候変動問題に協力して対処するための枠組みに合意することはできなかった。2012年以降のレジーム採択に向けた交渉は、メキシコのカンクンで開催されたCOP16/CMP6に持ち越され、AWG-KPとAWG-LCAの活動は延長されることになった。カンクンでも気候変動問題を規律する2012年以降の枠組み自体に合意することはできなかったが、コペンハーゲン会議から一歩前進し、バリ行動計画の主な要素、すなわち長期的協力行動についての共有ヴィジョン、適応、緩和、資金・技術、キャパシティ・ビルディングについて定めたカンクン合意（UNFCCC 2011）が採択された。

カンクン合意では、産業革命以前からの全球平均気温上昇を2℃未満に抑えるという目標を締約国が対策をとる際の長期的な目標として確認し（パラグラフ4）、また長期目標の強化（1.5℃も含む）を検討する必要性が認識された。また先進国の削減目標については、地球規模の温室効果ガス排出量の大部分は先進国に由来するため、先進工業国は気候変動問題とその悪影響に対処するため

11） 気候政策を評価する独立のオンライン上のシステム、Climate Action Trackerによれば、各国が宣言した国別目標を達成しても、2100年までに地球の平均気温の上昇は、2℃を超える可能性が非常に高く、3℃を超える可能性も50％程度ある。

に主導的な役割を果たさなければならないことを認識した上で、コペンハーゲンアコードに基づいて先進国が 2010 年 1 月 31 日までに条約事務局に提出した削減目標を公式の文書で確認し、IPCC の AR4 で勧告されている水準と合致する水準まで、先進国に対し削減目標の水準を引き上げることを要請した（パラグラフ 37）。さらに先進国は低炭素発展戦略・計画を策定することも要請した（パラグラフ 45）。

途上国の緩和行動については、2020 年までに特に対策をとらない場合（BAU）と比較して温室校がガス排出量を抑制するという途上国全体の 2020 年目標に初めて言及し、その目標の達成を目指して「その国に適切な排出削減策」(National Appropriate Mitigation Action: NAMA) をとることが合意され、実施の意思のある途上国には事務局に排出削減策に関する情報を提出することを要請した（パラグラフ 48, 50）。先進国は途上国の NAMA の策定と実施、ならびに報告の促進に支援を提供する（パラグラフ 52）。途上国が条約事務局に申告した NAMA は、国際的な報告と検証を受ける。国際的に支援を受けた排出削減策については、国内でその効果を測定・報告・検証（Measurement, Reporting and Verification: MRV）し、さらに気候変動枠組条約の下で策定される指針に従って国際的な MRV を受ける。国際的な支援を受けない排出削減策は枠組条約の下で策定される一般指針に従って国内で MRV を受ける（パラグラフ 52）。こうして検証された結果は、4 年に 1 度の国別報告書、2 年に 1 度の排出目録の更新を含む更新報告書の提出を通じて国際的に報告される（パラグラフ 60）。気候変動枠組条約は、先進国だけではなく途上国にも国別報告書の提出義務を定めているが、提出の頻度が異なり、先進国がすでに第 5 次報告書を提出しているのに対し、途上国はメキシコが 2009 年 12 月に第 4 次国別報告書を、また 2012 年 12 月に第 5 次国別報告書を提出しているものの、それ以外では第 3 次報告書を提出したのも、韓国、モルドヴァ、旧ユーゴスラヴィア、アラブ首長国連邦、そしてウルグアイの 5 カ国だけだった（UNFCCC 2014c）。しかも先進国の国別報告書が条約事務局に登録された専門家によるデスクおよび訪問審査を受けるのに対し、途上国の国別報告書は審査を受ける仕組みになっておらず、長年にわたり気候変動枠組条約の下、非附属書Ⅰ国の国別報告書という交渉アジェンダの下で、途上国の国別報告書の提出頻度の改善と審査制度の確立が議

論されてきた。カンクン合意は、これら問題に対処し、今後、途上国の温室効果ガス排出抑制対策を促進し、その状況を把握する仕組みを整備するという成果を残した。このほかカンクン合意の中で、途上国における森林減少等からの排出削減策、カンクン適応枠組みと適応委員会、技術執行委員会や気候技術センター・ネットワークなどの技術メカニズムなど、新たな機関やプロセスが設置された。さらに資金については、2012年までの短期資金として300億米ドル、2020年までの資金として年間1,000億米ドルの資金を動員するという先進国による公約を承認し、また気候変動枠組条約下で設置されていた地球環境ファシリティ（Global Environmental Facility: GEF）に加え、緑の気候基金（Green Climate Fund: GCF）が設置された。緑の気候基金は、理事会の投票数が拠出額により割り当てられ、またオゾン層保護など他の多国間環境条約の基金も司るGEFとは異なり、先進国と途上国同数のメンバーからなる理事会による管理が決定された。また基金の設計は、移行委員会（定数40、先進国15、途上国25）が行うこと、同基金の暫定的な受託機関は世界銀行で、基金運営開始から3年後にレビューが実施されることが決定された。こうして気候変動枠組条約の下ですでに設置され、運用されてきた特別気候変動基金や後発途上国基金を含めて、気候変動枠組条約の資金メカニズム全体を管理する常設委員会がCOPの下に設置され、資金メカニズムの合理化、財源の動員、支援のMRVなどを決定することとなった（パラグラフ117）。

　さらにカンクン合意は、将来枠組み自体に合意してはいないことを踏まえ、AWG-LCAおよびAWG-KPに2011年も引き続き作業を続行し、バリ行動計画に基づいて合意された成果を完了するために法的選択肢の議論をCOP17まで継続するよう要請した。

　2011年11月28日から12月11日まで南アフリカ共和国のダーバンで開催されたダーバン会議では、「すべての締約国に適用される、条約の下での議定書、法的文書あるいは法的効力を有する合意された成果を作成するプロセスを開始する（launch a process to develop a protocol, another legal instrument or an agreed outcome with legal force under the Convention applicable to all Parties）」ことを決定し、このプロセスを前進させるために、「対策の促進のためのダーバン・プラットフォーム作業部会」（The Ad hoc Working Group on the Durban Platform for

Enhanced Action: ADP）を設置することに合意した。さらに作業部会は 2012 年前半に作業を開始すること（パラグラフ 3）、2020 年に議定書、法的文書あるいは法的効力を有する文書がその効力を発生し、実施されるよう、遅くとも 2015 年までにその作業を完了することを決定した（パラグラフ 4）。

　ダーバンでは、気候変動問題を規律する新たな国際的枠組みの発効が 2020 年になるため、京都議定書第 1 約束期間が終了する 2012 年 12 月 31 日以降 2020 年までの枠組みについても合意しなければ、空白期間が生じるという事態への対処も話し合われた。京都議定書によれば、京都議定書第 2 約束期間の約束が 2013 年 1 月 1 日に効力を発生するには、1) 附属書 B の改正案と関連する議定書改正案が、京都議定書締約国会合の通常会合で採択されること（20 条 2 項）、2) 2012 年 10 月 3 日までに京都議定書締約国の 4 分の 3 がこの改定案を批准すること（20 条 4 項）が必要だった。したがって 2011 年に開催された第 7 回京都議定書締約国会合は、2013 年 1 月 1 日以降空白を生じさせずに京都議定書第 2 約束期間を開始するための最後の機会となる会合だった。京都議定書締約国会合は、第 2 約束期間が 2013 年 1 月 1 日から開始することを決定し、京都メカニズム、森林等吸収源、対象ガスなどに関する規則（CMP7 決定 2～5）を採択した上で、第 2 約束期間を 2017 年末か 2020 年末のいずれとするかを 2012 年の AWG-KP で決定することに合意した（CMP7 決定 1 パラグラフ 1）。また温室効果ガスの抑制目標を京都議定書の下での数値目標に転換する意思がある附属書 I 国は、2012 年 5 月 1 日までに数値目標に関する情報を提出し、これを AWG-KP が検討し、2012 年の COP18/CMP8 で改正案を正式に採択することが合意された。しかし日本は 2010 年 12 月 10 日に、ロシアは 2010 年 12 月 8 日に、カナダは 2011 年 6 月 8 日にそれぞれ京都議定書第 2 約束期間には参加しないことを表明し、第 2 約束期間に参加したのは EU 27 カ国とその他の欧州各国（ノルウェー、スイスなど）、そしてオーストラリアに限定された。

　2012 年 11 月 26 日から 12 月 7 日までの期間、カタールのドーハで開催された COP18/CMP8 では、まず京都議定書の第 2 約束期間は 2020 年までの 8 年間とすることを決定し、ダーバンで合意していた内容とあわせて、京都議定書改定に合意した。またダーバンで「対策の促進のためのダーバン・プラットフォーム作業部会」（ADP）が立ち上げられたことにより、バリ行動計画の下

で設置された AWG-LCA、AWG-KP とあわせて 3 つの作業部会が並立し、これに COP、CMP、それぞれの SBSTA と SB が加わって交渉が複雑化していたため、AWG-LCA と AWG-KP の作業を終了することを決定した。また ADP については、2015 年に法的文書を採択するための作業計画、特に 2013 年中の作業計画に合意し、2 つのワークストリーム（2020 年以降の将来枠組みと 2020 年までの緩和目標の水準引上げ）に分けて、より焦点を絞った議論を実施することが決定された。ダーバン・プラットフォームで設立されることが決定された資金については、先進国が 2012 年までに拠出することとしていた 300 億米ドルを支出したことを認知したほか、長期資金に関する作業計画を 2013 年までに延長すること、緑の気候基金のホスト国（韓国）を承認することなどの決定が採択された。このほか、新たな議題として気候変動による損失と被害が取り上げられ、COP19 において気候変動の影響に脆弱な国における被害の軽減に取り組むための世界的なメカニズムなどの制度が設立された。締約国は、2015 年に、2020 年以降の気候変動問題を規律する国際的な枠組みに合意するために交渉を続けている。

2.3. 世　論

ドイツ

ドイツ応用社会研究所（Institut für Praxisorientierte Sozialforschung : IPOS、著者日本語訳）によって実施された世論調査によれば、ドイツ人は、1990 年代の初めから、将来最も深刻になるであろう環境問題として気候変動問題を交通、人口増加、化学事故よりも上位にあげている（IPOS 1991: 12-13, 1992: 15, 1993: 13, 1994: 12-13）。図 2-1 は、環境保護に関する人々の懸念の推移を示している。これは気候変動問題への関心も反映していると推測できる。前節で述べたように、多くの国際会議、気候変動に関する政府間パネルの設立、国連気候変動枠組条約の採択へ向けた政府間交渉の開始を受けて、1980 年代後半には、気候変動問題に対する一般市民の関心が高まった。しかし 1990 年のドイツ再統一により、一般市民の環境問題への関心は低下し、環境保全を最重要課題の 1 つとして選択した回答者の割合は、1990 年の 60％から 1991 年の 39％まで大幅

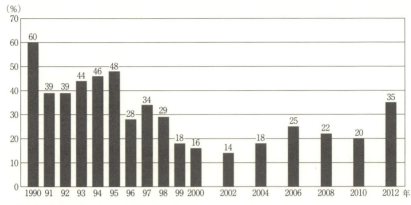

出典：UBA (2012)
図 2-1：環境保全は最も重要な問題の1つか

に減少した。ドイツ政府が1995年にCOP1をベルリンに招致したため、気候変動問題を含む環境問題は再び、一般市民の関心を集めるようになり、環境保全を最重要課題の1つとして選択した回答者の割合は50％近くまで増えたが、1996年に30％以下に下落した。環境保全を最重要課題の1つとして選択した回答者の割合は1997年にはおそらく京都会議開催の影響もあって、35％程度に回復したが、1999年には20％を割り、その後、2006年には25％まで上昇したが、2008年、2010年と再び下降し、2012年に35％まで増加するという具合に乱高下を繰り返した（図2-1参照、UBA 2012）。

　IPOSが実施した世論調査の追跡調査にあたる、連邦環境庁（Umweltbundesamt：UBA）が実施する環境問題に関する意識調査（Umweltbewusstsein）では、環境保全は失業問題に続いて第2位にランクされた2006年を除き、2000年から2010年までの間、3番目か4番目にランクされてきた（UBA 2000, 2002, 2004, 2006, 2008, 2010）。この期間中のほとんどの年で、失業、経済成長・経済発展、社会的公正がより重要であると評価された。2012年にはドイツの景気が回復したこともあり、失業問題は3位にランクされ、環境問題は経済・金融問題に次いで2位にランクされた（UBA 2012: 18）。個別問題を、「非常に重要である」から「全く重要ではない」までのいずれかで評価する世論調査では、調査対象者中、環境保全を「非常に重要である」とした対象者の割合は2004年に45％

（第 8 位）、2006 年に 50％（第 7 位）、2008 年に 49％（第 8 位）を占めた。この間、失業問題は常に第 1 位にランクし、2004 年と 2006 年には 93％、2008 年には 84％の調査対象者が「非常に重要である」と評価した（UBA2004, 2006, 2008）。ただし「どちらかといえば重要である」を含めると、90％以上の回答者が環境保全を「重要である」と評価していたことになる（UBA 2004, 2006, 2008, 2010; 2010 年は 80％以上）。「非常に重要である」を選択した回答者の割合は、2010 年には 52％であり、これに再生可能エネルギーの促進（51％）、効率的な代替エネルギーの開発（電気自動車や電気機器など）（48％）が続いた（UBA 2010: 24）。さらに 2004 年には、回答者の 85％が、気候変動問題は起こるであろうと考えており（34％が「完全に納得している」、51％が「かなり納得している」）、その割合は 77％が気候変動問題は起こるであろうと回答した 2002 年と比べて増加した（27％が「完全に納得している」、50％が「かなり納得している」）（同上: 60）[12]。なお 2002 年には、60％の回答者がドイツが気候変動により生じる問題に対処できると考えていなかった。この割合は、2004 年には 63％で、2006 年には 62％だったが、2008 年以降、ドイツが気候変動により生じる問題に対処できると考える回答者の割合が増え、2008 年には 55％、2010 年には 56％と、対処できないと考える回答者と対処できると考える回答者の割合が逆転した（UBA 2004: 62, 2008: 24, 2010: 33）。2008 年、気候変動問題に関連する大きなリスクを具体的に回答することが求められた際には、86％が気候変動による損害（嵐や洪水など）の対策費用が高いことを、85％が気候変動問題による損害を回避するために導入する必要な措置（堤防の補強など）の費用が高いことをあげた（UBA 2008: 25-6）。また 2010 年には、気候政策の具体的政策手段について、どの政策が重要だと思うかという質問が追加され、88％の回答者が住居のエネルギー効率性の向上に対する補助金支出と、電子機器のエネルギー効率性に関する法令整備を選択した（UBA 2010: 35）。

---

12) これら 2 つの質問は、2006 年の環境問題に関する意識調査（Umweltbewusstsein）（UBA 2006）には含まれていなかった。2006 年版の気候保全とエネルギーシステムの節は、「気候変動問題への関心は近年高まってきた。気候変動は我々の身の回りのあらゆるところで観察されている。」（著者訳）と始まっているため、この 2 つの質問をする必要がなかったのかもしれない。

日本

ドイツと同様、日本における世論調査は、1980年代後半から1990年代初頭にかけて、一般市民の地球環境問題に対する関心が高まったことを示している。1984年6月に実施された環境問題に対する世論調査では、地球環境問題に関する問いは質問票の最後の問いだった。この質問票の並び順から、地球環境問題が質問票を作成した担当官にとって優先順位が低かったと解釈することができる。また地球環境問題のうちCO_2排出量の増加は16.3%で3位にランクされたが、それでも化学物質汚染（第1位、49.5%）、森林破壊（2位、32.8%）に後塵を拝し、海洋油濁汚染（16.1%）、砂漠化（13.3%）、野生動物・植物の減少（11.1%）についても、CO_2排出量の増加とそれほど変わらない割合の対象者が懸念していると答えた（総理府 1984）[13]。

さらに1988年に実施された環境問題に関する世論調査では、地球環境問題が懸案事項の第6位に（20.7%）ランクしていたが、1990年には大気汚染、水質汚濁を抑えて1位に（42.4%）ランクした[14]。地球環境問題は、1993年には騒音と水質汚濁に続いて第2位（55.6%）になったものの、1995年には、COP1開催の影響もあったのか、1位に返り咲いた（42.5%）（総理府 1988, 1990, 1993, 1995; 図2-2参照）。

1990年の調査では、30.4%の回答者が、地球環境問題を重要だと考え（9.7%が最優先課題である、20.7%が重要だが、もっと重要な問題が存在すると回答）、一方で2.9%が重要ではないと見ていた。さらに83.6%の回答者が気候変動を懸念していると答え、そのうち43.3%は「非常に心配している」、40.3%は「いくらか心配している」を選択した。1984年時と1990年時を比較すると、1980年代後半に地球環境問題、気候変動問題に対する一般市民の関心、懸念が高まったことは明らかである。

京都会議が開催される直前の1997年6月には、地球温暖化に関する世論調査が実施され、「温暖化問題に関心がありますか」という質問に対しては、79.4%の回答者が関心がある（25.3%は「関心がある」、54.1%は「いくらか関心がある」）と回答した（総理府 1997）。また「地球温暖化を懸念していますか」と

---

13) この世論調査では、回答者に、特に懸念している環境問題を2つ選択することを求めた。
14) この世論調査では、回答者に、特に懸念している環境問題を3つ選択することを求めた。

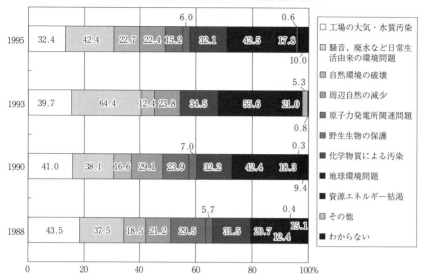

出典:総理府 1988、1990、1993、1995に基づいて筆者作成。
図 2-2:環境問題に関する懸念

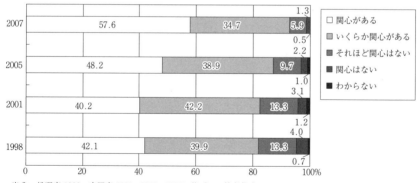

出典:総理府 1998;内閣府 2001、2005、2007に基づいて筆者作成。
図 2-3:地球環境問題への関心

いう質問には、82.2％が「懸念している」(27.7％が「非常に懸念している」、54.5％が「いくらか懸念している」)と回答した。1998年、2001年、2005年、2007年の世論調査には、地球環境問題全般についてではあるが、同様の質問

が含まれていた（総理府 1998; 内閣府 2001, 2005, 2007）。「関心がある」と「いくらか関心がある」の合計は、1998 年には 82％だったが、2007 年には 92.3％にまで増加した（図 2-3 参照）。気候変動の影響については、70.9％が 2007 年時点で、海面上昇による損害をあげた（内閣府 2007）。なおドイツが 2 年ごとに温暖化問題を含む環境問題に関する世論調査を実施しているのに対し、日本は 2007 年を最後に 2014 年に至るまで、温暖化問題に関する世論調査を実施していない。

2.4. 気候変動問題の重要性

IPCC 第 1 作業部会の第 5 次評価報告書が端的に示すように、この 25 年間に蓄積された科学的知見によれば、科学的な不確実性が 0％になることはないものの、気候系は温暖化しており、大気中の温室効果ガスの濃度は人為的な温室効果ガス排出によって上昇している可能性が極めて高い（95％）（IPCC 2013）。さらに第 3 作業部会の報告書は、気候系の危険な変化を回避するには、2100 年までに温室効果ガス濃度を 450ppm の水準以下に抑制することが望ましく、そのためにはエネルギーシステムと、可能であれば土地利用の大規模な変化によって、今世紀半ばまでに人為的な温室効果ガスの排出量を地球全体で 40〜70％程度削減し、2100 年にはほぼゼロかマイナスとすることが必要であるとしている（IPCC 2014）。気候変動に関する科学的知見の精緻化と、不確実性の低下に伴って、気候変動問題に対処するための国際交渉は、温室効果ガスの排出抑制・削減数値目標を盛り込まなかった気候変動枠組条約から、先進工業国の排出抑制・削減数値目標を定めた京都議定書、そして目標の種類は違えども、先進工業国と開発途上国双方からの温室効果ガス排出量を規制する 2012 年以降の期間を規律する合意の 2009 年採択を目指したバリ行動計画の採択へと発展した。バリ行動計画の目的は必ずしも達成されなかったものの、ダーバン・プラットフォームの下、2020 年以降の期間を規律するレジームの 2015 年合意に向けて、交渉が続けられている。

気候変動問題に関する科学的知見と国際的な気候変動交渉の発展に伴い、気候変動問題に関する政治家そして一般市民の関心は、日独両国で高まった。両

第 2 章　気候変動問題の歴史的背景　77

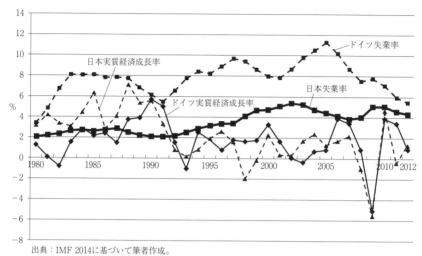

出典：IMF 2014に基づいて筆者作成。
図 2-4：日本とドイツの経済成長率と失業率

国の世論調査が示すように、一般市民の関心は、特にドイツでは、より緊急の対応を要する他の問題、特に再統一や経済状況そして失業問題に削がれた時期もあった（図2-1、2-4）。実際、社会経済状況は気候政治の進展に影響を及ぼす重要な要因の1つである。経済が不況に陥れば、政府も産業界も、温室効果ガスの排出削減対策や削減技術に投資する資源が不足するばかりか、失業率の上昇を招いたり、一般市民の生活を直撃して、気候変動問題に対処するどころではなくなる。一方で、不況期間中の生産減少は、自動的に多くの部門で排出削減をもたらす。世論調査の結果からは、気候変動問題に対する一般市民の関心には浮き沈みがあったものの、その知見は過去25年の間に増加したことが窺える。第3章から第6章では、この章で説明した要因が、第1章で仮説として提示した要因とあわせて、どのように日本とドイツで気候エネルギー政策転換を引き起こしたのかを詳細に検討する。

第3章　日本における気候エネルギー政策転換

　本章では、1987年から2012年までの日本の気候エネルギー政策の進展を分析する。分析にあたっては、いつ気候政策サブシステムが成熟したのか、気候政策サブシステムにおける主要アクターは、国別目標、産業エネルギー部門の目標、これらの目標を達成するために実施されている政策措置について、どのような立ち位置をとったのか、いつ気候エネルギー政策へと拡大したのかを検証し、日本が経験した政策転換のタイプあるいはレベルを同定することを試みる。

　第1章でも触れたように、日本では、自由民主党（自民党）が、1955年から2009年までの間、野党に下った1993年から1994年までの11カ月間を除いて、政権を独占していた。このように日本では2009年までは政権交代がなかったに等しく、気候変動問題に関する国際交渉の進展が日本の気候エネルギー政策システムに影響を与える最大の要因だったことを踏まえ、1980年代後半から2012年までの期間を国際交渉の進展にあわせて6つの時期に分けて、日本の気候エネルギー政策転換を分析する。第1期は比較的長く、気候変動問題が最初に国際および国内政治上の主要課題として認識されるようになった1980年代後半から、日本政府が京都議定書の採択へ向けて、日本としての立ち位置を決定するために省庁間交渉を開始した1996年までとする。第2期は1996年から、日本政府が京都議定書採択後、気候変動問題に対処するための制度を構築し、京都議定書で約束した温室効果ガスの排出量を基準年から6％削減するという目標を達成するためのプログラムを国内で採択した1998年までとする。第3期は1999年から、日本が京都議定書を締結した2002年までとする。第4期は2002年から、京都議定書が発効し、これを受けて日本が京

都議定書目標達成計画を採択した 2005 年まで、そして第 5 期は、京都議定書発効と同時に開始した、京都議定書の第 1 約束期間の最終年である 2012 年以降の気候変動問題を規律する国際枠組みに関する交渉が決着するはずだった 2009 年までとする。そして第 6 期は、2009 年から 2012 年までとする。2009 年は自民党から民主党への歴史的な政権交代があった年であり、本章では 2009 年で区切ることにより、国際気候政治の影響だけではなく政権党の交代による影響もとらえることを試みる。

3.1. 第 1 期（1980 年代後半～1996 年）：地球環境政策システムの出現

3.1.1. 地球環境政策システムの出現

第 1 章で述べたように、日本の省庁の担当官は、通常、さまざまな部署を 1 年から 2 年で異動する。それにもかかわらず 1980 年代初頭までは、日本の政治は政治家ではなく官僚によって動かされており、政治家は政策を形成するにあたり、省庁の専門性に依存しているとする見解が主流であった（辻 1969: 281）。このような見解は、組織レベルで蓄積された知見という意味では的を得ているのかもしれない。しかし第 1 章でも述べたように、1980 年代に入って多元主義に基づいて実施された研究により、省庁と政治家の関係は上記のような見解が主張するような単純なものではなく、政治家の中にも特定の政策分野に長く関わり、専門的知見を獲得し、その同意がなければ国会で法案を通過させることが困難となる、いわゆる「族議員」が存在することが指摘された（例：猪口・岩井 1987: 19-29, 154-5; 山口 1989: 140; 中野 1992: 77; 佐藤・松崎 1986: 264-5）。猪口と岩井（1987：136-7）は、1967 年以降、自民党議員が政治的利益が大きい農林、建設、そして商工部会に集中し、これら分野で強力な族を形成したことを示している。一方、環境分野は「利益集団が形成されていないか形成されていたとしても選挙や政治資金とかかわりを直接には持たな」かったり、あるいは「自民党が擁護してきた産業化政策や保守政治とは対局の関係にあったため」（同上：135）、族議員となる者は少なかった[1]。

---

1) 政調部会会員数は衆議院 21、参議院 15 の 36 名と 1988 年 10 月版の自民党政調調査会名簿では最小で、最大の建設部会（183 名）の約 6 分の 1 の会員数しかいなかった（同上：132-

こうした自民党議員の意識は、オゾン層破壊や気候変動に関する科学的知見の蓄積により、地球環境問題が国際的な重要政治課題として認識され、それとともに国民の地球環境問題への関心が高まるにつれて（第2章）、変化した。このような自民党議員の意識変化は、当時の首相、竹下登による、環境問題を自身の関心領域とするという発言に顕著に表れている。竹下は、1988年に起きたリクルートコスモス社の未公開株受領による収賄容疑が朝日新聞により報道されたことを受けて、1989年6月に首相の座を辞任したものの、その後も自民党内最大派閥の長として、党内で大きな影響力を維持した[2]。竹下の首相への返り咲きの道は、1992年に発覚した、首相と極めて近い関係にあった金丸信自民党副総裁が、1987年の竹下の首相就任に際し不正を働いたことを示唆する東京佐川急便事件により断たれたものの、竹下は自身のイメージを回復し、再度首相として選任されるためにも、環境というクリーンな問題に着目した。また日本が地球環境問題解決にあたりその経済力に見合った貢献をしていないという国際的な批判を受けたことも、当時の政治家が環境問題に積極的に取り組む姿勢を示した要因の1つである（Schreurs 1997: 150）。このような背景の下、竹下にならって、愛知和男、谷津義男、武村正義、橋本龍太郎など影響力のある自民党政治家が環境問題を重視するようになり、自民党内に地球環境問題特別委員会が設置され、環境族が誕生した。

1989年5月12日、首相を辞任する前の竹下のイニシアティブで、国際交渉の対象となる環境問題について、交渉における日本の立ち位置を省庁間で調整するために、地球環境保全に関する関係閣僚会議が設置された。1989年6月

3、135）。

2) 第1章で説明したように、自民党の派閥制度は、1970年代初頭から、贈収賄の原因を作っているとして批判されてきた。1976年、当時の首相で自民党の最大派閥を率いていた田中角栄が、当初マクドネル・ダグラス社の航空機を注文する決定を下していた全日空社に対し、ロッキード社の航空機を購入するよう圧力をかけ、その見返りとして5億円を受け取った疑惑で逮捕された。自民党の金権体質への批判は、当時の首相であった竹下登、竹下の前の首相であった中曽根康弘、竹下の後の首相であった宮澤喜一のほか、安倍晋太郎、渡辺美智雄など影響力ある自民党議員が、リクルートコスモス社に政治的・経済的な便宜をはかる見返りとして、同社社長江副浩正から、同社の未公開株式を受け取っていたことを、朝日新聞社が報道した1988年に頂点に達した。さらに1992年には、当時の首相であった竹下登の側近であった金丸信やその他影響力のある議員が、東京佐川急便の事業拡大に特別の便宜をはかる見返りとして、多額の非合法な政治献金を受け取っていたことが明るみに出た。その後、数多くの影響力のある自民党議員が自民党を去り、新党を結成した。

30日に開催された最初の閣僚会合で、日本はその経済レベルと先進的な公害防止技術に見合った形で、地球環境問題に対処するべきであることが合意された。日本の環境庁も、1989年に地球環境保護部を設置し、同部は1990年に局に昇格した（Schreurs 2002: 163）。

3.1.2. 国別排出抑制・削減数値目標：地球温暖化防止行動計画の策定

国連気候変動枠組条約採択交渉へ向けて、通商産業省（通産省）は短期的な排出抑制・削減数値目標の設定ではなく、長期的な技術革新の推進を主張した。このような主張は、1990年4月に開催された地球環境問題に関するホワイトハウス会議で、通産省が提示した地球環境保護のための21世紀に向けた行動計画に顕著に現れている（Schreurs 2002: 166）。同計画には、クリーンエネルギー源の導入の加速化、例えば1990年代初頭から安全な原子力発電所を建設し[3] 2000年以降、新たな再生可能エネルギー源を導入し、環境配慮型の技術生産工程を開発するといった内容が盛り込まれている（通商産業省 1990）。通産省は、尚早な行動をとったために日本経済へ悪影響が及ぶこと、そして二酸化炭素（CO_2）排出量を絶対量で安定化させることを求める欧州連合（EU）とこれに反対する米国の対立が深まることを懸念していた。これに対し環境庁は短期的な排出抑制・削減数値目標の設定を選好し、外務省、運輸省、農林水産省など他の省庁、そして自民党も環境庁の立ち位置を支持した。1990年10月23日、閣僚会合は、徹夜の省庁間交渉を経て、地球温暖化防止行動計画を採択したが、この計画は妥協の産物であった。なぜなら一方で通産省の立場に沿って、1人当たりCO_2排出量を2000年までに1990年水準に戻すという目標を、他方で環境庁の立場に配慮して、新エネルギーの技術開発が進むという条件が満たされた場合には、CO_2排出量を絶対量で2000年までに1990年水準に戻すという目標が定められたからである（Schreurs 2002: 168）。外務省と通産省

---

[3] 日本は、国内エネルギー資源に乏しい国であり、したがって、エネルギー供給においては原子力に依存してきた。日本は2005年時点で、発電量の18.8％を国内エネルギー源から発電しており、そのうち79.6％（総発電量の14.96％）が原子力によって発電されている（IEA 2007: 91）。したがって、原子力発電は日本のエネルギー安全保障において重要な役割を果たしてきた。また原子力発電所は、石油あるいは石炭火力発電所と比較すると、CO_2排出量が少ないと認識されているため、気候政策に大きな影響を及ぼす。

は、上記のような政府内での合意があったにもかかわらず、国際条約採択へ向けた政府間交渉会議の第2回会合で、プレッジアンドレビュー（誓約と評価）方式を共同で提案した。このようなシステムの下では、各国は排出抑制・削減目標を自身で誓約し、この目標達成に向けて他の締約国による進捗状況の評価を受けることを要請される。したがって、この提案は、地球温暖化防止行動計画で各省が合意した内容よりもはるかに弱い内容であり、環境 NGO から批判を浴びた。さらにこの提案は、環境庁はもとより同庁長官であった自民党の愛知和男との事前協議なく発表されたため、国会で自民党にも批判された。影響力がある2つの省庁が、党との事前協議なく、国際会議の場で、政府内で合意していたのとは異なる、しかも合意していた内容よりもはるかに弱い提案をしたという事実に体面を傷つけられた自民党は、この提案が日本国としての提案ではないことを示すために、地球環境保全に重点を置くことを強調した。これ以降、通産省と外務省はプレッジアンドレビュー方式について公の場で発言することを控えるようになった。

　1992年6月、日本は気候変動枠組条約に署名し、条約が1994年に発効した後、地球温暖化防止行動計画における通産省の立場に沿って、1人当たり CO_2 排出量を2000年までに1990年水準に戻すことを再確認した[4]。この目標は、1997年に採択された京都議定書の下で、日本が約束した温室効果ガスを6%削減するという目標を盛り込んだ地球温暖化対策推進大綱を1998年に採択するまで、日本が国として掲げる温室効果ガスの排出抑制数値目標だった。

3.1.3. 政策措置：炭素税導入に関する議論

　日本政府は、国連気候変動枠組条約に署名する以前に、公害対策基本法の改正の中で、炭素税の導入に関する議論を開始した。公害対策基本法は1970年に公害問題に対処するために制定されたもので、1990年代に入って出現した地球環境問題に対処する体制を整備するには同法を改正することが必要だっ

---

4) 気候変動枠組条約4条2項は、先進工業国は、絶対的な温室効果ガスの排出量を2000年までに1990年比で安定化させることが、人為的な温室効果ガス排出量の長期的な増加傾向を修正することにつながることを認識し、そのような修正に向けて主導権を発揮しなければならないとしている。日本の目標は、1人当たり CO_2 排出量を2000年までに1990年比で安定化させることである。

た。1992年、当時の宮沢喜一首相は、新たな環境基本法を制定するよう関連省庁に指示した（Schreurs 2002: 171）。自民党と首相の支持の下、環境庁は1992年に新環境基本法を草案するチームを結成し、このチームが作成した草案を、のちに中央環境審議会に統合された公害対策審議会と自然保全審議会に提出した。これら2つの審議会は、経済的手法を導入する必要性を認識しつつも、通産省と産業界の反対に遭い、利害関係者間で合意を形成することができなかったため、その時点で環境税を環境基本法に盛り込むのは時期尚早であると判断した。

さらに影響力がある自民党議員の多くは、東京佐川急便事件の処理に追われ、環境基本法の改正に十分な注意を払うことができなかった。その結果、改正の内容は薄められ、炭素税は環境基本法には盛り込まれなかった。また気候変動枠組条約の採択後、一般市民の気候変動問題に対する関心は低下し（第2章参照）、炭素税導入へ向けた世論の後押しがなかったことも炭素税が導入されなかった一要因である。

3.1.4. 第1期のまとめ：地球環境政策システムの出現と国別排出抑制・削減数値目標設定をめぐる対立

第1期には、国際協力を要する環境問題に対処するための基本的な制度が形成され、地球環境政策サブシステムが出現した。また日本が気候変動問題などの地球環境問題に対処する上でより大きな役割を果たす必要があるという認識が、内閣そして議員の間で共有されるようになった（例：Kawashima 1997: 110）。しかし気候政策サブシステム自体は地球環境政策システムの中に内包されており、独立の政策サブシステムとしていまだ存在していなかった。それにもかかわらず、気候政策に関するアクター間の対立は、気候変動枠組条約採択のための国際交渉における日本の立ち位置を決定するための省庁間交渉を通じて先鋭化した。環境庁は短期かつ絶対量での排出抑制・削減数値目標を選好し、これを影響力がある自民党議員も支持したが、産業界と通産省はそのような目標に関しては懐疑的で、技術開発主導の長期的な解決策を選好した。その結果、採択された地球温暖化防止行動計画では、両者の立場の妥協がはかられ、2つの異なる目標、すなわち1人当たりCO_2排出量を2000年までに1990

年水準に回帰させるという目標と、CO_2 排出量を絶対量で 2000 年までに 1990 年水準に回帰させるという目標を盛り込むこととなった。ただし後者には、新エネルギー源の技術開発が進んだ場合という条件が付された。

このような気候保全という観点からは低すぎる目標で、日本の利害関係者間に妥協が成立した原因の1つとして、世論の後押しがなかったことがあげられる（同上、第2章も参照）。ドイツの議会諮問委員会のような気候変動の科学について政治家と科学者がともに議論する場が日本には存在せず（第4章参照）、結果として気候変動問題に緊急に対処する必要性について合意が得られなかった点も原因の1つとして考えられる。日本では、利害関係者は、国際レベルで蓄積された科学的知見に関する情報に精通し、理解も深かったが、こういった情報は、多くのアクター、特に産業部門の利害関係者に、気候変動問題への早急な対応を納得させるには至らなかった（第5章参照）。

3.2. 第2期（1996年～1998年）：最初の政策の窓—京都会議の開催

3.2.1. 地球温暖化問題に対処する国内手段に関する関連審議会合同会議：国別目標と部門別目標の設定

日本政府は、1996年6月にジュネーブで開催された気候変動枠組条約第2回締約国会合（COP2）で、第3回締約国会合（COP3）を京都で開催することを宣言した後、この会議で主導権を発揮することを目指して、準備を始めた。このような状況の下、1997年夏、当時の首相であった橋本龍太郎の主導で、産業、エネルギー、家庭、運輸部門におけるエネルギー効率性向上による排出削減の可能性を同定することを目的として、関連審議会合同会議が設置された。1989年に設置された地球環境保護に関する閣僚会合と異なり、合同会議は環境問題全般ではなく気候変動問題だけを射程とした。COP3で先進工業国の排出抑制・削減数値目標を採択することを目指して、1995年に設置されたベルリンマンデート特別作業部会での交渉（第2章参照）へ向けて日本としての立ち位置に合意するための日本国内における議論を通じて、各アクターの気候変動問題に関する立ち位置が明確になり、地球環境政策サブシステムに埋め込まれていた気候政策サブシステムが次第に独立の政策サブシステムとして形

をなしてきた。

　国内排出抑制の可能性とその可能性を実現するための手段は、通産省の産業構造審議会で1996年4月から1997年3月まで、また総合エネルギー調査会で1996年9月から京都会議直前の1997年11月まで、他方、環境庁の中央環境審議会で1997年8月から審議された。1997年6月に公表された環境基本計画の第2回点検によれば、1990年に採択された地球温暖化防止行動計画で設定された目標を達成することは困難だった。中央環境審議会は、この点検の結果に基づいて、2000年までに地球温暖化防止行動計画で定められた目標を達成し、2000年以降、さらに排出を削減するための効果的な手段を導入することを勧告した。さらに中央環境審議会は、地球温暖化防止行動計画を改定し、国別目標を明示すること、政策措置の枠組みを示すことを勧告したが、具体的な政策手段を提案するには至らなかった。1997年11月14日、上記の審議会における審議に基づいて、合同会議は、「総合的なエネルギー需給抑制対策を中心とした地球温暖化対策の基本的方向について」という報告書を公表した。この報告書には各部門の排出抑制目標（産業は－7％、運輸は＋17％、家庭は0％）が明記された。政策措置については、通産省の産業構造審議会と環境庁の中央環境審議会それぞれの答申を統合し、原子力発電の促進、産業界の自主的な排出抑制目標の設定（経団連自主行動計画、下記参照）、炭素・エネルギー税および運輸部門からの排出増加を抑制するための措置の導入、ライフスタイルの変化などが列挙されたものの、自主行動計画を除くと実現性の乏しいものばかりだった。

　COP3が近づいてきたにもかかわらず、日本政府は、国内の交錯する利害の調整に手間取り、ベルリンマンデート特別作業部会交渉の最終局面になっても、温室効果ガス排出抑制目標を打ち出せずにいた。1997年8月から9月にかけて、関係省庁は、日本政府としての統一的な立ち位置に合意するために、最終調整会合を開催した。外務省は、COP3において多国間条約（この場合は議定書あるいは他の法的文書を意味する）を採択することに優先順位を置いた。そのため日本は、温室効果ガス最大の排出国であるにもかかわらず、法的拘束力のある排出抑制目標としては現実的なものしか受け入れず、温室効果ガス排出量の1990年水準への回帰、すなわちゼロ削減を主張する米国の立場[5]と、より

---

5) 米国は、6ガス（CO_2, CH_4, N_2O, HFCs, PFCs, SF_6）の基準年水準での安定化を提案した。

野心的な目標を提示する他国の立場の双方に配慮しなければならなかった。後者の中でもすべての先進工業国による一律15％排出削減を主張する欧州連合の提案を受けて、外務省は、日本はCOP3の議長国として、5～6.5％の排出削減目標を提案し、交渉を牽引する必要があるという立ち位置を示した[6]。一方、通産省は、米国の立場に配慮し、日本が負うことができる絶対量での目標は、温室効果ガス排出量1990年水準安定化が精一杯であると主張した。このような通産省の立場は、日本の1人当たり排出量が先進国の中で最も低いことを踏まえて、野心的な目標への約束が日本企業の国際競争力に悪影響を及ぼすことを懸念する産業界の立場を反映したものだった。通産省とは対照的に、環境庁は、日本は、気候変動の深刻な悪影響を避けるのに十分に野心的で、政治的に実現可能で、現実的な排出削減目標を盛り込んだ国際レジームを提案するべきであると主張し、国立環境研究所による試算に基づいて、仮に追加的な手段が実施される場合には、1990年から2010年の間に温室効果ガスを6～8％削減することも可能であるという計算結果を示した。9月末、首相と官邸の主導の下、通産省と環境庁は、1) GDP当たりの排出量が小さい、2) 1人当たり排出量が小さい、3) 人口増加率が高いという3つのうちのいずれかにあたる国への例外を認めることを条件に、すべての先進工業国による、3つの温室効果ガス（CO_2、CH_4、N_2O）排出量の一律5％削減を提案することに合意した[7]。この例外規定を適用すると、日本は5％ではなく2.5％の削減目標を負うこととなった。

3.2.2. 地球温暖化対策推進本部の設置

日本政府はCOP3に先駆けて、3ガス（CO_2、CH_4、N_2O）の排出量を2.5％削減するという立場に合意したが、交渉の結果、6ガス（CO_2、CH_4、N_2O、PFCs、HFCs、SF_6）を2008年～2012年までの5年間の平均で、基準年と比較して6％削減するという目標に合意した[8]。1997年12月11日、京都会議が閉会すると、当時の橋本龍太郎首相は、気候変動問題は内閣の最重要政治課題の1つであ

---

[6] EUは、3ガス（CO_2、CH_4、N_2O）の15％削減を提案した。
[7] 日本は、3ガス（CO_2、CH_4、N_2O）の5％削減を提案した。
[8] 基準年は、CO_2、CH_4、N_2Oについては1990年、PFCs、HFCs、SF_6については1995年である。

り、6％削減目標を達成するために、国内政策措置を導入・実施する準備に入ると発表した（服部 1999: 188）。このような橋本首相の強い主導の下、地球温暖化対策推進本部が 1998 年 12 月 19 日に設置された。地球温暖化対策推進本部の長は首相が務め、関連する省庁の大臣と高官で構成された。

1998 年 1 月 9 日、「地球温暖化対策の今後の取り組みについて」と題するペーパーで、地球温暖化対策推進本部は、京都議定書上の目標を達成するための包括的な手段を策定することを関連省庁に呼びかけた（同上：192）。これに呼応して、関連省庁は、地球温暖化対策推進本部の助言機関として位置づけられることになった地球温暖化問題に対処するための関連審議会合同会議に、それぞれが導入を計画している政策措置を提出した。

1998 年 6 月 19 日、地球温暖化対策推進本部は、「地球温暖化対策推進大綱：地球温暖化防止のための 2010 年に向けた手段」（地球温暖化対策推進本部 1998）を採択した。大綱には排出源ごとの削減目標が盛り込まれた（表3-1）。エネルギー起源の CO_2 排出量の削減目標は 1990 年水準への回帰であり、これは COP3 前に公表された地球温暖化対策のための国内手段に関する関連審議会合同会議の報告書に盛り込まれた部門ごとの目標（産業部門：−7％、運輸部門：＋17％、家庭部門：0％）に基づいて算出された目標だった（上記参照）。関連審議会合同会議の報告書に産業部門の削減目標として盛り込まれた 7％削減という数値目標は、産業エネルギー部門からの排出量の 80％強を占める参加産業部門が経団連自主行動計画で設定した、参加部門全体の CO_2 排出量を 2010 年までに 1990 年水準に回帰させるという目標をはるかに上回るものだった（下記参照）。このように産業部門の削減数値目標と経団連自主行動計画で設定した排出抑制目標との間で整合性が保たれず、また政府による排出抑制目標の設定を生産活動や経済成長自体への制限と見る産業界の反対もあり、部門ごとの目標は大綱には明記されなかった。また、大綱に盛り込まれた措置は、地球温暖化対策推進法を通じた地球温暖化対策の包括的推進、CO_2 排出量の抑制、改正エネルギー使用の効率化に関する法律（改正省エネ法）の再改正、経団連自主行動計画に列挙された手段の実施、エネルギー需給バランスの考慮、CO_2 以外の温室効果ガス排出量の抑制、森林吸収の促進、革新的環境・エネルギー技術の研究開発、地球モニタリングシステムの開発継続、国際協力の促進、ラ

イフスタイルの変革などで、具体性を欠いたものが多かった[9]。さらに大綱には、2010年までに1997年比で非化石燃料による発電容量を50％増やすことを目指して、原子力発電所を20基新増設する計画も盛り込まれた[10]（地球温暖化

[9] なお1998年6月に通商産業省（現経済産業省）下の総合資源エネルギー調査会が採択した長期エネルギー需給見通しでは、エネルギーの安定供給を確保しつつ、2010年のエネルギー起源のCO_2の1990年度比安定化と2％程度の経済成長とを両立させることを目標として、エネルギー需要側の対策としては、自主行動計画に基づく対策、エネルギー消費機器等の効率改善、住宅、建築物の省エネルギー性能の向上等、ライフスタイルの変革、技術開発の推進、関連インフラの整備等を実施することを掲げている。一方、エネルギー供給側の対策としては、非化石エネルギーの利用を促進することとし、特に原子力については、「我が国が経済成長、エネルギー安定供給を確保しつつ、環境負荷の低減を図るために必要不可欠なエネルギー供給源であり、安全確保に万全を期しつつ、中核的な電源として着実に開発を推進する」とし、加えて新エネルギー、水力・地熱、そして天然ガスについては積極的に導入を促進する一方で、石油と石炭については依存を低減させるとしている。そしてこれら施策を実施することにより、CO_2排出量を2010年度には概ね1990年度水準で安定化させるという見込みを示した（通商産業省1998）。

[10] 地球温暖化対策推進大綱には、原子力発電所の20基新増設という目標が盛り込まれたが、この目標を実現するためのサイトの確保は極めて困難であることはすでに明らかだった。日本ではスリーマイル島（TMI）の事故後16のデモ運動が起こったが、これらは1979年末にはすでに鎮静化し（本田2005: 205）、原子力発電所の推進を支持する国民の割合は高いままだった（1979年6月に50％、1979年12月に62％、1980年12月に56％）。このように原子力発電所を支持する国民の立場は、1986年に起きたチェルノブイリ事故後に転換し、原子力発電所の推進に反対する人の割合（41％）が支持する人の割合（34％）を上回った。またチェルノブイリ事故後、政府は、日本の加圧水型原子炉で使用されている技術は、ソ連邦が独自に開発したチェルノブイリの黒鉛減速沸騰軽水圧力型原子炉とは異なり、また日本の作業員は深刻な事故を防ぐために十分な訓練を受けており、日本の原子力発電所ではチェルノブイリのように深刻な原子力事故は起きないと主張したが、国民はこのような説明に疑問を抱くようになった。さらに1990年代に入り、国内原子力発電所で相次いで事故が起きたため、原子力発電所の新増設は極めて厳しい状況にあった。国民の不信は、1995年、福井県に設立されたナトリウム冷却高速炉もんじゅでナトリウム漏れ事故が起きた後、さらに高まった。この事故はレベル1にランクされる事故で、それほど大きな事故ではなかったが、作業員がミスで高速炉を手動で停止することに失敗したことが原因だったため、自民党政府が日本では決して起きないと主張し続けてきた原子力事故が日本でも起きただけではなく、日本の発電所作業員は高い訓練を受けており、深刻な事故は防げるという政府や電力会社の主張が偽りだったことを示した。この事故により、中央の国民だけではなく、地方政府や住民の原子力行政に対する不信感が高まった。1996年1月、当時日本で稼働していた50基中30基の原子力発電所立地県だった福島、新潟、福井の県知事は、今後の原子力政策について合意をはかるために幅広い利害関係者との議論を組織するなど、原子力政策形成の改善を中央政府に求める提案書を提出した（今後の原子力政策の進め方について）。原子力発電所の稼働には、法的ではないものの、知事の承認が必要だったため、これら3県の知事による合同提案は、原子力政策サブシステムに大きな影響を与えた。1996年3月、1996年初頭から公明党と連立政権を組んでいた自民党の橋本龍太郎首相は、科学技術庁と通産省に原子力政策の透明性の向上をはかるよう要請した。しかし原子力発電所の新規サイト確保にはつながらなかった。

表3-1：地球温暖化対策推進大綱の排出源ごとの抑制・削減数値目標

排出源	削減数値目標（％）
エネルギー起源の CO_2	0
非エネルギー起源の CO_2、CH_4、一酸化炭素	−0.5
一般市民によるその他の努力・革新的な技術開発	−2.0
代替フロン	＋2.0
森林による吸収	−3.9
その他（京都メカニズム）	−1.6
合計	−6.0

出典：地球温暖化対策推進本部（1998）

対策推進本部1998）。

3.2.3. 政策措置

新エネルギー利用の促進に関する法の制定、省エネ法改正とトップランナー方式導入

すでにCOP3以前に、通産省は新エネルギー利用の促進に関する法（新エネ法）案を国会に提出しており、同法案は1997年4月に国会を通過し、6月から施行された。新エネ法は、技術開発促進よりも、実用段階に入ったものの経済的な制約により導入が進まない新エネルギー源の導入を加速化することを目的とした[11]。このような目的を達成するため、同法では、国民、事業者の役割を明確にし、国の施策が体系化されたほか、事業者の取組みへの金融上の支援措置が整備された。支援措置としては、新エネルギー・産業技術総合開発機構（New Energy Development Organization: NEDO）による債務保証を通じた、認定事業者の資金調達の円滑化と調達コストの軽減、中小企業近代化資金等助成法の特例に基づく無利子融資の返済期間の延長（5年から7年へ）、中小企業投資育成株式会社法特例に基づく、資本金1億円超の認定事業者に対する中小企業投資育成株式会社からの出資、国家予算による認定事業者への設備費用等の3分

---

[11] 新エネルギー法の政令で定められる「新エネルギー源」とは、供給側については、太陽光、風力、太陽熱、地熱、廃棄物発電、廃棄物の熱利用、廃棄物燃料、バイオマス発電、バイオマス熱利用、バイオマス燃料、夏場の冷却のための雪氷貯蔵、需要側については、クリーンエネルギー自動車、天然ガスのコジェネと燃料セルである。バイオマス発電、バイオマス熱利用、バイオマス燃料、雪氷貯蔵は、2002年1月25日の改正で「新エネルギー源」に含められることになった。

の1の補助などが盛り込まれた。

　さらに京都議定書の採択を受けて、1998年1月から、総合エネルギー調査会（総合資源エネルギー調査会）の需給部会で2010年度のエネルギー需給のあり方が議論され、1994年6月に採択された前回の見通しから4年を経て、1998年6月に長期エネルギー需給見通しが改定された。長期エネルギー需給見通しには、需給両面の対策を適切に組み合わせ、エネルギー安定供給を確保しながら、2％程度の経済成長とエネルギー起源CO_2排出量の安定化と両立する「環境調和型エネルギー需給構造」を構築するために、省エネ法の改正によるトッププランナー方式の導入、エネルギー産業の効率化とともに、地球温暖化防止とエネルギー安定供給の向上に資する原子力、および新エネルギー等の非化石エネルギーの最大限導入などが施策として盛り込まれた。この長期エネルギー需給見通しでは、一次エネルギー供給は、1996年の5.97億kl（原油換算、9,250kcal/l、以下同）から2010年基準ケースでは6.93億klに増加するところを、対策ケースで6.16億klに抑える見通しが示された。対策ケースでは、石油と石炭の消費を削減する一方で、天然ガス（t換算は0.712t/klによる）を4,820万tから5,710万t、原子力を3,020億kWhから4,800億kWh、水力を820億kWhから1,050億kWh、地熱を120万klから380万kl、そして新エネルギーを685万klから1,910万klへと増加させる計画が示された（通商産業省資源エネルギー庁 1998）。

　さらに通産省の産業構造審議会は、1997年3月に、エネルギー効率性の合理化に関する法律の改正のための具体的な提案を示した。1979年に制定された省エネ法は、その後、何度か改正された。同改正案は、COP3後、通産省により国会へ提出された。改正に関する省庁間協議の過程では、環境庁は気候変動問題に対処するための手段を改正法に盛り込むことを求めた。しかし通産省が、1979年に世界的な石油危機に対応するために制定された同法の目的は気候変動問題に対処することではなく、エネルギー効率性を向上することにあり、前者のためには地球温暖化対策推進大綱が採択されたと主張して反対したため、環境庁の要求は通らなかった。通産省が反対したもう1つの理由として、同省が環境庁と同法に関する所管を共有することを嫌忌した可能性があげられる [IGES 2007]。通産省が、同法案を国会通過のために自民党の商工部門

に提出した後も、自民党環境族の中には、気候変動問題に対処するという目的を導入しようと試みた者もいたが、すでに環境庁と通産省間で合意した内容を変えることはできなかった［同上］。改正省エネ法は1998年5月に国会を通過し、1999年4月に発効した。同法はトップランナー方式（下記参照）を導入し、また工場におけるエネルギー効率性向上措置を強化した。

トップランナー方式

　1993年の改正では、自動車その他エネルギー多消費機器について、各製品のエネルギー効率性の平均値より多少高い水準に設定したエネルギー効率性基準が設定された。この基準を達成できない製造業者や機器輸入業者は、通産省による指導を受ける。1998年の改正では、1993年の改正で導入されたエネルギー効率性基準を置き換える形で、トップランナー方式が導入された。トップランナー方式の下では、目標年までに達成されなければならないエネルギー効率性基準は、各製品種目の中で最高のエネルギー効率性を示す製品の基準に設定される。この方式はもともとは、自動車、冷蔵庫、エアコンなどを含む11の消費性品目について設定されていたが、2006年に21品目に拡大された。企業がエネルギー効率性基準を満たすことができない場合には、企業名と製品名が公表されるほか、科料に処される[12]。

　通産省は、同法改正を通じて、産業エネルギー部門の気候政策措置を技術主導で進めようと試みた。1998年の夏には、通産省は、総合資源エネルギー調査会の下で、11製品のトップランナー基準を策定することを目的に、エネルギー効率性基準に関する部会を設置した。トップランナー基準は、各産業部門の代表を総合資源エネルギー調査会の省エネ部会の委員として招聘し、これら委員が説明する、事前に各業界で委員会を設けて議論した技術的な見通しをベースに、部会で基準を調整していくことが多く［日本電機工業会2013］、省庁と産業界の緊密な連携の下で設定された。

経団連自主行動計画

　通産省はまた、京都で主催するCOP3で、日本が気候変動へ向けて積極的

---

12) 基準の達成は、単一の商品ではなく、同一商品類の属する製品群全体で判断される。

に対応していることを示すために、産業界に自主的な排出削減目標を設定することを求めた。通産省の要請に応え、また政府により厳しい措置が導入されることを未然に防止するために（澤・菊川 2004: 106)、日本経団連は 1997 年 6 月に自主行動計画を宣言し、36 産業部門・137 団体が温室効果ガス削減および廃棄物管理のための目標を設定した。温室効果ガス排出削減目標については、日本経団連は、経団連参加企業全体で CO_2 排出量を 2010 年までに 1990 年水準に確実に回帰させることを宣言した（日本経団連 1998)。

自主行動計画参加企業数は、1997 年の 36 業種から 2011 年の 61 業種・企業（エネルギー転換部門 34 業種、業務部門等 14 業種・企業、運輸部門 13 業種・企業）へと増加し、産業エネルギー部門からの温室効果ガス排出量の 80％、日本全体の CO_2 排出量の 45％を自主行動計画の対象とした（日本経団連 1997; 環境省 2012)。経団連は、参加産業部門による目標達成レビュー報告書を毎年公表した。このレビューに参加する産業部門数も 1998 年の 28 団体から 2010 年の 34 団体に増加した（日本経団連 1998, 2011)。

この間、経団連は、この「社会契約」を履行すること、また自主行動計画は産業エネルギー部門からの排出抑制策として効果的であることを繰り返し主張してきた（例：日本経団連 2001a-f, 2004a, 2005a)。まず第 1 に、BAU シナリオ（自主行動計画がなくても実施されたであろう対策以外の対策を実施しないシナリオ）の下で CO_2 排出量が増加することが予測されるため、2010 年までに 1990 年水準で CO_2 排出量を安定化させるという目標は、CO_2 排出量を 2005 年までに 4％削減、2010 年までに 10％削減しなければならない極めて野心的な目標である（日本経団連 1999a, 1999b, 2000, 2001a, 2002, 2003, 2004c, 2005b)。日本は世界でもエネルギー効率性が最も高い国の 1 つであるため、この目標を達成することは計画参加企業の多大な努力を要する（同上）。第 2 に自主行動計画は、他の政策措置と比較すると極めて柔軟な措置であり、すでに産業エネルギー部門からの CO_2 排出抑制対策として定着している（日本経団連 2001a-f, 2004a, 2005a)。第 3 に、同計画は参加産業部門の増加とデータの正確性の向上により政策措置として効果を増してきた（同上）。また自主行動計画は、プラン・ドゥ・チェック・アクト（plan-do-check-act）アプローチ（まず目標を設定し、目標達成のための手段を実施し、進捗状況を定期的に評価し、評価結果に基づいて改善する）を採用すること

によって、目標達成の実現性を高めてきた。

経団連のアピールにもかかわらず、自主行動計画は厳しい批判にさらされた。まず目標は各産業部門団体によって設定されているため、各産業部門団体は目標を受け入れ可能な最低水準に抑えた可能性が高い (Sugiyama and Imura 1999: 133)。また絶対量での排出削減目標を設定した多くの部門は、不景気により生産量が減少した鉄鋼などの部門であり、したがって排出抑制・削減目標はそれほど努力せずとも達成できた。さらに個別の企業の排出量に関する情報は公表されないため、個別企業の目標の合計である部門の目標の適正を外部から評価するのはほぼ不可能だった。第2に集計された部門別の目標と経団連全体の目標は整合性を欠いている。半数以上の部門は絶対量ではなく、エネルギー原単位あるいは CO_2 原単位に基づいて目標を設定しているにもかかわらず、経団連の目標は2010年までに絶対量で1990年水準に回帰させることだった。したがってもし仮に全部門が目標を達成しても、生産量が増加すれば、経団連参加企業全体での排出量は、絶対量で1990年水準に回帰させるという経団連の目標を上回る可能性があった（商事法務研究会 2001: 5)。さらに発電部門の目標は、あらたなサイトを見つけることが困難であるにもかかわらず、エネルギー効率性向上の算定は原子力発電所の約20基新設という非現実的な条件を前提としていた（市民NGO持続可能な社会研究会 1999: 8)。第3に経団連の目標と、温暖化対策推進大綱でエネルギー起源の CO_2 排出量を1990年水準で安定化させるという計算の際に用いられた産業エネルギー部門からのエネルギー起源の CO_2 排出量7％削減という目標も整合性を欠いた（商事法務研究会 2001: 7)。第4に経団連が実施している自主的なレビューでは、目標達成を確実にするには不十分である (Sugiyama and Imura 1999: 133; 商事法務研究会 2001: 17)。このような自主行動計画実施の信頼性と透明性に対する疑念を払拭するために、産業部門団体は自主行動計画参加部門を管轄する関連省庁、すなわち通産省、農林水産省、運輸省、建設省、郵政省などに CO_2 排出量を報告し、また経団連と省庁が提出した情報に基づいて、地球温暖化問題に対処するための国内措置に関する関連審議会合同会議も、自主行動計画のレビューを実施した[13]。し

---

13) 経済産業省は、同省所管の産業部門の自主行動計画をモニタリングするために、2002年に産業構造審議会の下に部会を設置し、レビュープロセスを制度化した。

かし公表されているデータは計画の批判的なレビューを行う基盤としては不十分で、このレビュー自体の効果にも批判が向けられた (Sugiyama and Imura 1999: 133; 商事法務研究会 2001: 18)。最後に計画は自主的であるため、目標不達成の場合の制裁が盛り込まれていなかった (Sugiyama and Imura 1999: 133)。上記の批判に応えるため、経団連は第三者評価委員会を2002年7月に設置した[14]。さらに後述するように、2006年以降は、自主行動計画のフォローアップを経済産業省産業構造審議会・資源エネルギー調査会と環境省中央環境審議会の合同で実施している。

温暖化対策推進法制定 (1998年10月6日)

1997年12月16日、大木直環境庁長官 (当時) は、日本の気候政策の将来の方向性を模索することを環境庁に要請した。環境庁は、改正省エネ法に気候変動問題に対処するという目的を盛り込むことを自民党商工族、通産省、産業界によって阻まれたため、新法である地球温暖化対策推進法制定の準備を開始した。法案は中央環境審議会で5回にわたり集中的に審議された後、1998年3月6日に公表された将来的な気候政策手段を検証した報告書の中間取りまとめである「今後の地球温暖化防止対策のあり方について」(環境庁 1998a) では、中央環境審議会は温暖化対策推進法の早期制定を勧告した。中央環境審議会における主な審議事項は、改正省エネ法を補完する新法が必要かどうか、その新法に企業の温室効果ガス排出抑制計画提出義務を盛り込むかどうかの2点であった (環境庁 1998b, c, d)。

これら審議事項のいずれも省庁間の交渉で合意に至らなかった。1点目については、産業界、自民党商工族、そして通産省が、気候変動問題は既存法を通じて対処することができるとして、新法を制定する必要はないと主張した (例：日本経団連 1998)。これらアクターは、新法を制定することと気候変動に対処する目的を改正省エネ法へ盛り込むことの双方に反対することによって、気候政策分野で環境庁が所管を拡大することを妨げようとした。一方、改正省エネ法に気候変動問題に対処するという目的を盛り込むことができなかった自

---

14) 第三者評価委員会は、産業団体と経団連が実施する自主レビュープロセスについて、データ収集、計算、自主レビューの報告、信頼性と透明性を高めるための勧告について、評価した。

民党環境族、NGO、そして環境庁は、気候変動問題に対処するための包括的な手段は、温暖化対策推進法を通じて導入されるのであって、改正省エネ法はエネルギー効率性を向上するための法的根拠を供与するものであると主張し、新法を通じて通産省と気候政策に関する所管を共管することを目指した。2点目については、すでに改正省エネ法下でエネルギー効率性向上に関する計画を提出することを義務づけられている産業界にとって、大きな問題だった（同上）。結局、環境庁は地球温暖化対策推進法の制定を実現し、一方で通産省と産業界は、環境庁が産業界の温室効果ガス排出量を抑制する権限を獲得することを回避するという妥協が成立した。地球温暖化対策推進法は1998年10月6日に国会を通過した。この過程を通じて、主要アクターの気候政策に関する立ち位置が明確になった。

3.2.4. 第2期のまとめ：部門別温室効果ガス排出抑制・削減数値目標の設定と政策措置に関する対立

日本の気候政策システムは、第2期にCOP3開催と関連して成熟した。COP3の日本での開催は、1992年の気候変動枠組条約採択後低下した気候変動問題に対する一般市民の関心を高め（図2-2参照）、気候変動問題を再び重要政治課題に押し上げた。1995年のベルリンマンデートの採択に呼応して、環境庁、通産省、外務省は橋本龍太郎首相主導の下、AGBM交渉のために日本の排出抑制・削減数値目標に関する提案を策定するために政府間交渉を開始した。自民党の環境族の中でも最も影響力があった橋本龍太郎は、通産省の産業構造審議会と環境庁の中央環境審議会に代表される、異なる省庁の審議会において別々に進められていた審議を調整するために関連審議会合同会議を設置した。さらにCOP3閉会後すぐに、橋本は地球温暖化対策推進本部を設置することを決定した。地球環境問題に精通した橋本なくして、地球温暖化対策推進本部がこれほど早く設置されることはなかっただろう。

このような議論を通して、通産省と産業界の代表は、気候変動枠組条約交渉時と同じ立ち位置、すなわち自主的取組みと組み合わせた技術開発中心の長期的手段を求めるという立ち位置を維持した。一方、環境庁は、短期的な排出抑制・削減数値目標を主張し、これを達成するための手段として炭素税を導入す

ることを主張した。両者の対立はCOP3後、改正省エネ法の再改正と地球温暖化対策推進法の採択で頂点に達した。最終的に、環境庁、自民党環境族、NGOは温暖化対策推進法の制定にこぎつけた。通産省、自民党商工族、産業界の代表は、気候変動問題への対応に言及しないまま改正省エネ法を改正し、さらに地球温暖化対策推進法に産業界の具体的な義務を盛り込むことを妨げ、環境庁の所管の拡大を防ぐことに成功した。このような議論を通じて、日本の気候政策サブシステムは成熟し、アクターは主に通産省、自民党商工族、産業界、通産省に近い学者と専門家から構成される経済的繁栄重視派と、環境庁、自民党環境族、環境庁に近い学者や専門家、そして環境NGOから構成される気候保全重視派に収斂していった。

　第2期では、前述したような対立があったものの、いずれのグループに属するアクターも、国内で京都議定書の目標を達成するために具体的な政策措置を導入し、実施する前に、国際交渉で京都議定書の運用則に合意する必要があることを認識していた[15]。そこで京都議定書の運用則が合意されるまで、どちらの省庁とも、審議会の部会でさまざまな政策措置の便益と政策措置導入の問題点を詳細に検討した。特に温暖化対策推進法に企業の温暖化防止行動計画策定義務を盛り込むことができなかった環境庁は、具体的な政策措置を導入するための次の機会に備えて、政策措置の検討を早々に開始した。

3.3. 第3期（1999年～2002年）：2度目の政策の窓―京都議定書の批准

3.3.1. 京都議定書を批准するための国内法準備

　第2章で議論したように、2000年11月にハーグで開催されたCOP6で締約国は京都議定書の運用則に合意することに失敗し、さらに2001年3月に米国が京都議定書から離脱することを宣言したため、気候変動に関する国際交渉は暗礁に乗り上げた。国会は、京都議定書が採択されたCOP3の議長国を日本が務めたことを踏まえて、この難局を打開するために、議定書の早期締結を全会一致で要求する決議を採択した（国会〈日本〉2001）。その結果、2001年7月

---

15) 国際社会は、当初、京都議定書を2002年8月、9月に開催される持続可能性に関する世界サミットで発効させることを目指していた。

にボンで開催された COP6.5 で議定書の運用則が合意された。COP6.5 は運用細則の政治的合意であるボン合意を採択し、2001 年 11 月にマラケシュで開催された COP7 で法的文書を採択するための基盤を提供した。マラケシュアコード採択後 2001 年 11 月 12 日に、地球温暖化対策推進本部は「京都議定書の締結に向けた今後の取組について」というペーパーを採択した。同ペーパーでは、次期通常国会中、京都議定書を批准するのに必要な国内政策措置を改正・制定し、気候変動枠組条約が採択されたブラジルのリオ・デ・ジャネイロで開催された国連環境開発会議の 10 周年にあたり、2002 年 8 月 26 日から 9 月 4 日まで開催されたジョハネスブルグ会議の会期中に京都議定書を発効させるという日本政府の決意を示した。

2001 年 1 月の行政改革により、環境庁は環境省に昇格した。2000 年 2 月、環境基本計画の見直しの中で、環境庁は、国内政策措置を検討するために、中央環境審議会の下で国内政策措置を検討するチームを立ち上げ、2000 年 8 月にこれらの政策措置に関する議論を開始した（環境省 2001a)[16]。協議の結果、環境省は、1) さまざまな政策措置の組合せであるポリシーパッケージを草案し、2) 排出量の測定などの基本的制度を整備し、3) 日本が 6% の排出削減目標を達成するために考えられるシナリオを検証する必要性を認識するに至った（同上）。そこで 2001 年 2 月に 1 番目と 2 番目の課題について議論するために国内制度小委員会が、また 3 番目の課題について議論するために目標達成シナリオ小委員会が中央環境審議会地球環境部会の下に設置された。2001 年 7 月 9 日、ボンで COP6.5 が開催された 3 日後、国内制度小委員会は協議の結果をまとめた中間報告書を公表した。報告書は、2001 年に英国で導入された気候変動税に近い、いくつかの政策措置の組合せ、すなわち炭素税を導入するが、政府と自主協定を締結した企業には減税という恩恵を与え、さらに個別企業が自主

---

16) 環境庁は、それまで主に厚生省の管轄下にあった深刻な公害問題に対処するための独立機関を設置する必要性を認識した当時の佐藤栄作首相の呼びかけに応えて、1971 年に設置された。環境庁は、2001 年に行政改革の中で環境省に昇格した。環境省は、職員数が 1978 年の 815 名から 2002 年の 1,016 名まで、常時増加している数少ない省の 1 つである。しかし職員の絶対総数は、他の省庁よりも少ない。例えば、経済産業省の本庁の職員数は 2002 年に 4,687 名であり、また国土交通省の職員数は 2002 年に 46,234 名である。環境分野での重要な政策領域は、経済産業省、国土交通省、農林水産省など環境省よりも人材・資金に富んだ省庁の管轄に残されたままである。

協定で定めた目標を柔軟に達成できるように、排出量取引制度を導入することを勧告した（同上）。この提案は、追加的かつ厳しい義務を産業エネルギー部門に課すことになるため、経済産業省（行政改革以前の通産省）と産業界の猛反対にあった（例：日本経団連 2001a-f）。

中央環境審議会は協議を継続し、2002年1月に、「京都議定書の締結に向けた国内制度の在り方について」という京都議定書を批准するために必要な国内スキームを検証する報告書を提示した。この報告書では、日本の温室効果ガス排出量は、既存の政策措置だけでは1990年から2010年までの間に約8％増加すると予測し、京都議定書上日本が負った6％削減目標達成を確実にするには追加的な削減努力が必要であると勧告した（環境省 2002a）。このような勧告を出したものの、この報告書は、例えば環境税のような政策措置は一度に導入・実施するのではなく、2004年、2007年に実施される既存の政策措置の見直しの結果に基づいて段階的に導入・実施することを勧告し（同上）、2001年7月9日の中間報告書よりも、追加的な政策措置導入の必要性について控えめな表現を用いていた。

中央環境審議会報告書が公表されるより以前の2001年12月17日、経済産業省の産業構造審議会はその報告書を公表した。この報告書には、経済的繁栄重視派の政策核心理念を体現した3つの原則が示されている。3つの原則とは、1) 経済へ過度の負担をかけないこと、2) 部門ごとの負担のバランスをはかること、そして3) 技術的革新を通して、最低限の費用で気候保全を最大限達成するために柔軟な手段を利用することである（経済産業省 2001a）。このような原則を踏まえて、報告書はステップバイステップアプローチを採用し、既存および追加的な政策手段を最適な形で組み合わせて、京都メカニズムの実施に向けて準備することを強調している。産業構造審議会は、米国が議定書から離脱したため、米国産業が温室効果ガス削減義務を負わない状況では、議定書の締結が国内産業の競争力にマイナスの影響を与える可能性があるとする日本の産業界の懸念を反映して（例：日本経団連 2001c, 2001d）、産業エネルギー部門からのCO_2排出量を抑制する手段として自主的取組みを活用するべきであるとも勧告した（経済産業省 2001a）。

これら2つの報告書に表れている異なる立ち位置は、地球温暖化対策推進本

部の主導の下、自民党も関与して調整された。本節の最初に述べたように、国会は、議定書が日本がホストした会議で採択され、日本の都市の名前を冠している最初の国際条約であるという理由で、議定書の早期批准を促した。したがって産業界が国際競争力に関して表明した上記懸念にもかかわらず、議定書を批准しないという選択肢は議員にはなかった（澤・菊川 2004: 110）。しかし追加的な政策手段導入の必要性については、自民党議員、特に商工委員会と環境委員会の委員の間で意見が分かれた。2001年12月5日、中央環境審議会と産業構造審議会、そして自民党の環境族と商工族間の意見を調整するために、地球温暖化に関する特別委員会が立ち上げられた。委員会は、環境省と経済産業省の共同で数回開催され、地球温暖化対策推進本部が、2つの省が代弁する異なるアクターの利害と見解の調整役を務めた。2002年1月31日、特別委員会は、当時の小泉純一郎首相に、1998年の地球温暖化防止推進大綱改正の主要な原則を提案した。この提案は、日本が経済的繁栄と環境保全の両者を達成する先駆けの役割を果たす国となること、米国および途上国が参加する望ましい国際レジームの確立に向けて最大限努力すること、ステップバイステップアプローチに基づき、すでに導入された規制的手段に頼るだけではなく必要な手段を導入すること、産業部門による革新的で自主的な手法の有効性を認識し、また産業界がすでに過去に実施した気候変動問題対策を考慮すること、技術革新をさらに進めることなど、産業構造審議会と中央環境審議会の勧告を統合し、さまざまなアクターの利害をすり合わせた妥協の産物であった（澤・菊川 2004: 122）。この委員会の提案は、2002年3月19日に地球温暖化対策推進本部により採択された改正地球温暖化対策推進大綱策定の基盤となった。

　新大綱を採択するための議論の中で、最も紛糾したのが、部門別目標の設定だった。1998年に採択された旧大綱では、エネルギー起源のCO_2排出量を安定化させるという全体の目標を定めたものの、この全体目標算定の基盤となった部門別の目標（産業は−7%、運輸は+17%、家庭は0%）の明記は、産業界の反対にあい、実現しなかった。産業界の反対の根拠は以下のようなものだった。第1に産業部門の7%削減目標は、1990年〜2010年の間にCO_2排出量を安定化させるという、産業界が経団連自主行動計画で宣言した目標を大幅に上回る。第2に自主的取組みでは、産業界がCO_2排出抑制目標を自主的に設定し

ていたが、国の計画で部門別目標を明示すれば、形式的とはいえ、産業エネルギー部門の排出量を抑制する権限を政府が掌握することになる。新大綱を策定する際に、気候保全重視派は、ボン合意とマラケシュアコードの採択によって開かれた機会を有効活用し、部門別の目標を明記することを試みた。しかしこの試みは、ここでも経済産業省と産業界の反対にあった。最終的には経団連自主行動計画を変更せず、新大綱の下では、中小規模企業がとる対策手段、そして石炭から原子力と新エネルギーへの燃料転換によって7％の削減目標を達成するという条件を付した上で、部門ごとの目標を明記するという妥協が成立した（毎日新聞 2002年3月20日）。民生部門の目標も1990年水準安定化から2％削減へと引き上げられた。

　経済的繁栄重視派と気候保全重視派は、新設原子力発電所数の見積りでも大きく対立した。経済産業省は総合エネルギー調査会が公表した「今後のエネルギー政策について」に盛り込まれた見積りに基づいてその立ち位置を形成したが、環境省は発電所用のサイトを見つけることが難しいことを強調し、より現実的な見積りを用いることを主張した（経済産業省 2001b）。最終的に環境省側が妥協し、新大綱では総合エネルギー調査会の見積りを使用して、2010年までに原子力エネルギーによる発電容量を2002年時点の13.63MWから17.52MWへと増加させるために、10～13基の原子力発電所の新規増設が必要であると記載された（地球温暖化対策推進本部 2002a)[17]。新大綱には、排出量を削減するための115の政策措置が列挙された。しかしこれらの政策措置は、部門ごとの目標そして6％の国別目標達成を確実にするには具体性を欠いていた。

3.3.2. 政策措置
環境・炭素税導入に関する議論

　2001年10月、京都議定書批准の準備に向けた一連の気候政策措置に関する調査の中で、中央環境審議会は、地球温暖化対策税制専門委員会を設置した。同年12月、中央環境審議会の報告書の公表に先駆けて、専門委員会は、「我が

---

[17]　2010年までに新設を予定されていた原子力発電所の数は、1998年の温暖化対策推進大綱時の20基から減少した。1998年の温暖化対策推進大綱採択時と比較して、1999年9月30日に東海村でJCOが運営するウラン再処理施設で2名の作業員が死亡した、レベル4にランクされる事故が発生し、原子力発電所の新増設を取り巻く状況はさらに悪化した。

表 3-2：日本の既存エネルギー税

税	対象燃料	税率（円/kl）	税収（億円）	税の種類	税収使途
原油等関税	原油	215	527	関税	国内炭使用の促進
石油税	輸入石油、輸入石油製品、輸入LNG・国内天然ガス	2,040 720 670	4,880	国税	石油エネルギーの需要管理
液化ガソリン税	ガソリン	48,600	28,365	国税	中央政府による道路建設
地方道路税	ガソリン	5,200	3,035	国税	地方政府による道路建設
石油ガス税	液化ガソリン	9,800	280	国税	中央および地方政府による道路建設
軽油引取税	軽油	32,100	12,472	地方税	地方政府による道路建設
揮発油	航空燃料	26,000	1,064	国税	空港建設、騒音対策など
電源開発促進税	電気	445/1,000kWh	3,799	国税	電源開発の促進

出典：既存のエネルギー税（環境省 2001c）

国における温暖化対策税制にかかる制度面の検討について―これまでの審議のとりまとめ（案）」と題する主な検討成果の要約を公表した（環境省 2001b）。2002年3月の新大綱採択後の6月に、専門調査会は「我が国における温暖化対策税制について（中間とりまとめ）」を公表した。この報告書は、2002年から2004年までに道路特定財源などのエネルギー貯蔵・輸送に関する既存税制のグリーン化を進め、また2004年に実施される既存温暖化対策の1回目の見直し後、さまざまな気候政策措置の最適化をはかる一端として、税制改革の枠組みの中で2005年以降できる限り早期に環境税を導入することを勧告した（環境省 2002b）。

一方、経済産業省は2002年夏、既存のエネルギー税システムの改革に関する議論を開始した。その目的は、第1に石炭の優遇措置から生じる、石炭と他の燃料の間の競争の歪みを除去し、第2に環境という要素を税率に反映させることだった（表3-2参照）。電力への課税は電源開発特別税と呼ばれる。その歳入はエネルギー特別勘定に入り、原子力発電所建設立地の同意を得たり、天然ガス、原子力、再生可能エネルギーの利用を促進することにより、エネルギー源の多様化（脱石油）を促進するために地方政府へ支払われる補助金として利

表3-3：エネルギー源ごとの既存税制改革

		税額（円）			
		2001年	2003年10月	2005年4月	2007年4月
石油石炭税	石油	2,400/kl	同左		
	LPG	670/t	800/t	940/t	1,080/t
	LNG	720/t	840/t	960/t	1,080/t
	石炭	非課税	230/t	460/t	700/t
電源開発促進税（円/1,000kWh）	電力	445	425	400	375

出典：環境省（2003b）に基づいて著者作成

用されてきた。しかし原子力発電所立地が困難となり、電源開発交付金の需要が次第に減少してきたので、経済産業省は化石燃料に対する税率を漸増し、石炭に課税する一方で、電力への課税を減額するという歳入中立的な税改革を提案した。経済産業省は、同省と環境省で石油特別会計の歳入増加分を分配し、気候変動緩和プロジェクトのために用いることも提案した。

環境省は、経済産業省が上述の提案により環境税が導入されたのと同じ効果があったと主張し、将来にわたって環境あるいは炭素税の導入を阻止しようと意図しているのではないかと考え、同提案を受け入れることを躊躇した。2002年11月15日、当時の平沼赳夫経済産業大臣と鈴木俊一環境大臣が、この時点での税改革は環境税の導入とは見なされず、環境税の導入は改正温暖化対策推進法に盛り込まれたステップバイステップアプローチの枠組みで実施される2004年の見直しで検討されるという合意文書に署名し、石油特別会計の歳入増加分を両省共管とすることを決定した（平沼・鈴木2002）。

地球温暖化対策推進法改正

2002年3月29日、平沼大臣と鈴木大臣は、温暖化対策推進法の改正案と京都議定書の締結案を国会に提出した。内閣は改正案を国会で通過させるために、自民党の支持を確保していた。しかし産業界を主な支持者とし、前通商産業大臣で自民党商工族だった熊谷宏を党首とする保守新党は、国会審議で改正法採択と議定書締結に以下の条件を付そうと試みた[18]。その条件とは、1)国内

---

18) 第1章で説明したように、多くの影響力ある自民党議員は1993年に自民党を離党し、さきがけと新生党を結成した。新生党は1994年に新進党となり、新進党は、1997年に自由党とそ

法は国際的な状況、特に米国が参加する可能性を考慮に入れて策定すること、2)国際交渉でマラケシュアコードに盛り込まれた京都議定書上の目標不遵守の場合に課される制裁に反対すること[19]、3)経団連自主行動計画が、産業エネルギー部門からのCO_2排出量を抑制する主な手段として今後も用いられることである。保守新党はまた、気候政策形成に関連するすべての省庁が、これらの条件を実現する手段をとることを書面で約束することを要求した。最終的に、他の政党、特に1993年に自民党を離脱した保守政治家間で影響力を増し、新党を結成した民主党が、熊谷を説得し、保守新党はこの要求を取り下げた（読売新聞2002年3月30日）。この結果、自主的取組みのこの時点での制度化こそ阻まれたものの、気候保全重視派は、厳しい政策措置を導入し、産業エネルギー部門からのCO_2排出量を抑制する非漸進的政策転換を導く第2の機会を有効に活用することができなかった。

改正温暖化対策推進法は2002年5月31日に国会を通過した。主な改正点は、京都議定書が発効した後、地球温暖化対策推進本部は京都議定書目標達成計画を策定し（8条）、計画の実施を監視し、計画を改定する（9条）などである。後者については、政府はステップバイステップアプローチに基づいて、包括的な見直しを2004年と2007年に実施し、これら見直しで、既存の政策手段が京都議定書で定められた6％削減目標を達成するために不十分であることが明らかになった場合には、追加的な政策措置を導入する。さらに改正温暖化対策推進法は、京都議定書目標達成計画の策定責任を負う地球温暖化対策推進本部に法的地位を付与した（10条）。また首相を推進本部の本部長に任命し、環境大臣、経済産業大臣、官房長官を副本部長に任命した。これにより、経済産業省と環境省が気候政策を共管することが制度化された。これらの国内法と2002年6月7日に制定された「電気事業者による新エネルギーの利用に関する特別措置法」により、京都議定書締結のための国内法が整備されたとして、

の他の小党に分裂した。このうち自民党の有力議員だった小沢一郎によって設立された自由党は、保守党となり（2000年～2002年）、その後、保守新党（2002年～2003年）として再結成した。

19) マラケシュアコードは、第1約束期間の超過分の1.3倍を第2約束期間の割当量から差し引くなど、先進工業国が、排出抑制数値目標を達成することができない場合の罰則を設定している（UNFCCC 2001）。

国会は2002年6月に京都議定書の締結を全会一致で承認した。

電気事業者による新エネルギーの利用に関する特別措置法

改正温暖化対策推進大綱は、原子力発電所建設のためのサイト確保が難しくなる中、化石燃料に依存しないエネルギー供給と温室効果ガス排出削減を同時に達成するエネルギー源として、新エネルギーの積極的な導入が必要である（地球温暖化対策推進本部 2002b: 32）としている。このような目的の下、電気事業者に一定割合の再生可能エネルギーの買取りを義務づける電気事業者による新エネルギーの利用に関する特別措置法が制定された。

同法の制定は、1999年に新たに設立された総合エネルギー調査会新エネルギー部会で議論された。新エネルギー部会は、2001年に「今後の新エネルギーのあり方について」という報告書（経済産業省 2001c）を公表した。同報告書では、2010年に一次エネルギー供給の約3％に相当する1,910万kl（石油換算）の新エネルギーを導入するという目標が掲げられた。

再生可能エネルギーの普及促進には、上記の固定枠制度以外に固定価格買取制度がある。2010年に一次エネルギー供給の約3％を新エネルギーで供給するという目標を達成するため、新エネルギー部会の下で設置された新市場拡大措置検討小委員会では[20]、ドイツで固定価格買取制度が再生可能エネルギーの普及促進に貢献したことを踏まえて、固定枠制度と固定価格買取制度が比較された。固定枠制度については、太陽光発電など発電単価の高いエネルギー源について促進効果を疑問視する意見が出された。しかし固定枠制度のほうが固定価格買取制度よりも導入目標が確実に達成されること、固定価格買取制度は、発電事業者からの要請があれば発電施設に最も近い系統を管理する電気事業者が固定価格による買取義務を負うことから、電気事業者がどの発電事業者の再生可能電力を購入するのかを決定する自由がないこと、固定価格買取制度では価格が保証されるため、発電業者にコスト削減のインセンティブが働きにくいこと、固定枠制度では、再生可能電力の購入に伴う追加費用は、証書の売買を通じて、地域の差や系統保有の有無を超えてすべての買取義務対象者の間で平準

---

20) 電気事業者による新エネルギーの利用に関する特別措置法の審議過程については、岡・吉村（2012: 1-16）が詳しい。

化されるため、競争中立的で費用負担の公平性が確保されることなどを理由に固定枠制度の導入を勧告した。

こうして制定された同法は、風力、太陽光、地熱、水力、バイオマス、その他石油（原油および揮発油、重油その他の石油製品）を熱源とする熱以外のエネルギーで、政令で定めるものを新エネルギーとし、毎年度、電気事業者にその販売電力量に応じて新エネルギーから発電される電気を一定割合以上利用することを義務づけている。新エネルギーから発電される電気の利用には、1）自ら新エネルギーを用いて発電、2）他から新エネルギーにより発電された電力を購入、3）他から新エネルギー電力証書を購入という3つの選択肢が含まれる。経済産業大臣は、電気事業者が、正当な理由なく義務を履行しない場合には、期限を定めて、義務を履行すべき旨の勧告、または命令を行うことができる。この命令に違反した者は、100万円以下の罰金に処される。後述するように2012年7月1日、電気事業者による再生可能エネルギー電気の調達に関する特別措置法が施行され、固定価格買取制度が導入されたことにより、電気事業者による新エネルギーの利用に関する特別措置法は廃止された。

3.3.3. エネルギー政策基本法制定とエネルギー基本計画策定

エネルギー政策は、総合資源エネルギー調査会需給部会で長期エネルギー需給見通しが、また原子力発電所については1956年～2000年までの間、4年～6年ごとに長期計画が策定されていたものの、エネルギー政策全体を俯瞰する法律は存在しなかった。そこでエネルギーの安定的供給を確保すると同時に、エネルギー消費の効率化、化石燃料から非化石燃料への転換、化石燃料の効率的な利用推進等、地球温暖化防止と地域環境保全が図られたエネルギー需給の実現と循環型社会の形成に資するための施策推進をエネルギー経済構造を改革しながら実現するために、国・地方公共団体・事業者の責務等を明確化し、またエネルギー基本計画の策定と3年ごとの見直しを義務づけたエネルギー政策基本法案が、2001年11月8日に与党3党（自民党、公明党、保守党）のプロジェクトチームにより議員立法として提案され、2002年6月7日に成立した。

2003年10月には、エネルギー政策基本法に基づいて、エネルギー基本計画が閣議決定により採択された。基本計画では、エネルギー政策基本法に基づい

て、エネルギーの需給に関する施策についての基本的な方針として、安定供給の確保、環境への適合、市場原理の活用を掲げている。このうち環境への適合の中で、気候政策との関連性について、「2002年6月に京都議定書を受諾したところで、議定書の第1約束期間における温室効果ガスの総排出量の基準年比6％削減の達成が喫緊の課題となっている。特に我が国においては、地球温暖化の原因となる温室効果ガスの約9割がエネルギー起源のCO_2であることから、エネルギー需給に関する政策の在り方を考えるにあたって、地球温暖化防止という視点が極めて重要となってきている。」と言及している。このように地球温暖化防止という観点から、エネルギー消費量の抑制、化石エネルギーとのバランスを保ちつつ原子力、太陽光、風力、バイオマス等の非化石エネルギーの利用を促進、化石エネルギーの中ではガスへの転換促進、石油、石炭等については、ガソリン・軽油の一層の低硫黄化等、燃料自体のさらなるクリーン化促進、発電効率の向上等により効率の高い利用技術の開発・導入の促進を提案した。またエネルギー需給に関する施策についての基本的な方針を供給面から実現するために、多様なエネルギーをその特性に応じて開発、導入および利用していくこととし、その中で原子力については、「1)燃料のエネルギー密度が高く、備蓄が容易である、2)燃料を一度装填すると一年程度は交換する必要がない、3)ウラン資源は政情の安定した国々に分散している、4)使用済燃料を再処理することで資源燃料として再利用できるといった理由から、国際情勢の変化による影響を受けることが少なく供給安定性に優れており、資源依存度が低い純国産エネルギーとして位置づけられる、また5)発電過程で二酸化炭素を排出することがなく、地球温暖化対策に資するという特性を持っている。」(経済産業省2003: 14)として推進する方向を打ち出した。ただし同計画は「原子力エネルギーは適切な安全確保がなされない場合には大きなリスクを持ち、2002年に明らかになった一連の不正問題[21]を踏まえれば、事業者は安全とい

---

21) 原子炉等規制法は、自主点検で原子炉等に問題が見つかったときも、事業者は程度に応じて国に報告することを義務づけている。しかし東京電力は福島第1原子力発電所、福島第2原子力発電所、柏崎刈羽原子力発電所の3発電所について原子炉のひび割れなどの問題が見つかったにもかかわらず、これを改ざん、隠ぺいしていた。この東京電力による改ざん、隠ぺいが、点検作業に協力した米国ジェネラル・エレクトリック・インターナショナル社（GEI）の社員が通商産業省（経済産業省）に送った告発文書によって明らかになった。告発を受け、原子力保安院が調査を開始したが、当初、東京電力は、「記録にない」、「記憶にない」などと非協力

う品質の保証体制の確立に努め、国は安全規制を確実に行い、国民の信頼回復に努めることが必要である。」と問題点も指摘している。

3.3.4. 第3期のまとめ：部門別目標の採択と政策措置に関する対立

第3期も、国際気候政治は日本の気候政策形成に大きな影響を及ぼした。米国が2001年3月28日に京都議定書から離脱した後、日本とロシア連邦はCOP6再開会合で、議定書の運用則採択の鍵を握る国となった。この2カ国の合意がなければ、気候変動枠組条約締約国のうち55カ国以上が批准し、さらにこの批准国のうち先進国の1990年時のCO_2排出量が、未批准国を含む全先進国の55％以上に達することを要するという京都議定書25条に定める議定書の発効要件が満たされなくなった可能性があったからである。このような状況の下、気候変動問題は日本政治の最重要課題となり、同問題への国民の関心も高まった（第2章参照）。

気候保全重視派は、外部の政治要因によって開かれた2番目の機会を活用し、改正温暖化対策推進大綱において産業エネルギー部門を含む部門別目標を明記するという非漸進的政策転換を実現した。産業界はそれまで経団連自主行動計画の下、自主ベースで集団的に目標を設定していたので、部門別目標の明記は、産業・エネルギー部門にとって形式的とはいえ、排出抑制目標設定の権威を市場から政府に移管することを意味した。ただしこのような政府の権限は、目標達成を確実にするための具体的な政策措置が伴わなかったため、産業エネルギー部門からの温室効果ガスあるいはCO_2排出量に上限を課す実質的なものではなかった。気候保全重視派は、2004年と2007年に政策の見直しを実施し、具体的な政策措置を導入するためのさらなる機会を制度化することに成功した。2001年7月に再開第6回締約国会合でボン合意が採択され、2001年11月に第7回締約国会合でマラケシュアコードが採択された後でさえも、経済的繁栄重視派の中には、京都議定書締結が及ぼす産業界の国際競争力への悪影響について懸念を表明するアクターもいた。彼らは、米国が参加しない場

的な態度を示した。しかし2001年にGE社が保安院に全面協力することを約束したため、東京電力も不正を認め、2002年8月29日に開催された会見で、保安院が東京電力の不正を報告した。

合には政府に議定書を批准しないよう求めたが、これは2001年4月の早期批准を支持する国会の全会一致投票からすると、非現実的な要求だった。このように議定書を締結することに対する合意に後押しされて、自民党環境族とともに2001年1月の行政改革で環境庁から昇格した環境省は早期締結のための具体的な政策措置を導入しようと試みたが、経済産業省と自民党商工族は産業界の立場を反映しようと具体的な政策措置の導入に反対した。2002年6月、国会は京都議定書締結を全会一致で承認したが、日本が京都議定書の下で負った温室効果ガス6％削減目標の達成を確実にする具体的な政策措置を導入するには至らなかった。

3.4. 第4期（2002年～2005年）：3度目の政策の窓—京都議定書発効

3.4.1. 気候政策措置の第1回目評価・見直し：削減目標に関する対立

2002年に採択された改正地球温暖化対策推進法で導入された、いわゆるステップバイステップアプローチの枠組みの中で、日本政府は2004年に気候政策措置に関する包括的なレビューを実施した。ロシア連邦が2004年12月に京都議定書を批准したため、京都議定書は2005年2月16日に発効した。その結果、2004年の見直しは大綱の見直しにとどまらず、改正温暖化対策推進法8条に基づき、京都議定書目標達成計画が採択された。

環境省の中央環境審議会は、2002年の大綱に盛り込まれた気候政策措置の包括的な見直しを担当した。この見直しは、経済産業省、国土交通省、農林水産省の各審議会で個別に実施される、各省庁管轄分野（その多くは経済産業省の産業構造審議会の所管だった）の気候政策措置の見直し結果に基づいて実施された。環境省も経済産業省も2004年1月に審議を開始した。両省とも、温室効果ガス排出量の増加に対処し、京都議定書上の目標を達成する上で補完的な措置として京都メカニズムを実施する準備を進める必要性には合意していた。しかし彼らの立ち位置は、目標達成のために必要な国内での削減量と、排出削減を達成するための具体的な政策措置の2点で大きく異なった。

まず目標達成のために必要な国内での排出削減量については、中央環境審議会が、2004年8月に公表した「地球温暖化対策推進大綱の評価・見直しに関

表 3-4：2010 年における日本の温室効果ガス排出量（既存の政策措置のみ）の比較（%）

排出量	経済産業省（2004a）	環境省（2004a）	環境省（2005）調整
温室効果ガス排出量合計	+3.7〜5.5	+6.2〜6.7	+6.0
エネルギー起源の CO_2	+2.2〜4.0	+7.1	+5.4
フロンガス	+1.9	NA	+1.4
非エネルギー起源の CO_2、CH_4、N_2O	−0.5	−0.9〜−0.4	−0.9〜−0.4

出典：経済産業省（2004a）、環境省（2004a）、環境省（2005）に基づいて著者作成

する中間とりまとめ」の中で、日本の温室効果ガス排出量は 2010 年までに 1990 年水準と比較して 6.2〜6.7％高い水準のままであることが予想されるため、京都議定書上で約束した第1約束期間に温室効果ガスを6％削減するという目標を達成するには、現在の排出水準と比較して 12.2〜12.7％の削減が必要であるという見積りを示した（環境省 2004a: 34）。一方、産業構造審議会は「今後の地球温暖化対策について（案）」の中で、総合資源エネルギー調査会の算定に基づいて、すでに導入済みの政策措置が徐々に削減効果をもたらすため、2010 年までに何ら追加的な政策手段を導入しなくても、2010 年の日本の排出量は 1990 年水準よりも 3.7〜5.5％高い水準まで減少し、したがって京都議定書上約束した6％の削減目標を達成するには最大で 11％の削減を要するという見積りを示した（経済産業省 2004a: 48）[22]。産業構造審議会は、この11％の削減を達成するために、森林吸収を利用して 3.1％の削減を確保し、残りの 7.9％については京都メカニズムを含む政策措置を活用するという計画を提示した。エネルギー起源の CO_2 排出量に関する総合資源エネルギー調査会の数字を反映して、中央環境審議会は、2005 年 3 月に公表された「地球温暖化対策推進大綱の評価・見直しを踏まえた新たな地球温暖化対策の方向性について（第 2 次案）」の中で、その見積りを修正し、排出量は 2010 年までにかつて見積もっていたように 1990 年水準から 6.2〜6.7％増加するのではなく、6％増加するという予測を示した（環境省 2005）。こうして環境省と経済産業省の見積りの差は縮まり、この環境省の修正案が 2005 年 4 月に採択された京都議定書目標達成計画で用いられた。

---

22) 事故により、関西電力は、美浜原発を停止することになった。そのため、火力発電所で代替しなければならず、2003 年の CO_2 排出量は 6,000 万 t、基準年と比較して 4.9％増加した。

表 3-5：トップランナー方式対象製品目の目標基準

項目	目標（%）	達成率（%）
テレビ	16.4	25.7（1997～2003）
ビデオカセットレコーダー	58.7	73.6（1997～2003）
エアコン	66.1	67.8（1997～2004）
冷蔵庫	30.5	55.2（1998～2004）
冷凍庫	22.9	29.6（1998～2004）
自動車	23.0（1995～2010）	22.0（1995～2004）

出典：経済産業省・省エネルギーセンター（2006: 32）

3.4.2. 政策措置

また削減のための追加的な政策措置について、産業構造審議会は、「増税なき遵守」のスローガンの下、5%の削減分は国内政策措置、2%分はフロンガス排出量の追加的な削減によって、残りの1.6%分は京都メカニズムの活用によって達成することを提案した。この勧告に基づいて、経済産業省は、国会に改正省エネ法の改正案を提出した。まず同省は、トップランナー方式の対象となる製品のエネルギー効率性基準を引き上げることを提案した。テレビやビデオカセットレコーダーは2003年までに、1998年改正省エネ法で定められた基準をすでに達成し、エアコン、冷蔵庫も2004年までに基準を達成した。したがって、これらの製品目の基準は改定される必要があった。自動車の基準も、目標達成年度だった2010年よりもはるかに早く2004年に達成されており、改定される必要があった（表3-5参照）。改定案には、さらにトップランナー方式の対象となる製品目を1998年時の11種目から21種目に増加させること、そして経済産業省にエネルギー使用を報告することが要求される工場と産業部門の範囲を拡大することも盛り込まれた。このようにエネルギー効率性向上のための政策措置を導入したほか、計画で定められた目標達成に貢献するために、京都メカニズムを活用するための制度を立ち上げ、京都メカニズム活用のための基盤を確立することも勧告した（経済産業省 2005a）。

一方、中央環境審議会は、2005年3月に公表した「地球温暖化対策推進大綱の評価・見直しを踏まえた新たな地球温暖化対策の方向性について（第2次提案）」で、京都目標を達成するための追加的な措置の導入を提案した。追加的な措置とは、環境税、個別企業の義務的な温室効果ガス報告制度、自主的な排出量取引制度、京都メカニズムの活用などである（環境省 2005）。京都メカニ

ズムを除いて、これらすべての措置、特に環境税は、経済的繁栄重視派のメンバーによって反対されていたものだった。以下では各政策手段導入に関する議論を個別に説明する。

環境税導入に関する議論

2003年2月、鈴木俊一環境大臣は、地球温暖化対策税制専門委員会に対して、同年夏までに環境税の具体的制度設計に関する報告書を提出することを求めた。その目的は、この時点で環境税を導入するという環境省の政治的意図を示すことにより、2004年実施の見直し前に利害関係者で議論を尽くし、環境税導入を合意することだった。2003年8月29日に公表された「温暖化対策税制の具体的制度案」という報告書では、炭素1t当たり3,400円の環境税を導入することが提案され、これにより9,500億円の税収が見込まれることが示された(環境省2003a)。

この報告書が公表されると、産業界と経済産業省は、産業界の国際競争力に悪影響が及ぶと主張して、提案された税に反対した。これに対し環境省は、エネルギー集約産業に対する減税率を、当初提案していた20％から50％に引き上げるという修正案を示した。修正案では、中小企業や低収入世帯への減税も盛り込まれた。その結果、税収は、当初の案の約半額である490億円まで減少した(環境省2004b)。環境省は490億円のうち340億円を削減措置のために使用し、残りの150億円を社会保障費の減額のために用いることを提案した。環境省は、環境税はおよそ5,200万tのCO_2排出量削減、1990年水準と比較すると4％分の減少をもたらすという見積りを示した(同上)。

環境税導入に関する議論がいまだ中央環境審議会で行われていた2003年11月、環境省は環境税導入修正案を2004年度の通常国会で通過させることを目指して、自民党の環境基本問題調査会に送付することを決定した。しかし自民党環境族でさえもこの法案に完全に納得せず、税制調査会に送付する前に環境税を導入する場合とクリーン開発メカニズムを使用する場合の費用便益を比較するなどさらなる検討を行うことを指示した。また議員の中には、当時の1兆2,580億円の気候変動対策関連支出に関する詳細な検証を行った後で、環境税導入を議論するべきだという者もいた(電気新聞2004年11月8日；日本経済新聞

2004年11月24日)。

　最終的に自民党の環境基本問題調査会は、政府の税制調査会に税導入計画を送付することを決定した。しかし同計画に関して税制調査会委員間で意見が分かれ、結局、委員会は2004年時点では税を導入せず、引き続き税導入に向けて議論を継続することを決定した。このように環境税の導入は再び先送りされた。

　政府が京都議定書目標達成計画を策定し始めた2005年初頭、環境税導入が再び議論された。中央環境審議会は3月に、4,000億円から7,000億円の歳入が京都議定書目標を達成するために必要であり、この金額を環境税導入により調達することができるという見積りを示し、環境省は環境税を引き続き検討するという文言を京都議定書目標達成計画に盛り込むことを主張した。しかしこのような計画は、経済産業省と産業界の反対にあった。最終的に両省の対立は、環境税を「可能な限り早期に導入する」という文言を入れるかどうか（環境省は入れる、経済産業省は入れない）という言葉の問題となり、両者はいかようにも解釈可能な「環境税の導入を真摯かつ根本的に検討する」という文言で妥協した。

排出量取引制度導入に関する議論

　2007年以前、排出量取引制度の導入は主に以下の2つの理由により日本で公式に議論されることはなかった。第1に気候変動問題が国際・国内政治の主要課題として認識されるようになってから、具体的な政策措置に関する議論の焦点は、排出量取引ではなく税の導入にあった。第2に日本の産業界は、参加部門のCO_2排出量を1990年水準で安定化させるには経団連自主行動計画で十分であり、追加的な政策手段の導入は不要であると主張してきた。しかし英国の排出量取引グループが排出量取引に関する提案を示し、さらにEUで欧州排出量取引指令が採択され、2005年からEU全域で排出量取引制度を導入することが決定されたため、日本の利害関係者の間で排出量取引制度への関心が高まった。

　このような背景の下、いくつかの排出量取引制度に関する試行的な取組みが実施された。環境省は研究会の中で望ましい排出量取引制度を検討したほか、

三重県で排出量取引制度のシミュレーションを実施した。この三重県のシミュレーションには、35の企業と1非営利団体が参加した（環境省 2003c）。経済産業省もクレジット取引に関するパイロットプロジェクトを実施した。もともと経済産業省のパイロットプロジェクトでは、企業が経団連自主行動計画の目標と整合性を有する自主目標を設定し、目標設定の見返りとして、企業が実施する排出削減プロジェクトへの投資の半額にあたる補助金を支給する計画だった。しかしこの計画は、パイロットプロジェクトがなし崩し的に義務的取引制度へと移行することを懸念した経団連と産業界の反対にあった。このような懸念に配慮して経済産業省は、パイロットプロジェクトは排出量取引制度のための基盤整備を目的とするのであって、国内排出量取引制度の導入を前提とするものではないと説明した。上記のような中央および地方政府によるイニシアティブに加えて、日立、コニカ、松下、コスモ石油などは社内排出量取引制度を開始した。

　2005年1月にEU排出量取引制度が開始し、ノルウェーおよび米国の複数州で排出量取引制度導入へ向けた議論が進むと、日本の利害関係者の間で、排出量取引制度に対する関心が急速に高まった。環境省は、2005年、シミュレーションを一歩推し進めて、自主的な排出量取引制度を開始することを決定した。この制度は排出量取引と補助金を組み合わせたもので、制度に参加する民間企業は、CO_2排出抑制・削減目標を設定する代わりに1プロジェクトにつき2億円を上限として、2005年度（2005年4月から2006年3月まで）の排出削減プロジェクトにかかった費用の3分の1の補助金の支給を受ける。環境省は総額30億円の補助金用の予算を組んだ。環境省が費用効率性で選別した後、2005年の産業エネルギー部門からのCO_2排出量の0.165％を占める31企業が制度に参加することになり、そのため総額26億円の補助金が拠出された（環境省 2007b; UNFCCC 2010a）。同制度は以下のように運用された。まず制度の開始に際し、参加者は2002年〜2004年までの排出量を報告することを求められた。参加者が報告した2002年〜2004年までの排出量は、環境省が指定する検証機関の検証を受ける。その上で参加者は、補助を受けたプロジェクトによって2006年に達成されることが予想される削減量の見積りを登録する。各企業は2002年〜2004年までの排出量と2006年度の予測排出量の差に相当する量

の排出枠を受け取り、2006年度中は自由に排出枠を取引することができる。企業は2007年4月～5月の間に検証を受けた、2006年度の実際の排出量に相当する排出枠を償却しなければならない。不遵守となった企業は受け取った補助金を環境省に返還しなければならず、企業名も公表された。

　自主的排出量取引制度について多くの調査研究成果が公表され、排出量取引制度導入について、省庁や経団連による非公式の協議が開催されたにもかかわらず、産業界は、自主行動計画は日本が京都議定書下でコミットした6％削減目標を達成するために十分であるという立場を崩さなかった。産業界は、義務的な国内排出量取引制度は事実上の規制的な手法であって、産業界の生産能力、エネルギー使用、そして経済成長自体に制限を課すものであると主張した。産業界はまた、仮に政府が産業界にさらなる対策をとることを強要するのであれば、工場を海外に移転せざるをえなくなると主張した（日本経団連 2001b, c, 2004b）。このように産業界が強く反対したため、日本では2007年まで排出量取引制度導入が公式に議論されることはなかった。

義務的温室効果ガス排出量報告制度導入

　2005年当時は、CO_2排出量は改正省エネ法に基づいて収集された各施設のエネルギー消費データをもとに計算されていた。しかし温暖化対策を効果的に策定、実施、評価するためには、実際のCO_2およびその他5つのガスの排出量を確定することが不可欠だった。そこで環境省は一定量以上の温室効果ガスを排出する施設に対して、6ガスすべての排出量を報告する義務を課す報告制度を制定しようとした。このような報告制度は、政府が個別施設ごとの正確な温室効果ガス排出量を把握し、将来、個別企業の排出量を抑制する政策措置を策定するための基盤を提供する。そのため産業界はこのような制度の導入に反対した。経済産業省も制度導入自体には反対しなかったが、環境省と排出量の把握に関する所管を共有するという考えには抵抗した。経済産業省はCO_2排出量に関する情報を収集するために、改正省エネ法に加えて新たな制度を導入することは二重規制に当たり、また報告制度は、エネルギー消費量に関する情報を収集している改正省エネ法に盛り込まれるべきだと主張した。環境省は、改正省エネ法で規制されていない5種類のガス（CO_2以外のガス）について、温

暖化対策推進法の下で規制しても二重規制にはならないし、また規制されるべきであると反論した。最終的に、経済産業省と環境省の間に、義務的な排出量報告制度は改正温暖化対策推進法の下で導入される（21条1項）が、CO_2 排出量に関する報告は改正省エネ法下のエネルギー消費量の報告をもって代えることが認められる（21条10項）という条項を盛り込むという妥協が成立した。こうして産業エネルギー部門は CO_2 以外の5つの温室効果ガスの排出量を報告するという追加的な義務を負うことになったが、少なくとも二重規制を回避することには成功した。

3.4.3. 京都議定書目標達成計画

2004年に実施された気候政策措置の評価に基づいて、地球温暖化対策推進本部は2005年4月28日に京都議定書目標達成計画（目達計画）を採択した。計画には、このまま追加的な政策措置が導入されない場合には、日本の温室効果ガス排出量は1990年〜2010年の間に少なくとも6％増加し、したがって京都議定書上日本がコミットした6％削減目標を達成するには少なくとも12％の削減が必要である（地球温暖化対策推進本部 2005a）という環境省と経済産業省の妥協ともいえる排出予測が盛り込まれた。このように排出量増加が予測されたにもかかわらず、計画には、環境税など個別企業からの排出量を抑制するための具体的な政策措置は盛り込まれなかった。さらに経団連自主行動計画が、産業部門からの排出削減量4,740万t（CO_2equivalent: 二酸化炭素換算、以下同）のうち4,240万t（鉄鋼業：約2,070万t、紙・パルプ業：約820万t、窯業土石業：約430万t、化学業：約400万t、金属機械業：約160万t、非鉄金属業：約150万t、食料品業：約210万t）を抑制する、同部門からの主要対策手段として制度化された（地球温暖化対策推進本部 2005b, c）。目達計画は、このほか、既存の53基に加えて2010年までに稼働する3基の新原子力発電所（北海道電力泊3号、東北電力東通1号、北陸電力志賀2号）により1,700万tを削減する[23] ため、原子力発電所への投資インセンティブの付与、核燃料サイクルの確立支援、安全操業を確保

---

23) 日本政府は、長期エネルギー供給見通しの中で、原子力発電所への依存を、2030年までに、2000年の13％から参照ケースで15％、エネルギー効率性向上ケースで18％、新エネルギー源導入促進ケースで15％増加させることを計画していた（経済産業省 2005b）。

するための科学的で合理的な作業管理の実施などを通して、これら3基の新設について電力会社を支援するとしている。新設予定の原子力発電所数は、1998年の地球温暖化対策推進大綱の20基から、2002年の改正温暖化対策推進大綱の10～13基に、そしてこの目達計画では3基まで削減された。このように原子力エネルギー使用はエネルギー部門からのCO_2排出量の削減につながるが、増設は計画通りに進まなかったため、原子力政策は、気候政策に大きな影響を与えた。目達計画では、計画されたすべての政策措置が予定通りに実施されたとしても、1.6％の不足分が生じることが予想された（環境省2004a, 2005; 地球温暖化対策推進本部2005a）。このような予測に基づき、経済的繁栄重視派だけではなく気候保全重視派も、京都メカニズムを利用して海外からクレジットを調達することにより、不足分を補う必要があることに同意した。2005年、経済産業省と環境省はクレジットを調達するために57億円（環境省20億円〈2004年は6億円〉、経済産業省37億円〈2004年は24億円〉）を確保した。気候保全重視派は、6％の排出削減目標および部門別目標の達成を確実にするために政策措置を導入する機会を今回も逸した。

3.4.4. 2013年以降の国別排出抑制・削減目標

日本では、京都議定書の第1約束期間が終了する2012年末以降の温室効果ガス排出量を抑制する国際レジームに関する議論は、京都議定書が定める交渉開始期限である2005年直前の2004年になってもまだ正式には始まっていなかった。2004年、気候政策策定の所掌を共管していた環境省と経済産業省は、それぞれの審議会で2013年以降の気候変動に関する国際的枠組みを規律する制度に関する日本の立ち位置について議論を始めた。経済産業省は2004年1月に、産業構造審議会地球環境部会の下、気候変動問題の将来枠組みに関する特別委員会を設置した。この将来枠組みに関する特別委員会を設置する以前に、経済産業省は将来枠組みについて2つの報告書を公表した。1つは「地球温暖化問題に関する国際交渉の動きと今後の検討について」（2002年10月）であり、もう1つは「気候変動に関する将来の持続可能な枠組みの構築に向けた視点と行動」（2003年7月）である。前者は米国と途上国を含む、すべての締約国が参加する共通のレジームを確立するために、できる限り早期に将来枠組み

に関する議論を開始する必要性を説いている。後者は将来枠組みについて交渉するにあたっては、技術志向の解決策に重点を置くこと、締約国だけではなく地域、セクター、産業界や個人の多角的な参加を確保すること、そして排出抑制数値目標、セクターごとの技術目標、自主協定・目標などのさまざまなコミットメントを使用することといった基本的な方向性を示している。2004年に設置された特別委員会は、12月に「気候変動に関する持続的な将来枠組について」という中間報告を公表した。この報告書では、京都議定書の問題と限界を同定し、気候変動問題を排出抑制数値目標だけで究極的な解決に導くことは困難であり、将来枠組みの中核は、排出抑制数値目標を設定することではなく途上国支援や技術開発といった具体的な取組みにあるとした。同報告書はさらに、既存の科学的知見の不確実性と技術による削減可能性を考慮に入れると、温室効果ガスの濃度を安定化させる水準に合意したり、この安定化目標を達成するための排出抑制数値目標を設定するトップダウンアプローチではなく、セクターごとの目標や技術ベースの目標などのボトムアップアプローチが望ましいとしている（経済産業省 2004b, 2005a）。また同報告書は、2012年以降の気候変動問題を規律する枠組みについて、主要な排出国が参加し、各国が気候変動枠組条約2条に規定される究極目標を達成するための効果的なコミットメントを行い、さらに効率的な技術開発と普及を確保するために、長期的な約束期間の技術開発が中核要素となる新たな枠組みに合意する必要性も説いている。

一方、環境省は2003年初頭に、地球環境戦略研究機関と国立環境研究所とともに将来枠組みに関する作業グループを立ち上げた。このグループでの議論に基づいて、環境省は「気候変動問題に関する今後の国際的な対応の基本的な考え方について」を2004年1月に公表した。この報告書で、環境省は途上国が参加できるような枠組みを確立する必要性については経済産業省の報告書と立場を共有していたものの、いくつかの点では経済産業省とは異なる見解を示した。まず国際社会が長期間にわたり策定し、実施してきた気候変動枠組条約と京都議定書に基づいて、2013年以降のレジームに関する議論を継続する必要性を強調している。第2に産業界やNGOの参加を確保する必要性はあるものの、締約国こそが交渉過程の中心であるとしている。環境省は2004年4月

8日に、中央環境審議会の下、専門委員会を設置し、同専門委員会は2004年12月に「気候変動問題に関する今後の国際的な対応について」という報告書を公表した。この報告書では、気候変動枠組条約と京都議定書に基づいて将来的な国際気候レジームについて議論することの重要性が繰り返し指摘されている。また同報告書には、EUとその構成国の取組みを検討し、短期および中期的な排出抑制・削減数値目標を、温室効果ガスの濃度の安定化と地球の平均気温の上昇に関する長期的なトップダウンの目標と関連づけて設定する必要性と、既存の技術の普及と移転の重要性が強調されている（環境省 2004c）（表4-5）。さらに革新的な技術開発の必要性を認識しつつも、早期の行動をとらずに、未開発の技術に依存することの不確実性に対し注意を喚起している。このように、中長期の目標に関する議論は、気候保全重視派と経済的繁栄重視派の立ち位置の分岐点が、第1期から変わっていないことを示している。

3.4.5. 第4期のまとめ：部門別目標と京都目標達成のための政策手段導入、中長期目標に関する議論

日本の気候政策形成過程の第4期を特徴づけたのは、政府による気候政策措置の第1回目の評価と京都議定書目標達成計画の採択であった。評価のプロセスを通じて、気候保全重視派と経済的繁栄重視派は、削減を実現するための具体的な措置だけではなく、政策形成上重要な2010年の温室効果ガス排出水準の予測についても立ち位置を異にした。このような対立は、京都議定書目標達成計画で京都議定書の6%削減目標を達成するために温室効果ガスを12%削減する必要があるとしつつも、12%削減を確実に達成するための政策措置を導入せずに済ませることで、落ち着いた。

京都議定書発効という気候保全を推進する方向で機能する外部要因があり、国民の気候変動問題への関心が高まったにもかかわらず、気候保全重視派は、環境税導入の再三の試みに顕著に表れているように、温室効果ガスの確実な削減をもたらす具体的な政策措置を導入することができなかった。しかし気候保全重視派は、政府が個別施設の温室効果ガス排出量を正確に把握することを可能にし、個別企業レベルで排出量を抑制する政策措置を導入するための基盤として機能するであろう排出量報告制度を導入することに成功した。一方で経済

的繁栄重視派は、目標達成計画で、経団連自主行動計画を産業エネルギー部門からの排出量を抑制する主要手段として制度化することについに成功した。また 2013 年以降の気候変動問題を規律する枠組みに関し、この第 4 期に開始した議論は、気候政策サブシステムが第 2 期に成熟した後は、ほとんどのアクターは気候保全と経済的繁栄間の優先度に関する立ち位置を変えていないことを示している。

3.5. 第 5 期（2005 年～2009 年）：中長期目標と気候政策措置の第 2 回評価・見直し

3.5.1. 中長期目標設定過程

　第 2 章で述べたように、国際気候政治は 2005 年に大きな節目を迎えた。2004 年末にロシアが京都議定書を批准したことにより、2005 年 2 月に京都議定書が発効し、同年 12 月に開催された気候変動枠組条約第 11 回締約国会合と同時に京都議定書第 1 回締約国会合が開催された。京都議定書 3 条 9 項は、京都議定書の第 1 約束期間の最終年の少なくとも 7 年前に、次期以降の約束期間についての交渉を開始すると定めているため、締約国は京都議定書の発効と同時に次期以降の約束期間の枠組みについて交渉を開始した。先進工業国の中では、EU とその構成国は、すでに次期以降の約束期間あるいは 2020 年の温室効果ガス削減数値目標について、域内あるいは国内で議論を開始しており、2005 年 3 月には、欧州閣僚理事会が地表の平均気温の上昇を産業革命以前と比較して 2℃ 以内に抑えることを確認し、そのために先進工業国は 2020 年までに 15～30％ の範囲で温室効果ガスを削減する必要があるという決定を採択した（European Council 2005: パラグラフ 43 から 46）。また欧州閣僚理事会も 2007 年に、EU として 1990 年比で 2000 年までに温室効果ガス排出量を少なくとも 20％ 削減し、他の先進工業国が同程度の排出削減数値目標を約束し、また新興国がその責任と能力に応じた排出削減に貢献するのであれば 30％ 削減するという目標を採択した（European Council 2007: パラグラフ 31, 32）。

　2007 年にインドネシアのバリで開催された気候変動枠組条約第 13 回締約国会合、京都議定書第 3 回締約国会合（COP13/CMP3）において、締約国は、

2009年コペンハーゲンで開催される気候変動枠組条約第 15 回締約国会合、京都議定書第 5 回締約国会会合（COP15/CMP5）で、2020 年に向けた気候変動問題を規律する国際枠組みに合意するという決定を採択したため、日本も 2009 年末のコペンハーゲン会合までに排出削減数値目標について国内で合意することを余儀なくされた。

　このような状況にもかかわらず、日本国内では、米国と中国の参加なくして京都議定書を批准したことを批判する産業界の意向を受けて、経済産業省そして産業界と強いパイプを持つ自民党議員を中心に、次期以降の約束期間で目標を上乗せするのであれば、米国や中国の参加が不可欠であるとする意見が強まった。一方、環境省は次期以降の約束期間について野心的な目標の設定を求めたが、その意見は、なかなか反映されなかった。このように次期以降の約束期間の排出抑制・削減数値目標について合意することが困難となった理由の 1 つに、自民党環境族の低迷があった。本章の冒頭で述べたように、1990 年代以降、日本政治は利益誘導型政治からの変化を見せた。利益誘導型政治からの脱却自体は、支持基盤への負担を伴う環境あるいは気候政策の発展を阻むものではなかった。しかし環境問題に理解があった愛知和男、武村正義、小杉隆といった環境族が 2000 年の総選挙で議席を喪失したことは、気候政策の進展に悪影響を及ぼした。愛知と小杉は 2005 年の総選挙で再選を果たしたが、小杉はスキャンダルで辞任した。また 2006 年、環境問題に深い関心と理解があり、自民党内での影響力も強く、そして京都議定書採択時の首相であった橋本龍太郎が逝去し、自民党で気候政策を牽引する政治家がいなくなった。

クールアース 50 提案

　こうした状況の中、2006 年に、小泉純一郎首相が退任した後、首相となった安倍晋三、そして 2007 年 8 月に自民党の参議院選挙大敗の責任をとって辞任した安倍の後任となった福田康夫は、2020 年までの中期的な目標に言及するのではなく、2050 年までの長期的な目標に言及した。安倍は 2007 年 5 月 14 日に、国際交流会議「アジアの未来」の晩さん会の中で、「美しい星へのいざない」という演説を行い、長期的に温暖化問題に対処する上で指針となる 3 つの原則と 3 つの提案（クールアース 50 提案）を示した。3 つの原則とは、温室効

果ガスの排出削減に取り組むと経済成長が阻害されるのではないかという懸念、自国が取り組んでも他国が取り組まなければ、地球規模での問題解決にならないのではないかという懸念、そして途上国に対策を求めるのは不公平であるという懸念に対処することである。このような原則を踏まえて、クールアース提案では気候変動枠組条約2条が規定する温室効果ガスの濃度の安定化をはかるために、世界全体の排出量を現状と比較して2050年までに半減するという長期目標が設定され、またこの目標を達成するための戦略として、革新的技術の開発（特に石炭火力からのCO_2排出量の削減、新しい発電技術の開発〈特に原子力発電の信頼性と安全性の向上、高温ガス炉、小型炉などの先進的な原子力発電技術の開発〉、次世代自動車の普及、製鉄生産プロセスでの水素使用など）、低炭素社会づくり（自然と共生した生活、公共交通等の効率的移動システムの構築、コンパクトシティづくり）、リサイクル社会の構築が掲げられた。さらに2013年以降の国際枠組みについては、主要排出国がすべて参加し、京都議定書を超え、世界全体での排出削減につながること、各国の事情に配慮した柔軟かつ多様性のある枠組みとすること、省エネなどの技術を生かし、環境保全と経済発展とを両立することという3つの提案が示された（安倍2007）。

この提案は2050年を目標年とする長期目標であり、中期目標については明示しておらず、また世界全体の目標達成に向けて、日本がどのような目標を負うのかにも言及していなかった。安倍首相は2007年8月に参院選大敗の責任をとって辞任したため、この提案を具体化する作業は、安倍の後、首相の座についた福田康夫に委ねられた。

福田ヴィジョン

福田康夫首相は、2007年10月1日に開会した第168国会の所信表明演説で、地球環境問題に対処することの緊急の必要性に言及し、2050年までに地球の温室効果ガス排出量を半減させるために、安倍首相のクールアース50を引き継ぎ、すべての主要排出国が参加する枠組みを提案することに言及した（福田2008）。さらに2008年1月に開催された、世界経済フォーラム年次総会（通称ダボス会議）で、気候変動問題が同年6月に洞爺湖で開催されるG8会議の最重要課題であるとし、安倍前首相のクールアース50を具体化した「クー

ルアース推進構想」を発表した(同上)。この中で2013年以降の気候変動問題に対処するための国際的枠組みについて、IPCCを引用し、地球全体の温室効果ガスは10〜20年で減少に向かわなければならず、2050年には半減しなければならないこと、そのために全主要排出国が参加する仕組みの構築に尽力すること、そして日本は主要排出国とともに、今後の温室効果ガスの排出削減について、総量での削減数値目標を掲げて取り組むことを約束した。この部分だけを見れば、それまでの環境省側の意見に沿った内容にも見える。しかし国別削減数値目標の設定については削減負担の公平性の確保を提案し、そのためにエネルギー効率性などをセクター別に割り出し、今後活用される技術を基礎として削減可能量を積み上げる、経済産業省や産業界が主張してきたいわゆるセクター別アプローチを提案した。さらに公平性という見地から基準年の見直しも提案された。このように気候変動枠組条約交渉時以来の流れとして、ここでも経済的繁栄重視派と気候保全重視派の折衷案が示されたが、経済的繁栄重視派の立場が優先された。このほか、国際環境協力については、日本が過去にGDPを2倍に増加させながら環境対策を行ってきた経験に触れ、排出削減と経済成長を両立させる上で途上国を支援するために、100億ドル規模の新たな資金メカニズムを構築することを約束した。さらに革新技術の開発と低炭素社会への転換のために、環境・エネルギー分野の研究開発投資として5年間で300億ドル程度の資金を投入することも約束した(同上)。

　こうして発表されたクールアース構想の実現のために、有識者会議「地球温暖化問題に関する懇談会」が設置された。懇談会開催の庶務は、環境省と経済産業省の協力を得て内閣官房が担当した(内閣府2008a)。メンバーには、新日鐵の三村代表取締役社長、トヨタの奥田相談役、そして東京電力の勝俣代表取締役社長など産業界の関係者のほか、大学関係者や洞爺湖サミット開催地北海道の高橋知事などが名を連ねた(同上)。こうして懇談会での議論を経て、2008年6月9日、北海道の洞爺湖で開催されるG8サミットへ向けて、いわゆる福田ヴィジョンが発表された(同上)。この福田ヴィジョンでは、「低炭素社会の実現は経済への負担ではなく、新たな経済成長の機会としてとらえるべきである」との記載があり、それまでの経済的繁栄と気候保全を二項対立ととらえる傾向から一歩踏み出した考えが示された。また長期目標については2050

年までに、世界全体でCO_2排出量半減という目標に再び言及した上で、日本については、先進国としてより厳しい責任を受け持つのは当然のことであるとして、2050年までに現状から温室効果ガス排出量を60～80％削減するという目標を掲げた。さらに安倍政権時には言及しなかった中期目標についても、2050年半減という長期目標を達成するために、今後10年～20年で世界全体の排出量を減少に向かわせなければならないという認識の下、EUが掲げている1990年比で20％削減という目標は、2005年比では14％削減となることを踏まえて、省エネ先進国としてEU諸国を大きく上回るエネルギー効率を達成してきた日本も、セクター別の積み上げで14％削減は可能であるとして、他国にも同様のセクター別の積み上げでどこまで削減可能か計算することを呼びかけた。ただし、福田ヴィジョンでは、2009年のある時点で排出削減数値目標を公表するとしており、数値目標を明示はしなかった。また目標を達成するために国全体を低炭素化へ動かしていくための仕組みとして、日本での導入について特に産業界が否定的だった排出量取引制度について、「いつまでも制度の問題点を洗い出すのに時間と労力を費やすのではなく、むしろより効果的なルールを提案するくらいの積極的な姿勢に転ずるべきだ」とし、2008年秋から、排出量取引の国内統合市場の試行的実施を行うことが提案された。また環境税についても、税制の抜本改革を検討する際に環境税の取扱いを含め、低炭素化促進の観点から税制全般を横断的に見直し、税制のグリーン化を進めること、さらに国民1人ひとりの排出削減行動を促すために、見える化を進めることを提案した。

「低炭素社会づくり行動計画」の決定と中期目標検討委員会の設置
　しかし福田政権も長続きせず、G8サミット後、福田は退任した。内閣下に設けられた懇談会は合計9回開催されたが、福田ヴィジョンを2008年6月9日に発表した後、「低炭素社会・日本」を目指してという提言（内閣府 2008b）を行い、7月29日に「低炭素社会づくり行動計画」（内閣府 2008c）を閣議決定で採択して福田政権下での活動を終えた。懇談会は2008年10月に開催された6回目以降は、福田首相を引き継いだ麻生太郎首相の下で開催された。
　また麻生太郎政権誕生後の2008年10月には、2013年以降の枠組みについ

て合意することを予定していたコペンハーゲン会合を1年後に控えて、中期目標の検討に早期に着手し、また検討過程で用いられるセクター別の積み上げ方式に関する知見を国際的に提供することを目的として、懇談会の下に「中期目標検討委員会」が設けられた。

　検討委員会設置の目的は、1)中期の温室効果ガス削減数値目標を内外に説得的に発信するためにモデル分析を精緻に行い、中期目標を科学的、理論的に検討すること、2)地球温暖化問題の解決、経済成長、資源・エネルギー問題が両立するよう総合的な観点から検討すること、この検討にあたっては主要経済国等についても同様に分析し、比較すること、3)複数の目標値について、必要な対策・政策とそのコスト、経済的なプラスの効果、対策をとらない場合のコスト等を明確にし、国民に選択肢として提示すること、4)広く関係者の意見を聴くことであった（内閣府 2008d）。

　このような試算を行う機関としては、通常、環境省が試算を委託する国立環境研究所、経済産業省が試算を委託する地球環境産業技術研究機構、日本エネルギー経済研究所に加えて、日本経済研究センター、慶応大学産業研究所が選択され、バランスがはかられた。また検討委員会は、上記の研究機関の所長あるいは所長に近い要職にある者で構成され、懇談会とは異なり、産業界とNGOの代表は招聘されなかった。さらに各機関のモデルの整合性を議論する場として、5つの研究機関の担当者で構成されるモデル分析ワーキングチームが設けられた。検討委員会事務局は内閣官房副長官補室に置かれ、環境省、経済産業省から出向した内閣官房参事官2名と参事官補2名が事務局作業を遂行した。またモデル分析ワーキングチームには、経済産業省、環境省でそれぞれ気候政策形成に関わり、中期目標検討委員会設置当時は大学教員となっていた2名も参加し、この2名と内閣官房の両省出身者で、検討委員会の全体の枠組みやモデル委託先を決定した［研究者C 2013］。

　検討委員会は、まず選択肢にどのような情報を含むべきかについて検討を行い、国際比較、対策の強度に応じた日本の排出量予測、経済影響の把握という3要素について数値を算定することを決定した。この3要素についてデータを取得するために、モデル実施機関が世界モデル、日本モデル、経済モデルを使って計算した（表3-6参照）。なお世界モデル、日本モデルを担当する研究機

表3-6：モデルチームの検討項目

種類		目的	仕組み	主なインプット・アウトプット
世界モデル		国際比較（日本のある排出量と同等レベルの他国の排出量はどの程度か算定）	限界削減費用を一定にした場合の各国の排出量を算出。まず世界を数十地域に分割、現状以上に強度の対策を行い「基準ケース」を設定し、その場合の各地域の排出量を算出。基準ケースの排出量の算出は、さまざまなマクロフレーム（GDP、人口、産業生産量など）の推移に関する統計データをもとに実施。次に、温室効果ガス削減のための100以上の対策技術について、その削減効果、導入可能量、コストを地域ごとに設定。コストは、対策技術の導入によって、「基準ケース」よりもどの程度初期費用が増加するかを算出し、その費用から対策技術の導入によるエネルギー費用の節約額を一定年数分だけ控除。この費用をCO_2削減分で割って、CO_2削減1tあたりのコストを算定。100以上の対策技術について、地域ごとに、対策技術のリストを作成し、これら対策技術がコストの安い方から順に導入されていくと仮定し、排出量を算出。	固定：GDP、人口、エネルギー価格、活動量（粗鋼生産量、貨物輸送量等）、技術の効果・コスト（いわゆるマクロフレーム） インプット：限界削減費用 アウトプット：国ごとの排出量
日本モデル		対策強度に応じた日本の排出量予測（どの技術をどの程度導入すれば、排出量はどうなるのかを分析）	対策技術の導入について複数のケースを仮定して、日本の排出量を算出（活動量を固定した上で、技術の詳細な積み上げにより、どこまで排出削減できるかを分析〈ケースごとに変化〉）。	固定：世界モデルと同じ インプット：個々の技術の導入量 アウトプット：日本の排出量
経済モデル	一般均衡モデル	経済影響の把握（日本の排出量をある程度にした場合、経済にどのような影響があるのか分析）	排出量を一定量に削減する場合に、経済が到達する均衡状態の姿（GDP、雇用、家計等）を示す（CO_2排出制約を市場メカニズムを通じて産業、家計等に波及させ、均衡状態に達する）	インプット：日本の排出量 アウトプット：GDP成長率、雇用者報酬、家計消費支出、設備投資、輸出入、産業生産量
	マクロモデル		排出量を一定量に削減する場合の経済への影響を、失業など現実に起こる不均衡な形も含め予測（過去のトレンドを用いて予測。経済見通しの分析等に一般的に使用されるモデル）	インプット：日本の排出量 アウトプット：GDP成長率、雇用者報酬、家計消費支出、設備投資、輸出入、失業率

出典：福井（2009: 表4）

関にはこれまで経済産業省側、環境省側が異なるマクロフレーム（計算の前提として用いられる2020年の想定される社会の基本的なデータ〈GDP、人口、産業生産量など〉）を用いて試算を別々に行ってきたという反省を踏まえて、共通のマクロフレームを用いて計算することを依頼した（表3-7参照）。

このようにマクロフレームは統一されたが、粗鋼生産量などの生産活動量の見込みは日本鉄鋼連盟、電気事業連合会、日本自動車工業会、住宅生産団体連合会などへの聞取り調査に基づいて設定されており、また原油価格も経済産業

表3-7：用いられたマクロフレーム

項目	統一した結果	根拠
実質GDP成長率	年1.3％程度（2006～2020年の平均）	さまざまな経済研究機関の予測の平均値をもとに日経センターが想定
人口	世界モデル：2020年に12,449万人 日本モデル：2020年に12,281万人	国連2006年中位推計 国立社会保障・人口問題研究所中位推計
原油価格	56ドル/バレル（2005年） →121ドル/バレル（2020年）（名目価格）	IEA"World Energy Outlook"等を基に日本エネルギー経済研究所が想定
粗鋼生産量	113,000t（2005年） →120,000t（2020年）	㈳日本鉄鋼連盟からのヒアリング
交通需要	旅客：2005年度と同じ（2020年） 貨物：2005年比約10％増（2020年）	国土交通省見通しによる
原子力発電	発電量：4,374億kWh （発電所：9基新設、稼働率：81％）	電力供給計画などを基に日本エネルギー経済研究所が想定

出典：福井（2009: 表8）

表3-8：中期目標に関する6つの選択肢

考え方	本分析の結果（％）		複数の選択肢
	1990年比	2005年比	
努力継続	+4	-4	選択肢1「努力継続・米EU目標並み」として統合
EU目標（1990年比-16％）と限界削減費用同等	+4～+2	-2～-7	
米国目標（2005年比-14％）と限界削減費用同等	+1～-5	-6～-12	
先進国全体-25％・限界削減費用均等	-7	-14	選択肢2「先進国全体-25％・限界削減費用均等」
最大導入	-8～-17	-13～-23	選択肢3「最大導入改訂（フロー対策強化）」
先進国全体-25％・GDP当たり対策費用均等			選択肢4「先進国全体-25％・GDP当たり対策費用均等」
			選択肢3と6の中間として、5「ストック+フロー対策強化・義務づけ導入」（1990年比-15％、2005年比-21％）を新設
先進国一律1990年比-25％	-25	-30	選択肢6「先進国一律-25％」

出典：福井（2009: 表9）
注：複数の選択肢を設定するにあたっては、①技術の導入シナリオについて、1)既存技術の延長線上で機器・設備の効率が改善し、耐用年数を迎えた時点で機器等の入れ替わりが進むケース（努力継続）、2)現状の政策をさらに強化し、最高効率の機器を最大限導入するケース（最大導入）、②諸外国との公平性について1)EUや米国が発表している中期目標と限界削減費用が同等となるケース（EU目標と同等、米国目標と同等）、2)先進国全体の温室効果ガス削減率を1990年比で-25％とし、先進各国が等しい削減努力を行うケース（先進国全体-25％・限界削減費用均等、先進国全体-25％・GDP当たり対策費用均等、先進国一律1990年比-25％）という複数の考え方を組み合わせて排出量の仮分析を行い、その結果を踏まえて、全体のバランスを考慮して、対策技術の導入量や経済への影響を詳細に分析する本分析を行った。

省の委託を受けてモデル作業を実施してきた日本エネルギー経済研究所が計算したため、全体として経済産業省寄りのマクロフレームが採用された（久保 2011 参照）。各シナリオを実現する対策の想定は各研究機関で異なり、その結果、各シナリオを実現するための費用についても異なる算定結果が示された（表 3-9 参照）。

　中期目標検討委員会が提出した 6 つの選択肢を基に国民的な議論を行うため、内閣官房は 2009 年 4 月から 5 月にかけて、まずパブリックコメントの提出を呼びかけ、また意見交換会を計 6 回実施し、さらに無作為抽出による世論調査を実施した。意見交換会には、6 会場で計約 1,000 名が参加し、ほとんどが 2005 年比 –4% と 2005 年比 –30% を選択し、両極に振れる結果となった。その理由として、久保（2011）は、産業界と NGO がそれぞれ動員をかけ、産業界は –4%、NGO は –30% を支持するよう呼びかけたからであるとしている。パブリックコメントには計 10,671 通の意見が寄せられたが、–4% を支持する意見が 74.4% を占め、–30% を支持する意見が 13% を占めた。これに対し、全国 4,000 人を調査対象とし、うち 1,222 人（30.6%）から回答を得た世論調査では、2005 年比 –14%（1990 年比 –7%）という選択肢を 45.4% の回答者が選択し、次に多かったのが 15.3% の –4%、そして 13.5% の –21% であり、意見交換会やパブリックコメントとは異なる結果が示された。

　さらに内閣府は、地球温暖化問題に関する懇談会を開催し、環境 NGO、経済団体、労働団体、消費者団体の代表を招いて、意見を聴取した。当初は経団連、電力、鉄鋼などに押されて –4% を推す声が大きかった自民党も、政調会・地球温暖化対策本部において 40 回を超える会合を開き、意見を調整した結果、2005 年比で –14% という目標を採択する方向で意見がまとまった。こうして 2009 年 6 月 10 日、麻生首相は主要排出国の全員参加と日本のリーダーシップ、環境と経済の両立、そして長期目標の実現という 3 つの基本原則を示しながら、日本は 2020 年までに 2005 年比で温室効果ガスを 15% 削減するという目標を公表した（内閣府 2009）。15% 削減という目標は選択肢にはなく、福田首相が言及し、また世論調査でも支持者が最も多かった 14% 削減に、麻生首相のイニシアティブで太陽光発電の普及策等により 1% を上乗せして算出されたといわれている。しかしこの目標は、内外から批判を浴びた。なぜなら

表3-9：エネルギー経済研究所と国立環境研究所の日本モデルの分析結果の概略 (費用：兆円)

	最大導入改訂（フロー対策強化）		ストック＋フロー対策強化・義務づけ	
	エネ研	国立環境研究所	エネ研	国立環境研究所
総費用	52	45	190	75
省エネメリット	28	30	44	40
ネット費用	24	15	146	35

出典：福井（2009）

15％削減目標の基準年は日本が自身にとって都合がよい2005年に設定されており、2005年比で15％削減という目標は京都議定書の基準年だった1990年比に換算すると8％削減で足り、2008年から2012年までの5年間で温室効果ガスを6％削減するという京都議定書の目標に2％を上乗せしたに過ぎなかったからである。

3.5.2. 気候政策の第2回目評価・見直し（2007年）と京都議定書目標達成計画改定（2008年）

　地球温暖化対策推進法は、第1約束期間の前年である2007年度に、目達計画に定める対策・施策の進捗状況・排出状況等を総合的に評価し、第1約束期間において必要な対策・施策を2008年度から導入すると規定している（地球温暖化対策推進本部2005a）。第1回目のレビューでは、環境省中央環境審議会地球環境部会と経済産業省産業構造審議会が、それぞれ別々に審議を進めたため、2010年度の排出量の推計についても両審議会で異なる数値を採用し、必要な施策についても足並みがそろわず、さながら二重審議の様相を呈した。そこで2007年時は、中央環境審議会と産業構造審議会が合同会合を開催し、ヒアリングを実施するなど、極力両審議会が連携して検討を進めるという方針が示された（環境省・経済産業省2007）。そこで両審議会は、2006年11月から合計21回の会合を通して、各部門ごとの対策・施策の進捗の評価の検討、有識者・関係省庁・関係団体からのヒアリング、部門ごとの対策・施策の見直しの検討等について、目標達成計画の評価・見直しを審議した。両審議会は、すでに経団連自主行動計画のフォローアップでも合同会合を開催しており、中央環境審議会と産業構造審議会の、あるいは環境省と経済産業省の協力関係が整いつつあった。

まず既存対策の評価では、各対策の進捗状況について両審議会が合同で実施したヒアリングに基づいて、現行計画を上回る対策効果が見込まれるもの、現行計画における対策効果が見込まれるもの、現行計画を下回る効果が見込まれるもの、そして現時点では対策効果を把握できないものに分類された。その上で「総合的に見れば、対策が十分に進捗しているとは言えない状況にあり、目標達成計画策定時における各対策の排出削減見込み量を達成するためには、過去を上回る進捗が必要な対策が多くみられることから、対策の進捗は極めて厳しい状況にある。」（環境省・経済産業省 2007）と評価した。さらに「過去の進捗が見込みと比べ十分とは言えない対策の加速化を図るため、また更なる削減の可能性が見込める対策の一層の強化に向けて、削減効果の確実な措置について早急に検討を進め、実施する必要がある。」（同上）と勧告している。

また2004年の第1回の評価・見直しで両審議会の調整が難航した2010年の排出量の見通しについては、2007年の評価・見直しでは、総人口、総世帯数、原油価格、実質GDP成長率、粗鋼生産量、鉱工業生産指数、業務サービス生産額、旅客輸送量、貨物輸送量等を予測し、既存対策の評価を踏まえて両審議会合同で算出した。その結果、2010年におけるエネルギー起源のCO_2排出量は、基準年度比で4.6〜5.9％の増加が見込まれ、総排出量は基準年度比で0.9〜2.1％増加することが見込まれるため、2005年の目達計画で予定していた国内での0.6％減は達成できないだろうという推計が示された。そして京都メカニズムの活用および森林吸収が現行目標達成計画どおりだとすると、京都議定書の6％削減約束の達成には1.5〜2.7％不足することが見込まれ、したがって、追加的な対策・施策の導入が不可欠であると評価された。

そこでまず産業部門については、2004年に実施された第1回目の評価では主要政策手段として4,240万tの排出削減量を見込んでいた自主行動計画について、経済成長や試算対象業種増を踏まえて前回目標達成計画での自主行動計画による削減効果を再計算して4,630万tの排出削減が可能であると修正し、さらに自主行動計画の拡大・強化による1,900万tを上乗せして、合計で6,530万tの排出削減が可能であるという見込みを示した[24]。また特に排出増

---

24) 業種ごとの内訳は、鉄鋼業約2,270万t、化学業約1,580万t、紙・パルプ業約1,040万t、機械業約530万t、窯業土石業約440万t、非鉄金属業約120万t、鉱業約4万t、建設業約

表3-10：京都議定書目標達成計画の評価・見直しに関する最終報告

	基準年度（全体に占める割合）	2005年度実績（基準年度増減）	2010年度の排出量の目安
エネルギー起源CO_2	1,059（84%）	1,201（+13.4%）	1,076〜1,089（+1.3%〜+2.3%）
産業部門	482（38%）	452（-6.1%）	424〜428（-4.6%〜-4.3%）
業務その他部門	164（13%）	239（+45.4%）	208〜210（+3.4%〜+3.6%）
家庭部門	127（10%）	174（+36.4%）	138〜141（+0.9%〜+1.1%）
運輸部門	217（17%）	257（+18.1%）	240〜243（+1.8%〜+2.0%）
エネルギー転換部門	67.9（5%）	79.0（+16.5%）	66（-0.1%）
非エネルギー起源CO_2、CH_4、N_2O	151	140（-0.9%）	132（-1.5%）
非エネルギー起源CO_2	85.1（7%）	90.7（+6.6%）	85（-0.0%）
CH_4	32.6（3%）	24.0（-28.1%）	23（-0.9%）
N_2O	33.4（3%）	25.5（-22.0%）	25（-0.6%）
代替フロン等3ガス	51.2（4%）	18.0（-64.9%）	31（-1.6%）
合計	1,261（100.0%）	1,359（+7.7%）	1,239〜1,252（-1.8%〜-0.8%）

出典：環境省（2008a）（単位：百万t）
※基準年度および2005年度の数値は、平成18年8月に条約事務局に提出した割当量報告書における計算方法により算出。

加が著しい民生部門では、住宅・建築物の省エネ性能の向上で約2,870万t、またトップランナー基準に基づく機器対策で約2,600万t、高効率のエネルギー機器の普及により640〜720万t、運輸部門では自動車単体対策で約2,470〜2,550万t、トラック輸送の効率化で約1,389万tなどの削減対策が盛り込まれた。しかし排出量取引制度、環境税など新たな政策措置の導入については「今後、速やかに検討するべき課題」として掲げるにとどまった。

またエネルギー供給部門の対策については、依然として原子力発電の利用による排出原単位の改善を主要対策とし、1,700万tの削減を見込んだ。原子力発電利用の促進については、2005年10月11日に決定された原子力政策大綱[25]に示された基本方針に基づいて、2006年8月8日に総合資源エネルギー

0t、食料品業約370万t、他業種中小製造業約190万tである。
25) 原子力エネルギーの研究、開発および利用については、科学技術庁下に設置された原子力委

調査会電気事業分科会原子力部会が打ち出した原子力立国計画に則り、2005年の目達計画に盛り込まれた3基の新設原発のうち建設が完成した東通1号、志賀2号に加え、いまだ建設が完成していない泊3号、そして新たに島根3号を2012年度時点で稼働するよう、事業者の取組みをフォローアップするとした。このような評価・見直しに基づいて、大幅な排出削減をもたらす新たな政策措置が導入されないまま、京都議定書目標達成計画が2008年2月に改定され、あわせて地球温暖化対策推進法も改定された。

自主行動計画

目標達成計画では、特に強化が必要な分野の最初に、自主行動計画の推進があげられている。自主行動計画については、産業構造審議会と中央環境審議会が合同で進捗状況のフォローアップを行ってきた。まず各省庁がその所管業種についてそれぞれフォローアップを行い、2007年6月27日の産業構造審議会と中央環境審議会の合同会合で各省庁所管業種の進捗状況が示され、特に取組みが不十分な業種について、その拡大・強化を図る必要性が確認された。この方向性は、7月17日の地球温暖化対策推進本部幹事会でも確認され、2007年10月、自主行動計画を策定しているかどうか、数値目標を設定しているかどうか、所管省庁によるフォローアップを行っているか、目標を達成しているかの4点で分類し（表3-11参照）、それぞれ異なる取組みが求められた（環境省2007a）。また京都議定書上の第1約束期間が2008年から2012年の5年間にわ

員会が、1956年以来約5年ごとに計9回にわたって原子力の研究、開発および利用に関する長期計画（長計）を策定してきた。2001年の省庁再編で、原子力委員会は内閣府に所属することになり、2000年11月に策定された最後の原子力長期計画に基づいて、毎年、必要な施策の基本的考え方を定め、関係行政機関がそれぞれの所掌する分野で必要な施策を企画・実施・評価してきた。しかしその後、使用済み核燃料に関する問題が明らかになり、また国内原子力発電所の事故も相次いだことから、引き続き原子力の研究、開発および利用を促進するには、短期、中期、長期の取組みを合理的に組み合わせる必要があるという認識に基づいて、2004年6月、原子力委員会は、今後10年程度の期間を対象とする新たな計画を策定することを目的として、原子力に関係の深い有識者だけではなく、学界、経済界、法曹界、立地地域、マスメディア、NGO等の有識者を構成員として参加する新計画策定会議を設置した。33回に及ぶ策定会議の結果、2005年11月に原子力政策大綱が採択された。原子力政策大綱では、第3章で原子力利用の着実な推進と題して「エネルギー安定供給と地球温暖化対策に引き続き有意に貢献していくことを期待するため、2030年以降も総発電電力量の30～40％程度という現在の水準程度あるいはそれ以上の供給割合を原子力発電が担うことを目指すことが適切である。」としている。

表3-11：自主行動計画の目標達成状況

1）いまだに自主行動計画を策定していない業種に対し、自主行動計画の策定の働きかけを促進する。	ぱちんこ、ゲームセンター（警察庁）、信用組合、信用金庫、証券（金融庁）、学校（文科省）、病院（厚労省）、情報サービス、リース、特定規模電気事業者、家電量販店、大規模展示場（経産省）、産業廃棄物処理、ペット小売り、新聞（環境省）
2）自主行動計画を策定しているが、数値目標を持たない業種については、CO_2排出量等による定量的な数値目標の設定を促す。	生保（金融庁）、通信、放送（総務省）、外食（農水省）、倉庫、バス、タクシー、港運、舟艇（国交省）
3）自主行動計画が策定されているが、所管省庁によるフォローアップ未実施の業種については、所管省庁において審議会等プロセスの活用等透明な手続きの下、厳格なフォローアップを実施する。また、毎年度の実施により、直近の正確な実態を把握する。	銀行、生保、損保（金融庁）、ビール酒造、たばこ製造（財務省）、製薬、生協（厚労省）、LPガス、商社（経産省）
4）設定された定量的目標をすでに超過している業種については、現状の実績以上のより高い目標の設定を促進するべきである。	食品製造（農水省）、化学、石油、セメント（経産省）、トラック、住宅生産（国交省）

たることから、計画の目標についても5年間の平均で達成すること、自主行動計画の目標達成のため、各業種において京都メカニズムクレジットの取得が行われた場合には、そのクレジットは国の口座に無償移転されることなどが確認された。

排出量取引の国内統合市場の試行的実施

　排出量取引制度については、福田ヴィジョンで言及されたこともあり、目達計画の評価・見直しで、同制度が排出抑制目標達成を確実にまた最少のコストで実現できること、炭素価格を設定することで民間の創意工夫を促すことができることから、その導入を積極的に検討するべきであるという勧告が示された。目達計画の審議過程では、主に気候保全重視派に属する委員から、欧米における制度の導入状況を踏まえ、日本も早急に制度整備を検討するべきである、技術開発を促進し、経済活動への柔軟性がある政策だとして排出量取引制度を積極的に評価する意見が出た。他方で、経済的繁栄重視派に属する委員は、欧州の制度はまだ試行段階でこれを持ち出して削減効果を議論するのは適切ではない、個々の排出主体への排出枠の割当てが前提となる強度の高い規制

的措置である、排出枠の公平な割当てが困難で、産業の海外流出を招く、実際の企業行動等を見ると必ずしも最少の費用で排出削減を行えるとはいえない、欧州の制度は必ずしも実質的な排出削減につながっておらず、マネーゲームの様相を呈している、日本で排出の伸びが著しい業務・家庭部門対策として有効性を欠く、短期的な目標設定では企業の追加的な投資および長期的な技術開発に対してインセンティブが働かない、過去の排出実績に基づく排出枠割当てを行った場合には排出削減が進んでいない企業がむしろ温存される結果になるといった批判的な意見が提出された。

京都議定書目標達成計画の見直しでは、このような意見も踏まえて、排出量取引制度は、「産業部門からのCO_2排出量抑制対策の柱である自主行動計画の拡大・強化による相当な排出削減効果を十分踏まえた上で、他の手法との比較やその効果、産業活動や国民経済に与える影響、国際的な動向等の幅広い論点について具体案の評価、導入の妥当性も含め総合的に検討するべき課題である。」と位置づけられた。そこでまず2008年1月から5月にかけて、環境省は中央環境審議会地球環境部会の下で国内排出量取引制度検討会を6度開催し、国内外の排出量取引制度の動向に関する知見を蓄積するとともに、産業界や学界関係者の参加を得て、義務的な排出量取引制度について本格的検討を行い、5月20日に「国内排出量取引制度のあり方について 中間まとめ」(環境省2008b)を公表した。この中間まとめでは、制度の構成要素が整理され、最後に日本の実情に合った制度のオプションが提案された(同上)。

また国内排出量取引制度が導入され、制度対象者に排出枠を割り当て、その取引を認めることにより、新たに排出枠という財産的価値を有するものを創出することになり、さまざまな法的問題が生じることが予想された。そこで2008年3月には、憲法、民法、行政法および国際法学者から構成される、国内排出量取引制度の法的課題に関する検討会が開催され、2009年3月まで合計5回の会合が開かれ、日本で排出量取引制度を導入することによって想定しうる法的論点、すなわち義務的な国内排出量取引制度の導入や排出枠の割当てに際しての営業の自由や平等原則等「憲法上の論点」、排出枠の割当ての法的性質や排出枠の割当てにおける行政不服審査法の活用可能性等「行政法上の論点」、そして排出枠の取引に関する論点の整理を行った(環境省2009a)。

さらに 2008 年 7 月 29 日に閣議決定された「低炭素社会づくり行動計画」では、関係省庁からなる検討チームが立ち上げられ、2008 年 9 月を目途として試行的排出量取引制度の設計の検討を進め、10 月を目途に開始することとされた。こうして試行的排出量取引制度の導入が、2008 年 10 月 21 日に正式に閣議決定された（地球温暖化対策推進本部 2008）。

　試行的排出量取引制度は、義務的な排出量取引制度の導入を前提とせず、あくまでも経団連自主行動計画の達成手段の 1 つとして導入された。企業は自主的にエネルギー起源の CO_2 の排出抑制・削減目標を設定し、自社サイトで排出削減を実施するか、あるいは他企業等の排出抑制・削減目標の超過達成分の排出枠、国内クレジット、京都クレジットのいずれかを調達し、目標を達成する。このように試行的排出量取引制度では、参加企業は抑制・削減目標のレベルも、また目標を絶対量で設定するのか原単位で設定するのかも自身で決定することができ[26]、さらにそもそも企業は、同制度に参加するかどうかを個別に決定することができたため、政府が、規制対象部門からの排出量に絶対量での上限を課すキャップアンドトレーディング制度とは本質的に異なっていた。

　制度初年度の 2009 年度は、目標設定参加者として 90 団体が参加し、このうち 38 団体が絶対量で、52 団体が原単位で目標を設定した。このうち 60 団体は目標を超過達成し、残りの 30 団体のうち 5 団体は 2008 年度のバンキング排出枠を活用（8 万 t）、12 団体が外部クレジットを活用（うち国内クレジットが 2 団体〈0.03 万 t〉、10 団体が、京都クレジットを活用〈5,228 万 t〉）、22 団体がボローイングを活用（1,024 万 t）し、すべての参加団体が目標を達成した。しかし原単位で目標を設定していた 9 電力会社はすべて目標達成できず、6,190 万 t の不足分の多くを途上国で実施していた CDM プロジェクトなどから発生した京都クレジットで埋めた。一方、絶対量の目標を設定していた鉄鋼連盟は 1,708 万 t の削減を達成した（経済産業省・環境省 2009）。

　ただし鉄鋼連盟と自動車連盟は、経団連自主行動計画の下で各産業連盟が負った部門全体の自主目標との整合性を維持するために、いずれも個別企業の目標を特定せずに連盟として参加した。また環境省が 2005 年に開始した自主

---

26)　経団連自主行動計画参加企業は、実際、自主行動計画の目標に沿って、目標を設定することを要請された。

参加型国内排出量取引制度（JVETS）と比較すると、2009年度、JVTESには81企業が参加しており、参加企業数はそれほど変わらないが、JVETSはもともと排出削減プロジェクトへの補助金をインセンティブとしていた制度だったこともあり、参加企業は中小企業が多く、試行排出量取引制度では対象となるCO_2の量が100倍近くになったというメリットはあった。なおJVETSは2010年度以降は、試行的排出量取引制度の1つの類型として、取引制度に統合化された。

3.5.3. 第5期のまとめ：中期（2020年）目標設定と気候政策の第2回目評価・見直し（2007年）

第5期も、日本の気候政策は気候変動問題に対処するための国際条約交渉に影響された。2008年6月に日本が北海道の洞爺湖で気候変動問題が主要課題の1つとなったG8サミットを主催したこと、そして気候変動問題を規律する2013年以降の国際枠組みに合意することが予定されていた2009年12月にデンマークのコペンハーゲンで開催されたCOP15/CMP5会合を控えていたことから、2020年の排出抑制・削減数値目標を検討するプロセスが2008年に開始した。過去の気候政策形成過程では、環境省、経済産業省がそれぞれ長年業務を委託してきた研究所に試算業務を委託し、これら研究機関が各省の背後にいる利害関係者の理念を踏まえた異なる前提（マクロフレーム）を用いて算出した異なる試算結果に基づいて別々に審議会で議論し、異なる立ち位置を形成した後に、内閣が調整するというプロセスを踏んでいたため、合意を導くことが困難だった（同様の指摘はKameyama 2008; 久保 2011）。これに対し中期目標検討委員会は、内閣官房の下で省庁の垣根を越えて各研究機関が共同で作業して、日本の立ち位置を形成するプロセスへと変化した。このようなプロセスの変化は気候政策に限ったことではなく、日本政治の変容、すなわち利益誘導型政治や族議員の後退と橋本政権下の行政改革を通じた内閣府の相対的な役割の強化による日本政治全般の傾向だった（飯尾 2007）。しかしこのようなプロセスから導かれた温室効果ガスを2005年比で15％削減するという目標が、1990年比では8％削減に過ぎなかったことを踏まえると、内閣機能の強化が日本の気候政策を気候保全推進の方向で牽引したとは言い切れない。

2007年には第2回目の国内政策措置の評価・見直しが行われたが、対策が十分に進捗しているとは言えず、目達計画における各対策の排出削減見込み量を達成するためには、過去を上回る進捗が必要な対策が多くみられるという評価が示された。しかし産業部門の主要対策としては自主行動計画の強化と拡大が掲げられ、参加も目標設定も自主的で、キャップアンドトレーディング制度とはかけ離れた試行的排出量取引制度を立ち上げるにとどまり、非漸進的政策転換と評価できるような政策措置の導入はなかった。

またエネルギー供給部門の対策についても、排出原単位の改善を主要対策として、原子力発電の利用を掲げた。

3.6. 第6期（2009年〜2012年）：政権交代と福島原発事故

3.6.1. 中期目標の見直し

第6期は、第5期までと異なり、2009年の自民党から民主党への政権交代、そして2011年に発生した福島第1原子力発電所における事故という2つの要因が、気候エネルギー政策の進展に影響を及ぼした。

鳩山タスクフォースの設置

2009年9月、民主党政権が誕生するや否や、鳩山由紀夫首相は、日本は2020年までに温室効果ガスを25％削減すると宣言した（鳩山2009）。第2章で述べたように、国際社会は2007年に開催されたCOP13/CMP3で採択されたバリ行動計画に従い、2009年12月に、2013年以降の気候変動に関する国際的な取組みを規律する枠組みに合意することを目指していた。日本はそれまでの政権とは異なり、目標達成の実現可能性について事前に検討することなく、国際交渉に先んじて温室効果ガスを25％削減するという目標を打ち出した。鳩山政権は、コペンハーゲンで開催されるCOP15交渉までに、25％のうちどの程度を国内で削減するのか見極め、日本の排出抑制・削減数値目標を交渉の場で正式に示すために、麻生政権下で設けられた地球温暖化問題に関する懇談会を閣議決定で廃止し、新たに地球温暖化問題に関する閣僚委員会（総理、副総理、官房長官、環境、経済産業、外務、財務、農水、国土交通、文部科学、総務の各大

臣により構成）を設置した（地球温暖化問題に関する閣僚委員会 2009a: 659）。さらにその下に菅国家戦略担当大臣が長で小沢先鋭環境大臣が事務局長を務め、閣僚委員会を構成する大臣が所属する省の副大臣と政務官で構成される副大臣級検討チームを置き、中期目標の達成に向けた検討のほか、途上国支援の検討、国内排出量取引制度の検討などを行うことになった。このうち中期目標については、2009 年 10 月 23 日に、1990 年比 25％削減という中期目標の達成に向けた必要な費用、十分な温暖化対策を行わなかった場合の費用等について早急に検討を行うため、科学的・専門的なモデル分析およびコスト等の計算を行うためのタスクフォースを設けた（地球環境問題に関する閣僚委員会 2009b）。このタスクフォースでモデル作業を担当したのは、麻生政権の中期目標検討委員会のモデルワーキンググループでモデルを担当した国立環境研究所、地球環境産業技術研究機構、日本エネルギー経済研究所、日本経済研究センター、慶應義塾大学産業研究所の 5 機関だった。またタスクフォースにはモデル担当機関とは別に、主に大学の経済学教授と環境系シンクタンクの所長からなるモデル分析を評価する有識者会合が設けられた。

　タスクフォースは、設置直後の 10 月末に中間報告を行い麻生政権下で設置された中期目標検討委員会作業の問題点を同定した[27]。特に中期目標委員会での目標達成に必要な対策量を積み上げる日本モデルの基盤となるマクロフレームの設定について国立環境研究所や評価委員の飯田哲也委員が見直しを求めたが、RITE や日本エネルギー経済研究所など他機関は、例えば IAEA の試算と比べても低めの試算になっているので、マクロフレームを見直す必要はないとの見解を示した。結局、各研究所とも上下 10％の振れ幅で感度解析を行い、感度解析を超える部分については新たなシナリオ作成として各研究所が自由に取り組むことで合意した。また地球温暖化対策税収の使途に関しては、麻生政権下で行った一括で家計に戻すシナリオに加えて、全額を国債償還に充てるシナリオ、全額を環境政策をはじめとした財政支出に充てるシナリオなども検討することとなった。その上で温室効果ガスを 25％削減するための費用について、国内対策による削減割合を 10％、15％、20％、25％の 4 つのパターンで

---

27) このような誤解は、経済学のバックグラウンドがない内閣官房職員が、負担額を国民にわかりやすく提示しようと試みたことから生じた誤解だったとされている。

表3-12：中期タスクフォースにおけるGDPと可処分所得への影響の試算結果① (%)

	家計一括還流				グリーン消費＋グリーン投資
	国内削減分 -10%	国内削減分 -15%	国内削減分 -20%	国内削減分 -25%	国内削減分 -25%
日経センターCGEモデル GDP2005：503兆1870億円 GDP2020BAU：610兆866億円	-0.8	-1.3	-2.1	-3.1	-2.4
可処分所得	-1.2	-2.0	-3.0	-4.5	-3.5

出典：地球温暖化問題に関する閣僚委員会（2009d）

表3-13：中期タスクフォースにおけるGDPと可処分所得への影響の試算結果② (%)

	家計一括還流				環境政策をはじめとした財政支出に充てるシナリオ	
	国内削減分 -10%	国内削減分 -15%	国内削減分 -20%	国内削減分 -25%	国内削減分 -15%	国内削減分 -25%
国立環境研究所 GDP	-0.9	-1.4	-2.9	-3.2	-0.7	-2.7
可処分所得	-0.6	-1.3	-3.1	-3.4	-0.2	-2.5

出典：地球温暖化問題に関する閣僚委員会（2009e）

表3-14：中期タスクフォースにおけるGDPと可処分所得への影響の試算結果③ (%)

	国債償還				国債償還（海外クレジットの活用制限のないケース）	家計一括還流
	国内削減分 -10%	国内削減分 -15%	国内削減分 -20%	国内削減分 -25%	国内削減分 -15%	国内削減分 -25%
慶応大学野村研究室 GDP	-0.3	-1.2	-3.6	-5.6	-0.3（ただし国内削減分1%）	-6.1
可処分所得	-5.9	-8.6	-12.0	-15.9	-1.4	-16.2

出典：地球温暖化問題に関する閣僚委員会（2009f）

試算した。その結果、それぞれの削減率を実現する対策の実施がGDPと可処分所得に及ぼす影響については、試算を担当した日経センター、国立環境研究所、慶応大学野村研究室の間で結果に大きな開きが出た（表3-12、3-13、3-14）。

このように鳩山政権下では、過去の日本の温室効果ガス排出抑制・削減数値目標設定過程と異なり、まず目標を宣言し、その目標達成にどれだけの費用がかかるかを試算するというプロセスが踏まれた。しかし結局、タスクフォース

は、「引き続き議論を重ねていくことが必要である。」と結論づけた中間報告（地球温暖化問題に関する閣僚委員会 2009c）を採択して、その作業を終えており[28]、このようなプロセスを通じて、25％削減という野心的な目標の実現に向けた政策措置の導入を後押しすることができたのかは疑問である。

中長期ロードマップ

鳩山タスクフォースに同定された問題点はその後、内閣府ではなく、環境省中央環境審議会の下で設置された中長期ロードマップ小委員会で議論された。2010 年 3 月 12 日に地球温暖化対策基本法案が閣議決定されたことを受けて、2010 年 4 月 15 日に地球環境部会は、本小委員会と後述する国内排出量取引制度検討小委員会を設置することを決定した。本小委員会は、地球温暖化対策基本法案 10 条で温室効果ガスの排出量の削減に関する中長期目標が規定されたことを受けて、温室効果ガスを 1990 年比で 2020 年に 25％、2050 年に 80％削減するための対策・施策の具体的な姿（中長期ロードマップ）について国民各界各層からの意見を聴取し、その結果も踏まえて、中長期ロードマップについて精査することを目的として設置された（環境省 2010a）。委員長は麻生政権時の中長期目標設定委員会の委員を務めた西岡秀三氏が務め、また委員にはトヨタ、東京電力、東京ガスなど産業界の代表も含まれてはいたが、モデルを担当する研究機関としては国立環境研究所の研究員のみが招聘され、従来型の環境省側の観点から対策・施策を考えるプロセスへ戻った。

本小委員会では、2010 年 3 月に小沢先鋭環境大臣が提案した「地球温暖化対策に関わる中長期ロードマップ（議論のたたき台）」に基づいて、中長期ロードマップの内容に関係が深い学識経験者、消費生活・労働・産業関係者、NGO、地方自治体等の関係者を対象に、中長期ロードマップに含まれている排出削減目標を実現するための対策・施策やそのスケジュール、さらには経済分析についてヒアリングを実施した。さらに従来のようなパブリックコメントだけではなく、全国 7 カ所で地球温暖化対策に関する国民対話を実施し、さま

---

[28] タスクフォースは 11 月中旬以降も作業を継続することが予定されていたが、結局、中間報告後の作業継続はなく、内閣官房主導の下、25％削減目標の実現へ向けた取り組みを推進するという試みは立ち消えとなった。

ざまな意見を政策決定に反映させることを試みた。さらに環境省下に7つのワーキンググループ（マクロフレーム、ものづくり、住宅・建築物、自動車、地域づくり、エネルギー供給、コミュニケーション・マーケティング）を設置し、国内削減を実現するために必要な対策の導入量、対策の導入を促進するための政策についても検討し、さらに2050年に向けたコンセプトや今後の課題・留意点、温暖化対策を実施することにより得られる副次的効果などについても整理した（環境省 2010b）。

　こうして8カ月の間に19回にわたる検討会を開催し、2010年12月22日に公表された中間整理では、上記の検討成果を反映しながら、国立環境研究所が2020年と2030年における温室効果ガスの排出削減量（国内削減15％、20％、25％の3ケース）を試算した。また温暖化対策の実施による日本経済への影響についても大阪大学大学院の伴教授の協力を得て試算した。その結果、2050年に1990年水準から80％削減することは国内削減で達成しうる、また2020年の排出削減量については、実用段階の対策技術とさらなる効率改善を組み合わせることで、国内削減で1990年比15％、20％、25％の3ケースが難易度の差はあるものの達成しうる、また日本全体としては対策費用の総額がエネルギー消費の節約分で回収可能であるという結果が示された（環境省 2010c）。

3.6.2. 国内政策措置

　京都議定書の6％温室効果ガス排出削減目標の達成を確実なものとし、コペンハーゲンアコードおよびカンクン合意と整合性を確保しながら、日本の温室効果ガス排出量を2012年までに2005年水準から25％削減するために、内閣は3つの柱からなる気候政策法案を国会に再提出した。3つの柱とは、キャップアンドトレーディングスキームの導入、環境税の導入、そして再生可能エネルギー固定価格買取制度の導入である。草案は、2010年5月に衆議院を通過したが、鳩山由紀夫首相の突然の辞任により、十分な審議をすることができず、参議院を通過する機会を逸した。以下では3つの政策手段の審議の過程を説明する。

排出量取引

　排出量取引については、福田ヴィジョンを受けて 2008 年 1 月から国内排出量取引制度検討会が立ち上げられた。また前述のように 2008 年 10 月から試行排出量取引制度も開始した。2010 年 3 月 12 日に閣議決定された地球温暖化対策基本法案 13 条には、このような検討会での議論と試行排出量取引の経験を踏まえて、国内排出量取引制度の創設が盛り込まれた。ただし同法案には具体的な制度は規定されておらず、地球温暖化対策のための税と並行して検討を行い、法律施行後 1 年以内を目途に成案を得る（13 条 1 項）と定められた。検討内容については、排出者の範囲、当該範囲に属する排出者の一定の期間における温室効果ガスの排出量の限度を定める方法、当該排出者の温室効果ガスの排出の状況等の公表の制度その他国内排出量取引制度の適正な実施に関し、必要な事項について検討するとしている（13 条第 2 項）。

　同法案の閣議決定を踏まえて、2010 年 4 月、中央環境審議会地球環境部会の下で国内排出量取引制度検討小委員会が立ち上げられた。同小委員会は 19 回会合を開催し、関係団体等からヒアリングを実施し、パブリックコメントを受け付けたほか、東京を含む 7 会場で地球温暖化対策に関する国民的対話も開催した。そしてヒアリング、パブリックコメント、国民的対話の結果を踏まえて、個別論点について議論した後、3 つの選択肢（電力直接方式＋総量方式〈有償設定〉、電力間接方式＋総量方式〈無償設定〉＋電力原単位に関わる措置、電力間接方式＋原単位方式）を評価した。

　同小委員会が 2010 年 12 月に発表した「中間整理」では、産業界に対して実施したヒアリングの結果が示されており、排出量取引制度に対する産業界の強い反対の姿勢が窺える。例えば、排出量取引制度が導入されれば、制限のない国への生産シフト、制限のない国からの素材の購入などが進み、わが国や世界の温室効果ガスの真水での削減につながらない（環境省 2010d, e, f）、公平なキャップの設定は困難で競争条件を歪める（環境省 2010e, f, g）、将来の予見可能性が損なわれ、企業としては安心して国内で投資を行うことができなくなる（環境省 2010d）、長期的な技術開発の推進を阻害する（環境省 2010e, f, g）、LCAでの貢献を評価できず社会全体の効率改善の障害となる（環境省 2010e）、制度を導入した EU においても削減効果が不明である（環境省 2010e, g）、公正なマー

ケットが成り立つのか、マネーゲーム化が懸念される（環境省 2010e, f, g）、過去の努力も評価するべきである（環境省 2010f）、経済統制的にキャップをかけることで経済成長との両立が困難となり、持続可能な社会の創出を妨げる（環境省 2010g）、省エネルギーの進んだ国内において、余剰クレジットの発生はほとんど期待できない（同上）、国際競争力が確保できない（同上）、キャップの設定に関する過剰な初期割当や多くの訴訟、価格乱高下など多くの課題が顕在化している（同上）などの問題点が指摘されている。

こうした検討を踏まえて、2010年12月に公表された「地球温暖化対策の主要3施策について」（地球温暖化問題に関する閣僚委員会）では、国内排出量取引制度について「我が国の産業に対する負担やこれに伴う雇用への影響、海外における排出量取引制度の動向とその効果、国内において先行する主な地球温暖化対策（産業界の自主的な取組など）の運用評価、主要国が参加する公平かつ実効性のある国際的な枠組みの成否等を見極め、慎重に検討を行う。」という方向性が示された。このように検討委員会の議論を経ても、制度案を具体化するには至らず、さらに、2010年12月に温暖化対策基本法案が通過しないまま国会が閉会されたため、排出量取引制度導入に関する議論は停滞に陥った。

また2011年4月に、政府は2008年10月に開始した試行的排出量取引制度のレビューを実施した。レビューでは、削減目標を持ってスキームに参加した152機関のうち109機関（機関は削減目標を設定してもしなくても参加できる）が、目標を上回って達成したが、43機関は達成できず、全体の目標達成には合計63.85Mtが不足するという結果が示された。目標を達成できなかった43機関中29機関は、自施設で排出削減を行うのではなく、試行的排出枠をボローイングしたり、購入したり、あるいは京都クレジットや国内クレジットを購入したり、償却して、目標を達成した。これに対し、他の14機関と2010年に目標を上回って達成したものの前年のボローイング分を埋めるには足りなかった2つの機関は、目標未達成となった。その結果、削減分はスキームの全体の目標達成には0.47Mt足りなかった。このように国内排出量取引制度について詳細な検討が行われ、また試行的排出量取引制度を通じて経験が蓄積されたにもかかわらず、排出量取引制度は導入されないまま、温暖化対策基本法案は廃案となった。

東京都・埼玉県の排出量取引制度

中央レベルでは排出量取引制度の導入は遅々として進まなかったが、地方レベルでは東京都と埼玉県が排出量取引制度を導入することを決定した。2008年6月、東京都は「都民の健康と安全を確保する環境に関する条例」（東京都 2008）を改正し、温室効果ガス排出総量削減義務制度を 2010 年度から導入することを決定した。対象ガスは燃料・熱・電気使用に伴って排出される CO_2 であり、燃料、熱および電気の使用量が年間 1,500kl 以上（原油換算）の大規模事業所が対象となる。対象事業所については、規則で定められる期間における平均排出量を基準として、その排出量水準からの削減義務率が設定される。排出量や削減量については、知事の登録を受けた検証機関による検証を受ける。また削減義務を達成できなかった場合には、事業所は未達成分に最大で 1.3 倍を乗じた量の削減を求められる。事業所は自ら削減活動を実施するだけではなく、バンキング（以前の年の余剰）分を用いたり、排出量取引により他の大規模事業所の余剰分を購入したり、削減義務のない都内中小規模事業所や都外の事業所から削減枠を購入したり、再生可能エネルギー利用による削減分を活用することも認められる（埼玉県 2008）。このように東京都の排出量取引制度は、絶対量での目標を設定した義務的制度であり、キャップアンドトレーディング制度である。またエネルギー多消費型の工場のみを対象とした EU の制度と異なり、オフィスビルも対象としている。

埼玉県は、2008 年 10 月に提示された「埼玉県地球温暖化対策実行計画大綱」で、エコアップ宣言の対象となっている各事業所に対して県が排出抑制・削減目標を提示し、その目標を達成する際に事業所間での排出量取引を認める制度を導入した（同上）。ただし目標が達成できなかった場合の罰則は設けられていない。埼玉県は東京都と連携協定を結んでおり、一定条件を満たした場合には、埼玉県のクレジットを東京都の制度の義務履行に、あるいは東京都のクレジットを埼玉県の制度の義務履行に使用することが認められる[29]。

地球温暖化対策のための税

環境省は、2005 年以降毎年、税制改正の議論の中で、環境税導入の要望を

---

29) 東京都と埼玉県の排出量取引制度については、浜本（2009）が詳しい。

表 3-15　地球温暖化対策のための課税税率

	原油および石油製品 (円/kl)	ガス状炭化水素 (円/t)	石炭 (円/t)
現行（2010 年）	2,040	1,080	700
2011 年 10 月 1 日	2,290	1,340	920
2013 年 4 月 1 日	2,540	1,600	1,140
2015 年 4 月 1 日	2,800	1,860	1,370

出典：環境省（2010h）

提出したが、2009 年度の回答（環境省2008c）に示されたように「税制抜本改革に関する議論の中で、税制全体のグリーン化を図る観点から、様々な政策的手法全体の中での位置づけ、課税の効果、国民経済や産業の国際競争力に与える影響、既存の税制との関係等に考慮を払いながら、納税者の理解と協力を得つつ、総合的に検討する。」といった形で環境税導入は先送りされ続けた。しかし民主党政権下で、環境税が地球温暖化対策基本法に政策措置の1つとして盛り込まれたことによって、2010 年度の税制改正要望には、「今回、当分の間として措置される税率の見直しを含め、2011 年度実施に向けて成案を得るべく更に検討を進める。」（環境省2009b）とスケジュールを明確にした回答が示された。そして 2011 年度の税制改正でついに地球温暖化対策のための税の導入が決定された。具体的には、広範な分野にわたりエネルギー起源の CO_2 排出量を抑制するため、全化石燃料を課税ベースとする石油石炭税に CO_2 排出係数に応じた税率を上乗せする「地球温暖化対策のための課税の特例」が設けられた。改正は 2011 年 10 月 1 日に発効し、3 段階で税率が上昇し、最終的には原油および石油製品については 760 円/kl、ガス状炭化水素については 780 円/t、石炭は 670 円/t が課税される（表3-15参照）。

このように広く薄く課税することによって、産業部門に過度の負担をかけることが回避されたほか、既存の石油石炭税で免税・還付措置を受けていた対象への免税・還付措置が維持された。

3.6.3.　エネルギー政策

鳩山首相が宣言した温室効果ガス排出量を 25％削減するための重要な施策の1つが、原子力発電所の新増設であった。2002 年 6 月に制定されたエネルギー基本法では、エネルギー需給に関する施策の長期的、総合的かつ計画的な

推進をはかるための基本的な計画であるエネルギー基本計画を 3 年ごとに見直すことを定めている。この法律に従い、2003 年 10 月に策定され、2007 年 3 月に改定されたエネルギー基本計画は、2010 年に再改定を行うことが予定されていた。民主党政権は、2010 年 5 月〜6 月に採択する予定だった成長戦略や地球温暖化対策推進本部、関係閣僚合同会議で検討されている温暖化対策との連携を視野に入れて、大胆な見直しをはかることを計画していた。

　見直し作業を進めるため、経済産業省はその審議会である総合エネルギー調査会基本政策委員会を 4 回にわたり開催した。その結果、2010 年 6 月 10 日にエネルギー基本計画が採択された。この基本計画には「資源小国である我が国の実情を踏まえつつ、エネルギー安全保障を抜本的に強化するため、エネルギー自給率（現状 18％）および化石燃料の自立開発比率（現状約 26％）をそれぞれ倍増させる。これらにより、自立エネルギー比率を約 70％（現状約 38％）とする。」（経済産業省 2010）と記載されている。また特に温室効果ガスの削減対策として、現在 34％にとどまっている電源構成に占めるゼロ・エミッション電源（再生可能エネルギーだけではなく原子力エネルギーも含まれる）の比率を約 70％（2020 年には約 50％以上）とすることを目標として掲げている。さらに家庭部門のエネルギー消費から発生する CO_2 を半減させるとする一方で、産業部門では世界最高のエネルギー利用効率の維持・強化をはかるとし、産業部門からの排出削減策は盛り込んでおらず、家庭部門からの温室効果ガスの削減と原発、再エネの増加で温暖化対策を行っていく方向性を明示した。

　この基本計画にはさらに、エネルギー自給率の上昇という目的を達成するために、2030 年までに原子力発電所を 14 基（2020 年までに 9 基）新設することが盛り込まれた。国内資源に乏しい日本は、最初の商業原子力発電所が茨城県の東海村に建設された 1966 年以降、電力供給において原子力エネルギーを活用してきた。1980 年代前半には、原子力発電所建設のためのサイトの確保が難しくなった。それにもかかわらず、原子力エネルギー利用を所管する資源エネルギー庁は、エネルギー需給見通しにおいて、原子力発電所増設の方針を示し続けた。また京都議定書の採択後は、エネルギー安全保障と気候保全を同時に達成するエネルギー源としての原子力に依存した計画が策定された。しかし京都議定書採択後 2010 年までに実際に新設された原子力発電所は 3 基だけだっ

た。このように原子力発電所の建設が困難であることは明らかだった。にもかかわらず、民主党政権は、2030年までに原子力発電所を14基増設するという計画を採択した。また民主党はマニフェストに掲げた経済成長率3％という目標を達成する上でも、原子力技術の海外輸出が重要だと考えており、2010年10月には菅首相がベトナムと原子力輸出協定を締結した。このように民主党政権は自民党と変わらないどころか、自民党よりもむしろ積極的な姿勢で、原子力エネルギー利用を推進した。

3.6.4. エネルギー政策の見直し：福島原子力発電所事故という危機の効果、エネルギー政策と気候政策の統合

革新的エネルギー環境戦略の採択

このような計画は、2011年3月11日に起きた東日本大震災、津波、そしてこれらによって起きた福島第1原子力発電所の事故によって見直しを余儀なくされた。第1章で説明した、バークランド（Birkland）がいうところの危機、サバティエ（Sabatier）らがいうところの内因的な外部要因がまさに発生したのである。

福島原子力発電所事故前は、民主党政権に変わってからも、原子力を含むエネルギー政策は経済産業省の総合エネルギー調査会で[30]、そして気候政策は環

---

[30] 特に原子力政策は、自民党政治家、通商産業省、科学技術庁、電力会社、建設業者、銀行、原子力技術研究者より形成された「原子力村」と揶揄される強大な原子力推進派の支配下にあった。これら原子力推進派のメンバーは、原子力は、戦後日本の復興、生産増加、経済成長を可能とし、ひいては国民福祉を向上させる唯一の利用可能な技術であるという、原子力の便益に関する理念を共有していた。さらに彼らは原子力エネルギーの民生利用の推進を通じて自身の利益を実現しようとした。財界は、戦後、GHQ によって解体された財閥を、原子力発電所を開発するための巨額の政府予算を通して、銀行を中心にグループ企業を再構築することを試みた。9電力会社も、急速に増加する電力需要を満たすために、原子力開発推進の立ち位置をとった。1955年11月の保守系の政党の統合と自由民主党の設立も、経済的発展を重視していた自民党議員と財界の絆を深めることに一役買った。原子力推進連合のうち、通産省と科学技術庁は原子力政策の所管を争っていた。原則として、通産省は商業利用（発電用）の軽水炉の建設に関する所管を有し、科学技術庁は高速増殖炉、新型転換炉など原子炉を開発する国家プロジェクトを所管した。原子力推進派のメンバーは、利害と原子力の便益に関する理念を実現するために、民生目的の原子力利用を推進し、意識していたにせよそうでないにせよ、原子力のリスクを軽視するようになった。おそらく、原子力のリスクについて異なる理念を持ちながら、原子力推進連合に参加した唯一のアクターは、原子力発電所のサイトの地元住民と地方政府であろう。日本は第2次世界大戦後、急速な経済成長を経験したが、経済発展は主に大都市や工業都市まわりに集中していた。発電所の誘致は、地方政府からは、地域開発策と考えら

境省の中央環境審議会と経済産業省の産業構造審議会で審議された。福島原発事故後、経済産業省は従来どおり資源エネルギー庁を中心に、日本では原子力発電がなければ経済活動や国民生活は成り立たないとして、原子力発電所を推進するという方向性を維持しながら、エネルギー政策の見直しを進めた（朝日新聞特別報道部2013）。しかし民主党は、福島原子力発電所事故を踏まえて、経済産業省主導ではなく内閣府主導でエネルギーと環境政策について統合的な見直しを行うために、2011年5月頃、内閣府国家戦略室の下でエネルギー環境会議を立ち上げた。エネルギー環境会議の事務方は内閣官房が所管したが、従来の内閣官房担当官が関連省庁からの出向者で構成されていたのに対し、エネルギー環境会議については関連省庁出向者だけではなく、フリージャーナリストで、菅首相に請われて広報担当の内閣審議官として採用された下村健一（同上）、かつて経済産業省に務め、核燃料サイクル問題担当の課長補佐を務めた後に退官したが、玄葉大臣に請われて、企画担当官として採用された伊原智人など民間人も登用された。エネルギー環境会議の設置は、内閣府主導で気候政策はもとよりエネルギー政策も形成しようとした点、そして関連省庁の出向者だけではなく民間人も登用した点で、政策形成過程の大きな変化だった。

　なおエネルギー環境会議は、当初、当面のエネルギー需給安定策の決定および中長期の戦略の方向性を示唆するために設置されたこと、気候政策の形成に携わる機関としては内閣府内にすでに地球温暖化対策推進本部が存在していたことから、気候政策についてはあえてエネルギー環境会議の下で扱う必要はないと考えられていた［Green Earth Institute（元内閣官房）2014］。しかしエネルギーに関する中長期戦略の方向性は、日本が民主党政権下で、コペンハーゲンアコードに基づいて国連に提出した、2020年に温室効果ガス排出量を25％削

れていた（開沼2011）。当初は左派の政治家もこのような理念を共有していたが、やがて原子力反対連合を形成するようになった。しかし左派政党は原子力利用に反対する上で協力関係を維持することはできなかった。まず共産党は反原発運動を日米安全保障条約の締結と関連づけて、西欧帝国主義国による原子力利用には反対するが、共産主義国の原子力利用には賛成するという路線を打ち出した。またその有力メンバーに電力労働組合連合を抱える全日本労働総同盟（同盟）の支持を受けていた民社党（中道左派）は、原子力の軍事利用には反対するが、労働者が被ばくの危険にさらされない限り、民生利用についてはどちらかといえば支持するようになった。結局、社会党とその支持労働団体である総評が設立した原水爆禁止国民会議（原水禁）だけが、あらゆる国家によるあらゆる目的の原子力利用に反対する組織として、反原発運動を支える役割を担った。

減するという目標の達成に影響を及ぼすため、2011年10月28日に気候政策もエネルギー環境会議下で扱うことが決定された。

またエネルギー需給安定策を決定するにあたって、総合資源エネルギー調査会が長年にわたり原子力の便益としてあげてきた、原子力発電所はいったん建設すれば火力や水力と比較して安価であるというコスト（2004年の経済産業省総合資源エネルギー調査会の試算では、原発5.3円、LNG火力5.7円、石炭火力6.2円、石油火力10.7円、一般水力11.9円〈経済産業省 2004c〉）の検証を実施する必要性が認識され、エネルギー環境会議の下でコスト等検証委員会が設置された。コスト等検証委員会の事務局担当官は、客観的なコスト検証を実施するために、経済産業省のエネルギー政策形成の場、すなわち総合エネルギー調査会には招聘されたことがなかった、立命館大学の大島堅一教授やA.T. カーニー株式会社の笹俣弘志パートナーに委員就任を依頼した［同上］。コスト等検証委員会の作業を通じて、それまでの原子力発電所は他の電源と比較して安価であるという理念が覆され、原子力は最低でも8.9円、石炭火力が10.8円（最終案で10.3円に修正）、LNG火力は10.9円と算出された（国家戦略会議2011）。経済産業省の試算との違いは、原子力政策費用（1.1円）、追加的な安全対策費用（0.2円）、事故対応費用（0.5円）を上乗せした点である。政策費用については、原子力は3,578億円、石炭火力は173億円、液化天然ガス火力は483億円で、原発の政策費用は圧倒的に大きいことが明らかになった。また事故対応費用については、東京電力の原発事故の損害額を参考に、最低でも6兆円の資金を原子力事業者が40年間で積み立てるとした[31]。

エネルギー環境会議では、上記のコスト等の検証に加えて、当面のエネルギー需給安定策の決定については、主に原子力発電所の安全性の基準と定期点検に入った原子力発電所の再稼働の基準について、また中長期の戦略の方向性については、総合エネルギー調査会の基本問題委員会が策定する将来のエネルギー政策の選択肢と、中央環境審議会の2013年以降の対策・施策を検討する委員会が策定する将来の温室効果ガスの排出削減量の選択肢に基づいて、将来のエネルギー環境政策の選択肢を策定し、国民的議論を行う方法について審議

31）　なお「最低でも」との断りがついているのは、損害額が1兆円増えるごとに0.1円上昇するという試算になるからだ。

した。特にエネルギー環境会議の中核をなす、中長期のエネルギー環境戦略の方向性については、当初、2012年の春にはエネルギー環境会議がとりまとめた案を策定する予定だったが、エネルギー環境会議の側で当面のエネルギー供給、すなわち原子力発電所の再稼働の条件等について議論するのに時間を要したこと、また総合エネルギー調査会で議論が紛糾し、エネルギー政策に関する選択肢の原案の策定が遅れたことから、草案が6月末になってようやく示された。総合資源エネルギー調査会基本問題委員会が2012年6月19日に示した原案では、2030年の原子力発電への依存を0%、15%、20～25%とし、それに対応して再生可能エネルギーや石炭火力への依存度も変動する3つの選択肢に加えて、第4の選択肢として、社会的なコストを事業者（さらには需要家）が負担する仕組みの下で、市場における需要家の選択により社会的に最適な電源構成を実現するという肢が準備された（経済産業省2012）。

一方、温室効果ガス排出削減量については中央環境審議会の2013年以降の対策・施策を検討する委員会が、2030年の原子力発電への依存度と省エネ・再エネ対策の強度を組み合わせて試算を行った（表3-16参照）。

このように総合資源エネルギー調査会基本問題委員会から4つの選択肢、中央環境審議会2013年以降の対策・施策に関する小委員会からは5つの選択肢が原案として提出され、これら原案に基づいて内閣官房が原子力発電への依存割合が0%、15%、そして20～25%という3つの選択肢をとりまとめた。3つの選択肢としたのは国民的議論を実施するには、選択肢を3つに抑えることが望ましいという判断があったからである［Green Earth Institute（元内閣官房）2014］。このように内閣府が最終的に策定した選択肢は、原案と完全に合致するものではなく、特に温室効果ガス削減量については最後まで数合わせが行われた。

こうしてエネルギー環境会議が示した案に基づいて国民的議論を実施するため、2012年6月22日に資源エネルギー庁の予算事業という位置づけで入札公告が実施され、博報堂が討論型世論調査を実施するという提案書を提出し、入札した。

表3-18が示すように、討論型世論調査では2030年に原発への依存度を0とする選択肢への支持が、電話調査時点と比較して大幅に増加した。エネルギー

表 3-16：2030 年の温室効果ガス排出削減量

		2030 年の温室効果ガス排出削減量（%）				
省エネ・再エネ等の対策・施策の強度	高位	−39	−35	−33	−31 原案2-2	−25 原案1
	中位	−34	−30 原案4	−27 原案3	−25 原案2-1	−19
	低位	−24	−20	−17	−15	−8
発電電力量に占める原子力発電の割合（2030 年）		35%	25%	20%	15%	0%

出典：環境省（2012）

表 3-17：将来エネルギーミックスの選択肢

	原子力発電への依存（%）	再生可能エネルギーへの依存（%）	石炭・石油への依存（%）	核廃棄物	温室効果ガス排出削減量（%）	経済成長（%）	経済への影響（自然体からの押し上げ）(億円)
原子力発電所を可能な限り早期に停止	0	35	65	埋め立て	−23	1.4〜2.1	8〜46
原子力発電所を40年間の稼働期間終了後に廃炉にする	15	30	55	埋め立てまたは再処理	−23	1.4〜1.8	2〜30
原子力発電所への依存度は削減するが、使用し続ける	20〜25	25〜30	50	埋め立てまたは再処理	−25	1.2〜1.8	2〜28
現行（2012 年）	26 (2010)	10	64	再使用	−0.3	1	

出典：国家戦略会議（2012）

環境会議は、当初から、中長期の戦略の方向性について国民的な議論を行うことは定めていたものの、国民的議論の結果を政策形成においてどのように用いるのかは決めていなかった。民主党は、討論型世論調査の結果を踏まえて、党のエネルギー政策の方向性を決定し、エネルギー環境会議での中長期戦略をまとめるために、党内にエネルギー環境調査委員会を設けた。内閣の国家戦略会議も討論的世論調査の結果、89,000 に及ぶパブリックコメント、そして11 地域で開催された公聴会での意見をどのように政策に反映させるのかを議論するために専門家会合を開催した。専門家委員会は、討論型世論調査に参加した人々は平均的な国民よりも原子力発電問題に強い関心を抱いている可能性が高く、討論型世論調査の結果は国民の意見を必ずしも代表するものではなく、またパブリックコメントは部分的な意見を表明したものに過ぎないとしつつも、

表3-18：各オプションへの投票率（%）

選択肢の支持率	電話（7月）	討論型世論調査前（8月4日）	討論型世論調査後（8月5日）	公聴会	パブリックコメント	朝日新聞世論調査
支持なし	13.7	13.7	9.5			
複数回答	23.9	13.7	15.4	5	6.6	
20〜25％支持	13.0	13.3	13.0	16	3.3	12
15％支持	32.6	18.2	15.4	11	1.0	29
0％支持	16.8	41.1	46.7	68	89.1	49

国民の多くは脱原発社会を望んでいると結果をまとめた。

　専門家委員会の勧告を受けて、エネルギー環境会議は2012年9月14日に、2030年代に原子力発電所を停止することを盛り込んだ革新的エネルギー環境戦略を採択した。エネルギー環境戦略はその後9月19日に閣議決定された。この閣議決定では、2030年代原発停止が明記されておらず、したがって革新的エネルギー環境戦略に記載された2030年代の原子力発電所の廃止は閣議決定されていないとする見解もある（朝日新聞特別報道部2013）。しかしエネルギー環境会議の担当官によれば、閣議決定は全閣僚の合意を要するが、エネルギー環境会議に関与していなかった閣僚の同意を得る時間がなかったため、エネルギー環境会議の決定を参照する形で閣議決定を行ったに過ぎず、革新的エネルギー環境戦略に盛り込まれた内容はすべて閣議決定で採択されている［Green Earth Institute（元内閣官房）2014］。

規制委員会の設置と原子力発電所の運転期間の設定

　福島原子力発電所事故は、また原子力安全規制面でも非漸進的政策転換を引き起こした。事故後、事故の原因究明などを目的として東京電力内（東京電力福島原子力事故調査委員会）、国会（東京電力福島原子力発電所事故調査委員会）、内閣（東京電力福島原子力発電所における事故調査・検証委員会）、そして民間団体である日本再建イニシアティブ下に福島原発事故独立検証委員会という4つの事故調査委員会が立ち上げられた。このうち2012年7月2日に報告書を公表した国会の事故調査委員会は、事業者である東京電力や原子力を推進する経済産業省、さらには安全最優先の視点から厳しく安全規制をする立場にある原子力安全委員会や原子力安全・保安院までもが「当然備えておくべきこと、実施す

べきことをしていなかった」と断じ、また規制当局が電力会社の主張を後押しするといった逆転現象が起き、電力会社の「虜」になっていたことが事故の根源的原因であると指摘した。また最も早く 2012 年 2 月 27 日に報告書を公表した独立検証委員会も、経済産業省出身の官邸中枢スタッフによる「東電を規制しているようで、道具にされている」という証言を紹介しながら、規制当局が電力会社に取り込まれていた逆転現象に言及している。その上でこれら 2 つの事故調査委員会は、規制当局と電力会社間の関係を取り上げなかった内閣下に設置された事故調査委員会とともに、今後の原子力の安全規制については、原子力推進行政から独立した原子力安全規制機関の設置、独立性と透明性の確保が必要であるとした（日本科学技術ジャーナリスト会議 2013）。

このように原子力推進行政と原子力安全行政がともに経済産業省下にあったことを事故の重要な要因とする見方は事故調査委員会以外でも強く、環境省の外局として原子力規制委員会（国家行政組織法 3 条 2 項に基づく独立性の高い行政委員会）を設置することを定めた原子力規制委員会設置法が 6 月末に国会を通過した。また原子力発電所の操業の安全性を高める観点から、原子炉規制法が改正され、発電用原子炉の運転期間が、発電用原子炉の設置の工事について最初に検査に合格した日から起算して 40 年と定められた（43 条の 3 の 32 第 1 項）。ただし原子力規制委員会の認可を得れば、1 回に限り、20 年を超えない期間で延長することができる（43 条の 3 の 32 第 2 項、3 項）。

再生可能エネルギー固定価格買取制度の導入

地球温暖化対策基本法案に盛り込まれた 3 本柱のうちの 1 つが、再生可能エネルギーの固定価格買取制度導入だった。すでに述べたように、2004 年に再生可能エネルギーの普及促進方法に関する議論が行われた際に、日本は固定枠制度を導入した。しかし固定枠制度の再生可能エネルギー普及効果は乏しかった。そこで民主党政権は、温室効果ガスを 2020 年までに 25％削減するという野心的な目標を達成するために、電力供給面では原子力発電所の新増設に加えて、再生可能エネルギーの普及促進策を打ち出した。福島原子力発電所の事故後、再生可能エネルギーの利用促進の重要性がますます認識されるようになり、2012 年 7 月、再生可能エネルギー固定価格買取制度が開始した。

3.6.5. 第6期のまとめ：福島原子力発電所事故とエネルギー政策の見直し

2007年に採択されたバリ行動計画で、2013年以降の気候変動問題を規律する国際的な枠組みに合意することが予定されていたコペンハーゲン会合が開催されたこともあり、第6期も気候変動問題に対処するための国際条約交渉は日本の気候エネルギー政策形成に大きな影響を及ぼした。第5期までと異なるのは、このような国際政治の影響に加えて、2009年の自民党から民主党への歴史的な政権交代、そして2011年の福島原子力発電所事故という2つの外部要因の変化があったことである。コペンハーゲン会合を直前に控えた2009年の衆議院選挙で気候政策を重要視することをマニフェストに盛り込んだ民主党が政権を獲得し、選挙後成立した鳩山内閣は、2020年の温室効果ガス排出削減目標を、麻生政権時に打ち出していた2005年水準比15％から25％へと改め、また25％目標の実現に向けて、環境税、排出量取引制度、そして再生可能エネルギーの固定価格買取制度の導入を盛り込んだ地球温暖化対策基本法案を国会に提出した。

このように民主党は、国内政策措置については自民党政権下で導入できなかった政策措置の導入を目指したが、他方で25％削減という野心的な目標を実現するには、これら政策措置だけでは足りず、自民党政権と同様にあるいはそれ以上に原子力エネルギーへの依存を高める方針を打ち出し、原子力発電所を2020年までに9基、2030年までの合計で14基新設するというエネルギー基本計画を採択した。

このような計画は、2011年3月11日、福島第1原子力発電所の事故が起こった結果、大幅に見直された。エネルギー政策の見直しは、事故前に原子力政策形成を担当していた経済産業省下の資源エネルギー庁ではなく、内閣府国家戦略室の下で設置されたエネルギー環境会議が担当した。エネルギー環境会議では各電源ごとの費用が見直され、また密室での政策形成の代表例だった原子力政策形成過程で討論型世論調査が実施されるなどの非漸進的政策転換が起きた。さらにこの世論調査の結果を踏まえて、2012年9月14日に2030年代に原子力発電所を撤廃することを明記した革新的エネルギー環境戦略が採択され、それまでの原子力発電所の増設神話からの転換も実現した。またそれまでいずれも経済産業省下に置かれていた原子力を推進する所管庁と、原子力の安

全性を確保する官庁を分け、さらに原子力発電所の稼働期間も定められた。民主党が事故前には自民党と同様にあるいはそれ以上に原子力に依存する政策を立てていたことを踏まえれば、これらの大規模政策転換は政権交代ではなく、福島原子力発電所事故という危機の効果により実現したのかもしれない。

さらにエネルギー環境会議の設置は、表裏一体の関係にあることが認識されつつも、それまで別々の場で議論されてきた気候政策とエネルギー政策、特に原子力政策との関連性を明確にし、ここに日本でも気候エネルギー政策サブシステムが成立した。

第6期には、原子力利用以外の温室効果ガス排出削減政策措置についても非漸進的政策転換が起きた。民主党が提出した温暖化対策推進法案は2010年に鳩山首相が突然退陣し、また2011年には福島原子力発電所の事故を受けて政策の優先順位が変わったこともあり、結局廃案となったが、再生可能エネルギーの固定価格買取制度は単独で法制化され、2012年7月から導入された。また排出量取引制度の導入には至らなかったが、温暖化問題が国内・国際政治の主要課題として認識されるようになった1980年代後半から議論されながらも導入に至らなかった環境税は、温室効果ガスの排出を抑制するには税率が低すぎるものの、従来の石油石炭税にCO_2排出量に比例する税を上乗せするという形で2013年度から導入された。

3.7. 日本における気候エネルギー政策転換

気候政策形成過程の第1期（1980年代後半～1996年）には、気候変動問題に関する科学的知見の蓄積と気候変動問題に対処するための国際条約交渉の開始と呼応して、日本の一般国民および政治家の気候変動問題への関心が高まり、地球環境政策サブシステムが出現した。この期間中、気候政策サブシステムは気候政策サブシステムとしてはいまだ存在せず、依然として地球環境政策システムの中に埋め込まれていた。気候政策システムが存在していなかったにもかかわらず、気候変動枠組条約交渉へ向けて、国内の温室効果ガス排出抑制・削減目標に合意するための政府間交渉では、すでにアクター間の対立が見られた。産業界、通商産業省（経済産業省）、そして自民党の商工族は、長期的な技

術革新を通じた解決策を望み、一方、環境庁と自民党の環境族は、短期的な排出抑制・削減数値目標の設定を支持した。両者の対立は、第2期（1996年～1998年）に、COP3での交渉における日本の立ち位置を決定し、またCOP3後、日本が京都議定書の下でコミットした温室効果ガスを6%削減するための国内法制を整備する過程でより鮮明になった。この時期のアクター間の対立は、改正省エネ法の改正と温暖化対策推進法の採択を通じて頂点を迎えた。環境庁、自民党の環境族、NGOは温暖化対策推進法の制定を獲得し、一方、通産省、自民党の商工族、産業界の代表は、気候変動に対処するという立法目的を改正省エネ法に盛り込むこと、そして環境庁が気候政策に関する所管を経済産業省と共管することを阻止することに成功した。地球温暖化対策推進法の形成過程において、経済的繁栄重視派は、温室効果ガス排出抑制計画を県知事に提出する義務の設定を阻止することにも成功した。この過程を通じて、自民党の環境族、環境庁、環境庁に近い研究所、そして環境NGOは気候保全重視派に、自民党の商工族、通産省、経済界、産業団体、そして通産省や産業界に近い研究所は経済的繁栄重視派に収斂した。気候保全を推進する方向で働く外部要因、すなわち日本が京都会議をホストしたこと、影響力のある自民党厚生族だった橋本龍太郎が首相に任命されたこと、気候変動問題への国民の関心が高まったことは大規模な政策転換の最初の機会を創出した。しかし気候保全重視派は、この機会を活用して、大幅な排出削減を実現する政策措置を導入することはできなかった。また原子力政策を含むエネルギー政策は経済産業省が、気候政策は環境省と経済産業省がそれぞれ別個に検討しており、エネルギー政策と気候政策は密接な関係にあったものの、いまだ統合されるきざしはなかった。地球温暖化対策推進大綱は、実現性が乏しい原子力発電所の20基新増設を前提としており、温室効果ガス排出量が少ない再生可能エネルギー利用を促進する動きも緩慢だった。

　第3期（1999年～2002年）は、気候変動に関する国際交渉の進展が、日本の気候政策サブシステムに気候政策を推進する方向、阻害する方向の両方で影響を及ぼした。2001年3月28日、京都議定書から米国が離脱した後、日本とロシア連邦が、COP6再開会合で議定書の運用則を採択するための鍵を握った。なぜなら、先進工業国中最大の温室効果ガス排出国であった米国が議定書から

離脱したため、先進国の中で 2 番目と 3 番目に排出量が多い両国の合意がなければ、京都議定書が定める、先進工業国の 1990 年時の CO_2 排出量の 55％を占める 55 カ国以上の締結という、議定書発効のための条件を満たすことができなくなる可能性があったからである。その結果、一般国民、政策決定者とも、気候変動問題に関して大きな関心を抱くようになった（第 2 章参照）。このような 2 番目の政策転換の機会を最大限に利用して、気候保全重視派は、改正温暖化対策推進大綱に産業エネルギー部門を含む部門ごとの目標を明記することに成功した。産業界はそれまで経団連自主行動計画の下、自主ベースで業種ごとに集団的な目標を設定していたため、部門ごとの目標の明記は形式とはいえ排出量を抑制する権限を市場から政府に移行することを意味した。しかしこのような政府の排出抑制権限は、目標達成を確実にするための政策手段が伴わなければ、排出量に上限を課す実質的な権限とはならなかった。経済的繁栄重視派、特に産業界のアクターは、米国が京都議定書から離脱し、米国産業界が排出抑制・削減目標を負わないという状況下での京都議定書の批准は、日本の産業界の国際競争力に悪影響を及ぼすという懸念を表明した。こうした産業界アクターの懸念を反映して、経済的繁栄重視派は、気候保全重視派の中核をなす環境庁が 2001 年 1 月の行政改革で庁から省に昇格し、資源をわずかながら増加させたにもかかわらず、具体的な政策措置の導入を阻止した。気候保全重視派は、環境税などの具体的な政策措置の導入を実現する 2 回目の機会を有効に活用することはできなかったが、産業エネルギー部門からの温室効果ガスの排出量を抑制する主要政策手段として自主的取組みを制度化しようとする経済的繁栄重視派の試みを阻止することには成功した。気候保全重視派はさらに、2004 年と 2007 年に既存の政策措置の評価・見直しを行うことを盛り込み、より大きな政策転換を実現する機会を制度化することに成功した。さらに改正温暖化対策推進大綱では、固定枠制度導入による再生可能エネルギー利用促進のほか、原子力発電所の 10～13 基新増設が盛り込まれた。度重なる国内の原子力事故により原子力発電所新設サイトを確保することは困難となっていたにもかかわらず、特に経済的繁栄重視派は実現が困難な案に固執した。また再生可能エネルギーについては固定価格買取制度ではなく固定枠制度で対処するという方針を打ち出した。気候保全重視派はエネルギー政策について所管がなかっ

たこともあり、このような方針を受け入れるしかなかった。京都議定書でコミットした6％の温室効果ガス排出量削減目標を達成するには十分ではないものの、これらの国内法制度の整備により、国会は全会一致で、2002年6月に京都議定書締結を承認した。

日本の気候政策形成過程（2002年～2005年）の第4期では、政府は、2002年の改正地球温暖化対策推進法で導入された気候政策措置の評価・見直しの第1回目を2004年に実施し、2005年4月に京都議定書目標達成計画（目達計画）を採択した。政策措置の評価・見直しを通じて温室効果ガス排出量を削減し、追加的な政策措置を導入する必要があることが明らかになった。また京都議定書がこの期に発効し、国民の気候変動問題に対する関心が高まったにもかかわらず、気候保全重視派は目標達成計画の中に、部門ごとの目標はもちろんのこと、日本が京都議定書下で約束した温室効果ガスの排出量を6％削減するという目標を達成するために、環境税などの具体的な政策措置を盛り込むことはできなかった。一方で気候保全重視派は、政府が各施設からの温室効果ガス排出量を正確に把握することを可能にし、個別企業のレベルで排出削減目標を設定する政策措置を将来導入するための基盤となる、温室効果ガス排出量報告制度を導入することに成功した。他方、経済的繁栄重視派は、目標達成計画の中で自主行動計画を、産業エネルギー部門からのCO_2排出量を抑制するための主要手段として制度化し、より厳格な政策措置の導入を回避することに成功した。また2013年以降の気候変動問題を規律する国際制度の構築に関する議論において、気候保全重視派のメンバーは、長期的な温室効果ガスの濃度の安定化目標と地球の平均気温の上昇の制限に関する目標に加えて、短期および中期的な排出抑制・削減目標を設定することを主張した。これに対し経済的繁栄重視派は、排出抑制・削減目標よりも自主的な取組みと技術主導の解決策に基づいたセクター別アプローチを組み合わせることを主張した。このように両者の立ち位置には、気候変動問題が国際・国内政治の主要課題として認識されてから15年近く経過してもほとんど変化が見られなかった。

第5期（2005年～2009年）には、コペンハーゲン会合の開催へ向けて、麻生政権の下で、2020年までに温室効果ガス排出量を15％削減するという目標が採択された。この目標は一見すると京都議定書上負った6％削減目標の大幅な

上乗せに見えるが、実際には基準年が2005年に設定されており、1990年水準と比較すると8％削減にしかならず、漸進的な政策転換でしかなかった。ただし福田政権時から内閣官房主導で中期目標について検討を進めた点は、それまでの環境省、経済産業省それぞれで排出抑制・削減数値目標について検討し、最後に内閣府で調整するといった過程からの変化だった。温暖化対策推進法に基づいて2007年に実施された京都議定書目標達成計画の見直しでも、第1回目の見直し・評価の際には別々に審議していた産業構造審議会と中央環境審議会が合同会議を開催してレビューを行うようになり、プロセスの統合化・簡素化という変化と、気候政策とエネルギー政策統合のきざしが見られた。

　2007年に実施された第2回目の見直し・評価では、2007年時点で使用可能な最新のデータだった2005年の排出実績によれば、温室効果ガス排出量は基準年比で7.7％増加しており、温室効果ガス排出量を6％削減するという京都議定書上の目標の達成に向けて13.7％削減しなければならない状況であることが明らかになった。またこの2007年の評価・見直しでは、それまで再三再四にわたり議論されてきた環境税については特に議論はなかったが、排出量取引制度について動きがあった。福田ヴィジョンで排出量取引制度導入が打ち出されたため、試行的排出量取引制度が2008年から実施され、また排出量取引制度導入に伴うさまざまな法的・技術的問題に対応するために、法学者を中心とした検討会が開催された。ただし試行的排出量取引制度はあくまでも経団連の自主行動計画を達成するための一手段と位置づけられ、結局、義務的な排出量取引制度が導入されることはなく、京都議定書の第1約束期間を迎えた。

　このように日本の気候保全重視派は、第5期まで大規模政策転換の機会がありながらも、それを十分に活用することができなかった。このような状況は第6期に入り、自民党から民主党へと政権が交代したことにより、大きく変わるかに見えた。まず2009年の衆議院選挙のマニフェストで、民主党が気候政策を重要視する方針を示したことを受けて、鳩山首相が選挙直後に2020年の温室効果ガス排出削減目標を25％削減に改めると宣言した。しかしこの25％削減目標はどの程度国内で削減するのか定めておらず、また政策措置による裏づけがなく、まず宣言ありきの目標だった。そこで民主党は、目標公表後に、内閣府主導でタスクフォースを設け、25％目標を達成するための費用計算を行っ

た。しかし費用計算を担当したのは、自民党の麻生政権下で設置された中期目標検討委員会で 15％削減目標の設定に関わったのと同じ 5 研究機関だった。鳩山政権下のタスクフォースでは、麻生政権下で中期目標を検討する際に同定された問題点に対応することを目指したが、コペンハーゲン会合へ向けてわずか 1 カ月程度の間に費用計算を行わなければならなかったという時間の制約もあり、結局、ほとんどの問題に対処しないまま、計算を行った。さらに民主党政権は 25％目標の実現に向けて、環境税、排出量取引制度、そして再生可能エネルギーの固定価格買取制度の導入を盛り込んだ温暖化対策基本法案を策定した。このように民主党は、国内政策措置については自民党政権下で導入が困難だった政策措置の導入を目指したが、他方で 25％という野心的な目標を実現するには、これら政策措置だけでは足りず、自民党と同様にあるいはそれ以上に原子力エネルギーへの依存を高める方針を打ち出し、原子力発電所を 2020 年までに 9 基、2030 年までの合計で 14 基新設するというエネルギー基本計画を採択した。

　このような計画は、2011 年 3 月 11 日、福島第 1 原子力発電所の事故が起こった結果、大幅に見直されることになった。そのために内閣府国家戦略室の下にエネルギー環境会議が設置された。エネルギー環境会議はそれまでの内閣府主導の政策決定と異なり、経済産業省や環境省からだけではなく民間からも人材を登用し、総勢 50 名近くでエネルギー政策と気候政策の見直しに当たった点、そしてそれまで不透明だった各電源ごとの費用を公表した点、密室での政策形成の代表例だった原子力政策形成過程で討論型世論調査を実施した点は非漸進的政策転換と評価できる。そしてこの世論調査の結果を踏まえて、2012 年 9 月 14 日に 2030 年代に原子力発電所を撤廃することを明記した革新的エネルギー環境戦略が採択された。さらにそれまでいずれも経済産業省下に置かれていた原子力を推進する所管庁と、原子力の安全性を確保する所管庁を分けるために、原子力規制委員会が環境省の外局として設立された。また原子力発電所の稼働期間も定められた。

　エネルギー環境会議の設置により、表裏一体の関係にあることが認識されつつも、それまで別々の場で議論されてきた気候政策とエネルギー政策との関連性が明確になり、ここに日本でも気候エネルギー政策サブシステムが成立し

た。このような気候エネルギー政策サブシステムの統合は、政策決定の簡素化をもたらした反面、原子力発電所の新増設という実現が困難な計画に依存した気候政策の矛盾をあらわにし、第5章で見るようにアクターの対立を複雑化させた部分もあった。すなわちそれまで気候政策サブシステムの中で、アクターを分類する主要な座標軸だった、経済的繁栄と気候保全という価値の重みづけから、気候保全や経済的繁栄を達成するエネルギー供給手段の選択という新たな価値判断の軸が加わった。特にCO_2排出という観点からは石炭や天然ガスよりも優位に立つ原子力の利用を原子力災害を経験した後どのように位置づけるのかは、気候保全重視派のアクターにとって難しい問題だった。それでも民主党政権は、2030年代に原子力発電所を全停止しながら、温室効果ガスを23％削減するという内容を盛り込んだ革新的エネルギー環境戦略を採択するという大規模政策転換を実現した。また国内政策措置についても民主党が提出した温暖化対策基本法案は2010年には鳩山首相が突然退陣し、その後、2011年には福島原子力発電所の事故を受けて政策の優先順位が変わったこともあり、結局廃案となったが、再生可能エネルギーの固定価格買取制度は単独で法制化され、2012年7月から導入された。また排出量取引制度の導入には至らなかったが、環境税は温室効果ガスの排出を抑制するには税率が低すぎるものの、従来の石油石炭税にCO_2排出量に比例する税を上乗せするという形で2013年度から導入された。

　上記のように、1987年から2012年までの間、日本の気候エネルギー政策サブシステムはさまざまな非漸進的政策転換を経験した。日本の産業エネルギー部門の温室効果ガス排出量を抑制する主要政策手段は依然として自主的取組みではあるものの、改正温暖化対策推進大綱での部門別の温室効果ガス排出抑制・削減目標の明記、義務的な温室効果ガス排出量報告制度の導入など、名目的ではあるものの、産業エネルギー部門の温室効果ガス排出量を抑制する権限を政府に与える政策措置が導入され、また温室効果ガスの排出を抑制するには税率が低すぎるものの環境税も導入された。産業エネルギー部門からの排出量に上限を課す実質的な権限を政府に与えるキャップアンドトレーディング制度のような、支配連合のアクターの政策核心理念の規範的部分に触れるほどの大きな非漸進的政策転換はいまだ経験していないものの、民主党政権下では、

表3-19：日本の気候エネルギー政策転換

	国の温室効果ガス排出・抑制削減目標		部門別目標		政策措置		結果
	経済的繁栄重視派	気候保全重視派	経済的繁栄重視派	気候保全重視派	経済的繁栄重視派	気候保全重視派	
第1期(1980年代後半〜1994年)	技術開発中止の長期的なアプローチ、1人当たりの排出量削減	短期的な削減数値目標	―	―	クリーンエネルギー技術、原子力エネルギー推進	環境税	2000年までに、1人当たり温室効果ガス排出量を1990年水準で安定化、技術革新が実現すれば、2000年までに温室効果ガス排出量を絶対量で1990年水準に安定化
第2期(1995年〜1998年)	(京都会議前)1990年レベルで温室効果ガス排出量を安定化	(京都会議前)3ガス(CO_2、CH_4、N_2O)で6〜8%削減	言及なし(黙示でも反対)	言及	自主的取組みトップランナー方式原子力発電所の新設	環境税	6ガスを基準年比で2008年から2012年の5年間の平均で6%削減(CO_2、CH_4、N_2Oについては1990年、$PFCs$、$HFCs$、SF_6については1995年)経団連自主行動計画トップランナー方式
第3期(1999年〜2002年)			言及なし	言及	自主的取組み原子力発電所の新設	環境税	部門別目標の明記(産業エネルギー部門については7%削減)
第4期(2002年〜2005年)	技術開発を中心とする長期的なアプローチ	排出抑制・削減数値目標			自主的取組み原子力発電所の新設トップランナー方式	環境税キャップアンドトレーディング制度温室効果ガス排出量報告制度	温室効果ガス排出量報告制度の導入自主的取組みトップランナー方式改定
第5期(2005年〜2009年)	技術開発を中心とする長期的なアプローチ	排出抑制・削減数値目標			自主的取組み原子力発電所の新設トップランナー方式	キャップアンドトレーディング制度環境税再生可能エネルギー導入促進制度	2020年−15%
第6期(2009年〜2012年)	技術開発を中心とする長期的なアプローチ	排出抑制・削減数値目標			自主的取組み原子力発電所の新設トップランナー方式	キャップアンドトレーディング制度環境税再生可能エネルギー固定価格買取制度原子力発電所の新設	2020年−25%自主的取組み環境税再生可能エネルギー固定価格買取制度原子力発電所の新設→原子力発電所の2030年代全廃

出典：著者

2030年代の原子力発電所の撤廃を明記した革新的エネルギー環境戦略が採択され、再生可能エネルギー固定価格買取制度も導入されるなど、気候政策の排出削減目標を実現するためのエネルギー供給方法を転換する決定も採択された。ただし、福島発電所の事故が起こる前は、民主党が温室効果ガスを2020年に25％削減するという野心的目標を宣言したものの、そのための政策措置として自民党以上に原子力発電所の新増設に依存していたことを踏まえれば、上記のような非漸進的政策転換は政権交代というよりも、福島原子力発電所事故という危機を主要因として起きたのかもしれない。非漸進的政策転換を起こす上で、危機とその他の要因が果たす役割については、第7章の理論面での検討部分（**7.3**）で再検証する。

第4章　ドイツにおける気候エネルギー政策転換

本章では、1987年から2012年までのドイツの気候エネルギー政策の進展を分析する。分析にあたっては、第3章で日本について分析したのと同様に、いつ気候政策サブシステムが成熟したのか、気候政策サブシステムにおける主要アクターは、国別目標、産業エネルギー部門の目標、これらの目標を達成するために実施されている政策措置について、どのような立ち位置をとったのか、いつ気候エネルギー政策へと拡大したのかを検証し、ドイツが経験した政策転換のタイプあるいはレベルを同定することを試みる。第1章で述べたように、日本と異なり、ドイツは定期的に政権交代を経験してきた。政権交代という政策転換の重要な要因の影響をとらえるために、本章ではドイツの気候政策の進展を、ドイツ連邦議会の会期（通常4年）に応じて7つの期間に分ける。

1980年代後半から1990年までの第1期は、キリスト教民主同盟（CDU）・キリスト教社会同盟（CSU）と自由民主党（FDP）が連立政権を形成した。キリスト教民主同盟・社会同盟と自由民主党は、1990年から1994年の第2期、1994年から1998年の第3期も連立政権を形成した。1998年から2002年までの第4期は、社会民主党（SPD）と連合・緑の党が政権を掌握した。この政権交代は、かつては非政府組織だった緑の党の政権への参加により、戦後ドイツで定期的に起きていたキリスト教民主同盟・社会同盟から社会民主党への政権交代という以上の大きな意味を持つ政権交代となった。両党は、2002年から2005年までの第5期も連立政権を形成した。2005年から2009年までの第6期は、キリスト教民主同盟と社会民主党が大連立を組んだ。そして2009年の連邦選挙で、社会民主党が歴史的な大敗を喫した結果、2009年から2012年までの第7期には、キリスト教民主同盟・社会同盟と自由民主党が11年ぶりに政

権を掌握した。

4.1. 第1期（1980年代後半～1990年）：気候政策サブシステムの出現

4.1.1. 国家目標設定
気候変動問題に関する連邦議会諮問委員会

日本と同様にドイツでも、1980年代の半ばまで気候変動問題への一般市民の関心は低かった（Cavender and Jäger 1993: 4 参照）。1986年6月、同年4月にソビエト連邦（当時、現在のベラルーシ）のチェルノブイリ原子力発電所で事故が発生し、この事故の影響でドイツ南西部でも高濃度放射能汚染が観察され、一般市民の原子力発電所の安全性への懸念が高まったことを受けて、原子力発電所の安全性確保を含む環境問題全般を所管する独立の省を設置する必要性が認識されるようになった。そしてキリスト教民主同盟のコール（Helmut Kohl）首相（当時）のイニシアティブの下、内務省から独立する形で、連邦環境・自然保護・原子力安全省（Bundesministerium für Umwelt, Naturschutz und Reaktorsicherheit: BMU）が設立された。連邦環境省の創設は省庁間の権限の移管を伴うものだったが、多くの環境政策関連分野に関する所管は、連邦経済省（Bundesministerium für Wirtschaft: BMWi）[1]、連邦運輸・建設省（Bundesministerium für Verkehr, Bau- und Wohnungswesen: BMVBW）の下に残されたままだった（Müller 1990: 167; Wurzel et al. 2003: 117-18）[2] ため、環境省の環境政策決定過程への関与は限定されていた。このように環境政策形成過程で新設の連邦環境・自然保護・原子力安全省がそれほど力を持たなかったにもかかわらず、ドイツ（当時

---

[1] 所管の変更により、連邦経済省（Bundesministerium für Wirtschaft: BMWi）は、1998年に連邦経済技術省（Bundesministerium für Wirtschaft und Technologie: BMWi）に、2002年に連邦経済労働省（Bundesministerium für Wirtschaft und Arbeit: BMWA）に、そして再び2005年に連邦経済技術省へ、そして2009年に連邦経済省と名称を変更した（BMWi 2010a）。

[2] 職員数については、2007年現在で、連邦環境・自然保護・原子力安全省は814名の職員と、連邦環境庁（Umweltbundesamt: UBA）、連邦自然保護庁（Bundesamt für Naturschutz）、連邦放射能安全庁（Bundesamt für Strahlenschutz）の3つの庁に勤務する2151名の職員で構成される最も小さい省の1つである。2010年の同省の予算は、15億9,000万ユーロであった（BMU 2010）。したがって、行政権力という意味では、連邦環境・自然保護・原子力安全省は弱い省である。例えば、2010年時点で、連邦経済省の予算は、連邦環境・自然保護・原子力安全省の4倍にあたる61億ユーロだった（BMWi 2010b）。

はドイツ連邦共和国）が早期に 2005 年までに二酸化炭素（CO_2）を 25％削減するという野心的な目標を採択することができた理由の 1 つに、議会に設置された気候諮問委員会（Enquête-Kommission）の存在とその活動があげられる。

　気候政策はこの時点では「環境政策サブシステム」の中で議論されており、いまだ独立の政策分野として確立していなかった。オゾン層破壊物質であるクロロフルオロカーボン（CFC）廃止を規制するモントリオール議定書の国際交渉が 1986 年 12 月に開始すると、ドイツは同じく地球の大気に関する問題である気候変動問題対応においても積極的な姿勢を示すようになった。気候変動問題への国民の関心が高まったことを受けて（第 2 章参照）、連邦議会は、1987 年 10 月 16 日、第 11 会期の中で、地球の大気を保護する予防的手段に関する諮問委員会（Enquête-Kommission Vorsorge zum Schutz der Erdatmosphäre）を設置することを決定した。議会の諮問機関は、連邦議会運営規則 56 条により、複雑で長期的な問題について議会での議論を喚起する目的で設立され、一定数以上の議席を有する党の代表と科学者によって構成される。気候諮問委員会は、人為的な大気の変化が地球の気候および環境に与える影響に関する議論を喚起し、これらの変化に対処するための予防的な政策手段について検討するために設置された。気候諮問委員会の議論の準備には、気候・エネルギー政策分野の専門的知見を有するドイツのほぼすべての研究機関が何らかの形で関わった（Deutsche Bundestag 1991a: 96）。1988 年 11 月 3 日、IPCC が第 1 次評価報告書を公表するよりも前に、諮問委員会は、その時点での地球上の大気に関する科学的知見と、オゾン層破壊に対処するための政策提案を調査した内容をとりまとめた報告書を公表した。諮問委員会の報告書には、地球の平均気温の 1℃〜 2℃の上昇は不可避であり、これが適応可能な気温上昇の最大値であると記載されている。この結論は、のちに公表された IPCC 報告書の内容とも合致している（第 2 章参照）。このように気候諮問委員会が IPCC 報告書の内容に沿った内容の報告書を公表した理由の 1 つとして、気候諮問委員会のメンバーでもあったハートムート・グラッスル（Hartmut Grassl）博士をはじめとするマックスプランク気象研究所（Max-Planck Institut für Meteologie）のメンバー 8 名[3]が

3）　IPCC 第 1 次評価報告書の第 1 作業部会報告書の執筆者の中で、ドイツ人研究者は、当時 IPCC の議長だったワトソンをはじめとする米国人（110 名）、英国人（60 名）と比較すると

IPCC 第1次評価報告書の第1作業部会報告書の執筆に関わっており（名前があげられた回数でいうと10名）、国際レベルでの知見の蓄積をドイツ議会の諮問機関の報告書に反映させる素地があった点があげられる。

議会諮問委員会は、通常、多数派と少数派の意見が分かれ、議論がまとまらないことが多いが、この気候諮問委員会については、気候変動問題に対処するための行動の重要性について早期に合意に達することができた。既存研究は、このように合意を導くことができた理由として、1)世論の関心の高さ（図2-1参照）、2)1987年3月の演説に代表される、気候変動問題を重視するコール首相の姿勢（Schreurs 2002: 155）、3)気候諮問委員会の座長を務めたキリスト教民主同盟・社会同盟のベルント・シュミットバウアー（Bernd Schmidbauer）議員のリーダーシップ（Schreurs 2002: 155; Beuermann and Jäger 1996: 199; Müller 1998: 467）に加えて、4)気候変動問題に早期に対処する必要性に関する、諮問機関の委員間での合意（Schreurs 2002: 155）をあげている。委員会は、1990年10月2日に、第3次報告書「地球大気の保護」（Schutz der Erdatmosphäre）を公表した。この報告書では、気候変動とオゾン層破壊に対処するために早期行動をとる必要性が繰り返し述べられており、また気候変動問題に対処するために、西独地域で1987年比で CO_2 を2005年までに30％、2020年までに50％、2050年までに80％削減することが必要であることが指摘された。

4.1.2. 政策措置

地球の大気を保護するための予防的な措置に関する議会諮問委員会

上記のように議会諮問委員会（Enquête-Kommission Vorsorge zum Schutz der Erdatmosphäre）の委員たちは、気候変動問題の早期対処が必要であるという点では合意したものの、何が具体的な政策措置として適切かという点では対立した。委員は、エネルギー供給・消費の効率性向上、再生可能エネルギー源の促進、化石燃料から非化石燃料への転換などを勧告することに合意した（Deutsche Bundestag 1991b: 94-8）が、原子力の利用と炭素税導入については意見が分かれた。キリスト教民主同盟・社会同盟と自由民主党は、国内褐炭を使用するよりも原子力を使用するほうが安価に CO_2 を削減できるとして原子力利用を支持

数は少なかった（20名）。

し、チェルノブイリ事故以降、懸念された安全性の問題は技術開発により解消されるとした[4]。しかし社会民主党と緑の党は原子力利用に反対したため（Deutsche Bundestag 1991b: 318-19, 325)、原子力利用についてはさらに調査し、その結果を待って最終的な決定をすることになった（同上：496)[5]。委員会は炭素税の導入についても議論したが、単一欧州市場における競争条件の平準化という観点から、ドイツ国内ではなく欧州全体で導入することを勧告した（同上：506）。

CO_2 削減に関する省庁間作業部会

議会の各党派の代表と専門家から構成される、権威ある諮問委員会による勧告を受けて、1990年1月15日に、コール首相は、連邦環境・自然保護・原子力安全省に、CO_2 排出削減目標の設定と目標達成のための政策措置の策定へ向けた研究の実施を依頼した。この要請を受けて、連邦環境庁（Umweltbundesamt: UBA）は、エコ研究所（Öko-Institut)、フラウンホーファーシステムイノベーション研究所（Fraunhofer Institut für System- und Inovationsforschung: Fraunhofer

---

4) 日本と同様、ドイツも原子力と石炭を除くと、国内エネルギー資源に乏しい国である。2005年時点で、ドイツは総発電量の39％を国内エネルギー源で賄っており、そのうち31.6％（したがって総発電量の12.32％）を原子力で賄っていた（IEA 2007: 67）。したがって、日本と同様、ドイツでも、原子力はエネルギー安全供給政策において重要な役割を果たし、また気候政策にも大きな影響を及ぼしている。ドイツでは、原子力問題は、1970年代後半から重要な政治課題として認識されてきた。原子力発電所の段階的廃止は、1986年のチェルノブイリ事故以降、社会民主党そして労働組合により要請されてきた。緑の党にいたっては、原子力問題が党の設立のきっかけを作ったのであり、段階的廃止を呼びかけてきた。これに対し、キリスト教民主同盟・社会同盟と自由民主党は、大規模電力会社と緊密な関係があることも手伝って、原子力発電を推進し続けてきた。

5) 委員会は、ドイツの排出削減目標を達成するために、エネルギー消費削減シナリオ、原子力エネルギーの段階的廃止シナリオ、そして原子力エネルギー依存シナリオの3つのシナリオの可能性を分析した。エネルギー消費削減シナリオは、エネルギーの効率的利用と再生可能エネルギーの促進のためのあらゆる障壁が取り払われ、燃料価格が2005年までに実質ベースで2倍になることを前提とする。原子力エネルギーの段階的廃止シナリオは、エネルギー効率性の向上、コジェネの活用、再生可能エネルギーの相当の促進と、天然ガスの使用の急増を前提とする。原子力エネルギー依存シナリオは、原子力発電所（1基1,300MW）を10基増設することにより、CO_2 排出量を31.2％削減することが可能になるというシナリオである。委員会は炭素税の導入も勧告したが、ドイツが単独で炭素税を導入することを懸念する意見が、キリスト教民主同盟・社会同盟そして自由民主党からあがり、国内ではなく欧州全域で導入することを勧告した（同上）。

ISI) らに研究を委託した[6]。この委託研究と議会諮問委員会の報告書で示された知見に基づいて、連邦環境・自然保護・原子力安全省は、エネルギー起源のCO_2を2005年までに30.5％削減することが可能であるという予測を示した(Beuermann and Jäger 1996: 194)。このような予測に基づいて、連邦政府は、旧西独州で、CO_2を2005年までに1987年比で25％ (3億t) 削減するという目標を採択した。

1990年6月13日、連邦政府は、CO_2削減に関する省庁間作業部会 (Die Interministeriellen Arbeitsgruppe 'CO$_2$-Reduktion': IMA) を設立した。作業部会の目標は、CO_2排出量を25％削減するための提案をとりまとめ、エネルギー起源のCO_2排出量をさらに削減するための可能性を検討することだった (BMU 1990:7)。連邦環境・自然保護・原子力安全省が座長を務める省庁間作業部会の枠組みで、5つのサブ作業部会、連邦経済省が座長を務める「エネルギー供給」部会、連邦運輸・建設・住宅省 (Bundesministerium für Verkehr, Bau und Wohnung: BMVBW) が座長を務める「運輸」と「建設」部会、教育・研究省 (Bundesministerium für Buildung und Forschung: BMBF) が座長を務める「新技術」部会、連邦食糧・農業・消費者保護省 (Bundesministerium für Ernährung, Landwirtschaft und Verbraucherschutz: BMELV) が座長を務める「農業・森林」部会が設立された (同上) (図4-1参照)。5つの部会に加えて、連邦環境・自然保護・原子力安全省が座長を務める「排出量目録」部会が2000年10月に設立された。省庁間作業部会は、1990年11月7日に最初の報告書を公表した。政府は、この報告書に基づき、エネルギー起源のCO_2排出量を旧西独州で25％削減するという目標を再確認し (BMU 1990: 3, 7)、省庁間作業部会に1987年～2005年までに旧西独州で25％削減目標を、また東独州でより高い削減目標を実現するための提案を策定することを要請した (同上: 7)。

議会の諮問委員会と同様、省庁間作業部会はエネルギー効率性を向上する新

---

6) これ以降数年に1度、エコ研究所、フラウンホーファーシステムイノベーション研究所、ユーリッヒ研究所 (Forschung Zentrum Jülich)、ドイツ経済研究所 (Deutsches Institut für Wirtschaftforschung) などほぼ同じ研究所のコンソーシウムが、UBAの委託を受けて政策シナリオを策定しており、2013年1月に政策シナリオVIが公表された。なお、政策シナリオプロジェクトは、1990年時点では、2005年までの政策シナリオを策定していたが、シナリオVIでは目標年を2030年まで延長している。

図4-1：CO_2削減に関する省庁間作業部会の構造

　技術の開発については合意したものの、原子力エネルギー利用、炭素・エネルギー税の導入、そして運輸部門からの排出削減措置については省庁によって意見が分かれた。連邦経済省は、原子力エネルギーの必要性を強調することを主張したが、連邦環境・自然保護・原子力安全省はこれに反対した。結局、各省の対立は、原子力エネルギーはCO_2排出量を削減する「重要」（「必要」ではなく）な要素であるが、原子力エネルギーを利用するか否かは安全基準の改善を待って判断するという文言を盛り込むことで落ち着いた。このような妥協を導くにあたり、首相府（Bundeskanzleramt）が一役買った。当時、政権党だったキリスト教民主同盟自体は、原子力エネルギーの利用を支持したが、コール首相は来る選挙へ向けて、チェルノブイリ事故以降の原子力エネルギーに対する国民の不信感の高まりに配慮して、原子力エネルギー推進を明確に打ち出すことに消極的だった（Schreurs 1997: 155参照）。省庁間作業部会は、ドイツ国内での炭素エネルギー税導入も明確に打ち出すことはせず、報告書では、経済的手法は化石燃料使用による環境への負荷をエネルギー価格に少なくとも部分的には内部化することが化石燃料源の利用を抑制する上で効果的であるとして、経済的手法がCO_2削減を実現する上で重要であることを一般的に強調するにとどめた。そして炭素税のような経済的政策手段の、CO_2削減における費用対効果を考慮に入れながら、経済的手法を利用するための包括的なコンセプトを策定することを省庁間作業部会の次の課題とした（BMU 1990: 7）。

　エネルギー効率性の高い新技術の導入促進に関して議会諮問委員会でも省庁

間作業部会でも合意に達したことは、再生可能エネルギー源からの発電促進手段について議会で議論する道を開き、さまざまな政党からの連邦議会議員のイニシアティブで、電力固定価格買取制度（Stromeinspeisungsgesetz: StrEG）が草案された。草案はすべての議会党派の賛成により1990年12月7日に議会を通過し、1991年1月1日に発効した。電力固定価格買取法は、再生可能エネルギー発電者により供給される電力を送電網に接続するという送電網を所有する大規模電力会社の義務と、電力利用者から徴収する電力使用料金の平均価格の65〜90％で、再生可能電力を買い取る大規模電力会社の義務を定めた。こうして再生可能エネルギー発電者の再生可能エネルギーの送電と価格設定に関する事務手続が簡素化された（Mendonca 2009）。電力固定価格買取制度は、再生可能エネルギー発電に対する連邦政府の直接補助金とともに、風力発電容量の急速な増加に大いに貢献し、風力発電容量は1990年から1998年の間に、約40倍に増加した（DEWI 2001）。

4.1.3. 第1期のまとめ：ドイツのCO_2削減数値目標設定

ドイツの気候エネルギー政策形成過程の第1期には、さまざまな要因、特に気候変動に関する科学的知見の蓄積、気候変動問題に対処することを目的とした条約採択のための一連の国際会議の開催、前2者に呼応した、気候変動問題に対する一般国民の関心の高まりを受けて、日本と同様、気候変動問題に対する政策決定者の関心も高まった。日本と異なるのは、ドイツで気候政策に関する基本的な制度が第1期に急速に整備され、気候政策サブシステムの原型が形成されたことである。その代表例が、議会の気候諮問委員会と省庁間作業部会の設置である。キリスト教民主同盟のベルント・シュミットバウアー（Bernd Schmidtbauer）議長の主導の下、議会の気候諮問委員会は、気候変動問題に対処する行動をとる必要性について早期に合意に達した。さらにこの期間中、キリスト教民主同盟のヘルムート・コール首相やクラウス・テプファー（Klaus Töpfer）環境・自然保護・原子力安全大臣の主導の下、ドイツは旧西独地域で1987年水準で2005年までにCO_2を25％削減するという国家目標を採択した。コール首相は、さらにこの目標を達成するための具体的な手段を整備するために、省庁間作業部会を立ち上げた。

キリスト教民主同盟・社会同盟は、気候変動問題に関する国民の関心が高まったこともあり、またクラウス・テプファーやベルント・シュミットバウアーは冷戦後の国際政治において重要性を増した気候政治の分野で主導権を発揮することで、首相就任という自身の野望を遂げるという利害を有していたこともあり、気候保全推進に積極的な姿勢を示した。キリスト教民主同盟・社会同盟はまた、チェルノブイリ事故後、反原発運動が高まり、行き詰まっていた原子力発電を再び推進し、同党の支持基盤であった原子力産業を盛り立て、さらに最大のライバルである社会民主党の支持基盤であるドイツ石炭産業への補助金を削減するために、気候変動問題を利用することができると考えていた (Schreurs 1997: 153, 2002: 156)。社会民主党は原子力エネルギーの利用については反対だったが、党が重視する政策プログラムであるエネルギー効率性の向上と代替的なエネルギー源の開発・利用促進という観点から、気候保全の法制化を支持した (同上)。同党のミヒャエル・ミュラー (Michael Müller) やヘルマン・シアー (Hermann Scheer) は、電力固定価格買取制度の導入において重要な役割を果たした [ヴッパタール気候・環境・エネルギー政策研究所A 2005]。日本と同じくドイツでも、気候政策は連邦環境・自然保護・原子力安全省の所管だったが、エネルギー政策は連邦経済省の所管だった。それにもかかわらず第1期から再生可能エネルギーの利用を促進するための制度が整備され、再生可能エネルギー政策と気候政策の統合化が進んだのは、これら議員のイニシアティブによるところが大きかった。キリスト教民主同盟・社会同盟と社会民主党が気候エネルギー政策を推進した理由の1つとして、それぞれが環境に配慮しているというイメージを創出することによって、国政における緑の党の躍進を阻もうとした点もあげられる (Schreurs 1997: 153)。また連邦政府内で弱い立場にあった環境・自然保護・原子力安全省の影響力を拡大しようとして、エダ・ミュラー (Edda Müller) や彼女の後継者であるフランツヨーゼフ・シャフハウゼン (Franzjosef Schafhausen) などの同省の気候政策担当官は、大臣だったクラウス・テプファーの支持もあって、省庁間作業部会での座長職を確保し、排出削減目標に関する内閣の決定を準備する上で一定の影響力を行使した。

　議会諮問機関と省庁間作業部会の双方で、気候保全のための行動をとる必要性とCO_2排出量削減に関する国家目標を採択する必要性に早期に合意するこ

とができたのは、上述の要因に起因するところが大きい。しかし気候政策サブシステムが初期の流動的かつ未成熟な段階にあり、伝統的に経済的繁栄を重視するアクターが、彼らが重きを置く政策に対して気候政策が与える影響を正確に把握しきれておらず、よって立ち位置を決めきれていなかった点も看過できない (Sabatier and Jenkins-Smith 1999: 136 参照)。第2期以降、議論の焦点が具体的な政策措置に移るにつれ、気候政策に関する主要なアクターの立ち位置が明確になった。

4.2. 第2期 (1990年～1994年): ドイツ再統一

4.2.1. 再統一

1989年11月9日にベルリンの壁が崩壊した後、予想したよりもはるかに早く1990年10月3日に、ドイツ連邦共和国（西独）とドイツ民主共和国（東独）が再統一を果たした。再統一後最初の選挙では、キリスト教民主同盟・社会同盟が、再び自由民主党と連立政権を形成した。急速な再統一の過程とインフラストラクチャーの整備が遅れていた旧東独州の復興は、政治課題間の優先順位を大きく変え、環境・気候保全問題に対する国民の関心は低くなった（図2-1）。再統一と旧東独州の復興には、1990年から1996年までに7,550億ドイツマルクという巨額の資金の西独州から東独州への移転を要した (Müller 1998: 464)。この資金は、エネルギー部門の再建と民営化、既存建物のエネルギー効率性向上のための補助金、褐炭家庭暖房機器の近代的なガス暖房機器への転換、コジェネレーションへの地域投資、集中型発電所の再建などのために用いられた（同上: 464-5）。さらに東独州の施設を、新統一ドイツの基準となった、旧東独で施行されていたのよりも厳格な西独の環境規制に適合させるためにも費用を要した。上記の手段や法制は、旧東独州のCO_2を排出する非効率的な数多くの産業施設の閉鎖とあいまって、統一ドイツにCO_2排出量の大幅な削減をもたらした (Schleich et al. 2001: 367-70)。

このような統一ドイツにおけるCO_2排出量の大幅削減を再統一の副産物 (free lunch) と揶揄する意見もある。一方、シュライヒ (Schleich) らの調査研究（同上: 378-9）は、排出削減の50%は再統一によって説明されるが、残りの

50％は気候政策手段の実施を通じて達成されたもので、単なる副産物ではなかったとしている。また新たに加わった旧東独州でエネルギー部門を再建し、民営化するためには、数千億ユーロを要した。ただし巨額の投資はCO_2排出削減ではなく、再統一の名目で支出されており（Müller 1998: 464）、気候政策の一環として必要とされていれば排出削減費用に関する議論にかかったであろう長い時間をかけることなく、あるいは投資の決定自体が阻止されることもなく迅速に支出された。このように再統一政策がもたらしたCO_2排出削減は、第1章で述べた外部要因の変動あるいは他の政策サブシステムの影響の典型例といえる。

再統一は連邦議会内の権力バランスにも影響を与えたが、この場合には気候保全を促進する方向では働かなかった。西独州の緑の党は、再統一に対する同党の消極的な対応を投票者が評価しなかったせいか、連邦議会で議席を獲得するために必要な5％以上の得票率を獲得することができず、1983年以来維持していた連邦議会の議席を失った（Wallach and Francisco 1992: 86; O'Neill 1997: 68-9）。同選挙で東独州の緑の党は、市民権運動の活動家のゆるい連合だった連合90と共闘し、6.1％の得票率を獲得した。この選挙では、西独州と東独州で得票を別々に数えたため（同上）、東独州の緑の党と連合90は8議席を獲得したが、この議席数は1983年と1987年の選挙で西独の緑の党が獲得した27議席と42議席と比較するとはるかに少なかった[7]。こうして気候保全を推進する緑の党が、議席減少により第2次議会気候諮問委員会では代表の枠を獲得することができなかったため、気候保全という観点からは、諮問委員会の力のバランスに負の影響が及んだ（下記参照）。

4.2.2. CO_2削減数値目標

1991年1月16日に公表された、キリスト教民主同盟・社会同盟と自由民主党の連立協定（BMU 1991c: 259）（実際には、政府の議会期間のプログラムの意味を持つ）では、省庁間作業部会の第1報告書、および議会諮問委員会と省庁間作業

---

7) 西独州と東独州の緑の党が選挙で共同していれば、26議席を獲得することができた。この後、西独州の緑の党、連合90、東独州の緑の党は、現在の連合90・緑の党（Bündnis 90/ Die Grünen）に統合された。

部会の報告書の比較結果に基づいて、CO_2 排出量の削減に関する国家目標は、1987 年比で 2005 年までに CO_2 排出量を全ドイツで 25〜30％削減することに改められた（BMU 1991b）。この目標は、1991 年 1 月 30 日のコール首相の演説で確認された（BMU 1991c: 260）。実際には、1990 年から 1995 年までに東独州の CO_2 排出量は 13％減少した一方で西独州の CO_2 排出量では 2％増加したため、この統一ドイツの目標は、再統一以前に採択された西独州で CO_2 排出量を 25％削減するという目標よりも緩やかなものになった（Loske 1997: 285）。

4.2.3. 政策措置
第 2 次議会気候諮問委員会

第 1 次議会気候諮問委員会の成功を受けて、連邦議会は 12 会期でも「地球大気の保護」諮問委員会を招聘した。第 1 次諮問委員会と異なり、第 2 次諮問委員会での議論の焦点は具体的な政策措置の策定にあった。その結果、委員の間で特に 1993 年から 1994 年にかけて対立が深まった（Loske 1997: 287; Beuermann and Jäger 1996: 199）。この期には景気後退、失業（図 2-2 参照）などの緊急な対応を要する問題が浮上したために、政党は気候保全政策に要する費用を懸念した（同上）。この対立は、第 2 次諮問委員会の議長を産業界と緊密な関係にあったクラウス・リッポルト（Klaus Lippoldt）が務めたため、さらに深くなった。1994 年に公表された、第 2 次諮問委員会の最終報告書「地球のより良い未来——永続的な気候保全のための持続可能なエネルギー政策（"Mehr Zukunft für die Erde: Nachhaltige Energiepolitik für dauerhaften Klimaschutz"〈ドイツ語からの訳は筆者による〉）」は、多くの論点について委員の意見が分かれたことを示している（Deutsche Bundestag 1995）。このように、第 2 次諮問委員会は、気候保全を推進する上で第 1 次諮問委員会ほどの影響力を発揮することはなかった。

省庁間作業部会第 2 次・第 3 次報告書

ドイツ政府は 1991 年に省庁間作業部会第 2 次報告書を、1994 年に第 3 次報告書をそれぞれ公表した。具体的な政策措置に関する省庁間の意見の相違は気候政策形成過程の第 1 段階と同様に解消されていなかった（Beuermann and Jäger 1996: 223）。省庁間作業部会第 2 次報告書作成にあたり、省エネルギーと

エネルギー効率性の高い技術の開発促進については省庁間で合意が整った（BMU 1991a: 6-7）ものの、原子力エネルギー、炭素エネルギー税、運輸部門からの排出削減のための政策措置については合意を見なかった（BMU 1991c: 99-245; BMU 1994: 5, 93-4, 100）。

連邦環境大臣であるテプファーは、炭素・エネルギー税の導入を推進しようとし、連立政権の協定、1991年1月の政府の宣言、そして省庁間作業部会第2次報告書で、この政策手段について言及するパラグラフを盛り込むことに成功した（BMU 1991a: 9-10）。さらに1991年3月、連邦環境・自然保護・原子力安全省は、燃焼施設からのCO_2排出量に特別税を課し、その歳入をCO_2排出量削減政策措置実施のために用いるという炭素税法案を公表した。しかし、このような税をドイツ単独で導入することに、連邦経済大臣であるユルゲン・メラーマン（Jürgen Möllermann）と経済省が、ドイツ産業の国際競争力に悪影響を及ぼすという理由で反対した（Reiche and Krebs 1999: 87, 112）。コール首相をはじめとする、キリスト教民主同盟・社会同盟と自由民主党の議員・党員の大多数は、ドイツ単独での炭素税導入に対し同様の懸念を共有しており、このような懸念を受けて、政府は炭素税を導入するならドイツ単独ではなく国際炭素税として、そうでなければ少なくとも欧州連合（EU）全体で導入するという方針を示した（Wurzel et al. 2003: 124; Jordan, Wurzel, Zito and Brückner 2005: 327; BMU 1991c: 9-10, 142）（以下参照）。省庁間作業部会の第2次、第3次報告書は、原子力エネルギーについては、同エネルギーをCO_2排出削減のために用いるのであれば、安全基準を向上することが必要である[8]として、この問題の決着は新しいエネルギー協定[9]に関する議論に委ねられた（BMU 1991c: 19, 143[10]; BMU 1994: 5, 93-4, 100）。

第3次報告書では87の既存の政策措置と、エネルギー関連CO_2排出量を1987年水準で2005年までに25～30％削減するための22の新しい政策措置が

---

[8] 省庁間作業部会の報告書は、原子力エネルギーの使用により、CO_2排出量が1,500万t削減されると予測している（BMU 1991a: 136）。

[9] 新たなエネルギー協定の締結へ向けた交渉は1993年に始まった。しかし、利害関係者の意見には大きな開きがあり、合意には至らなかった。エネルギー政策で重要な役割を果たしている地域の電力公社は、交渉に参加しなかった。また環境団体は協定締結に反対だった。

[10] この決定は、もし原子力エネルギーの受容性の問題が解消されなければ、西独州のCO_2排出量の増加は、長期的に回避することができないとしている（BMU 1991b: 136）。

列挙された (BMU 1994: 30-56) が、これら政策措置は実質的には気候保全に貢献すると解釈できる、あらゆる手段を含んでいた。実際、CO_2 排出削減プログラムは非常に一般的なもので、各政策措置によって各部門で実現される CO_2 削減量の予測も示されてはいなかった。

EU レベルの炭素税に関する議論

炭素エネルギー税の導入は、ドイツ国内だけではなく EU レベルでも、困難だった。1992 年の EU コミュニケ「CO_2 排出量を削減するための欧州の戦略」(Commission of the European Communities 1992: COM (92) 226 final) では、原油 1 バレルにつき 3 ドルから始まり、2000 年にバレル 10 ドルまで上昇する、税収中立型の炭素エネルギー税を欧州レベルで導入することが提案された。この提案に対する構成国の反応は好意的なものばかりではなかった[11]。英国は、課税は構成国の権限であると主張し、EU レベルでの炭素エネルギー税導入に反対した (Jachtenfuchs 1996: 173; Jordan, Wurzel, Zito and Brückner 2005: 327)。ポルトガル、スペイン、ギリシャも、炭素エネルギー税の導入が、これらの国の旧式でエネルギー効率性の低い産業に悪影響を及ぼすことを懸念して、税導入に反対した（同上）。フランスは原子力発電への依存度が極めて高いため、自国の産業エネルギー部門に有利になるよう、エネルギーではなく炭素含有率を基準として課税することを提案した (Reiche and Krebs 1999: 97-8, 113)。構成国だけではなく産業界、特にエネルギー集約産業は、欧州における炭素エネルギー税の導入が域外市場で欧州以外の国の企業と競争する上で不利に働くという懸念を表明した。その結果、法案には、類似の税が他の OECD 諸国で導入された場合には EU でも炭素エネルギー税を導入するという条件が付された。

---

11) 1990 年 10 月 29 日、エネルギー環境大臣会合は、政府間交渉のための準備における EU の戦略の一環として、CO_2 排出量を 2000 年までに 1990 年レベルに回帰させることに合意した。この合意を実施に移すために、CO_2 排出削減へ向けた EU の戦略 ('an EU Strategy to Reduce CO_2 Emissions') というコミュニケには、エネルギー効率性向上のための枠組指令 (SAVE)、エネルギー炭素税に関する指令、再生可能エネルギー源の一層の促進のための具体的な行動に関する決定 (ALTENER)、CO_2 およびその他の温室効果ガスの EU の排出量の観測メカニズムに関する決定が盛り込まれた。エネルギー炭素税を含む、この戦略のほぼすべての要素は当初予定していたものよりも内容を薄められ、構成国における排出量を削減するという効果は限定的なものとなった (Grant, Duncan, and Newell 2000: 133 参照; Collier 1996: 126-9)。

ドイツ政府は、ドイツ単独で炭素・エネルギー税を導入することはほぼ不可能であり、EU全域での炭素・エネルギー税導入が、炭素・エネルギー税導入の唯一の方策であるという認識の下、ドイツがEU議長国を務めた1994年後半、EU域内で共通の、義務的な炭素エネルギー税に移行することを事前に合意した上で、構成国が自主的な炭素エネルギー税を4年間、運用するという案を提示した。しかしこのような提案は、他の構成国から十分な支持を得られなかった (Grant, Duncan and Newell 2000: 124)。閣僚会合で、ドイツ政府は、2000年に義務的な税へ移行することが合意されないなら、税導入自体を合意しないほうが良いと述べた。気候保全推進の手段として、欧州全域での炭素エネルギー税導入を選好するかに見える、このドイツの発言は、実際には、ドイツの要求が他の構成国により支持されず（同上）、キリスト教民主同盟・社会同盟および自由民主党の多数派が望んでいた炭素エネルギー税導入見送りという結果に落ち着くことを認識した上での戦術的なものだったと見る学者もいる（同上）。

ドイツ産業連盟による世界規模での気候保全のためのイニシアティブペーパー公表

1991年11月、ドイツ産業連盟 (Bundesverband der Deutschen Industrie e.V.: BDI) は、世界的な気候保全を呼びかけるイニシアティブペーパーを公表した。その中でドイツ産業連盟は、ドイツ産業界は温暖化に立ち向かうための準備があると宣言し、自主的なコミットメントは、相殺モデル[12]とともに技術革新を促進し、新たな市場開拓の機会を拡大しつつ、気候保全を推進するための効果的な手段であると述べた (BMU 1991c: 137; BMU 1994: 16)。省庁間作業部会の要請 (BMU 1991c: 143) を受けて、連邦政府と産業界は1992年に、ドイツ産業連盟のペーパーに示されたアイデアを具体化するための議論を開始した (BMU 1994: 16)。しかしながら景気後退（図2-4）と、それに伴う国内および海外投資家にとってのドイツ市場の魅力の減少が懸念される中、当初は自主的手

---

12) 相殺モデルとは、企業にCO_2排出削減目標を達成する上で柔軟性を付与する手段を指す。企業は、ある施設で排出量を削減するだけではなく、新たな施設の建設あるいはエネルギー効率性の向上などの手段により、別の（旧）施設における排出量を相殺し、排出削減目標を達成することも認められる。

法導入に前向きだった議論はモメンタムを失っていった（Beuermann and Jäger 1996: 211）。

4.2.4. 第2期のまとめ：政策措置に関する対立の激化

気候政策形成過程の第2期には、議論の焦点が目標値の設定から目標達成のための政策措置の具体化へと移行した（Müller 1998: 472; Loske 1997: 287）。第1期に、気候政策形成のための制度が迅速に構築された際には、気候保全に関する各アクターの立ち位置は強固なものではなかった。具体的な政策措置導入に関する第2期の議論を通じて、さまざまなアクターは、それぞれの立ち位置を明確化するとともに、彼ら自身を気候変動問題に関する専門領域を共有し、より広い意味では気候政策に影響を与えるという目的を共有する独立のコミュニティの一員として認識するようになった。

産業界、特に電力会社やエネルギー集約産業は、いかなる規制的・財政的措置にも反対した。彼らは、クロロフルオロカーボン（CFC）の段階的廃止を前例として、CO_2 排出量を削減するために最も効果的で、市場経済的な手段として自主的な取組みを使用することを望んだ（Müller 1998: 472; Beuermann and Jäger 1996: 210-11）。キリスト教民主同盟・社会同盟もまた、第2次議会諮問委員会で原子力エネルギーを CO_2 削減のための一手段として推進することが難しいことが明らかになると、気候保全を推進することに消極的になった。同党の消極的な態度は、炭素税に関する議論に如実に表れている。キリスト教民主同盟の主要メンバーの中には、クラウス・テプファーのように炭素税導入に好意的な議員もいたが、多数派はコール首相も含めドイツ国内で炭素税を導入することには反対で、EU全域で炭素税を導入することにより、状況を打開しようとした。

第1期に採択された CO_2 排出量の削減目標を実現するための具体的な政策措置に関する議論を通じて、キリスト教民主同盟・社会同盟、社会民主党のエネルギー派（右派）、自由民主党、経済省、産業界、そしてこれらアクターに近い研究所は経済的繁栄重視派に、一方、社会民主党の環境派（左派）、連合90・緑の党、環境省、環境志向の強い研究所は気候保全重視派に収斂していった。これら2つのグループの形成により、ドイツの気候政策サブシステムは成

熟期を迎えた。

このように成熟期を迎えた気候政策サブシステムは主に3つの要因により第2期に政治的な均衡状態に達した。第1番目の要因は、ドイツの再統一が第2期の国内政治最重要課題だったことである。2番目の要因は、再統一により一般国民の環境問題への関心が低くなったことである（図2-1参照）。そして3番目の要因は、第1期は好景気だったが、第2期には景気後退局面に入り（図2-4参照）、気候政策の費用を負担することについて、経済的繁栄重視派、特に産業界が懸念を示すようになったことである。再統一は、統一後の選挙で緑の党が議席を失ったため、議会内の力のバランスにも影響を与えた。東独州の緑の党の議席は党派を形成するには少な過ぎたため、緑の党は第2次議会気候諮問委員会に代表を送り込むことができなかった。緑の党の代表の不在は、諮問委員会の議論で気候保全重視派のメンバーがその目的を遂行することを妨げた。他方、再統一により、東独州にエネルギー効率性の高いインフラストラクチャーやより厳格な環境規制が導入されたことは、気候保全重視派の努力とは関係なく、東独州で排出削減をもたらした。

4.3. 第3期（1994年～1998年）：産業エネルギー部門からの排出を抑制する主要手段としての自主的取組み

4.3.1. CO_2 削減数値目標の強化

ドイツは、気候政策形成過程の第1期および第2期に、主に再統一の副次的な効果によるとはいえ、CO_2 排出量を大幅に削減した（図1-2参照）。このような CO_2 削減の成功を背景として、ドイツは、1995年に開催された気候変動枠組条約第1回締約国会合（COP1）をベルリンに招致し、1996年以降はボンに気候変動枠組条約事務局を招致するなど、気候変動に関する国際政治で主導的な役割を果たした。COP1の開催挨拶で、コール首相は、ドイツは気候変動問題への対応を強化するため、CO_2 排出削減目標の基準年を1987年から1990年に変更すると宣言した。東独州での非効率的な施設の閉鎖や修復により、1987年～1990年まで CO_2 排出量が大幅に減少していたため、削減数値目標は変わらずとも基準年の変更により、目標達成へ向けてより大きな排出削減が必要と

なった。

4.3.2. 科学的知見による裏づけ

　COP1 に合わせて、連邦機関の助言機関である地球変化に関する諮問委員会 (Wissenschaftlicher Beirat der Bundesregierung globale Umweltveränderungen: WBGU) は、「地球の CO_2 削減目標設定のためのシナリオと実現戦略 ('Scenario for the Derivation of Global CO_2 Reduction Targets and Implementation Strategies')」という報告書を公表した。WBGU は、1992 年に開催された国連環境開発会議を契機に、地球規模でのさまざまな変化とそれに起因する問題について、連邦政府に助言するために設置された独立機関である。WBGU の事務局運営資金や活動資金は、連邦環境・自然保護・原子力安全省および連邦教育研究省から拠出されるが、連邦政府全体の助言機関であり、連邦環境・自然保護・原子力安全省や連邦教育研究省に付属する機関ではない。WBGU は、2 年に 1 度、地球規模での変化のうち重要であると WBGU が考える課題を選択し、報告書を取りまとめている。また特に重要な問題については、特別報告書を作成し、世論やメディアでの議論の喚起に努めている。議会諮問委員会だけではなく IPCC 第1作業部会のメンバーだったマックスプランク気象研究所 (Max Planck Institute für Meteorologie) のハートムート・グラッスル博士は WBGU のメンバーでもあり、このような人的資源の国際・国内双方での活用が、ドイツ政府が気候変動問題の科学面（気候変動問題は人為的な温室効果ガスの排出に起因する）について大きな対立を見ることなく、政策決定を行ってきた要因の1つだろう。

　上記報告書では、2つの仮定に基づいて、地球規模での CO_2 排出削減目標を導いている。最初の仮定は、地球の平均気温に関するものである。報告書は、後期ジュラ紀における地球の平均気温の変動に基づいて、地球の平均気温は 9.9〜16.6℃の間が受忍可能な範囲であると仮定し、同報告書公表時点での地球の平均気温は約 15.3℃であったため、1.3℃を超えて上昇すると受忍可能な範囲を超えるという結論を示した (WBGU 1995: 7)。2つ目の仮定は気候保全にかかる費用に関するものである。報告書は、気候変動に適応するための費用が世界総生産の 3〜5％を超えると、社会・経済に深刻な影響が及ぶとする経済学者の主張に基づいて、世界総生産の 5％（中間値）を地球社会が受忍でき

る最大の負担であると仮定した（同上：8）。報告書は上記2つの仮定に基づいて、平均気温の上昇を受忍可能な限度に抑えるには、地球全体でCO_2排出量を150年以上にわたり、毎年約1％の割合で削減することが必要であり、また途上国は、経済発展のために今後もCO_2排出量を増加させる必要があることを踏まえて、実質的な削減努力は先進工業国で行う必要があるという結論を示した（同上：9-13）。

この報告書は、IPCCの第2次評価報告書とともに、1996年6月に欧州閣僚理事会が気候変化に関する欧州共同体の戦略に関するコミュニケを採択するための科学的な基盤を提供した。IPCCやWBGUのような機関が提供した科学的知見（WBGU 1995; IPCC 1995: 27-9）に基づいて、欧州閣僚理事会は、地球の平均気温の上昇を産業革命以前と比較して2℃以内に抑えるために、大気中の温室効果ガスの濃度を550ppmより低く抑えるという政策目標を採択することを決定した（Commission of the European Communities 2005: 3）。

4.3.3. 政策措置
ドイツ産業連盟の地球温暖化防止宣言

ドイツは、第1期および第2期にCO_2排出総量を大幅に削減することに成功したが、西独州のエネルギー起源のCO_2排出量は増加したため、追加的な政策措置を導入しなければ、2005年までにCO_2排出量を25～30％削減するという目標達成が難しくなることが予想された（Müller 1998: 465参照）。炭素エネルギー税およびその他の規制的・財政的手段を導入する試みに第1期、第2期を通じて失敗した後、ドイツ政府は産業界による自主的なコミットメントを使用する可能性を模索し始めた。このような政府の意図は、キリスト教民主同盟・社会同盟と自由民主党の1994年の連立協定にも表れている（BMU 1995:23）。

産業界は、気候変動問題に対処することに反対こそしなかったが、産業エネルギー部門からの排出量を抑制する権限を政府に与えることになる措置の導入には消極的な姿勢を示した。産業界は、気候変動の原因と影響は本質的に地球規模のものであり、したがって気候保全政策は世界規模での合意を要し、気候系を保全するいかなる措置も国際競争を歪めるものであってはならないとの考

えを示した (BDI 1995: 1)。このように産業界は、ドイツの経済成長を危険にさらし、ドイツ産業界への負担が不必要に大きくなることを防止するために、できる限り柔軟で非官僚的な気候保全措置を求めて、連邦政府が計画した規制的・財政的措置の導入・実施を阻止することを試みた (BDI 1998a: 2, 1998b: 4)。

ドイツ産業連盟は、第2期で議論された、1991年11月のイニシアティブペーパーを参照しながら、「具体的なCO_2排出量または具体的なエネルギー消費量を1987年水準で2005年までに20％まで削減する」という計画を発表した。この計画を発表した真意は、COP1の開催国としてドイツのリーダーシップを示すために、より厳しい措置を導入しようとする政府の意図を挫くことだった (BDI 1995: 2)。炭素エネルギー税の導入に繰り返し失敗し、追加的な措置を導入・実施できないままCOP1を迎えるという事態を恐れたドイツ政府は、自主的な取組みの承認に妥協点を見出し、追加的な規制的・財政的手段の導入を差し控え、炭素エネルギー税を導入する際には産業界の努力を考慮すると発表した (BMU 1995: 24)。ドイツ産業界の宣言には、ドイツ産業エネルギー部門から排出されるCO_2排出量の70％以上を占める5つの産業部門と19の個別産業団体が参加した (Buttermann and Hillebrand 2000: 19)。こうして産業界の一方的な宣言は、さまざまな産業部門からの排出量を抑制する主要政策手段として位置づけられた。

日本と同様、ドイツの自主的宣言は以下のようなさまざまな批判にさらされた。まず産業団体が自らの削減目標を設定するため、目標はビジネス・アズ・ユージュアル (business as usual: BAU)・シナリオ (宣言がなくても導入されるであろう対策を実施する場合) 下で達成できる水準を超えることはない (Zerle 2005: 300参照)。さらに基準年が、東独州でより厳しい環境規制やエネルギー効率性を向上する政策措置が実施されるようになった再統一からさかのぼること3年前の1987年に設定されていたため、目標は再統一後に東独州で導入された工場や建物におけるエネルギー効率性改善策によって容易に達成された。さらに宣言はCOP1の期間中に発表されなければならず、目標値の交渉には極めて短い期間しか割くことができなかったため、現実的な削減可能性を反映していない産業部門もあった。また日本と同様に、個別企業からの排出データは公表されていなかったため、個別企業の目標を統合した部門ごとの目標が十分に厳

表 4-1：ドイツ産業連盟の地球温暖化防止宣言 1996 年版に記載された目標

産業部門・連盟	基準年	削減単位	1999 年に達成した削減率(%)
カリウム連盟	1990	CO_2 原単位	66
		CO_2 絶対量	78
セメント	1987	エネルギー原単位	20
石灰	1990	CO_2 原単位	20
窯業・パネル工業	1990	CO_2 原単位	25
		エネルギー原単位	20
煉瓦工業	1990	エネルギー原単位	28
防火加工工業	1990	CO_2 原単位	33
鉄鋼業	1990	CO_2 原単位	16〜17
		CO_2 絶対量	21〜27
非鉄金属工業	1990	エネルギー原単位	22
化学工業	1990	エネルギー原単位	30
	1987	CO_2 絶対量	44
製紙産業	1990	CO_2 原単位	22
		エネルギー原単位	20
ガラス・鉱物繊維産業	1987	CO_2 原単位	25
		エネルギー原単位	22
繊維産業	1987	エネルギー原単位	20
製糖工業	1990	エネルギー原単位	40
発電業	1990	CO_2 絶対量	12
石油精製業	1990	暖房用石油 / m^3	25
ガス・水道産業	1990	CO_2 原単位	34
地方公営企業	1990	CO_2 絶対量	25

出典：Buttermann and Hillebrand 2000: 20（ドイツ語からの翻訳は著者による）

格なのかどうかを外部者が評価することは困難だった（同上：301 参照）。最後に多くの部門の目標はエネルギーあるいは CO_2 の原単位を基準に設定されており（表4-1参照）、すべての部門が目標を達成しても、CO_2 の絶対量を基準として設定されたドイツ全体の CO_2 排出削減目標が達成されるとは限らなかった。加えて、これも日本と同様に、実施の信頼性と透明性確保についても疑問の声があがった。

ドイツ産業連盟は上記のような批判に応えるために、1996 年 3 月 27 日、1987 年から 1990 年への基準年の移行、「20％まで削減する」という目標の「まで」という文言の削除、ラインヴェストファリア経済研究所（Rheinisch-Westfälisches Institut für Wirtschaftsforschung e.V: RWI）による第 3 者評価の導入といった改定を施した修正自主宣言を公表した（BDI 1996: 4）。

炭素・エネルギー税

キリスト教民主同盟・社会同盟と自由民主党は、ドイツがEUの議長国を務めていた1992年後半に試みたものの失敗に終わった、欧州全体での炭素・エネルギー税の導入を、1994年の連立協定に盛り込んだ。それまで原子力エネルギーの推進に利害を持つアクターが、チェルノブイリの事故後、支持が減少した原子力エネルギーを、気候変動問題を活用して、化石燃料と比較するとCO_2排出量が小さい電源として推進することを危惧して、気候政策サブシステムに積極的に参加することに躊躇していた環境NGOはこの炭素・エネルギー税に関する議論を通じて気候保全連合に加わった。グリーンピースドイツは、ドイツ経済研究所（Deutsches Institut für Wirtschaftforschung: DIW）に炭素・エネルギー税導入の雇用への影響を定量的に分析し、エコロジー税制改革のマクロ経済的な効果を示す調査を実施することを依頼した。1994年5月に公表された、ドイツ経済研究所の報告書「エコロジー税—行き止まりか最善の選択肢か（"Ökosteuer-Sackgasse oder Königsweg?"：日本語訳は筆者による）」では、化石燃料と電力使用にかけられるエネルギー税率を毎年7％ずつ引き上げること、税収を雇用者への社会保障費の減額と家計へのエコボーナスという形で還元することが提案された（DIW 1994: 60-1）。同年、設立された非政府団体の「緑の予算ドイツ」（Green Budget Germany）は、ドイツ経済研究所のモデルと類似したエコロジー税制改革案を提示したが、この提案では、エネルギー集約産業は課税対象から除外された。ドイツNGOの間で主導的な立場にあった「ドイツ地球の友」（Bund für Umwelt, Naturschutz Deutschland: BUND）と「ドイツ自然保護協会」（Naturschutzbund Deutschland e.V.: NABU）も、エコロジー税制改革に関するポジションペーパーを公表した。さらに1994年の連邦議会選挙で西独州で49議席獲得し、議会に返り咲いた緑の党も、1995年5月にエネルギー税に関する法案を提出した。しかし産業界、特にドイツ産業連盟、化学工業会（Verband der Chemischen Industrie e.V.: VCI）、ドイツ鉄鋼連盟（Wirtschaft Vereinigung Stahl）、電力産業連盟（Verband der Elektrizitätswirtschaft: VDEW、現在は連邦エネルギー水道連盟：Bundesverband der Energie- und Wasserwirtschaft eV: BDEW）は、ドイツ単独でのエコロジー税の導入は、ドイツ企業の国際的競争力を脅かすという懸念を繰り返し表明し、税導入に反対した（Mez 2006: 313）。ドイツ企業の多

くは、1995年3月までに、ドイツ産業連盟の地球温暖化防止宣言に参加していたため、連邦政府は仮にエコロジー税が導入されたとしてもドイツ産業界の過去の排出削減努力に配慮することに同意した。さらに産業界の懸念を受けて、ドイツ産業連盟のトップだったハンス・オラフ・ヘンケル（Hans Olaf Henkel）とBASFの代表取締役であるフリードリッヒ・シュトルーベ（Friedrich Strube）がコール首相と交渉し、同首相が在任中はエコロジー税を導入しないという確約を得ることに成功した（Reiche and Krebs 1999: 137）。その結果、第3期にエコロジー税を導入するモメンタムは失われた。

4.3.4. 第3期のまとめ：均衡状態の気候政策サブシステム

第3期では、気候政策サブシステムは、異なる状況下では、おそらく気候保全を促進させる方向で機能したであろう4つの要因があったにもかかわらず、均衡を保った。4つの要因とは、1)IPCCによる第2次評価報告書の公表、2)ドイツによるCOP1の招致、3)COP1に合わせた、地球変化に関する諮問機関（WBGU）による「地球のCO_2排出削減目標算出シナリオと実施戦略」報告書の公表、4)上記のような科学的知見の蓄積と気候変動問題に対処するための国際条約交渉の進展を受けた、同問題に対する一般市民の関心の再喚起である（図2-1）。なおこの第3期には京都議定書の採択という気候保全を推進させる方向で機能したであろう外部要因もあった。しかしドイツはEUの一構成国として議定書交渉では、議定書でEU全体として負うことになった8％削減よりもはるかに厳しい先進工業国一律15％削減を主張していたこと、8％の削減目標達成のための排出削減量をEU内で割り当てた分担協定で、ドイツが負った6ガスで基準年比21％削減という目標は、1990年比$CO_2$25％削減という1991年に採択した国内目標よりも緩かったことから、京都議定書採択がドイツの気候政策形成に及ぼした影響は、日本の気候政策形成に及ぼした影響と比較すると小さかった。

第3期のドイツ気候政策形成過程で見られたもう1つの変化は、気候保全が必ずしも原子力エネルギーの段階的廃止と相容れないわけではないことを理解したNGOが、気候政策サブシステムで積極的な活動を展開するようになった点である。他方でコール首相は、気候変動問題に関する国際交渉やEUレベル

での気候政策形成では主導権を発揮したものの、彼自身が宣言した国内排出削減目標を達成するための具体的手段の導入には消極的な姿勢を見せるようになった。彼の消極的な姿勢は、彼が、BASFのシュトルーベやドイツ産業連盟のヘンケルと結んだ、彼の在任中はエコロジー税を導入しないという約束に如実に表れている。

気候保全への首相の支持の減退を受けて、産業界は、連邦政府が導入を計画していたエコロジー税に代表される規制的・財政的措置の導入を阻止しようと、これらの措置の導入を支持する出版物や提案が公表されていたにもかかわらず、1995年に自主的なCO_2排出削減目標を宣言した。こうして第5期に排出量取引制度が導入されるまで、日本と同様、ドイツでも産業界の自主宣言が主要政策手段として用いられることになった。

4.4. 第4期（1998年～2002年）：政権交代—気候エネルギー政策のブレークスルー？

1998年9月に実施された連邦議会選挙の結果、1982年から16年間続いたキリスト教民主同盟・社会同盟と自由民主党の連立政権に代わって、社会民主党と連合90・緑の党の連立政権が誕生した。緑の党の連立政権への参加と緑の党のユルゲン・トリッティン（Jürgen Trittin）の環境・自然保護・原子力安全大臣就任により、新政権の連立協定では気候政策の優先順位が高くなり、気候保全重視派にとって彼らの理念を政策に反映させる絶好の機会が創出された。この期には、IPCC第3次評価報告書の公表、COP6再開会合のドイツ・ボン開催、そして景気回復（図2-4）などの要因も気候エネルギー政策推進を後押しした。

4.4.1. 温室効果ガス削減数値目標の部門別目標への細分化：国家気候政策プログラム（省庁間作業部会中間および第5次CO_2削減報告書）の採択

ドイツは1991年に、CO_2排出量を1987年水準と比較して2005年までに25～30％削減するという目標を採択したが（1995年に基準年を1990年に変更）、この国家目標そして京都議定書上コミットした国際的な排出削減目標を達成する

表4-2：部門ごとの CO_2 排出削減目標

部門	新気候保全プログラムの下での2005年までの貢献（Mt）	新気候保全プログラムの下での2010年までの貢献（Mt）
エコロジー税制改革	10（全部門の合計）	20（全部門の合計）
建物部門	13～20	
民生部門	5	
産業部門	15～20	
運輸部門	15～20	
電力部門	20	
再生可能エネルギー	13～15	
廃棄物管理	15	約20
農業	NA	
削減量合計	90～95	
吸収源	30	30

出典：BMU（2000: 36）

ための部門ごとの排出削減分担を明確にしていなかった。2000年7月26日、省庁間作業部会は、中間報告書を公表した。その前の3つの CO_2 削減報告書と異なり、この報告書には、2005年までに25％の削減目標を実現するための部門ごとの目標が明記された（表4-2参照）。日本と同様に、ドイツの産業エネルギー部門は、ドイツ産業連盟の自主行動宣言という枠組みで、自主ベースで、産業部門ごとの集団的な目標を設定し、排出削減に臨んでいた。報告書の中での部門ごとの目標明記は、産業エネルギー部門を含む各部門からの CO_2 排出量を抑制する権限を市場から政府へ少なくとも形式的には移譲したことを意味し、したがって非漸進的政策転換を構成する。ただしこの政策転換は、部門ごとの目標達成を確実にする具体的政策措置を伴わなかったため、さまざまな部門からの排出量を実際に制限するほど大規模な非漸進的政策転換にはならなかった。

2000年10月18日、オランダのハーグで開催されたCOP6に先駆けて、省庁間作業部会は第5次 CO_2 排出削減報告書を公表し、その中で1990年水準と比較して2005年までに CO_2 排出量を25％削減する目標を達成し、また京都議定書上、その第1約束期間（2008年～2012年）について、ドイツがEU内で分担することを約束した、基準年と比較して21％の温室効果ガス排出削減目標を達成するというドイツ政府の意思を確認した（BMU 2000: 5）。この第5次 CO_2 排出削減報告書には64の追加的措置が列挙された（同上: 6, 43-7）が、こ

れらの措置は目標達成を確実にするには不十分であった。

4.4.2. 政策措置
エコロジー税の導入

キリスト教民主同盟・社会同盟と自由民主党政府は、気候変動問題が国際・国内政治の主要政治課題として認識されるようになった1980年代後半以来、議論を重ねてきた炭素・エネルギー税導入に踏み切ることはなかった。緑の党は、1998年の連邦議会選挙のキャンペーンで、NGOの後押しを受けて、ドイツでエコロジー税を導入することを訴えた（Reiche and Krebs 1999: 178, 188参照）。一方でキリスト教民主同盟・社会同盟と自由民主党は、炭素エネルギー税の導入あるいはエネルギー使用に対する付加価値税の上昇を、国際的な共通課税として、あるいは少なくともEU域内で導入するという条件つきで提案した。社会民主党も、エネルギー派（右派）は、炭素エネルギー税が党の支持基盤だった石炭産業に悪影響を及ぼす可能性があるため、態度を明確にしなかった（Mez 2006: 314）。このように2大政党がエコロジー税導入に条件を付していたため、税導入が実現することを予想した者は少なかった。

1998年秋の連邦選挙では、社会民主党はどの政党より得票率が高く、全投票の40.9%を獲得した。社会民主党の圧勝は、1972年の連邦議会選挙に続いて戦後2度目であり、社会民主党は連立を組む政党として、自由民主党（6.2%）か緑の党（6.7%）を選択することができる立場にあった。首相の座に就くことが予想されたゲルハルト・シュレーダー（Gerhard Schröder）が属するエネルギー派（右派）にとってより現実的な選択肢は自由民主党だったが、社会民主党の議長（Fraktion Chef）で、環境派（左派）に属しており、後に「左派党（Die Linke)」の共同発起人となったオスカー・ラフォンテーヌ（Oscar Lafontaine）の強い意向により、社会民主党は緑の党と連立を組むことになった。ラフォンテーヌと緑の党の党首であったヨシュカ・フィッシャー（Joschka Fischer）はともに1980年代後半にエコロジー税の議論に関わったメンバーであり、市場に任せていたのでは価格に反映されない「環境」という外部費用を内部化し、環境問題の解決に役立つだけではなく、歳入を社会保障費負担の減少にあてることで雇用問題にも対処する、いわゆる二重の配当（double dividend)というエコロジー税の効果を信じていた（Reiche and Krebs 1999: 89）。ラフォンテーヌ、フィッシャーらの意向を受けて社会民主党と連合90・緑の党は、エコロジー税の導入に合意した。

　エコロジー税の第1段階を定める法案は、議会の財政部会で公聴会を2度開催し、社会民主党と連合90・緑の党の間で合意が成立した後、連邦議会と連邦参議院を通過し、1999年4月1日に発効した。エコロジー税は3段階で実施されることになっていた（表4-3参照）。1999年の歳入83億ドイツマルク（42億4,000万ユーロ）はほぼ全額が社会保障負担の減額にあてられた。

　このように社会民主党と連合90・緑の党の連立政権は、キリスト教民主同盟・社会同盟と自由民主党の連立政権下で長年にわたり議論されながらも導入されることがなかったエコロジー税の導入に成功した。しかしこのエコロジー税はさまざまな批判に直面した。まず第1に初期の税率が、規制対象による化石燃料起源のエネルギー消費削減を導くには低すぎるという点が批判された。さらに製造業（ドイツ連邦統計局の産業分類の鉱業、加工業、建設業、電気・ガス・熱供給・水道業のいずれか）および農業・森林・漁業事業従事者には例外規定が適用され、支払税額がエネルギー源（電気および暖房燃料）ごとに511ユーロの上限を超えると、80％の減税を受けることができた。さらに製造業者は、自動車燃料や暖房用重油税に課される石油税を除いて、税負担の増加が社会保障負担の減額分を20％以上超える場合には、税の還元を受けることもできた。このような特別規定は、エネルギー集約産業の競争力に配慮して、生産施設のドイツからの移転を防ぐために設けられた（BMU 2004a: 6-7）。しかしこのような特別措置により、エコロジー税は上記の部門に属する施設については、エネルギー消費抑制のインセンティブを与えることにならなかった[13]。エコロジー税の次の段階の詳細は、1999年の夏に公表された。2000年から2003年まで毎年1月1日に、石油税は1リットルにつき6ペニッヒ（3.07ユーロセント）ずつ、電力税は1kWhごとに0.5ペニッヒ（0.26ユーロセント）ずつ引き上げられると決められた。またガスおよび蒸気発電所とコジェネレーション利用発電所については、一時的に石油税の適用対象外とするという措置もとられた。さらに

13）　産業界は、エコロジー税に反対し続けたが、エコロジー税導入により社会保障費の負担が軽減されたため、全体としては便益を得ている。

表 4-3：鉱物油税およびエコロジー税の税率

エネルギー源	鉱物油税						エコロジー税（％）
	1999年3月31日まで	第1段階 1999年4月1日	第2段階 2000年	第3段階 2001年	第4段階 2002年	第5段階 2003年	1999年〜2003年
電気（セント/kWh）	−	1.02	1.28	1.54	1.8	2.05	2.05
自動車燃料							
ディーゼル（セント/l）*1)	31.70	34.77	37.84	40.91	43.98	47.04	15.34
ガソリン（セント/l）*1)	50.11	53.18	56.25	59.32	62.39	65.45	15.34
天然ガス（セント/l）*2)	6	7	7	8	8	8	2
LPガス（セント/l）*2)	6	7	7	7	8	8	2
暖房用燃料							
暖房用軽油（セント/l）	4.09	6.14	6.14	6.14	6.14	6.14	2.05
暖房用重油（セント/kg）	1.53	1.53	1.79	1.79	1.79	2.5	0.97
天然ガス（セント/kWh）	0.18	0.344	0.344	0.344	0.344	0.55	0.37

*1) 2001年11月1日からは低硫黄ディーゼル燃料に対して、2003年1月1日からは硫黄分を含まないディーゼル燃料に対する課税率。
*2) 2004年に開始する税控除削減の一部として、燃料として使用される天然およびLPガスへの鉱物油税は各燃料ごとに1セント上昇し、9セント/lとなる予定である。

　地域の公共交通機関のために利用されるディーゼル燃料も減税の対象となった。
　エコロジー税の導入は、政府に、産業エネルギー部門を含む規制対象施設の化石燃料の消費ひいては対象施設からのCO_2排出量を抑制する、単なる形式的な権威にとどまらず実質的な権力を付与するため、理論上は非漸進的政策転換を構成すると考えられる。しかしドイツで導入されたエコロジー税は税率が低く、またエネルギー集約産業については数々の免税・減税措置が設けられたため、産業エネルギー部門の化石燃料消費に上限を課す権力を政府に付与するほど大規模な非漸進的政策転換にはならなかった。ただしこれはドイツに限ったことではない。現実の政治では、環境税や炭素税、エネルギー税を導入しようとすれば、どうしても受容可能性に配慮して低率でさまざまな特別措置を設けざるをえず、エネルギー抑制効果が期待されるような高率の税をはじめから導入した国は皆無といってよい。

排出量取引制度導入に関する議論

　京都議定書の採択後、欧州委員会は、議定書に盛り込まれたが、欧州諸国にとってはなじみの薄い政策措置だった排出量取引制度について検討を開始し、

この制度導入に伴う問題について議論するための利害関係者による協議を開始した。委員会が 2000 年 3 月 8 日に EU 域内における温室効果ガス排出量取引制度に関するグリーンペーパー (the Green Paper on greenhouse gas emissions trading within the European Union) を公表した後、数多くの利害関係者協議が環境総局によって開催された。このような協議の結果を踏まえて、2001 年 10 月 23 日、共同体内で温室効果ガス排出量取引制度を導入するための公式提案が欧州議会と欧州閣僚理事会に提出された。

EU レベルでの議論の進展を受けて、連邦環境・自然保護・原子力安全省のフランツヨーゼフ・シャフハウゼンは、第 5 次気候プログラムの中で、全関係者が参加する政策議論フォーラムとして排出量取引に関する作業グループ (Arbeitgruppe Emissionshandel: AGE) を立ち上げた (BMU 2000: 84)。設立当初は、連邦および州の省庁、政党、産業界、産業団体、そして環境団体などの約 40 の利害関係者が AGE に参加した (BMU 2001)[14]。この作業グループでは、EU レベルそしてドイツレベルで排出量取引制度を導入する可能性と、導入によって生じる問題点を検討した。

ドイツ産業連盟の自主宣言の改定

ドイツ産業界は、主に 1995 年に公表し、1996 年に修正した自主宣言に基づいて、CO_2 排出量の削減に臨んだ。日本の経団連と同様、ドイツ産業連盟も、産業エネルギー部門が地球温暖化に対処するために自主宣言が有効であることを訴える政策ペーパーを繰り返し公表した。その主張は以下のようなものである。第 1 にドイツ産業界は過去にエネルギー効率性を改善するための大きな努力を払ってきており、自主宣言は産業界による追加的な努力で、その取組みは成功しており、また効率的で経済的な手段である。実際、産業エネルギー部門は、エネルギー効率性改善手段と自主宣言を組み合わせて、1990 年から 1997

---

14) 連邦省庁（連邦環境・自然保護・原子力安全省、連邦経済技術省、連邦財務省、連邦内務省、首相府、連邦環境庁）、州政府、政党、企業（BP、Shell、BASF、Ruhrgas、RWE、EnBW、Veag、Daimler Chrysler、Degussa、Gerling、Deutsche Telekom、HEW、Babcock Borsig、ABB、Alstom Power、Ford、BMW、ThyssenKrupp、KfW）、産業団体（BDI、VDEW、WvStahl、BdH、DIHT、BGW、VCI、VDZ）、そして環境団体（Germanwatch、WWF、DNR、Bund）が参加していた。参加団体数は 2010 年には 65 まで増加した（AGE 2010）。

年の間にドイツが実現した CO_2 排出量の3分の2にあたる 75Mt を削減した (BMU 2000: 82)。第2に、自主宣言は社会的に受容されており、気候保全という目標を企業の意思決定過程や決定執行過程に円滑かつより効果的に取り入れることに貢献してきた。第3にドイツ企業は、その国際競争力を脅かし、また気候保全に貢献しないであろう税や課徴金の導入に反対する (BDI 1997, 1998a, 1998b; Grohe 1999)。第4にドイツ産業連盟は外部機関であるラインヴェストファリア経済研究所による第三者評価を導入し、自主宣言の信頼性と透明性をさらに向上させてきた。連邦政府も、ドイツ産業連盟の自主宣言が、政府と産業界の協力を通じてさらに改善されるのであれば、同宣言を規制より優先するよう配慮すると宣言した (BMU 2000: 82)。

2000年に公表されたラインヴェストファリア経済研究所の評価報告書は、ドイツ産業連盟の1999年の CO_2 排出原単位は1990年水準と比較して23％改善されており、宣言した目標がすでに達成されたことを明らかにした (Buttermann and Hillebrand 2000: 216-17; BMU 2000: 6, 81-2)。このように1996年に宣言した目標を達成し、また1995年と1996年の宣言で設定された目標は不十分だったという批判を受けて、1999年6月16日、連邦政府は、ドイツ産業連盟と産業団体に自主協定の目標値を引き上げるよう要請した。このような要請に応えて、ドイツ産業連盟は、2000年11月9日、連邦政府との協定を公表した。この協定は、協定自体よりも3週間早く、10月18日に公表された第5次 CO_2 排出削減報告書にも盛り込まれた。ドイツ産業界は、新宣言では2005年までに CO_2 排出原単位を28％改善し、2012年までに6ガスの総排出原単位を35％改善するという目標を設定した (BMU 2000: 6, 20-2, 81-2; BDI 2000: 3)。この目標が達成されると、産業連盟の自主宣言により2005年までに CO_2 総量で1,000万t、2010年までに6ガス総量でさらに1,000万t削減される予定だった (BMU 2000: 6, 81-2; BDI 2000: 3)。2000年の宣言では、それまでの宣言とは異なり、エネルギー集約製造業が恩恵にあずかっているエコロジー税の減税措置を継続し、また計画していたエネルギー監査条例の導入を見送るという政府のコミットメントを法的拘束力こそないものの確保するために、産業界の代表は政府に自主宣言に署名することを要請し、政府はこれに応じた。同宣言と第5次国家プログラムは、2000年10月時点では、産業界だけではなくドイツ政

府も、EUレベルでは排出量取引導入に関する交渉が始まっていたにもかかわらず、自主的手法を産業エネルギー部門からの温室効果ガス排出量を抑制するための主要手段として継続的に用いる意図を持っていたことを示唆している。

再生可能エネルギー法

1990年に導入された電力固定価格買取制度（Stromeinspeisungsgesetz: StrEG）は、ドイツにおいて風力電力の容量を増加させる上で大きな効果があった。しかし同法の見直しは、この制度の限界を露呈した。第1に電力固定価格買取制度は、送電網運営者間の買取負担の公平性を確保するために、買取量に上限（各電力供給業者の売り上げの5％）を設けていた。再生可能エネルギー、特に風力発電容量が大きいバルト海、北海沿岸地域では、送電網に引き込まれた電力量が上限の5％を超過し、上限が設定されていたがために風力エネルギー市場の拡大が妨げられる結果となった。第2に電力固定価格買取制度では、再生可能エネルギー源から発電される電力の買取価格を、電気料金の平均値と連動させ、そのため、1996年12月19日に採択された域内電力市場の共通規則に関する96/92/EC指令とこの指令を国内法化した改正エネルギー業法（1998年4月採択）の下で進められたEU域内の電力市場の自由化により電気料金が下落すると、再生可能電力の買取価格も引き下げられた。上記EU指令自体は、EU域内の電力市場の自由化が再生可能エネルギー源からの発電の推進に与える悪影響に対処することを構成国に求めていたが、新エネルギー業法はこのような要請に十分に応えていなかった。さらに新エネルギー業法では、発電業者および送電網所有者間の競争を促進するという目的で、ドイツで伝統的に用いられていた地域独占契約や利権協定[15]が廃止された。皮肉にも自由競争はさらなる寡占状態を引き起こし、環境保全効果が高いが、発電費用も高いエネルギー源の推進を阻害する事態を招いた。

上記の問題を解消するために、2000年3月29日、内閣ではなく主に議会のイニシアティブで、再生可能エネルギーを補助するために、再生可能エネル

---

15) 分割協定は、地域ごとに市場を分ける協定であった。市町村政府と電力会社間の利権協定により、電力会社は、電力消費者に電力を供給する送電システムを建設し、維持する排他的な権利を付与した。

ギー法（Erneuerbare Energien Gesetz: EEG）が制定された。同法は、2000年4月1日に発効し、電力固定価格買取法に置き換えられた。新法は、第1に2010年までに電力供給における再生可能エネルギー源の割合を少なくとも2倍にするという中期目標を明記し（Schleich et al. 2001: 371）、再生可能エネルギーを中長期的に促進するために補助を続けるという政府の意向を市場に示した。第2に電力固定価格買取法では、買取価格を最終消費者の電力料金の平均値と連動させて設定していたが、新法では買取価格を設備投資価格に基づいて設定し、また20年間固定することを定めた。買取価格は、再生可能エネルギーを市場で普及させるために、経済的に競争可能な高価格で始まり、あらかじめ決められたスケジュールに従って引き下げていく。再生可能エネルギー法の効果は、すぐに現れた。買取価格制度の下では十分な投資をひきつけられなかった太陽光発電施設数は、2000年の42施設から2009年の3,806施設まで増加した（Bundesverband Solarwirtschaft 2010）。1990年の18.463TWhから1999年に29.89TWhに増加した再生可能エネルギー源から発電された電力量は、2004年には55.826TWhまで増加した。1990年の3.4%から1999年の5.4%に増加した全電力に占める再生可能エネルギー電力の割合は、再生可能エネルギー法の下でははるかに速いペースで、2004年に9.3%に達した（Diekmann and Kemfert 2005: 440）。

熱電併給の促進：熱電併給法

1996年のEU指令の要請に十分に応えきれていなかったエネルギー業法は、再生可能エネルギーだけではなく、熱電併給の普及をも妨げた。このような問題に対処し、産業部門の自家発電業者や市町村の発電業者への法的な支援制度を整備するため、熱電併給からの発電を促進する法律（Gesetz zum Schutz der Stromerzeugung aus Kraft-Wärme-Kopplung）が2000年5月12日に制定された。しかしこの法律は標準的な原価の補償という手段を用いており、産業部門の熱電併給施設の閉鎖という問題にも、環境基準の改善という問題にも対処していなかった。

政府は、上記の問題に対処することを目的として、熱電併給促進プログラムの包括的な枠組みを策定することを試み、2000年後半に環境効率的な基準を

充足するすべての熱電併給発電業者を対象とする移転可能な数量割当制を導入する新法案を提出した。しかしこの案は、熱電併給発電業者との競争によって市場を失うことを懸念する大規模発電業者の反対に遭った。また新法の下で保護されることになっていた多くの市町村発電業者も、このような支援制度の下で費用が増加すること、さらに重要なことには経済的で環境に配慮した熱電併給発電の大きなポテンシャルを有する産業界の自家発電業者に市場占有率を奪われることを懸念した。また数量割当制導入により恩恵を受けると考えられていた産業界の自家発電業者でさえも、製造過程に適用される電力料金が低い価格のままであれば、あえて自家発電の熱電併給による発電を促進したいというわけでもなかった。その結果2001年春に、移転可能な数量割当制に代えて、漸次的に厳しくなる環境基準に基づく、消費者負担のボーナス制度が提案された。連邦環境・自然保護・原子力安全大臣トリッティンと緑の党の議会党派はこの考えを支持した。一方、連邦経済大臣のヴェルナー・ミュラー（Werner Müller）は、エネルギー問題について助言する専門家たちから厳しく批判されたにもかかわらず、これに反対した。もともとは電力会社の役員で、社会民主党のエネルギー派の意向で内閣入りを果たしたミュラーは、電力会社の利害に配慮する傾向にあった。大電力会社は消費者負担ボーナス制度に反対し、その代わりに、ドイツ産業連盟の自主行動宣言下ですでに宣言したCO_2排出抑制目標を補完する形で、発電所でCO_2排出削減のための効率性向上手段を自主的に実施する協定を締結することを望んだ。しかしこの計画で示された効率性向上手段の多くは、すでにドイツ産業連盟の自主行動宣言の中にCO_2排出削減手段として盛り込まれていたり、あるいは褐炭火力発電所の建設など環境に悪影響を及ぼすもので、専門家が勧告した環境基準を満たすものは半数に満たなかった。

　連邦環境・自然保護・原子力安全省、連邦経済省、社会民主党、緑の党、首相府、産業界間の長い交渉の後、既存熱電併給施設を公共電力供給のために維持・近代化するとともに、新施設建設のためのインセンティブを付与することを目的とする熱電併給新法（Gesetz für die Erhaltung, die Modernisierung und den Ausbau der Kraft-Wärme-Kopplung, Kraft-Wärme-Kopplungsgesetz: KWKG）が2002年4月1日に発効した。この新法は、既存および新設熱電併給施設に1kWhあた

り1.53ユーロセントの買取価格を保証し、2002年から2003年に改修された熱電併給施設には1kWhあたり1.74ユーロセントの買取価格を保証した[16]。小規模熱電併給施設には追加的な支援も支給された。しかし産業部門が所有する熱電併給施設は、ドイツ産業連盟の自主宣言を補完する追加的な自主協定を宣言する見返りに、新法の規制対象から外された。

原子力発電所の段階的廃止

社会民主党・緑の党の連立政権の誕生により、ドイツの原子力政策にも変化が生じた。いずれの政党も原子力エネルギーに反対の立場をとっていたため、連立協定には3段階の原子力発電所の段階的廃止計画、すなわち1)政権誕生後最初の100日で達成する事項を列挙した100日プログラムの一環として連邦原子力法を改正し、原子力発電所の安全審査強化と放射性廃棄物の発電所施設内保存を義務づける、2)1年以内に電力会社と話し合い、3)損害賠償なき撤退を規定した法律を施行する、という内容が盛り込まれた。

しかし電力会社は使用済み核燃料の輸送禁止に激しく反対したため、1999年2月23日、政府は連邦原子力法改正の見送りを正式に確認し、100日プログラムは実現に至らなかった。その後、続いた電力会社の原子力発電からの撤退完了時期をめぐる交渉はなかなかまとまらなかったが、政府が使用済み核燃料輸送の許可に踏み切ったこと、電力会社が次期連邦議会選挙で期待していたキリスト教民主同盟・社会同盟の政権返り咲きが同党の不正疑惑のために難しくなったこと(小野2013)、2000年5月14日に実施されたノートライン・ヴェストファリア州議会選挙で原子力発電所の段階的廃止を掲げる赤緑政権が再選を果たしたことから、交渉は加速化し、ついに2001年6月14日に原子力エネルギーを段階的に廃止する協定が、シュレーダー首相、ミュラー経済相、トリッティン環境相、電力会社数社の代表の間で成立した。この協定に基づき改定された連邦原子力法は2002年4月26日に発効した。同法では、新たな商業用原子力発電所の建設を禁止し、また既存の原子力発電所の稼働年数を稼働開始から32年と定め、耐用年数に達したものから順次閉鎖することとし、使用済み核燃料の再処理は2005年までとし、それ以降は最終処分場での貯蔵に限

---

16) 徐々に削減された。

定する、また当面の措置として中間処理場での貯蔵を認める、また各原子力発電所の最大発電容量も定め、その範囲内で電力会社が発電所間で発電容量をやりとりする、すなわち発電所の稼働期間の延長を認めた。また最初の原子力発電所の廃炉は3年後に開始するとしたため、2005年から開始し、最後の原子力発電所は計算上は2022年に廃炉となる予定だったが、稼働年数を延長する可能性が残された。

原子力発電所の廃炉により、原子力発電所から供給されている20,339MWに及ぶ電力を代替する必要があり、これを石炭火力で代替すると、CO_2排出量の大幅増加につながるため、再生可能エネルギーの普及の重要性が高まった。原子力発電所の段階的廃止の決定、特に既存原子力発電所の稼働年数の設定は社会民主党・緑の党政権があげた大きな成果である。一方で96/92/EC指令により欧州電力市場が自由化され、ドイツのエネルギー事業法も改定されて地域独占契約や利権協定が廃止されたこと、さらには電力料金の計算方法が日本のように総括原価方式のレートベーススキーム[17]ではなく、限界費用（発電量を1kWhだけ増加させたときの増加費用）で電力料金を決定するメリットオーダー方式[18]を採用したことを踏まえると、原子力法の改正がなくても、電力会社が、原子力発電所のような建設に莫大な投資を要する発電所を新設することは考えにくかった。

4.4.3. 第4期のまとめ：赤緑政権の誕生とエコロジー税の導入

ドイツの気候エネルギー政策形成過程の第4期において、気候政策サブシステムは、IPCC第3次評価報告書の公表、気候変動枠組条約再開COP6会合のドイツでの開催、景気回復（図2-4参照）など多くの要因の影響を受けた。これらの要因に加えて第4期の気候政策形成に最も大きな影響を及ぼしたのは、

---

17) 日本の電力料金は、営業費と適正な事業報酬を加算し、控除収益を差し引いて算出する。営業費には減価償却費が含まれるが、発電会社が保有する建設中資産の50%を減価償却費として計上することができるため、電力会社は、大規模発電所、すなわち原子力発電所の建設に傾きがちだった。

18) 1日の中で変化する電力受容を満たすには、発電コストの安い発電所から順番に運転することが経済的であるため、電力会社は特別な理由がない限り、メリットオーダーによる発電を行う。メリットオーダーによると、水力のほか再生可能エネルギー（風力、太陽光、地熱など）が最も安く、原子力、石炭火力、天然ガス、そして重油火力が最も高い並びになる。

キリスト教民主同盟・社会同盟と自由民主党の連立政権から社会民主党・緑の党の連立政権への政権交代であろう。緑の党の政権参加は、政策に環境および気候保全という目的を取り込むまたとない機会を創出した。気候保全重視連合はこのような好機を最大限活用して、ドイツの国家気候プログラムの中で初めて、産業エネルギー部門を含む部門ごとの排出削減目標を明記することに成功した。産業エネルギー部門はドイツ産業連盟の自主宣言の下で、自主的に産業部門ごとの集団的な目標を設定していたため、政府のプログラムで部門ごとの排出削減目標を明記することは、これら2部門の排出量を抑制する、少なくとも形式的な権限を市場から政府に移管するという非漸進的政策転換を意味した。

加えて気候保全重視連合は、第1期から議論を続けてきた炭素エネルギー税をエコロジー税という形で導入することに成功した。エコロジー税は、対象施設の化石燃料消費に上限を課すため、理論上は対象施設のCO_2排出量を抑制する単なる形式的な権威ではなく実質的な権力を政府に付与する手段である。しかしドイツのエコロジー税は、エネルギー集約産業の国際競争力に配慮して、これら産業に対し大幅な減税措置を施した。実際、ドイツ産業連盟の自主宣言の実施により、同宣言に参加した施設への減税措置が正当化された。自主宣言を実施していなければ、エネルギー集約産業への減税措置は、構成国による補助金供与に関する欧州規則に反するとされた可能性がある（欧州共同体設置条約92条）。このように産業エネルギー部門に関しては、エコロジー税が導入された後も、自主宣言が同部門からの排出量を規制する主要手段として使用され続けた。したがってエコロジー税の導入は非漸進的政策転換ではあるものの、理論上、税に期待された効果を発揮するほどの転換にはならなかった。

緑の党が政権に参加していたとはいえ、気候保全重視連合は、あらゆる政策手段において気候保全の推進に成功したわけではなかった。その典型例が熱電併給の促進である。熱電併給割当制が導入できなかったのは、社会民主党のエネルギー派（右派）と経済的繁栄重視連合の協調関係によるところが大きい。ドイツの気候エネルギー政策形成過程の第3期までの期間では、社会民主党のエネルギー派と同様に電力会社の利害を反映することに敏感だったキリスト教民主同盟・社会同盟が政権を支配し、社会民主党は野党だったため、キリスト

教民主同盟・社会同盟ほど電力会社の利害を代弁する必要はなく、党内のエネルギー派（右派）と環境派（左派）の団結を維持することができた。しかし社会民主党が第 1 党として連立政権を形成した後、社会民主党内のエネルギー派と環境派の対立は顕著になった。社会民主党は、シュレーダー首相も含めて、両派の対立の妥協点を見出し、党として気候政策に関する立ち位置を決定することに困難を覚えるようになった。さらに社会民主党は、連立を組んだ緑の党が気候保全をより強く推進しようとしていたため、政権党としてバランスをはかるために、実際よりも経済的繁栄重視連合に偏った立ち位置をとらざるをえない場合が多かった。さらに重要なことに、気候政策はしばしば、労働者、特に石炭産業労働者の福祉という社会民主党の根幹を形成する政策理念の実現を脅かすことがあった。石炭産業およびドイツ最大の石炭産地であるノートラインヴェストファリア州の利害は、同州が社会民主党の最大の票田だったため、社会民主党、特にエネルギー派にとって重要だった。したがって社会民主党のエネルギー派は、石炭および電力産業そしてこれら産業の労働者の利害を脅かす可能性があった熱電併給割当制導入に反対したが、新再生可能エネルギー法の制定など、これらアクターの利害と矛盾しない場合には、より気候保全を推進する立場をとった。ドイツではすでに第 1 期から気候政策とエネルギー政策が表裏一体の関係にあることを意識しながら気候政策が形成されてきたが、第 4 期では社会民主党と連合 90・緑の党の連合政権の形成により両者の密接な関係がより明確になった。

4.5. 第 5 期（2002 年〜2005 年）：緑の党と EU の影響力の拡大と排出量取引制度導入

ドイツ国内の景気後退と失業率の上昇（図 2-4 参照）、そしてフランス、オランダなど他の欧州諸国での保守政権への回帰を受けて、2002 年の選挙キャンペーンでは、当初、キリスト教民主同盟・社会同盟が有利だと予想されていた。しかし 2002 年 8 月に旧東独州地域で起きた洪水を目の当たりにして、国民の気候変動問題に対する関心が再び高まった[19]。その結果、連合 90・緑の党

---

19) Süddeutsche Zeitung の世論調査によれば、2002 年 8 月に洪水が起きた後、その前の週と比

が連邦議会選挙で結党以来、最も高い得票率（8.6％）を獲得した。社会民主党には、1998年の連邦議会選挙では連立のパートナーとして自由民主党と緑の党という2つの選択肢があったが、2002年の選挙では、キリスト教民主同盟・社会同盟との大連立を除けば、緑の党以外に選択肢はなかった。こうして続投することとなった社会民主党と連合90・緑の党の連立協定では、連合90・緑の党の強い立場を反映して、1998年の連立協定に増して環境政策の優先順位が上昇し、また再生可能エネルギーの所管が経済省から環境・自然保護・原子力安全省へ移譲され、再生可能エネルギー政策と気候政策の統合化を進める体制が整備された。

4.5.1. 政策措置

エコロジー税改革の進展に関する法令

第1次社会民主党・緑の党の連立政権下で導入され、改定されたエコロジー税は、運輸部門からのCO_2排出量の削減に貢献した（BMU 2004a: 17）が、産業エネルギー部門のCO_2排出抑制効果は、製造業者への税率が低減されていたため限定された。連立政権内の緑の党の強い立場に支えられて、このような問題に対処するため、第2次社会民主党・緑の党連立政権は、エコロジー税改革の進展に関する法令を制定した。この法令は2003年1月1日に発効した。

エコロジー税の改正に関する議論の焦点は、2003年以降の税率の引上げと、エネルギー集約産業に付与されていた減税率の低減にあった（同上: 11）。しかし税率の引上げについては、社会民主党が一般市民の燃料費上昇への不満を懸念したため見送られた（ENDS Environment Daily, 15 February 2001）。さらに製造業と農林業への減税率は、80％から40％へ半減されたものの、エネルギー集約産業への減税は維持された。ただしエネルギー集約産業が減税を受ける率は、税支払増加分と社会保障負担の削減による税還付額の差額の100％から95％に引き下げられた。またEUの補助金規則に対し減税を正当化する理由と

較すると、社会民主党は、支持率を3％伸ばし、40％の回答者が社会民主党支持を表明した一方で、キリスト教民主同盟・社会同盟は、支持率を4％下げ、39％の回答者が同党支持を表明した。その結果、2001年12月以来、社会民主党がキリスト教民主同盟・社会同盟を支持率で上回った（Süddeutsche Zeitung, 24 August 2002, 'Anzeichen für Trendwende in der Wählergunst'）。

して、ドイツ産業連盟の自主宣言が引き続き用いられた。こうしてエコロジー税改革は、第4期に導入された当初のエコロジー税を理論上期待されるようなCO_2排出抑制効果が十分発揮される税へと改革するという、大規模な非漸進的政策転換を実現するには至らなかった。

排出量取引制度に関するEU指令の採択とドイツにおける排出量取引制度の導入

　欧州レベルでの排出量取引制度導入の交渉過程は、2002年に重要な局面を迎えた。ドイツの経済繁栄重視派のメンバー、特に政府が産業エネルギー部門の排出量を抑制することに反対する産業界のメンバーは、自主宣言をこれらの部門からの温室効果ガス排出量を抑制する主要手段として使用し続けるために、ドイツの産業エネルギー部門がEU排出量取引制度の適用を免れることができる適用除外条項やプーリング条項を排出量取引指令に盛り込もうと画策した（詳しくは第6章参照）。

　しかしドイツの提案は欧州レベルの交渉では受け入れられず、ドイツはもともとの提案とは異なり、いかなる部門に属する施設もその適用を受ける余地がほとんどない適用除外条項とプーリング条項が名目的に盛り込まれた指令に合意せざるをえなくなった。EU指令は、2003年10月13日に欧州閣僚理事会と欧州議会で採択された。指令の実施にあたり、各構成国は、各施設へ排出枠を割り当てるための規則を定める国内割当計画を策定するという義務を負った。産業界のアクターは、ドイツにおける国内割当計画の策定過程、および排出量取引指令と国内割当計画を法制化した温室効果ガス排出令や割当法策定過程に介入し、できる限り多くの排出枠を獲得することを試みた（渡邉2006a）。各産業部門、個別企業の利害を反映した結果、排出量取引制度の第1期間である2005年から2007年のドイツ国内割当計画には、多くの特別条項が盛り込まれた。

　このように多くの特別条項が盛り込まれたものの、産業エネルギー部門からのほぼすべてのCO_2排出量を対象とし（2005年〜2007年の割当計画では503Mt中499Mt）、不遵守の場合には、高い科料（第1期間については40ユーロ/t、2008年以降の第2期間については100ユーロ/t）を課す排出量取引制度の導入により、ド

イツの気候エネルギー政策史上初めて、産業エネルギー部門からの CO_2 排出量に上限を課す実質的な権限が政府に与えられた (BMU 2004b; Watanabe 2005b; 渡邉 2006b, 2008)。また同制度では、経済的繁栄重視派のメンバーは、長い間、産業エネルギー部門からの CO_2 排出量を抑制する権限を政府に付与する、いかなる政策措置の導入にも反対してきた。彼らは、温室効果ガス、特に日常的な社会経済活動に不可欠の化石燃料燃焼に必然的に伴う CO_2 排出量の抑制は、経済活動の制限を意味すると考え、CO_2 排出量を抑制する権限を自身の手に維持することを試みた。したがって排出量取引制度の導入は、経済的繁栄重視派が掲げる経済的繁栄重視の政策核心理念の規範的部分に抵触し、その時点までにドイツが経験した気候政策転換の中で最も大きな非漸進的政策転換だったといえる (Watanabe 2005b; 渡邉 2006b, 2008, 2009b)。

排出量取引令と割当計画令 2007

ドイツは、排出量取引指令9条に基づき、2004年3月31日に割当計画を委員会に提出し、また2つの国内法、すなわち排出量取引指令実施のための枠組法である排出量取引令 (Gesetz zur Umsetzung der Richtlinie 2003/87/EG über ein System für den Handel mit Treibhausgasemissionszertifikaten in den Gemeinschaft: TEHG) および個別施設への割当方法を定めた割当計画令 (Gesetz über den nationalen Zuteilungsplan für Treibhausgas-Emissionsberechtigungen in der Zuteilungsperiode 2005 bis 2007, Zuteilungsgesetz-ZuG 2007) を策定した。排出量取引令は排出量取引指令をほぼそのまま法令化したもので、排出量取引実施の枠組みを提供しており、2004年7月8日に発効した。割当計画令は第1期の割当計画を法制化したもので、2004年8月28日に発効し、その詳細は割当計画命令によって補完される。

排出量取引制度は以下のように運用された。まず第1期間の排出量取引対象施設への割当量は、基準年 (2000年～2002年) の温室効果ガスの平均排出量と、京都議定書および EU 内での分担協定で定められたドイツの削減目標 (2008年～2012年の温室効果ガスの平均排出量を1990年比で21%削減) を踏まえて、基準年の CO_2 排出量が温室効果ガス全体に占める割合、さらにエネルギー・産業部門の CO_2 排出量が総 CO_2 排出量に占める割合から、499Mt と算出され

た。

　この499Mtは、2000年〜2002年のエネルギー産業部門からの排出総量の平均値（505Mt）に基づいて算出された数値であるため、2002年以前のデータが存在する施設を対象とし、このようなデータを保有する施設、すなわち、2002年12月31日以前に稼動を開始した施設については、コンプライアンスファクター0.9709を適用し（5条）、2000年〜2002年と比べて、2.91％少ない排出枠が割り当てられる（7条1項）。また排出量取引が開始する2005年1月以降に操業を開始する施設にはベンチマーキングを利用して排出枠が割り当てられた（11条2項）。

　第1期の排出量取引制度は、割当ての原則を上記のように定めたものの、国内割当計画と割当計画令の策定過程で産業界のアクターが主張したさまざまな例外規定が盛り込まれたため、原則に従って割当てを受けた施設の数は限られた。まず1990年のドイツ統一以降、旧東独州で工場や建物が近代化され、エネルギー効率性が大幅に向上したという事情に配慮し、1994年1月以降に近代化した施設には、近代化設備導入完了年の翌年から12年間にわたり、コンプライアンスファクター1が適用された（12条1項1文、2文）。またセメント、石灰、ガラス、鉄鋼などプロセスからの排出が施設からのCO_2総排出量に占める割合が10％を超える場合も、操業者からの申請に基づいて、コンプライアンスファクター1が適用された（13条1項）。熱電併給施設も熱電併給促進のため追加的な割当てを受けた。さらに2001年6月に政府と電力会社が締結した原子力発電所の段階的廃止に関する協定に基づいて、原子力発電所を火力発電所などで置換すると排出量が増加するという事情を踏まえ、原子力発電所の操業者が、2004年9月30日までに管轄機関に、原子力発電所の稼動を2003年〜2007年までの期間に中止することを申し立てた場合には、1.5Mt/年が追加的に割り当てられた。

　ドイツ政府は、排出枠の割当量を2004年9月末までに確定することを予定していた。しかし予定よりも多くの操業者が、新規参入者と同様の割当方法に基づく割当てを申請したこともあり（7条12項）、排出量取引対象施設にコンプライアンスファクター0.9709を適用して計算すると、排出枠総量499Mtを大幅に上回ってしまったため、コンプライアンスファクターが適用される施設

表4-4：第1期 (2005年～2007年)・第2期 (2008年～2012年) における産業エネルギー部門の CO_2 排出目標

部門	2005～2007 (Mt)	2008～2012 (Mt)
温室効果ガス	974	962
CO_2	859	844
エネルギー産業部門	503	495[20]
住宅運輸部門	298	291
商業部門	58	58

出典：BMJ 第4条

に対する排出枠を削減することになった。実際には2005年1月に入ってようやく割当量が確定された。このように第1期の排出量取引制度には、さまざまな例外措置が設けられ、排出量削減効果が減殺された。

電力分野における再生可能エネルギー法を新たに規定するための法律[21]

2000年に制定された再生可能エネルギー法 (EEG) は2004年に全面改定された。改正法では、まず再生可能エネルギー源から発電された電力が総電力供給に占める割合を2010年までに12.5％、2020年までに20％まで上昇させるという数値目標が掲げられた。2010年目標は、EU指令「域内電力市場における再生可能エネルギー源からの電力生産を促進するための指令 (2001年9月27日)」で定められたドイツの目標を国内法化したものである。

また2004年法では買取価格が見直され、例えば建設に適した立地が少なくなった風力発電については、稼働から5年以内は1kWhにつき8.7ユーロセント、それ以降は1kWhにつき5.5ユーロセントと買取価格の下限が引き下げられ、優遇の幅が縮小された。ただし海上風力発電についてはさらなる開発余地があることから、1kWhにつき6.19ユーロセント（稼働後12年間はさらに1kWhにつき2.91ユーロセントずつ増額）と定め、2000年法での買取補償額が維持された。太陽光については、太陽光発電のさらなる拡充を目指して2000年法の小改正で引き上げた買取価格（太陽光発電を主たる目的にした施設が生産した電力については1kWhにつき45.7ユーロセント）を維持し、さらに太陽光発電施設

---

20) この数字は、第2期国内割当計画と割当令2012で改定され、2008年から2012年までの第2期間の対象施設に配分される CO_2 割当量は、495Mtから453Mtに引下げられた。

21) 2004年の再生可能エネルギー法改正については、渡邊 (2005) が詳しく、筆者も参考にした。

が建築物に接して設置されている場合で、発電施設の出力が 30kW 以下の場合には 1kWh につき 11.7 ユーロセント、30kW 超の場合には 1kWh につき 8.9 ユーロセント、出力 100kW 超の場合については 1kWh につき 8.3 ユーロセントずつ増額すると定めた。

さらに電力消費量が多く、買取りの負担も大きくなるエネルギー集約型企業の負担減少措置について、2000 年法では 1 年間の消費電力が 100GWh を超え、総付加価値に占める電気料金の割合が 20％を超える製造業者および鉄道会社を対象としていたが、2004 年法では 1 年間の消費電力が 10GWh を超え、総付加価値に占める電気料金の割合が 15％を超える製造業者および鉄道会社に拡大し、購入電力量の 10GWh を超える部分については再生可能エネルギーによる電力買取りに伴って発生する付加費用を 1kWh につき 0.05 ユーロセントに抑えると定めた。

4.5.2. 中期目標に関する議論

2003 年、地球変化に関する諮問委員会（Wissenschaftlicher Beirat für Globale Umwelt: WBGU）は、「21 世紀に向けた気候保全戦略：京都議定書とその後（Climate Protection Strategies for the 21st Century: Kyoto and Beyond）」という題名の報告書を公表した。2003 年の報告書も、多少の修正を加えたものの、1995 年の諮問委員会報告書で用いた「受忍可能な限度アプローチ」に基づいている。同報告書は、地表の平均気温は産業革命以前のレベルから 2℃ を超えてはならず、また 10 年間で 0.2℃ を超えてはならない（1995 年には 0.1℃ としていた）、またすでに 0.6℃ 気温が上昇していることから将来の上昇分は 1.4℃ であると算出し、このような目標を達成するために、EU は 1990 年水準と比較して温室効果ガス排出量を 30％削減するという目標にコミットする必要があり、その場合、ドイツは 40％の削減目標にコミットすることを勧告した（WBGU 2003）。

この報告書は、英国、フランス、スウェーデンなど他国で中長期排出削減目標を提示した報告書とともに、気候系の危険な水準の変化を回避するためには、大気中の温室効果ガス濃度を CO_2 換算で 550ppm 以下に安定化させて、地表の平均気温の増加を 2℃ 以内に抑える必要があるとした 2005 年の欧州閣

僚理事会の決定に科学的な基盤を与えた。欧州閣僚理事会はこの目標を達成するために、先進工業国は温室効果ガスを 1990 年～2020 年までの間に 15～30％削減し、また 1990 年～2050 年の間に 60～80％削減する必要があるという決定も採択した。

4.5.3. 第 5 期のまとめ：排出量取引制度の導入―ドイツ気候政策における最大の政策転換

第 5 期には、気候政策の進展を促進する効果がある数々の外部要因がドイツ気候政策サブシステムに影響を及ぼした。京都議定書の発効に加えて、最も注目するべき要因は、2002 年の連邦議会選挙で躍進した緑の党が前政権よりも大きな影響力をもって社会民主党との第 2 次連立政権に参加したことだった。緑の党の躍進により、再生可能エネルギー政策の所管が連邦経済省から連邦環境・自然保護・原子力安全省に移管され、再生可能エネルギー政策と気候政策の統合化が進んだ。

この期間、経済的繁栄重視派のメンバーの強い抵抗があったにもかかわらず、産業エネルギー部門で排出量を抑制する主要な政策措置は、ドイツ産業連盟の自主行動宣言から排出量取引制度に実質上、移行された。排出量取引制度の導入により、ドイツ気候エネルギー政策において初めて、同制度が適用される部門そして個別施設からの排出量に制限を課す権限が政府に付与された。このような措置は、経済的繁栄重視派が経済成長に上限を課すと見なしてきたものだったため、排出量取引制度の導入はドイツで今までに起きたいかなる政策転換よりも大きな非漸進的政策転換となった。

気候保全重視派は、CO_2 排出量を抑制する政策措置としての効果を発揮させるために、エコロジー税を改正することも試みた。しかし排出量取引制度と異なり、経済的繁栄重視派、特に社会民主党のエネルギー（右）派は、エコロジー税の改定を最小限にとどめることに成功した。

4.6. 第 6 期 (2005 年～2009 年)：大連立政権―2020 年中期目標の採択

2005 年の連邦議会選挙では、キリスト教民主同盟・社会同盟の得票率が 2

期ぶりに社会民主党の得票率を上回った (35.2%)。しかしキリスト教民主同盟・社会同盟の得票率と社会民主党との得票率の差は1%に過ぎず、また左派党が4.0%と5%の基準を超えることができず、議席を獲得できなかった2002年の連邦議会選挙から、2005年の選挙では8.7%と緑の党よりも得票率を伸ばしたため、キリスト教民主同盟・社会同盟は9.8%を獲得した自由民主党と連立しても、議会で多数派を形成するには足りなかった。一方で、社会民主党と8.1%を獲得した緑の党も連立政権を形成するには得票率が足りず、かといってかつての東独州における共産党を含む左派党に政権への参加を求めることには依然として抵抗があった。結局、キリスト教民主同盟・社会同盟と社会民主党という2つの大政党が大連立を形成した。この大連立政権の首相を務めたのは、1994年から1998年までコール首相の下で連邦環境・自然保護・原子力安全大臣を務めたアンゲラ・メルケル (Angela Merkel) だった。このように環境問題を重視するメルケルが首相に就任したことに加えて、2007年にIPCCの第4次評価報告書が公表され、気候変動問題に対処する必要性について科学的知見がさらに蓄積されたこと、京都議定書の発効により京都議定書の第1約束期間以降の国際的枠組みに関する交渉が開始されたこと、そして2003年に欧州を襲った熱波など気候変動の兆候を示す異常気象が現実に起きていることを目の当たりした国民の気候変動問題への関心が高まったこと (図2-1参照) を受けて、緑の党が政権を離れたにもかかわらず、ドイツは2020年までに温室効果ガス排出量を1990年水準から40%削減するという目標を採択した。なお中期目標を盛り込んだエネルギー気候統合プログラムという名称が示すように、ドイツそしてEUでは、野心的な温室効果ガス排出削減目標を達成するには、排出を抑制する措置を導入するだけでは足りず、エネルギー効率性の向上と再生可能エネルギーの促進が不可欠であることが認識されるようになり、気候政策とエネルギー政策の統合がさらに進んだ。したがって、この期から気候政策ではなく、気候エネルギー政策という呼称を用い、可能な限り両者を分析の対象とする。

4.6.1 中期目標 (2020年までに温室効果ガスを40%削減する目標) 採択過程

2003年にWBGUが「21世紀に向けた気候保全戦略：京都議定書とその後

("Climate Protection Strategies for the 21st Century: Kyoto and Beyond")」という報告書で勧告した、2020年までに温室効果ガスを1990年水準から40％削減するという目標は、内閣により2007年8月23日に、エネルギー気候保全統合プログラム（Integrated Energy and Climate Protection Program：IKEP、Bundeskanzleramt 2007）として採択された。WBGUの報告書では、EUが2020年までに温室効果ガス20％削減を約束する場合にはドイツは30％削減を目標とし、EUが温室効果ガス30％削減を約束する場合にはドイツは40％削減を目標とすることが勧告された。2007年3月時点では、欧州閣僚理事会が2020年までにEU全体で温室効果ガスを少なくとも20％、他の先進工業国がEUと同程度の削減努力を約束した場合には30％削減するという目標を採択していた（European Council 2007）。EUの目標は20％削減に過ぎなかったが、ドイツが、EUが30％削減に約束することを待たずに、40％削減目標の採択に踏み切った背景には、2007年6月にドイツで開催されたハイリゲンダムG8サミットで、気候変動問題が重要な課題として取り上げられた点があげられる（Jänicke 2011: 135）。しかし後述するように、排出量取引指令対象施設である産業部門からの排出削減については、2009年1月23日に採択された改正EU排出量取引指令（Commission of the European Communities 2009）により欧州全体で20％削減を実現するという前提で固定されたため、ドイツが40％削減目標を達成するには、排出量取引指令対象外部門（民生・運輸部門）でより大きな削減を実現することが強いられた。そのためエネルギー気候保全統合プログラムでは、再生可能エネルギーの発電に占める割合を25～30％増加する、再生可能エネルギーの発熱に占める割合を最低14％増加する、バイオマスガスの天然ガスネットワークへの引込み割合を10％まで増加する（2030年まで）、環境に配慮し、エネルギー効率性の高いコジェネレーションによる熱電供給を拡大する、新築建物における高効率CHPの割合を少なくとも25％まで増加する（2020年まで、2007年には12％）、建物部門のエネルギー効率性強化のため建物におけるエネルギー基準を引き上げるなどの29の政策手段が採択された。IKEP採択後、主に産業界から、ドイツの経済成長と社会福祉向上を阻害することなく、40％削減目標を達成することができるのかという疑問の声があがった。前述のように産業部門からの排出削減量はEU指令で規制されたため、ドイツ産業界は、IKEP

で 40％削減目標を採択したことにより直接悪影響を被ることはなかったが、電力料金の上昇などにより間接的に悪影響を被る可能性はあった。連邦環境・自然保護・原子力安全省は、このような意見を抑えて、IKEP に盛り込まれた政策措置に関連する法案を連邦議会で通過させるために、フラウンホーファーシステムイノベーション研究所（Fraunhofer ISI）、エコ研究所、およびフォルシュングツェントルム・ユーリッヒ（Forschungszentrum Jülich）に、プログラムの経済的評価を算定するよう依頼した。連邦環境省は、法案審議に間に合わせるためには、経済コストの評価を 2 カ月で行わなければならず、1990 年代初めから、2030 年までの政策シナリオ作成に従事しており、したがって政策評価の知見もモデルも関連データも持っていたこれらの機関に、連邦環境庁がすでに委託していた政策シナリオ策定プロジェクトを延長する形で、IKEP の経済コストの評価を委託した［フラウンホーファーシステムイノベーション研究所 2012］。2 カ月にわたる 25 名のスタッフの働きにより、プロジェクトチームは、「エネルギー気候統合プログラムの政策手段の経済評価（"Wirtschaftliche Bewertung von Massnahmen des Integrierten Energie- und Klimaprogrammes"）」（Doll et al. 2007）という報告書を 2007 年 10 月 29 日に公表した。時間的制約がある中、チームは 29 の政策手段のうち、排出削減量が大きく、また信頼性のあるデータが入手可能な 13 の政策手段に限定して、経済コストの評価を行った。報告書は、これらの政策手段を実施し、排出削減を実現するには、310 億ユーロの投資を要する（このうち 55 億 5,000 万ユーロが再生可能電力供給、84 億 3,000 万ユーロが省エネ条例の実施に用いられる）が、2020 年にはエネルギー費用を 360 億ユーロ削減することができるという結果を示した。削減費用は政策手段によって大きく異なり、エネルギー効率的な製品の使用は 266 億ユーロの、自家用車からの CO_2 排出量の削減は 128 億ユーロの便益をもたらすのに対し、社会資本のエネルギー面の近代化は 163 億ユーロの費用がかかり、13 の政策手段の平均で 260 億ユーロ便益が生じるという計算結果が示された（BMU 2007）。

　一方、産業界はそれまで独自に気候政策実施にかかる費用を算定したことがなかった。この点は、経済産業省に近い研究所と環境省に近い研究所がそれぞれのモデルを使って試算し、それぞれの省庁の主張を後押ししてきた日本とは状況が異なる。2007 年に 2020 年までに温室効果ガスを 40％削減する目標が採

択された後、その目標達成が経済に及ぼす影響を懸念する参加企業・団体の声を受けて、ドイツ産業連盟は、国際的に著名で、その調査結果の信頼性が高いマッキンゼー（McKinsey）に費用の試算を委託した（McKinsey 2007）。マッキンゼーの報告書は、経済と生活の水準を犠牲にすることなく、2020年までに1990年比で31％削減を達成し、かつ2001年の決定に従って予定通りに原子力発電所を段階的に停止することは容易ではないが不可能ではない、また31％中26％は追加的な削減費用なしに、あるいは1t当たり20ユーロの費用で達成できる、一方で2020年までに30％を超える削減を達成するには、極めて費用がかかる手段を実施しなければならず、経済成長に悪影響を及ぼす可能性があり、代替的な手段として原子力発電所の稼働期間を延長する必要がある、2030年までに炭素隔離・貯留技術が導入されれば、さらなる排出削減（1990年比で40％削減）が可能となるが、その費用は1t当たり50ユーロにも及ぶため、多くの産業部門の国際競争力に深刻な影響を及ぼすという結果を示した（同上）。

　こうして連邦環境省、ドイツ産業連盟それぞれが委託した算定結果を参照しながら策定された14の法令が2007年12月5日に、また追加的な7つの法令が2008年5月に議会を通過した。しかしこれらの法律に盛り込まれた手段では温室効果ガス削減分は36％にしかならず（BMU 2007）、連邦環境省は、産業界の悲観的な見通しに対処しながら、気候エネルギー政策をさらに強化するために、ビーエスアールサステイナビリティ（BSR Sustainability、2009年7月1日より資源効率性・エネルギー戦略研究所〈The Institute for Resource Efficiency and Energy Strategies: IREES〉に改名）、欧州気候フォーラム（the European Climate Forum）、フラウンホーファーシステムイノベーション研究所、エコ研究所、ポツダム気候影響研究所（Potsdam Institute for Climate Impact Research）の研究者に、気候保全推進が経済と社会にもたらす便益を検証する調査の実施を依頼した。「気候にやさしいドイツへの投資」（"Investitionen in ein klimafreundliches Deutschland"）報告書（Jochem et al. 2008）は、IKEPに盛り込まれた政策が2020年に50万人の、2030年には80万人の追加的な雇用を創出するとしている。またIKEPに盛り込まれた政策措置は年間300億ユーロの投資を呼び込み、2020年までに200億ユーロのエネルギー費用の削減をもたらすという結果を

示した。しかし雇用創出に関する試算は、石炭・電力部門での雇用減少数を考慮しておらず、40％の排出削減を確実にする政策措置導入へ向けて、経済的繁栄を重視するグループに属するアクターを説得するには至らなかった。

4.6.2. 政策措置
排出量取引制度第2期・第3期

2005年に欧州25カ国で導入されたキャップアンドトレーディング制度導入により、ドイツの産業エネルギー部門のCO_2排出量を抑制する主要政策手段は、産業界が自ら排出削減目標を決定する自主的取組みから、政府が排出量に上限を設定する排出量取引制度へと移行した。経済的繁栄重視派のアクター、特に産業界のアクターは、温室効果ガス、中でも経済活動に不可欠な化石燃料の燃焼に伴って排出されるCO_2の排出量に上限を設定することは、とりもなおさず生産活動、ひいては経済成長の制限につながると見ており、したがって排出量取引制度の導入は経済的繁栄重視派の政策核心理念の規範的部分に抵触し、非漸進的政策転換の中でも大規模な政策転換を構成した。ただし排出量取引制度の効果は、構成国で排出枠の配分方法を決定する国内割当計画（National Allocation Plan: NAP）と国内法であるTHGとZUGを策定する過程で、産業界のアクターによって盛り込まれた多くの例外規定によって減殺された。同様の問題は他の欧州諸国でも見られ、EU排出量取引制度（EUETS）は第1期には排出量を削減するどころか8.3％の増加を招いた。さらにEU排出量取引制度は排出枠を無償で割り当てたため、排出枠の価格を電力料金に上乗せすることができる電力会社に二重の得をもたらすという問題を引き起こした（McKinsey and Ecofys 2006）。

キリスト教民主同盟・社会同盟と社会民主党の大連立政権が、大幅な排出削減を実現する排出量取引制度第2期（2007年～2012年）の国内割当計画を策定することは困難だった。欧州全体で排出量取引制度の効用が減殺されたことを踏まえて、キャップアンドトレーディング制度の本来の効用を発揮させるような国内割当計画の策定を主導したのは、欧州委員会だった。欧州委員会は第2期国内割当計画策定のための共通規則を草案し、また構成国に排出量取引制度対象施設に配分される全割当量を2005年水準から平均6.5％削減することを

要請した。この欧州委員会の要請に応えて、ドイツ政府は国内割当計画の草案を修正し、2005年水準よりも6.8％少ない排出枠を割り当てた。しかし委員会はドイツが用いたデータ計算方法が他の構成国の計算方法と異なるとして、ドイツの修正案を却下した（Commission of the European Community 2006）。結局、ドイツは他の構成国と同様の計算方法を用いて、2005年水準で8.6％少ない排出枠を割り当てた国内割当計画を提出した（BMU 2006）。

　欧州委員会は、排出量取引制度を上記の2020年目標を達成するための主要政策手段として位置づけ、また排出量取引制度を本来制度が予定している効用を発揮する制度に改良するために、2008年1月13日、排出量取引制度の改正案を提出した。同指令改正案は2009年4月23日に採択された（Directive 2009/29/EC of the European Parliament and of the Council of 23 April 2009 amending Directive 2003/87/EC so as to improve and extend the greenhouse gas emission allowance trading scheme of the Community）。この改正指令では、EU排出量取引制度第3期の対象期間を2013年から2020年までの8年間とし、また排出量に比して行政費用がかかる小規模排出施設を排出量取引の対象から除外したほか、第1期に過剰割当てをした構成国があり、排出量取引制度の排出抑制機能が減殺されたこと、投資を促進するには排出枠の割当量について長期的な見通しを要することを踏まえて、第3期以降の割当総量について構成国が第2期間に発行する排出枠総量を基準とし、毎年1.74％ずつ割当量を削減することを定めた[22]。また国際社会が2013年以降の気候レジームに合意し、EUの2020年の

---

22) 1.74％という数値は以下のように計算されている。EUが2020年に温室効果ガスを20％削減するという目標を達成するためには、2005年比で14％の削減を要する。排出量取引適用対象部門での削減は、非適用部門よりも削減費用が低いとの試算が出ているため、排出量取引適用部門での削減分を大きくし、2020年に2005年比で排出量取引適用部門で21％、非適用部門で10％を削減すると設定すると、年間1.74％ずつ排出枠総割当量を減少していく必要がある。この21％の削減目標を達成するには、2020年の排出枠取引適用部門の排出量は最大で1,720Mtに抑えられなければならず、第3期間の排出量は平均1,846Mt、第2期間と比較すると11％削減しなければならない。なお1,720Mtという数値を計算するにあたっては、スロヴァキアに対する欧州司法裁判所の決定に従い算出された2,083Mtを第2期間の平均排出枠総量として使用している。第3期間に拡大されるセクターやガスの排出量は含まれていない。また国際航空運輸からの排出、EEA3カ国からの排出量は含まれていない。EU排出量取引適用施設の拡充と小規模施設の適用除外の拡大を合算すると、EU排出枠取引カバー総量は第2期間と比較すると約6％、約120から130Mt増加する。

排出削減目標が20％より高くなる場合には、増加分に比例して毎年の削減率を変更する。さらに第1期、第2期に排出枠の割当方法として用いられたグランドファザリングは、産業界の国内割当計画策定過程への過度の介入を許し、不透明、非効率、複雑な割当方法の規則が策定されたのみならず、電力部門によるたなぼた利益獲得という問題を招いた。そこで改正案は、第3期以降は原則としてオークションにより排出枠を割り当てると定めた（改正指令案(7)：排出枠取引指令10条）。特にたなぼた利益の問題が指摘された電力部門については、すべての割当てをオークションで行う（改正指令案(8)：排出量取引指令10条a第1項前段）。また電力部門以外の部門については、引き続きグランドファザリングを原則として割当てを行うことが定められた（改正指令案(8)：排出枠取引指令10条a第1項後段）が、その割当て分は80％とし、2013年以降漸減し、2020年にオークションによる割当てに完全に移行する（改正指令案(8)：排出量取引指令10条a第7項）。ただしエネルギー使用量が多く、排出量取引制度により国外流出の可能性のある部門には、2020年までの期間は排出枠を毎年100％無償で割り当てる（改正指令案(8)：排出量取引指令10条a第8項）と定めた。

　このようにEU排出量取引制度は、第1期、第2期の運用を踏まえて同定された問題点に対処し、制度本来の効果を発揮できるよう改定された。このように排出量取引制度自体は強化されたが、他方でこの制度で排出量取引制度対象部門に適用される毎年の削減率1.74％は、EU全体で2020年までに温室効果ガスを20％削減するという前提で設定されており、EUが30％削減することを決定した場合には見直すと定められている。ドイツは、EUが30％削減目標を決定していないにもかかわらず、EUが30％削減する場合にドイツが負担するとしていた40％削減を決定しており、排出量取引対象部門の削減率をドイツだけで強化することはできないため、排出量取引が適用されない民生・運輸部門で埋め合わせなければならないという不公平な事態が生じた。

再生可能エネルギー法改正
　キリスト教民主同盟・社会同盟と社会民主党は、2005年の連立協定では、

	2012	2013	2014	2015	2016	2017	2018	2019	2020
百万t	2,083	1,974	1,937	1,901	1,865	1,829	1,792	1,756	1,720

エネルギー政策の分野で、再生可能エネルギー導入数値目標を 2004 年法の 12.5％から少なくとも 20％に引き上げ、また再生可能エネルギー法の基本構造は維持するが、同時に個々の補償の経済的効率性について 2007 年までに検証を行い、その際、補償率、逓減率および補償期間をそれぞれの再生可能エネルギーの普及段階に合わせて調整させること、場合によっては新たな重点を設けることなどに合意した。この連立協定の内容と、2007 年 3 月に欧州理事会が採択した EU 再生可能エネルギー拡充方針（EU の全エネルギー消費に占める再生可能エネルギーの割合を 2020 年に約 20％まで引き上げる）、そして 2004 年法の実績評価（2007 年 11 月 9 日連邦議会に提出）で 2007 年に再生可能エネルギーが電力の一次供給に占める割合が 13％を超え、目標年である 2010 年より 3 年早く 12.5％という目標が達成されたという結果を踏まえて、2004 年再生可能エネルギー法の改正が議論されるようになった。

　連邦政府の改正案は 2008 年 2 月 18 日に連邦議会に提出され、7 月 4 日に議会を通過し、2009 年 1 月 1 日より施行された（Gesetz für den Vorrang Erneubarer Energien (25.10.2008)）。2009 年法では、まず電力供給に占める再生可能エネルギーの割合に関する数値目標を、2020 年までに少なくとも 30％とし、それ以後継続的にこの比率を引き上げると定めた。また再生可能エネルギー法は、目標達成については有効性が検証されているため、その基本構造を維持するが、各種の再生可能エネルギーについて補償率およびその逓減率に関する規定を改正した。例えば大規模水力発電施設（15 年）を除く、すべての再生可能エネルギーについて、補償期間を施設の稼動開始時から 20 年に統一した。特に 2006 年時点で、全電力供給の 5％にあたる 310 億 kWh を供給する風力エネルギーについては、生産費自体は 1991 年時点と比較して 60％低下したものの、旧式の発電施設の更新（リパワリング）が進んでいないため、リパワリング促進の目的から、洋上施設以外の補償額の逓減幅を 2004 年法の 2％から 1％へ縮小した。また洋上施設についても、コスト上の理由からその拡充が期待されたほど進んでいないため、初期補償額を他の EU 構成国と同程度の水準に引き上げる一方で、その後の補償額は引き下げることと定めた。一方、太陽光発電は 2004 年法の下で、2000 年の 6,400 万 kWh から 2006 年の 20 億 kWh へと拡大し、また研究・開発が進んで生産費用が大幅に低下したため、2009 年以降に

新設された施設については逓減率を大幅に引き上げた。この改正により、再生可能エネルギー法に起因する負担は、年間約1,700kWhの電力を消費する平均的家計において、2006年の月額約1.10ユーロから2015年には約2.15ユーロに上昇するが、2030年には約0.30ユーロまで減少するという予測が示された。現実には固定価格買取の費用負担の免除を受ける大口需要家が増えたため、一般消費者の負担が重くなり、2011年には3.53ユーロまで上昇した（免除措置がなければ2.96ユーロ）（BMU 2011）。

4.6.3. 第6期のまとめ：2020年中期目標の採択

第6期には、社会民主党と連合90・緑の党の連立政権に代わり、キリスト教民主同盟・社会同盟と社会民主党の大連立政権が成立した。この政権交代により、緑の党が政権から外れたにもかかわらず、ドイツは2020年までに温室効果ガスを40％削減するという目標を採択した。そもそもドイツは、EUが温室効果ガスを30％削減する目標を採択した場合には40％削減するが、EUが20％しか削減しない場合にはドイツは30％削減すると決定していた。EUが温室効果ガスを20％削減するという目標しか採択していなかったにもかかわらず、ドイツが40％削減目標を採択したのは、2007年に気候政策が重要課題として設定されていたハイリゲンダムG8サミットを主催したことに起因するところが大きい。

キリスト教民主同盟・社会同盟と社会民主党の大連立政権は、この40％削減目標を実現するためのエネルギー気候保全統合プログラム（IKEP）を採択した。しかしIKEP採択後、主に産業界から、40％削減目標を達成するための政策費用がドイツの経済成長と社会福祉に悪影響を及ぼすのではないかという懸念の声があがった。このような懸念を反映したこともあって、ドイツ政府は2007年末と2008年5月にIKEPを具体化した法令を制定したが、これらは許容可能な範囲の費用を超えずに実施できるものばかりで、40％の排出削減を確実にするものではなかった。エネルギー気候保全統合プログラムというプログラム名に見られるように、第5期には再生可能エネルギー政策と気候政策双方の所管を連邦環境・自然保護・原子力安全省が獲得し、両政策の統合が進んだが、第6期には気候政策とエネルギー政策全般の統合が進んだ。

第6期では主に第1期の運用の実態から浮き彫りになった問題点に対処するために、EU排出量取引制度が改定された。改定指令が適用される2013年以降の制度では、2020年までの8年間を1つの期間とし、割当量を毎年1.74％ずつ削減する。また電力部門はすべての排出枠をオークションを通じて購入し、その他のプロセス排出についてはグランドファザリングとオークションを組み合わせ、徐々にオークションの割合を増加させる。しかし改正指令は、EUが2020年までに温室効果ガスを20％削減するという目標を達成するためのものであり、EUが温室効果ガスを30％削減することを前提とする、ドイツの40％削減目標を達成するためのEU排出量取引対象部門、すなわち産業エネルギー部門の目標としては不十分だった。しかしドイツ単独でEU排出枠取引制度の削減目標を変更することはできないため、40％削減目標を実現するには、エネルギー転換部門と民生部門が大きな負担を強いられた。

このように第5期に続き、ドイツ気候エネルギー政策は第6期において他のレベルの政策の影響を大きく受けた。G8サミットの主催という国際政治は、2020年までに温室効果ガスを40％削減するという目標とその目標を実現するためのIKEPの採択という形でドイツの気候エネルギー政策を気候保全の方向に牽引した。またEU排出量取引制度の改定もそれ自体は、排出量取引制度を本来の効果を発揮できる制度に強化するもので、EU気候エネルギー政策がドイツの気候エネルギー政策を気候保全の方向に牽引したといってよい。もし仮に排出量取引制度がドイツ国内で導入されていたら、このような改定を行うことは困難だっただろう。他方でEU排出量取引改正指令は、ドイツが温室効果ガスを30％削減する目標を負う場合の条件だった、EUが2020年までに温室効果ガスを20％削減することを目的としており、EUレベルの政策決定により、ドイツの温室効果ガス排出削減目標とは関わりなく、EU排出量取引対象部門の排出削減分が固定化されてしまい、EU排出量取引対象部門と非対象部門の負担に不公平を招いた。

4.7. 第 7 期（2009 年〜2013 年）：保守連立政権の復帰—エネルギー転換（Energiwende）と福島原子力発電所事故

2009 年の連邦議会選挙以前から、大連立政権内の不和を原因とする政治の停滞に対する国民の不満が募っていた。その結果、2012 年の連邦議会総選挙で、社会民主党は戦後最低の 23.0％しか得票することができず、歴史的な大敗を喫した。またキリスト教民主同盟・社会同盟も、社会民主党ほどではなかったものの、2005 年の選挙から得票率を減らした。この選挙で社会民主党から票を奪ったのは左派党、緑の党、そして自由民主党だった。特に自由民主党の躍進は著しく、戦後最高となる 14.0％の得票率を記録した。このように自由民主党の躍進を受けて、第 7 期には、11 年ぶりにキリスト教民主同盟・社会同盟と自由民主党の保守中道政権が誕生した。1990 年代の保守中道政権は、炭素・エネルギー税が導入できなかったことに表れているように、社会民主党や連合 90・緑の党政権と比較すると、気候保全に熱心ではなかった。キリスト教民主同盟・社会同盟と自由民主党は、一方で両者にとって重要な票田である産業界の意向を反映して、気候政策実施による経済への悪影響を緩和することを試み、他方で 2009 年の総選挙で緑の党が大躍進を遂げ、国民の環境問題への関心が高まっていることを踏まえて環境問題に積極的に取り組む姿勢を示すことにも苦心した。2020 年までに温室効果ガスの排出量を 40％削減するという中期目標が 2007 年に採択されたことを受けて、すでに選挙キャンペーン時から争点となっていた、より長期の 2050 年の削減目標に関する議論が、政権成立後、本格化した。

4.7.1. 長期目標（エネルギー転換〈Energiwende〉）：2050 年までに温室効果ガスを 80〜95％削減する目標の採択過程

2009 年に実施された連邦議会選挙では、2050 年という長期の気候エネルギー政策が大きな争点となった。このような背景の下、連邦環境省のほか、グリーンピースドイツ（Greenpeace Germany）、WWF、四大電力会社などの利害関係者も、2030 年、2050 年の長期シナリオの策定をそれぞれ異なる機関に委

託し、公表した (Barzantny et al. 2009; Kirchner et al. 2009; Beer et al. 2009)。まず連邦環境省は、1990年以来、フラウンホーファーシステムイノベーション研究所 (Fraunhofer ISI) 等に委託している政策シナリオに加えて、ドイツ航空宇宙センター・シュトゥットガルト熱力学研究所 (Deutsches Zentrum für Luft-und Raumfahrt: DLR, Stuttgart Institut für Technische Thermodynamik)、フラウンホーファー風力エネルギー・エネルギーシステム技術研究所 (Fraunhofer Institute für Windenergie und Energiesystemtechnik: IWES)、および新エネルギー技術オフィス (Ingenieurbüro für neue Energien: IFNE) らに2007年から毎年委託しているドイツにおける再生可能エネルギー促進に関する長期的なシナリオと戦略 (俗称 Leitstudie〈パイロット調査〉) の2010年版を公表した (Nitsch et. al 2010)。

連邦環境省が公表したDLRらのLeitstudieシナリオでは、2007年から2009年までの同様の委託事業に基づいて、3つのシナリオが算定された。いずれのシナリオも、GDPは2009年から2020年までは1.1％、2020年から2050年までは0.85％のペースで増加し、2050年のGDPは2009年比で50％増加するという前提である。シナリオ2010Aは、原子力発電所が2009年時点での残りの稼働期間は稼働するものと仮定しており、自家用車の電気自動車化は2050年までに33％に達する。シナリオ2010Bでは、Aと同様に、原子力発電所は、2009年時点での残りの稼働期間は稼働するものと仮定する。自家用車の電気自動車化は2050年までに66％に達する。シナリオAと比較すると電力需要が増加するが、増加分は追加的な再生可能エネルギーによりカバーされる。シナリオBについては、2050年に電力をすべて再生可能エネルギーで供給する別シナリオ (シナリオB—再生可能エネルギー100％) も計算されている。シナリオCは、後述するように、2010年9月28日に連邦政府が原子力発電所の稼働期間を平均12年間延長するという決定を下した後、追加されたもので、同決定に従い、シナリオAと比較して原子力発電所の稼働期間が延長されている。その他の仮定、特に再生可能エネルギーの導入割合はシナリオAと同様である。このモデリング作業は2009年に開始していたため、シナリオAとBは、算定に数週間しかかけられなかったシナリオCよりも詳細である。

計算によれば、2050年に1990年比で、シナリオAではCO_2排出量を84.8％、温室効果ガスを80.7％削減することができ、シナリオBではCO_2排

出量を86.8%、温室効果ガス排出量を81.4%削減し、シナリオB—100%再生可能電力ではCO$_2$排出量を88.7%、温室効果ガスを84.8%削減することができ、シナリオCではCO$_2$排出量を84.8%、温室効果ガスを80.6%削減することができるという結果が示された。

またWWFの「ドイツの将来モデル（"Modell Deutschland"）」シナリオは、のちに原子力発電所稼働期間の延長に関する異なるシナリオの計算を行ったプログノス（Prognos）と、連邦環境庁の政策シナリオプロジェクトに毎回関わってきたエコ研究所、そしてエネルギーコンセプトのモニタリングに関わっている研究者であるツイージング（Ziesing）博士に、WWFが温室効果ガス排出量を95%削減することを可能にするシナリオ策定を依頼したものである。ドイツの将来モデルでは、2005年から2050年まで人口が約12.5%増加し、1世帯当たりの平均人数は2.1人から1.85人まで減少し、GDPは約30%増加する（連邦環境省のLeitstudieとは異なる）と仮定し、原子力発電所の稼働期間を延長することなく、1990年水準から温室効果ガス排出量を95%削減するシナリオを算定している。参照シナリオでは、温室効果ガス排出量は1990年比で45%しか削減されていない（1人当たり9t）。革新シナリオではエネルギー効率性の向上と再生可能エネルギーのさらなる活用（交通部門での電気自動車の普及など）と炭素吸収により87%減少する（1人あたり2.2t）。またこのシナリオでは、産業工程（粗鋼とセメント）で二酸化炭素回収・貯留（Carbon Capture and Storage: CCS）を活用し、熱需要、天然ガス、商業部門における暖房熱用途の過程をバイオメタンで代替し、航空部門で既存燃料をバイオ燃料で大幅に代替し、自家用車や道路輸送でもバイオ燃料利用を拡大し、革新シナリオ以上に森林吸収を用いることにより、1990年比で温室効果ガスを95%削減することが可能になるとしている。これに対し、ベーア（Beer）らが、四大電力会社の依頼で行った、独自の3つのシナリオの算定では、どのシナリオでも80%以上の削減を達成することはできないという結果が示されている（Beer et. al 2009）。このように気候保全重視派、経済的繁栄重視派双方が実施した、2050年の温室効果ガス排出削減目標に関する試算を踏まえて、連邦政府は2010年9月、IKEPで設定した2020年目標を延長する計算で2050年目標を設定したエネルギーコンセプトを採択した（表4-5参照）。ドイツ政府は、このように野心的な長期目標を提

表4-5：エネルギーコンセプトの目標

	2011年	2020年	2030年	2040年	2050年
温室効果ガス					
温室効果ガス排出量（1990年比）	−26.4%	−40%	−55%	−70%	−80〜95%
エネルギー効率性					
一次エネルギー消費（2008年比）	−6.0%	−20%		−50%	
エネルギー生産性	年2.0%（2008〜10）	年平均2.1%（2008〜2050）			
電力総消費量（2008年比）	−2.1%	−10%		−25%	
発電に占めるコージェネの割合	15..4%（2010）	25%			
住宅のエネルギー効率					
熱必要量	n.a.	−20%			
一次エネルギー必要量（2008年比）	n.a	−		−80%前後	
改修	年約1%		年2%		
交通部門.					
最終エネルギー消費（2005年比）	約−0.5%	−10%		−40%	
電気自動車保有台数	約6,000台	100万台	600万台		
再生可能エネルギー					
電力総消費量に占める再生可能エネルギーの割合	20.3%	>35%	>50%	>65%	>80%
エネルギー総最終消費に占める再生可能エネルギーの割合	12.1%	18%	30%	45%	60%

出典：BMU（2010）

案する一方で、原子力発電所の稼働期間の延長も提案している。稼働期間は、17の原子力発電所について延長され、1980年以前に稼働した原子力発電所については8年間、1980年以降に稼働した原子力発電所については14年間延長される予定だった（BMU 2010）。

　原子力発電所の稼働期間の延長は、経済省所管事項であったため、経済省がしばしば業務を委託しているプログノス、電力産業研究所（Energiewirtschaftliches Institut: EWI〈ケルン大学の組織〉）、経済構造研究協会（Gesellschaft für Wirtschaftliche Strukturforschung: GWS）が、稼働期間延長に関するさまざまな要因の効果を計算した（Schlesinger, et al. 2010）。このシナリオでは、温室効果ガスの排出量は1990年から2050年の間で62％減少し、したがって連邦政府が

採択した2020年40％、2050年80％削減目標は、追加的な政策措置を導入しない限り達成できないという結果が示された。これらの目標を達成することを目的として、上記研究機関は再生可能エネルギーの導入やエネルギー効率性の向上について異なる条件で8つのシナリオを計算した。これらシナリオでは、原子力発電所の稼働期間を延長する効果は4年から28年に設定されており、2010年時点で稼働中の17の原子力発電所を廃炉にするための費用も盛り込まれている。算定結果によれば、ドイツが再生可能エネルギー時代へと移行することは可能であるものの、多額の民間および公共投資を要する。この試算に基づいて、連邦政府は稼働中の原子力発電所の稼働期間を平均して12年間延長することを決定した。

4.7.2. 福島原子力発電所事故と原子力発電所の段階的廃止の加速化

2010年に採択されたエネルギー転換計画は、2011年3月11日に日本で起きた福島原子力発電所の事故を受けて大きく修正された。メルケル首相は、まず2011年3月15日、2010年9月24日のエネルギーコンセプトの中で決定した原子力発電所の運転期間延長を凍結し、さらに8基の原子力発電所の運転を当面停止する方針を発表した。さらに3月末、「安全な電力供給の倫理的側面に関する委員会」（Etik-Kommission Sichere Energieversorgung）を設置することを決定した。メルケル首相は、彼女の前任の環境大臣だったテプファーとドイツ学術振興会のマチアス・クライナー（Matthias Kleiner）を共同座長に任命した。彼らのほか、大学教授、司教、労働組合および産業界の代表15名が委員として任命された。このうち純粋な産業界の代表はBASFのユルゲン・ハムブレヒト（Juergen Hambrecht）会長のみで、一番の利害関係者である電力業界は委員会に招聘されなかった。倫理委員会は原子力の安全性に関する議論を公に行うために、4月28日にテレビとインターネットで中継された公聴会を開催した。公聴会にはエコ研究所、ヴッパタール研究所など脱原発の立場をとってきた研究所、ドイツ自然保護連盟（NABU）、世界自然保護連盟（WWF）のメンバー、アルミニウム産業、再生可能エネルギー業界、そして電力を代表してE.on社長など28人の専門家が参加し、11時間にわたる討論を行った。このように専門家がさまざまな観点から倫理委員会に対して質問し、議論するという形式を

採用した点は、討論型世論調査を実施し、国民の意見を直接反映させようと試みた日本とは異なる。その後、5月半ばに実施された非公開の討論を踏まえて、5月30日、倫理委員会は原子力発電所を2021年までに完全に廃止し、また高レベルの核廃棄物を取り出し可能な状態で保存することなどを決定した（Schreurs and Yoshida 2013）。2021年という期限は、社会民主党と緑の党の2001年の決定に沿ったものだが、社会民主党と連合90・緑の党政権下で成立した原子力規制法では原子力発電所間での稼働期間のやりとりを認めており、原子力発電所の中には32年の稼働期間を超えて稼働することができるものもあったため、2022年という期限を明確に設定することは原子力発電所の段階的廃止のスケジュールを早めることになった。原子力発電所の早期廃止を可能にするために、連邦政府は、6月6日に2010年9月のエネルギーコンセプトの手段を補完するパッケージを採択した。この決定は停止中の8基の原子力発電所を即時閉鎖し、残る9基は2015～2022年にかけて5段階で閉鎖すること、核廃棄物の処分場はゴアレーベンのほかにも候補地を探すことなどを内容とする。また原子力発電所からの電力供給の削減分を埋め合わせるために、再生可能エネルギー拡大の加速化（10年で35～40％程度増加、2010年9月には35％だった）に加えて、海上・陸上風力発電電力を引き込むための送電網の拡大、電力市場およびシステムのさらなる統合、蓄電施設利用の増加、不適切な固定買取価格の修正（オフショア風力、水力、地熱利用を促進し、太陽光への過剰な投資を調整するため）、10の海上風力への財政支援、民生建物部門でのエネルギー効率性の向上などが、2011年のパッケージに盛り込まれた。こうして2011年6月30日、2021年末までに原子力エネルギー施設を閉鎖することを含む連邦原子力法の改正が議会を通過した。

　電力会社は、連邦原子力法の改正が原子力発電所の稼働期間延長という前提の下、行った投資に対する補償がないという点で財産権の侵害に当たり、ドイツ連邦共和国基本法に反するとして、連邦憲法裁判所に提訴した。電力会社は、また原子力発電所の稼働期間延長の見返りとして、改正前法で支払うことを義務づけられていた核燃料税の還付を求めて、財政裁判所にも訴えを提起した。このように電力会社は、原子力発電所の段階的停止の前倒しによる金銭的損害についての補償を求めてはいるものの、原子力発電所の段階的停止の前倒

しという政治決定自体は受け止めている［RWE 2012; E.on 2012; EnBW 2012; Vattenfall A 2012］。このようにエネルギーパッケージが採択されたものの、エネルギーシステムの完全な転換は、エネルギー産業および建物部門での長期的な投資行動を変えない限り実現できないという認識の下、連邦環境・自然保護・原子力安全省および連邦経済省は共同で、ステークホルダーが参加するプラットフォームを立ち上げた。このプラットフォームには、すべてのステークホルダーが参加することができ、情報共有、エネルギーシステムの転換の過程で生まれる問題点や問題点への対処方法などを議論している。省庁はまた安定的なエネルギー供給、経済効率性、環境十全性、そして原子力発電所の段階的廃止の同時達成を確実に行うために、モニタリングとレビューのプロセスを立ち上げた。

4.7.3. 再生可能エネルギー法再改正

2010年9月24日に決定されたエネルギーコンセプトが、福島原子力発電所の事故後、原子力発電所の段階的廃止の加速化が決定され、改定されたことに伴い、2011年6月に関連法規が改正された。この関連法規の1つとして改正されたのが、再生可能エネルギー法である。改正法では、まずエネルギーコンセプトに従い、再生可能エネルギーの導入目標を、2020年35％、2030年50％、2040年65％、そして2050年最低80％と、段階的に引き上げることを定めた。

また個別の供給源では、陸上風力のリパワリング（設備の追加・増強）が2009年法の下で進んだことから、新規設備の買取価格の逓減率を1％～1.5％に引き上げ、洋上風力については初期費用が高いことから、通常よりも高い買取価格を短い期間適用する「前払いモデル」を導入すると定めた。また太陽光については2012年以降、半年ごとに買取価格を調整する仕組みを取り入れた。

また大規模需要家の固定価格買取費用負担の軽減措置については、さらに対象を拡大し、2004年法では年間電力使用量を10GWh以上と定めていたのに対し、1GWhまで引き下げ、また年間電力使用量の多寡によって軽減措置によって負担する費用をスライド式に決定する方式に変更した。

4.7.4. 第7期のまとめ：2050年長期目標の採択と福島原子力発電所事故の影響下での原子力発電所の段階的廃止の加速化

　2009年の連邦議会選挙では、社会民主党が歴史的な大敗を喫し、11年ぶりにキリスト教民主同盟・社会同盟と自由民主党の保守中道連立政権が誕生した。2020年までに温室効果ガス排出量を40％削減するという中期目標が2007年に採択されたことを踏まえて、2009年の連邦議会選挙では、2050年という長期気候エネルギー政策が大きな争点となった。このような背景の下、多くの研究所が2030年そして2050年に向けた気候エネルギー政策シナリオを公表した。このように気候保全重視派、経済的繁栄重視派双方が実施した、2050年の温室効果ガス排出削減目標に関する試算を踏まえて、連邦政府は2010年9月、IKEPで設定した2020年目標を延長する計算で2050年に温室効果ガスを80〜95％削減するという目標を設定したエネルギーコンセプトを採択した。エネルギーコンセプトでは、野心的な長期目標を提案する一方で、この目標を達成するために原子力発電所17基の稼働期間を平均12年延長することが提案された（BMU 2010）。

　しかしこのような提案は、2011年3月11日に日本で起きた福島原子力発電所事故という危機により覆されることとなった。2011年3月末にはメルケル首相が、同事故を受けて、安定的なエネルギー供給に関する倫理委員会を設置することを決定し、わずか2カ月後の5月30日、倫理委員会は原子力発電所の段階的廃止を2021年までに達成することを勧告した。原子力発電所の早期廃止を可能にするために、連邦政府は、6月6日にエネルギーコンセプトの手段を補完するパッケージを採択し、2011年6月30日、2021年までに原子力エネルギー施設を閉鎖することを含む連邦原子力法の改正が議会を通過した。このようにドイツは、事故が起きた日本よりもすばやく原子力発電所の早期廃止という非漸進的政策転換を決定した。

4.8.　ドイツにおける気候エネルギー政策転換

　ドイツの気候政策サブシステムは、科学的知見が蓄積され、国際的な気候政治が進展した結果、気候変動問題に対する一般国民の認識が高まったことを受

けて出現した。ドイツではすでに第1期に、議会諮問委員会や省庁間作業部会などの気候政策の制度基盤が構築された。いずれの機関も気候変動問題に対処するための行動をとること、また西独州で1987年レベルと比較して2005年までに25％のCO_2削減目標を採択することに第1期に合意した。このような合意は国際レベルでの科学的知見の集積に呼応して設置された議会諮問委員会の活動などにより、ドイツ国内で気候科学について早期に合意が形成されたことによるところが大きい。さらにアクター、特に経済的繁栄重視派のメンバーが、重点を置いている他の問題（原子力政策、石炭労働者の失業対策など）に対する気候政策の影響を完全に把握しておらず、したがって気候政策に関する立ち位置が明確ではなかったことも一因だったと考えられる。例えばキリスト教民主同盟・社会同盟は、気候政策が原子力エネルギーの復権に役立つ可能性があると見て、当初、気候保全に積極的な姿勢を見せていた。

　第2期には、気候政策に関する議論の焦点は、気候変動に対処する必要があるのかという点から、どのように気候変動問題に対処するのかという点に移行した。このような状況の下で、アクターの立ち位置の違いはより明確になった。キリスト教民主同盟・社会同盟、自由民主党、社会民主党のエネルギー（右）派、連邦経済省、産業界、これらアクターと緊密な関係にある研究所は、経済的繁栄重視派を形成し、一方、社会民主党の環境（左）派、緑の党、環境サイドの研究所は、気候保全重視派を形成した。経済的繁栄重視派は、ドイツが欧州あるいは国際気候政治で主導的な立場にあったにもかかわらず、ドイツ国内ではいかなる厳しい手段をとることにも躊躇した。一般国民そして政治家の関心はドイツの再統一と景気後退を受けて、気候政策から離れていった。他方でこれら2つの問題はCO_2排出量の大幅な削減をもたらした。

　第3期では気候変動枠組条約第1回締約国会合（COP1）をベルリンに招聘し、また気候変動枠組条約事務局をボンに招致したことから窺えるように、ドイツとヘルムート・コール首相は国際気候政治で主導的な役割を果たし続けたが、国内では気候保全重視派と経済的繁栄重視派の対立がますます顕著になった。その結果、気候政策サブシステムは均衡状態に達した。産業界は政府の要請に応えて表面的には協力的な姿勢を示し、ドイツ産業連盟の自主宣言を発表した。しかし産業界の真の意図は、財政的・規制的手段の導入を阻止すること

だった。経済的繁栄重視派は、エコロジー税導入の必要性と実現可能性を示唆する数々の出版物や提案があったにもかかわらず、そのような税の導入を阻止することに成功した。他方でエコロジー税導入の議論は、それまで気候政策の推進が原子力の復権に利用される危険性を懸念して、気候政策形成に積極的に関与することを躊躇していた NGO が、気候保全が省エネ手段によって達成することが可能であり、必ずしも原子力エネルギーの段階的廃止と相容れないわけではないことを認識し、気候政策サブシステムで積極的な活動を展開する転機となった。

　第 4 期では 1998 年の連邦議会選挙の結果、社会民主党と連合 90・緑の党の連立政権が成立し、緑の党が政府に参加したため、気候保全重視派にとって、以前よりも環境および気候保全を推進する方向で政策を牽引する機会が拡大した。このような機会を利用して、気候保全重視派は、CO_2 排出削減報告書の中で部門別目標を明記することに成功した。産業エネルギー部門は、それまでドイツ産業連盟の自主宣言の下、自主的なベースで、集団として目標を設定していたので、部門別目標の明記は市場から政府へのこれら 2 部門の排出削減目標に関する権威の移行を意味した。しかし部門別目標の明記は、目標達成を確実にする具体的な政策措置が伴わなかったため、経済的繁栄重視派の政策理念に触れるような大きな非漸進的政策転換を導くには至らなかった。気候保全重視派は、第 1 期以来議論を続けながらも導入できなかった炭素エネルギー税をエコロジー税という形で導入することにも成功した。エコロジー税導入により政府は産業エネルギー部門も含む、規制対象施設による燃料および電力消費に税を課す権限を獲得した。しかしドイツのエコロジー税は、化石燃料からのエネルギーおよび電力使用を抑制するだけの高い税率を設定しておらず、産業エネルギー部門に属する施設に多くの例外措置を設けていた。その結果、エコロジー税は、産業エネルギー部門からの CO_2 排出量を実際に抑制する効果を伴うものにはならなかった。事実、ドイツ産業連盟の自主宣言は、宣言に参加している施設への減税を正当化するために用いられていた。自主宣言がなければ、このような減税は構成国による EU 補助金指令に違反する措置（欧州共同体指令 92 条）と見なされた可能性が大きい。したがってエコロジー税は、産業エネルギー部門からの排出を抑制する主要手段として機能し続けたドイツ産業

連盟の自主的な宣言よりも、はるかに限られた役割しか果たさなかった。このように、エコロジー税の導入は大規模な政策転換ではあったが、産業エネルギー部門からの排出を抑制する政策手段として、税が理論上持つ効果を発揮するには至らなかった。気候保全重視派は、さらに再生可能エネルギー法（Erneuerbare Energien Gesetz: EEG）の改正を通じて、再生可能エネルギー促進を強化することにも成功した。しかし気候保全重視派はこの期にすべての政策措置において前進したわけではない。典型例が熱電併給の促進のための割当制の導入である。社会民主党のエネルギー（右）派の支持の下、産業界は、ドイツ産業連盟の自主宣言を補完する追加的な自主協定を通じて、割当制の導入を阻止し、産業界の熱電併給施設については新熱電併給法の適用除外を確保した。

　第5期は、2002年の連邦議会選挙での社会民主党と緑の党の連立政権の再選で始まった。連立政権内の緑の党の強い立場は、連邦経済省から連邦環境省への再生可能エネルギーの所掌の移管をもたらした。これにより気候政策と再生可能エネルギー政策の統合が進んだ。さらに欧州共同体内で排出量取引制度を設立するEU指令の国内実施を通じて、気候保全重視派は、産業エネルギー部門からの排出量を抑制する主要政策手段を排出量取引制度とすることに成功した。こうして気候変動問題が政治の主要課題として認識されるようになって以来はじめて、政府は排出量取引制度を通じて、個別施設からの、ひいては産業エネルギー部門からの全CO_2排出量を抑制する上限を設定する権力を獲得した。ものとサービスの生産・消費の継続的な拡大を追求する経済的繁栄重視派は、化石燃料の役割を同等の価格で代替する燃料が存在しない状況でCO_2排出量を抑制することは生産活動への抑制と見なしているため、排出量取引制度の導入は、同グループに属するアクターの政策核心理念の規範的部分に抵触し、したがってドイツの産業エネルギー部門からのCO_2排出量を抑制する政策措置に関する最大の非漸進的政策転換となった。このような政策転換が可能となった要因は、第6章でさらに詳しく検証する。

　第6期には、キリスト教民主同盟・社会同盟と社会民主党の大連立政権が誕生した。緑の党が政権に参加しなかったにもかかわらず、ドイツは2020年までに温室効果ガスを1990年水準から40％削減する中期目標を採択し、気候保全に積極的な姿勢を示した。もともとドイツは、EUが温室効果ガスを2020

年までに30％削減する場合にはドイツは40％削減するが、EUの目標が温室効果ガス20％削減であればドイツは30％削減するとしており、この時点でEUが20％削減目標しか採択していないのにドイツが40％削減目標を採択したのは野心的だったといえる。このようなドイツの積極的な態度は、大連立政権の首相が、かつて連邦環境・自然保護・原子力安全大臣を務め、環境問題への関心が高かったメルケルだったことにも起因するが、2007年に気候変動問題が重要な課題とされたハイリゲンダムG8サミットの議長国をドイツが務めたこと、すなわち国際政治の影響（重層的ガバナンス）が大きかったと考えられる。しかし産業界はこのような目標の達成可能性に懐疑的だった。その結果、比較的安価な費用で実現できる温室効果ガス排出削減措置を法制化することはできたが、40％削減を実現するに足りるだけの政策措置を法制化することはできなかった。また2009年にEU排出量取引指令が、主に第1期の運用の経験を踏まえて改定され、第3期（2013年〜2020年）以降の制度が強化された。同指令の採択は排出量取引制度自体に関しては強化となるはずだったが、EUが2020年までに温室効果ガスを20％削減するという目標の達成を目的としていたため、ドイツが40％削減目標を達成するには不十分であり、その分を排出量取引非適用部門で削減するという矛盾が生じた。このようにEUにおける気候エネルギー政策の影響（重層的ガバナンス）は、排出量取引指令の改正だけ見ればドイツ気候エネルギー政策を気候保全の方向で牽引したが、ドイツの2020年温室効果ガス40％削減手段としては民生、エネルギー転換部門に不当に重い負担を強いる結果を招いた。

　第7期には、キリスト教民主同盟・社会同盟と自由民主党の保守中道政権が11年ぶりに誕生した。この政権は、社会民主党や緑の党の連立政権と比較すると、気候保全に積極的ではなかった。実際、中期目標の達成を確実にする政策措置は導入されなかった。一方で、この政権は2050年に向けて温室効果ガスを80〜95％削減するという長期目標を採択した。もちろん2050年という、政権の重要職に就いている政治家が現役を退いているであろう長期の目標を公約することは、短期や中期の目標設定とそのための政策措置の導入と比較すればはるかにたやすく、この採択をもって非漸進的政策転換が起きたと一概にはいえない。さらに同政権はこの目標を達成するために、原子力発電所の稼働期

間を平均12年延長することも決定した。このように気候エネルギー政策の進展は保守中道政権下で停滞するかに見えた。しかし2011年3月11日に起きた福島原子力発電所の事故という内部危機を受けて、メルケル首相は3月末には倫理委員会を設置し、2010年12月に採択した原子力発電所の稼働期間の延長という決定を覆し、2022年までに原子力発電所を完全に廃止するという決定を採択した。この決定は、社会民主党と連合90・緑の党の政権下で採択された原子力発電所の稼働期間を32年とする決定よりもさらに原子力発電所の廃止を加速化したため、非漸進的政策転換だったと評価することができる。ただしこのような非漸進的政策転換は福島原子力発電所の事故という危機を契機としてはいたものの、福島原子力発電所の事故だけに起因していたわけではない。2001年の連邦原子力法の改正による原子力発電所の段階的廃止決定、さらには1996年に採択されたEU電力市場の自由化指令とそれをドイツ国内で実施するためのドイツ電力事業法の改正、そして原子力発電所からの電力供給分を代替する再生可能エネルギーの普及といった条件が整っていたからこそ、事故を契機として非漸進的政策転換が起きたと考えるのが妥当であろう。

1987年から2012年の期間、ドイツは、第4期の部門ごとの目標値の明記、エコロジー税の導入、原子力発電所の段階的廃止、そして第5期の排出量取引制度の導入、再生可能エネルギーの所管の連邦経済省から連邦環境・自然保護・原子力安全省への移管、第6期に起きた中期目標の設定、第7期のエネルギーコンセプトの採択、そして原子力発電所の2022年全廃などの非漸進的政策転換を経験した。特に排出量取引制度は政府に、産業エネルギー部門からのCO_2排出量を抑制する単なる形式的な権威ではなく実質的な権力を付与したため、大きな非漸進的政策転換だったと評価される。

表 4-6：ドイツにおける気候エネルギー政策転換

	国家目標		部門別目標		政策措置		結果
	EP	CP	EP	CP	EP	CP	
第1期 (1980年代後半〜1990年)	対立なし	対立なし	-	-	CDU/CSU：原子力推進 SPDエネルギー派：再生可能エネルギーとエネルギー効率性向上	炭素税 再生可能エネルギーとエネルギー効率性向上	1987年から2005年までに西独州でCO_2排出量を25％削減するという国家目標の採択 再生可能エネルギーを促進するための固定価格買取制度の導入
第2期 (1990年〜1994年)	-	-	-	-	自主的取組み	炭素税	1987年から2005年までに全ドイツでCO_2を25〜30％削減するという国家目標の採択（改定）
第3期 (1994年〜1998年)	-	-	-	-	自主的取組み	炭素税 排熱利用条例	1987年から1990年へCO_2排出削減目標の基準年を改定し、目標を引き上げ ドイツ産業連盟の自主行動宣言（2005年までにCO_2原単位またはエネルギー効率性を20％まで向上）
第4期 (1998年〜2002年)	-	-	-	-	自主的取組み	エコロジー税	産業エネルギー部門の削減目標の明記 エコロジー税導入 再生可能エネルギーをさらに促進する再生可能エネルギー法の制定 原発稼働期間32年に設定 ドイツ産業連盟の自主行動宣言の改定（2005年までにCO_2排出原単位を28％削減し、2012年までに6ガスで35％削減）
第5期 (2002年〜2005年)	-	2020年までに温室効果ガス排出量を40％削減（EUが30％削減を目標とする場合）	-	-	自主的取組み	キャップアンドトレーディング制度	EU排出枠取引制度の導入
第6期 (2005年〜2009年)	-	2020年までに温室効果ガス排出量を1990年水準から40％削減	-	-	キャップアンドトレーディング制度	キャップアンドトレーディング制度 固定価格買取制度	2020年までに温室効果ガスを40％削減する目標の採択
第7期 (2009年〜2012年)	-	2050年までに温室効果ガス排出量を1990年水準から80〜95％削減	-	-	キャップアンドトレーディング制度	キャップアンドトレーディング制度 固定価格買取制度	2050年までに温室効果ガスを80〜95％削減するという目標の採択 原子力発電所の2022年廃止

注：EP＝経済的繁栄重視派、CP＝気候保全重視派
出典：著者

第5章　日本とドイツのアクターの理念

　第3章と第4章で実施した気候エネルギー政策形成過程の分析は、1987年から2012年までの期間を見る限りでは、気候エネルギー政策分野で、ドイツは日本よりも早期に、より多くの、より大規模な非漸進的政策転換を経験したことを示している。本章では、日独それぞれの気候エネルギー政策形成に深く関与したアクターに対し2006・2007年と2012・2013年の2度にわたり実施した詳細な聞取り調査に基づいて、日本とドイツのアクターが保有する政策核心理念を以下の2つの目的で比較する[1)2)]。第1番目の目的は、第1章で提示した実証研究上の4つの仮説のうちの1番目の仮説である、日本とドイツの気候エ

---

1) 第1章で説明したように、質問票は、2006・2007年に実際に利害関係者に対して聞取り調査を実施する前に、2005年に研究者に対して予備調査を実施し、その予備調査に基づいて修正した。主な修正点は、1)2005年版では、調査対象者に規範的な政策核心理念について説明するよう求めていたが、2006・2007年版では、4つの選択肢を用意し、その中から自身の規範的政策核心理念に最も近いものを選択するよう求めた、2)2006・2007年版では、聞取り調査対象者がおよそ10年前に各質問事項についてどのような見解を保有していたかを尋ねたが、2005年版では尋ねなかった。なお2005年に予備調査を実施したエコ研究所とドイツ経済研究所の研究者は、いずれもドイツの気候政策形成、特に排出量取引制度導入に深く関与しており、その重要性を踏まえて、本節では、この2名の2005年の予備調査の内容も適宜、引用した（附則1参照）。彼らの規範的政策核心理念に関するデータはないが、彼らが連邦環境・自然保護・原子力安全省のシャフハウゼンのアドバイザーとして長年さまざまなプロジェクトに関与してきたことから、彼らが気候保全重視連合に属することは明らかである（第6章も参照されたい）。したがって彼らのデータは、気候保全重視派のメンバーのものとしてカウントした。
2) 日本の利害関係者への聞取り調査は日本語で、ドイツの利害関係者への聞取り調査は英語で実施し、対象者が英語では十分に表現することができない場合には、ドイツ語で補足することを求めた。ドイツの利害関係者聞取り調査結果は、著者が日本語に訳した。日本の利害関係者聞取り調査結果は、日本語に訳す必要はなかったが、適宜、書き言葉に修正した。いずれの場合でも、著者は、聞取り調査結果のもともとの意味を反映するよう努めた。また各聞取り調査対象者の方々に、引用部分については確認いただいた。

ネルギー政策形成に深く関与しているアクターの政策核心理念の違いがドイツと日本の政策転換のタイプとレベルの差を説明するのかどうかを検証することである。この目的を達成するために、2006・2007年と2012・2013年の各時点における、日本とドイツのアクターの政策核心理念を比較する。第2番目の目的は、パラダイム転換が起こる過程で、あるいはパラダイム転換が起こった結果として、アクターの政策核心理念が変化するのかどうかという理論研究上の問いについて考察することである。この目的を達成するために、日独それぞれのアクターの政策核心理念を、2006・2007年と2012・2013年の2つの時点で比較する。

5.1. 規範的な政策核心理念

　第1章で説明したように、本章では唱道連携モデルに基づいて、政策核心理念を規範的な政策核心理念と経験則に基づく政策核心理念に分けて分析する。なお唱道連携モデルが開発された米国とは異なり、日本とドイツでは、アクターが政策形成に影響を与えるために「連合」といえるほど強いつながりを持って協働することは稀であるため、本章では「連合」ではなく「グループ」という用語を用いる。気候エネルギー政策分野では、気候保全と経済的繁栄という価値の関係、あるいはこの2つの価値のバランスをはかる方法に関する考え方が規範的な政策核心理念を構成する。アクターの中には、気候保全は経済的繁栄に制限を課すことになり、短期的ではあっても経済的繁栄を気候保全のために犠牲にすることはできないという理念を保有するアクターもいる。他方で危険な水準の気候変動を回避し、気候保全を追求するには経済的発展や成長は抑制されなければならないという理念を保有する者もいる。さらに気候保全は究極的には、経済発展と成長の新たな追求方法の出現を促すと信じる者もいる。本書では、アクターの規範的な政策核心理念を同定するために、以下の4つの選択肢を用意して、気候保全と経済的繁栄の関係性に関するアクターの考えを尋ねた。選択肢が限られているため、聞取り対象者には、2つの価値の関係性をどのように考えているのか補足していただき、その考えをできる限り正確に把握することを試みた。

・気候保全は、いかなる犠牲を払っても追求されなければならない。
・気候保全は、短期的には経済的繁栄を犠牲にしてでも追求されなければならない。
・気候保全は、短期的にも経済的繁栄とバランスを保ちながら追求されなければならない。
・経済的繁栄が優先して追求されなければならない。

ドイツのアクターの規範的政策核心理念

2006・2007年の聞取り調査では、10名のアクターが「気候保全は、短期的にも経済的繁栄とバランスを保ちながら追求されなければならない」という回答を選択した。10名のアクターとは、産業界（ドイツ産業連盟、E.on、電力会社A、Vattenfall、EnBW）、連邦経済省（Bundesministerium für Wirtschaft und Technologie: BMWi）の気候問題担当官、社会民主党（Sozial Partei Deutschland: SPD）のエネルギーワーキンググループの専門家、自由民主党（Freie Demokratische Partei: FDP）の専門家である[3]。産業界の利害関係者の中で、BP（British Petroleum）のインタビュー対象者は「気候保全は、短期的には経済的繁栄を犠牲にしてでも追求されなければならない」という肢を選択した［BP 2007a］。しかしより詳しく彼の見解を尋ねたところ、彼は「気候保全は社会的・経済的利益に優先するものではない。しかし気候系がいったん変化してしまえば、社会は気候系を回復するための費用を負担することができないかもしれない。したがって気候保全が優先されなければならない。」と述べていたため、彼の実際の意図は「気候保全は、短期的には経済的繁栄を犠牲にしてでも追求されなければならない」と「気候保全は、短期的にも経済的繁栄とバランスを保ちながら追求さればならない」の中間に近いと思われる。またテュッセンクルップ（ThyssenKrupp）の聞取り対象者も、彼の見解は「『気候保全は、短期的にも経済的繁栄とバランスを保ちながら追求されなければならない』と『気候保全は、短期的には経済的繁栄を犠牲にしてでも追求されなければならない』の中間に位

---

3) 本章では、聞取り調査での発言内容を引用する際に、対象者が所属する組織名で引用したが、聞取り調査での発言は聞取り調査対象者個人の発言であって、組織を代表する発言ではない。

置する」と述べた［ThyssenKrupp 2007］。彼は、「経済的繁栄と気候保全は相互依存関係にある。気候系を保全しなければ、長期的に経済的繁栄を実現することは難しいだろう。一方で経済的繁栄がなければ、気候系を保全するための費用を支出することができない。」［ThyssenKrupp 2007］と述べた。自由民主党とバッテンファール（Vattenfall）の聞取り対象者は、テュッセンクルップの対象者と同様の見解を示した［Vattenfall A 2006; 自由民主党 2006］。電力会社 A は、電力の安定的供給、競争、原子力のリスク管理、エネルギーミックス、将来の経済的発展のための長期的戦略など他に考慮しなければならない重要な問題があることを指摘した［電力会社 A 2006］。電力会社 A と連邦経済省の担当官は、いずれの国も温室効果ガスの濃度を安定化させるために決定的な貢献ができるわけではないので、気候保全は長期的な視点で、かつ地球規模で対処しなければならず、短期的に一国で対処できるものではないという点も指摘した［電力会社 A 2006; BMWi 2006］。

「気候保全は、短期的には経済的繁栄を犠牲にしてでも追求されなければならない」という肢を選択した聞取り対象者は、連邦環境・自然保護・原子力安全省（Bundesministerium für Umwelt, Naturschutz und Reaktorsicherheit: BMU）の担当官、同省に勤務していたが、聞取り調査時はドイツ排出量取引局に異動し、最初の局長を務めた担当官、社会民主党の環境派に属する議員の 3 名だった。ただし連邦環境・自然保護・原子力安全省の担当官は、「『気候保全は、短期的にも経済的繁栄とバランスを保ちながら追求されなければならない』が正しい回答である。」と付け加えた。彼は「中長期的には、気候保全は経済的繁栄の前提条件である。もし気候保全が実現されなければ、経済的繁栄は損なわれる。スターン報告書（Stern 2007）が公表された後、気候政策の短期・中期・長期的効果について議論を集中的に行った。中長期的な経済的繁栄を実現するためには、我々が極めて野心的な気候保全対策を実施しなければならないことは明らかである。」と述べた［BMU 2007］。社会民主党の環境派に属する議員は、この肢を選択した理由について、「気候保全は長期的には経済的繁栄に貢献し、社会活動の基盤を提供し、新たな産業革命を惹起する。」という見解を示した［社会民主党環境派 2007］。排出量取引局の局長は、気候保全と経済的繁栄は短期的には相反する可能性があることを認めた上で、「気候保全と経済的繁

栄の関係性は経済的繁栄の定義によって決まる。経済的繁栄は、株式の価値や為替レートの維持だけではなく、公共財の保護、人々の福祉といったより広い意味でとらえることもできる。(このように広い意味での経済的繁栄と気候保全を同時に達成する方法としては、)双方の実現を目指す産業界の試みと、生活水準を下げたり、経済的繁栄を犠牲にすることなく、気候保全をはかることを保証する政府の努力という2つのアプローチが考えられる。」[排出量取引局 2007]と述べた。

緑の党の気候政策専門家は、「気候保全は、いかなる犠牲を払っても追求されなければならない」という肢を選択した[連合90・緑の党(以下、緑の党)B 2006]。緑の党の議員は、「気候保全は、短期的には経済的繁栄を犠牲にしてでも追求されなければならない」という選択肢と「気候保全は、いかなる犠牲を払っても追求されなければならない」という選択肢の中間に位置する見解を示し、「経済成長は一定水準を超えると社会のためにならない。気候保全対策の実施は社会・経済の発展に資する。」と述べた[緑の党A 2007]。

2012・2013年の聞取り調査では、経済的繁栄重視グループのメンバー[AGE 2013; BP 2012; ドイツ産業連盟 2012; EnBW 2012; E.on 2012; 自由民主党 2012; RWE 2012; ThyssenKrupp 2012; Vattenfall B 2012; 化学産業連盟 2013; セメント産業連盟 2012; 社会民主党 2012]だけではなく気候保全重視グループのメンバー[IGMetall 2013; WWF Deutschland 2012; BMU 2012]も含む15名が、「気候保全は、短期的にも経済的繁栄とバランスを保ちながら追求されなければならない」という肢を選択した。E.onの聞取り対象者は、「短期的にでも一方なくして他方を達成することはできないので、バランスを保って追求されなければならない。」と述べた上で、「気候変動は長期的な問題なので、短期的には大きな影響はない。気候保全は経済および電力部門の構造の問題である。この問題はより効率的な施設への新たな投資によってのみ解決されるので、投資を支える経済的繁栄が不可欠である。」と述べた[E.on 2012]。産業界のアクターには、気候保全を継続的に追求するには経済的繁栄が不可欠であるというE.onの聞取り対象者の見解を共有する者が多かった[EnBW 2012; 化学産業連盟 2013など]。また化学産業連盟の聞取り対象者は、「異なる国や地域で孤立した気候緩和対策を導入すると、(対策を導入した国の)経済に負担がかかり、エネルギー集約産業は対策が

導入されている国や地域から対策が導入されていない国や地域に移転する。エネルギー集約産業が気候緩和対策の水準が低い国に移転する結果、世界全体で見れば温室効果ガスの排出量は増加する。異なる地域で多かれ少なかれ同水準の気候緩和対策が導入されれば、経済的繁栄と気候保全は同時に追求される。」と述べた［化学産業連盟2013］。彼は「経済的繁栄を短期的にも犠牲にすることなく、効果的な気候保全政策を実施することができると思うのか。」という質問に対し、「難しい質問だ。」としながらも「最終的には気候政策は製造者ではなく、すべての製品の製造過程で排出される温室効果ガスに責任がある消費者を対象としなければならない。」と述べた［同上］。セメント産業連盟は、「(1992年にブラジルのリオデジャネイロで開催された）国連環境開発会議では持続可能性という概念がすべての中心にあった。気候保全は非常に重要で、政策として優先順位が高いが、我々は他の2つの柱、すなわち社会的公正と経済も忘れてはならない。」と述べた［セメント産業連盟2012］。セメント産業連盟は、「経済的繁栄を短期的にも犠牲にすることなく効果的な気候保全政策を実施することができると思うか。」という質問に対し、「短期が何を意味するのかが問題だ。経済的繁栄を犠牲にすれば、産業や社会は気候保全に向けた対策を実施することを納得しない。繁栄の意味を定義する必要がある。現在、欧州は繁栄を犠牲にしているが、それは気候保全のためではなく経済的安定のためである。多くの構成国が雇用問題を抱えている現在の欧州で、気候保全のために経済的繁栄を犠牲にすれば、ドイツはともかく他の多くの構成国の国民は従わないだろう。国民の多数派の支持を失えば、気候保全を持続可能な方法で追求することはできない。」と述べた［セメント産業連盟2012］。2012・2013年時の聞取り調査で、「気候保全は、短期的にも経済的繁栄とバランスを保ちながら追求されなければならない」という肢を選択したアクターは、セメント産業連盟と同様に、選択の理由として政治的受容をあげた回答者が多かった［BMU 2012; WWF Deutschland 2012; AGE 2013; Vattenfall B 2012〈過去6年間の国際交渉を見て〉］。排出量取引グループの聞取り調査対象者は、「民主的な社会にいる限り、どのような決定も多数決に従わなければならない。人々が気候変動のために多くの個人の富や繁栄を大きく犠牲にする意思があるとは思えない。これは何も人々が賢くないからではない。問題の本質は、30年、40年後の発展のために、今日対

策をとる必要があるというところにある。」と述べた［AGE 2013］。連邦環境・自然保護・原子力安全省の担当官は、2006年・2007年時には「気候保全は、短期的には経済的繁栄を犠牲にしてでも追求されなければならない」という肢を選択したが、その際にも 2012・2013 年時に選択した「気候保全は、短期的にも経済的繁栄とバランスを保ちながら追求されなければならない」という肢が正しい回答だろうと答えており、「中長期的には、気候保全は経済的繁栄の前提条件である。」と述べていた［BMU 2012］。気候保全重視グループに属する排出量取引局の局長は、「経済的繁栄が優先されるべきである」という肢を選択したが、この肢を選択した理由については「持続可能性というより大きな概念の下で、気候保全と経済的繁栄は等しく重要である。また気候保全と経済的繁栄は必ずしも相反するわけではない。むしろ持続可能な経済的繁栄なくして気候保全はなく、経済的繁栄は気候保全を促進する。また（シーメンス〈Siemens〉を例にあげて）多くの企業は、経済的繁栄が気候保全と手に手を携えて追求されなければならないことをすでに理解している。」とセメント産業連盟の聞取り対象者に近い見解を述べており、「気候保全は経済的繁栄とバランスをはかりながら追求されなければならない」に極めて近い考えを持っていることが窺えた［排出量取引局 2012］。ドイツ金属産業労働者団体（IGMetall）の専門家は、「雇用確保のためには、気候保全は経済的繁栄と短期的にもバランスをはかりながら追求されなければならない。」と述べた。彼女はドイツ金属産業労働者団体（IGMetall）に属する産業部門の中で気候政策を通じて便益を得る部門（機械製造）と損失を被る部門（鉄鋼などエネルギー消費産業部門）があるとし、全体として気候保全と経済的繁栄のバランスが保たれれば良いと述べた［IGMetall 2013］。また「損失を被る部門があるにもかかわらず、気候保全を短期的にも経済的繁栄とバランスを保ちながら追求することができるのか。」と質問したところ、「今、始めれば、損失を被る部門の労働者にも、新しい資格の取得などを通じて他部門で就労する道が開ける。」と述べた。

　産業界のアクターの中で、バッテンファール［Vattenfall A 2012］は「どの肢も自分の考え方と完全には一致しない。人為的な温室効果ガスの排出が原因で温暖化が起きていると科学者が 100％の確実性をもって言えなくても、いったん大規模な気候変動が起これば回復不可能な被害が生じる可能性もあるため、

(最も安価な手段の）経済的費用を負担してでも気候変動問題に対処する必要がある。」と述べ、「気候保全は、短期的には経済的繁栄を犠牲にしてでも追求されなければならない」という肢に近い見解を示した。一方、長年、ドイツの環境専門委員会（Sachverständiges Rat für Umwelt: SRU）の委員を務めてきたベルリン自由大学教授は、「気候保全はいかなる犠牲を払っても追求されなければならない」という肢を選択し［ベルリン自由大学 2012］、緑の党の専門家は「気候保全は、短期的には経済的繁栄を犠牲にしてでも追求されなければならない」という肢を選択した［緑の党 B 2013］。再生可能エネルギー協会の会長は、いずれの肢も自身の見解と異なると前置きした上で、「気候保全はいずれにしても経済的繁栄にプラスの効果をもたらすと考えている。したがって気候保全をいかなる犠牲を払ってでも追求するとか、費用がなければ追求するといった考えは、私の考えではない。」と述べた。彼は「気候保全と経済的繁栄は短期的にも同時に達成できると考えているのか。」という質問に対し、「短期的には、多少の費用が発生するので、経済的繁栄を犠牲にすることになるかもしれない。しかし中長期的には、気候保全を追求することに十分な見返りがある。結局、費用をどのように計算するかによる。例えば再生可能エネルギーへの投資は、エネルギーへの投資計算方法によるが、既存のエネルギーへの投資よりも高い。しかし既存のエネルギーの外部費用を納税者が負担していることを考えれば、再生可能エネルギーは既存エネルギーよりも安価である。さらにいえば、一般に原子力は再生可能エネルギーより安価だと考えられている。しかしこれは事故が起きた場合の補償費用を、納税者が負担するからだ。もし原子力災害の損害補償を含めて計算すれば、原子力エネルギー利用のための費用は非常に高い。」［再生可能エネルギー協会 2012］と述べており、彼の発言内容からは「気候保全は、短期的には経済的繁栄を犠牲にしてでも追求されなければならない」に近い考えを持っていることが窺われた。

日本のアクターの規範的政策核心理念

2006・2007 年の聞取り調査では、4 名の聞取り対象者が「気候保全は、短期的にも経済的繁栄とバランスを保ちながら追求されなければならない」という肢を選択した。彼らは、産業界の利害関係者と、経済産業省の業務委託を数多

く実施している2名の研究者だった。研究者のうち1名は「経済的繁栄の定義による。もし経済的繁栄が基本的な人間の欲求を意味するのであれば、経済的繁栄が優先されるべきである。経済的繁栄を基本的な人間の欲求を超えるものを意味すると解釈するのであれば『気候保全は、短期的には経済的繁栄を犠牲にしてでも追求されなければならない』という肢を選択する。」と述べた［研究者B 2006］。新日本製鐵の聞取り対象者は「企業の存在理由からすると、気候保全は短期的にも経済的繁栄とバランスを保ちながら追求せざるをえない。政策手段は費用と便益のバランスで選択されなければならず、その政策実施のための費用を誰が支払うのかはまた別の問題である。現実的に実施不可能な政策を、政治的な妥協の産物として導入するのは極めて危険である。」と述べた［新日本製鐵 2006］。トヨタの聞取り対象者は、「気候保全は継続的な努力を要する。したがって短期的にも経済的繁栄とバランスをはからなければ、達成できない。」と述べた［トヨタ 2006］。

　他方、環境省の所属機関から1999年に独立行政法人となった国立環境研究所所属の研究者は、「気候保全はいかなる犠牲を払っても追及されなければならない」という肢を選択した［研究者E 2006］。同研究所の社会経済システムセンター長（当時）と、同研究所の理事（当時）は、「気候保全は、短期的には経済的繁栄を犠牲にしてでも追求されなければならない」という肢を選択した［研究者C 2006、研究者D 2006］。国立環境研究所の理事（当時）は、「自然は経済的繁栄や福祉の前提条件である。したがって自然が破壊されれば、長期的には経済的繁栄は担保されない。自然は経済的繁栄よりも高次に位置する。」と述べた［研究者C 2006］。元環境省地球環境審議官で10年以上にわたって同省で気候変動国際交渉の主担当官を務め、退官後、地球環境戦略研究機関の理事長に就任した聞取り対象者と、同省の元国際対策室室長の2名は、どの肢も選択しなかったが、「気候保全と経済的繁栄は同時に追求されるべきだ。」と述べた［IGES 2006; 国連大学 2006］。

　2012・2013年の聞取り調査では、5名のアクターが「気候保全は、短期的にも経済的繁栄とバランスを保ちながら追求されなければならない」という肢を選択した。5名のアクターは、産業界のアクター［東京電力 2013; トヨタ 2012; 日本電機工業会 2013; 化学工業会 2013］とIEAの気候変動問題の専門家［IEA 2013］

である。経済産業省から IEA に派遣されていた（2013年当時）気候変動問題の専門家は、「気候保全も経済的繁栄も他の要素も総合的に考えるべき政策課題だ。」［IEA 2013］と述べた。またトヨタの聞取り対象者は、「バランスをはかりながら追求するという肢を選択するが、将来世代のことを考えて、持続可能な事業をするというトップの意思がないと、それ以上は進まないと思う。」と回答し、より具体的に「CO_2 を削減する時の基本的な考え方として生産性の向上がある。省エネルギー対策としてエネルギー費用だけではなく、人件費、材料費なども削減できる取組みを行えば、より大きな投資が正当化される。」と述べた［トヨタ 2012］。また東京電力の聞取り対象者は、「経済的繁栄と気候保全は両立することが前提だと思っているが、さらにエネルギーセキュリティも含めて3つの価値の両立を考える必要がある。さらに電気事業についていえば、安全性が重要な要素だと思っている。」と回答した。また「どれも当てはまらない」と回答した新日鐵住金の聞取り対象者も、「世の中の問題は温暖化と経済だけではない。仮に温暖化だけを考えたとしても、環境と経済は対抗軸ではなく同時に達成するしかない。温暖化問題は既存技術では解決できず、新技術の開発には経済発展が必要である。もし技術以外で解決するとすれば、経済減退か人口減少ということになるが、それは良い答えではない。産業人はもとより家庭人としての個人の中には、自分の生活を犠牲にしてでも対策をするという人もいるかもしれないが、大方の人はそうは思わない。」と述べ、「気候保全は、短期的にも経済的繁栄とバランスを保ちながら追求されなければならない」という肢に近い考えを示した。また前回と異なり、「経済的繁栄が優先して追求される」という肢を選択した日本エネルギー経済研究所の研究者も、新日鐵住金の聞取り対象者と類似の見解を示し、「気候保全は経済的繁栄がある程度実現されないと追求できないし、途上国を見れば、経済的繁栄がない限り、気候変動問題において国際協調を促進することは難しい。リーマンショック以降の世界的な景気後退局面における気候保全の停滞は、近代的な社会的価値観の中では、経済的繁栄が優先されることを如実に示している。経済が繁栄すれば、より効率的なものやライフスタイルを選択する可能性が出てくる。日本の傾向を見ても、ロハスなど環境にやさしい生活スタイルを選択しているのは、ある程度裕福で消費性向が高い人たちで、将来の不安がなく、現在の生活

に満足していて、そのゆとりの中ですでに高い水準に到達した生活水準を調整して、環境保全、気候保全に取り組んでいこうと考えているのではないか。そういう意味では経済的繁栄というよりは持続可能な成長、持続性の定義の問題だ。」［研究者 A 2012］と述べ、ドイツのアクターと同様、経済的繁栄や持続性の定義を考える必要があるという見解を示した。

一方、「気候保全は、短期的には経済的繁栄を犠牲にしてでも追求されなければならない」という肢を選択したのは、気候保全重視グループに属する 6 名だった［IGES 2012; 研究者 C 2012; UNSAGB 2012; 研究者 D 2012; 気候政策センター 2012; 研究者 E 2012］。気候政策センター所長（2012 年当時）は、「短期をどのように考えるかによるが、3 年、5 年だったら短期的にも経済的繁栄を犠牲にして気候保全をはかるという肢を選択するが、それ以上になるとバランスをはからなければならない。」と述べ、ドイツの聞取り対象者と同様に、タイムスパンによって回答が変わるという見解を示した［気候政策センター 2012］。長年にわたり環境省で気候変動国際交渉の担当官を務めていた IGES の理事長は、「『気候保全は、短期的には経済的繁栄を犠牲にしてでも追求されなければならない』という選択肢に近いが、この選択肢と完全に合致するわけではない。経済への影響を追加的な費用ととらえるのか未来への投資と考えるのかで違う。対策への支出は回収期間 10 年程度で回収できるので、投資ととらえるべきだろう。」と述べた［IGES 2012］。中期目標検討委員会の委員、中央環境審議会の 2013 年以降の施策・対策に関する検討小委員会の座長などを歴任した、国立環境研究所の元理事も同様の見解を示した［研究者 C 2012］。また環境省の元国際交渉室長は「本当は、『気候保全は、短期的にも経済的繁栄とバランスをはかりながら追求されなければならない』という選択肢を選択したい。短期・長期は関係なく、バランスという言葉が本来ありうべき意味で適切に定義されるのなら、バランスを保つべきだと考えているが、注釈なくバランスをはかるべきだと答えると一般の人は経済的繁栄重視だと解釈するので、短期的には気候保全が優先するという選択肢を選択する。」と述べた［UNSAGB 2012］。国立環境研究所の研究者は、「短期的には経済的費用をかけて気候を保全するように見えるかもしれないが、中長期的には経済的繁栄と気候保全は同時に達成される。」と述べた［研究者 E 2012］。また 2 名の NGO のうち 1 名は、「気候保全

は、いかなる犠牲を払っても追求されなければならない」を選択し［気候ネットワーク 2013］、またもう1名の NGO は「気候保全は、いかなる犠牲を払っても追求されなければならない」と「気候保全は、短期的には経済的繁栄を犠牲にしてでも追求されなければならない」の中間を選択した［WWF Japan 2013］。WWF Japan の聞取り対象者は、「長期的には日本であれ世界であれ、経済的繁栄の定義の中に気候保全が含まれていなければならないと思う。気候保全によって社会問題の悪化を招くとか格差が広がる、あるいは所得が低い人たちに対して不当に重い負担を強いることになる程度の気候保全対策を実施する必要はないが、短期的に経済成長のペースが遅くなる程度のことで対策を緩めるべきではないと思っている。」と述べた［同上］。

　また連合の聞取り対象者は、「気候保全は、短期的にも経済的繁栄とバランスを保ちながら追求されなければならない」と「気候保全は、短期的には経済的繁栄を犠牲にしてでも追求されなければならない」の中間を選択した［連合 2013］。彼は、その理由として「連合は全く中立の立場で、気候のほうが重要だというグループと経済的繁栄のほうが重要だというグループがいるので、どちらか一方を選択することは難しい。」と述べた［同上］。このように連合をいずれかのグループに分類するのが難しいことが明らかになったため、以下の平均値の計算には連合の値を含めていない。

日独アクターの規範的政策核心理念

　上記質問に基づく聞取り対象者の分類は、日本の 2006・2007 年の IGES、国連大学、研究者 B、ドイツの 2006・2007 年の排出量取引局、ドイツの 2012・2013 年の連邦環境・自然保護・原子力安全省、WWF Deutschland、排出量取引局、IGMetall という 62 件中 8 件の例外を除いて、第 3 章、第 4 章のアクターを各聞取り対象者が属する機関の立ち位置で分類したグループ分けに合致しており、アクターは規範的政策核心理念に基づいて、当該政策に関する立ち位置を決定するという、第 1 章で提示した仮説が裏づけられた。

　2006・2007 年、2012・2013 年とも、日独両国で、経済的繁栄重視グループに属するメンバーは、経済的繁栄は気候保全を追求するための前提条件であり、経済は短期的にでも犠牲にすると維持できなくなるので、気候保全は短期

的にも経済的繁栄とバランスを保ちながら追求されなければならないと考える傾向にあった。一方、気候保全重視グループのメンバーについては、日本のアクターは、2006・2007年のIGES、環境省を除いて、気候保全は経済的繁栄の前提条件であり、短期的にも優先されるべきである、あるいは気候変動問題に対処するために実施される政策措置に合わせて経済活動の様式が変化し、その結果、気候保全と経済的繁栄の双方が中長期的に達成されると考えていた。ドイツの気候保全重視グループのアクターの中には、このような考えを共有する者もいたが、排出量取引局の担当官は2006・2007年、2012・2013年とも、また連邦環境・自然保護・原子力安全省の担当官とWWFの専門家は2012・2013年の聞取り調査で、気候保全は経済的繁栄と短期的にもバランスをはかりながら追求されなければならないという肢を選択した。しかし彼らがこの肢を選択した理由からは、彼らが本当に気候保全は経済的繁栄と短期的にもバランスをはかりながら追求されなければならないと考えているわけではなく、短期的には経済的繁栄を犠牲にする可能性があることに気づきつつも、両者のバランスを短期的にも保つとしなければ、気候保全を推進することについて利害関係者の支持を得られないことを懸念しての選択だったことが窺えた。経済的繁栄重視グループのメンバーでこの肢を選択した者の中にも、選択の理由として政治的受容をあげた回答者がいた。また2012・2013年時の聞取りでは、日独両国でいずれのグループのアクターも、経済的繁栄の定義とタイムスパンをより意識するようになったことが窺えた。

　上記を除くと、聞取り対象者のうち、2006・2007年から2012・2013年にかけて政策核心理念の規範的部分を変化させた者はおらず、アクターの規範的政策核心理念は長期にわたり変化しないという唱道連携モデルの仮説が確認された。

　2012・2013年には、気候政策とエネルギー政策の統合が日独両国で進んだことを踏まえて、将来のエネルギー需要とエネルギー供給手段についての質問を追加した。自国のエネルギー需要については、ドイツの聞取り対象者で「増加する」と答えたのは3名［セメント産業連盟2012; 自由民主党2012; E.on 2012］で、後は全員が「増加しない」あるいは「ほぼ同水準で推移する」と答えた。「増加する」と答えた3名のうち2名は、「人口減少やエネルギー効率性の向上

は運輸部門におけるエネルギー需要の増加、暖房・冷房利用の増加のほか自動化によるエネルギー需要の増加により相殺され、エネルギー需要自体は増加する。」と答えた。また残りの1名は「ドイツでは経済成長とエネルギー需要のデカップリングが進んでいるため、相対的にはエネルギー需要は減少すると思われるが、絶対量では減少しない。」という見解を示した［E.on 2012］。他の回答者は、独身あるいは2人家族世帯の増加、生活水準のさらなる向上、エネルギー消費機器数の増加、運輸部門におけるエネルギー需要の増加があっても、エネルギー効率性の向上、すなわち経済成長とエネルギー需要のデカップリングによりエネルギー需要は総量で減少すると考えていた。また緑の党の専門家は、エネルギー効率性は向上するが、リバウンド効果によってエネルギー消費量が増加する結果、現在と同水準に落ち着くと述べた［緑の党B 2013］。エネルギー需要を満たすための燃料源については、エネルギー転換（Energiewende）に従って、政治的決定が下されたとして原子力をあげた者はおらず、天然ガスや化石燃料を過渡的な燃料として使いながら、最終的には再生可能エネルギーでほぼすべてが供給されると考える者が多かった。ただしバイオマスについては、食糧供給との関係から燃料目的での使用について懐疑的な見方をする者もいれば、航空機用の再生可能燃料として重要視する者もいた。また二酸化炭素回収・貯留（CCS）についてもドイツで化石燃料発電所と併用するのは政治的受容がないとして支持する者はいなかったが、セメントや鉄鋼などプロセスからの温室効果ガスの排出削減対策そして途上国の発電所からの温室効果ガス排出削減対策として必要だと回答する者がいた。

　日本では、経済的繁栄重視グループのアクターのうち5名が、エネルギー需要は「増加する」と回答した。このうち「達成できるかどうかはわからないが、社会保障を維持するためには年率3％のGDP増加が必要だといわれている以上、増えてもらわないと困る。」［トヨタ 2012］、「あたかも経済成長とエネルギー消費がデカップリングされ、経済はアベノミクスで成長して、エネルギー消費は省エネを進めることで減らせるという考えもあるようだが、個人的には経済成長とともにエネルギー消費は増加すると考える。」［東京電力 2013］として増加傾向が続くと見ていたアクターが2名いた。また2名は短期的には増加するが、中長期的には人口減少により減少すると回答した［新日鐵住金

2012; 研究者 A 2012]。また化学工業会の聞取り対象者は、製造部門からの CO_2 排出量の増減は、製品製造時だけではなく、製品使用時まで含めて考える必要があり、断熱材、ソーラーパネル、カーボンファイバーなど製造時には CO_2 排出量が増加しても、使用時まで含めたライフサイクルでは CO_2 排出量が減少する製品も多いとして、「化学セクターあるいは製造業全体では増えるが、社会全体で見ればエネルギー需要はともかく CO_2 排出量は減少する。」と回答した。その他のアクターは、「増加しない」あるいは「ほぼ同水準で推移する」と回答した [UNSAGB 2012; 気候ネットワーク 2013; 研究者 C 2012; 日本電機工業会 2013; IGES 2012; 研究者 D 2012; 研究者 E 2012; 連合 2013; WWF Japan 2013]。その理由については、ドイツと同様に、人口が減少すること、経済は成長するがエネルギー効率性の向上や産業構造の変化（サービス産業へのシフト）によって産業部門のエネルギー需要が減少するであろうこと、他方で人口が減少しても民生部門の需要が伸びる可能性があることがあげられた。エネルギー需要を満たすための供給源については[4]、エネルギーセキュリティという観点から、あるいは安全で安価で安心で安定的な供給という観点から、ベストミックスと回答した者が多かった。また原子力については既設は利用するが、新設については難しいと回答した者がいた一方で、民意に反してまで新設することは難しいが、エネルギー供給という観点からは、やむをえない、あるいは原子力をオプションとして排除するべきではないといった意見が聞かれ、すでに政治決定が下されたドイツと異なり、原子力エネルギー利用の継続を支持した者も多かった。また CCS についても日本で実施できるかどうかは別として、必要だとした者が多かった。

5.2. ドイツのアクターの経験則的な政策核心理念

以下の節では、気候エネルギー政策サブシステムの経験則的な政策核心理念に関する3つの主要要素についての聞取り調査の結果をまとめる。3つの要素は、気候変動問題の深刻さ、気候政策が経済的繁栄に与える影響、望ましい政

---

[4] エネルギー供給源については、オフレコードで回答して頂いた対象者が多かったので、発言者が特定されないよう人数や発言者名を記載していない。

表 5-1：気候政策サブシステムの政策核心理念

政策核心理念の規範的部分：基本的な2つの価値の重みづけと2つの価値のバランスを達成するための方法		
「気候保全は、いかなる犠牲を払ってでも追求されなければならず、気候保全を追求することが新たな経済成長や発展のパターンの出現を加速化させる」		
「気候保全は、短期的には経済的繁栄を犠牲にしてでも追求されなければならない」		
「気候保全は、短期的にも経済的繁栄とバランスを保ちながら追求されなければならない」		
「経済的繁栄が優先して追求されなければならない」		
政策核心理念の経験則部分		
気候変動問題の深刻さ	緩和対策が経済に及ぼす影響	望ましい政策措置
・気候変動が人為的な温室効果ガスの排出によって起こる蓋然性 ・気候変動が起きた場合の悪影響の大きさ（地球レベル） ・気候変動が起きた場合の悪影響の大きさ（国レベル）	・緩和対策が経済全体（GDP）に及ぼす影響 ・緩和対策が産業界の国際競争力に及ぼす影響	・各政策措置の選好 ・技術の役割

出典：Sabatier and Jenkins-Smith（1999）: 132-4 に基づいて著者作成。

策措置で、サバティエらが政策核心理念の経験則部分に分類した要素を、筆者が気候エネルギー政策分野にあてはめて同定した。第1章で説明したように、本書では、アクターがこれらの項目についてどのような理念を保有するのかによって、気候エネルギー政策形成過程で、アクターが最も対立した問題、すなわち自国の温室効果ガス削減目標、部門ごとの削減目標、そしてこれら目標を達成する政策措置に関する立ち位置が決定されると仮定する。気候政策サブシステムにおける政策核心理念を表5-1にまとめる。

5.2.1. 気候変動問題の深刻さ

気候変動が人為的な温室効果ガスの排出によって起こる蓋然性はどの程度大きいと考えますか。

2006・2007年の聞取り調査では、この質問へのアクターの回答はどちらのグループに属しているかで分かれた。アクターによって多少の違いはあったものの、気候保全重視グループのメンバーは原則として、人為的な温室効果ガスの排出によって気候変動が起こる蓋然性は大きいと考えており、経済的繁栄重視グループは小さいと考えていた。気候保全重視グループメンバーの平均値は5.83[5]

---

5) 以降、値は本文ではわかりやすさという観点から平均値を示し、本章最後の表では分散値を

(「非常に大きい」) で、経済的繁栄重視グループの平均値は 4.5 (「中程度」から「大きい」) だった[6]。このように経済的繁栄重視グループの平均値は気候保全重視グループの平均値より低かったが、メンバー間で意見が分かれた。例えば BP の聞取り対象者は「科学は大きな影響があることを示している。もし科学が正しければ、気候変動は非常に重大な問題である。予防原則に従えば、我々は科学的な確実性が増すことを待っている余裕はない。」と述べ、「大きい」を選択した [BP 2007a]。

2012・2013 年の聞取り調査では、経済的繁栄重視グループのメンバーが、気候変動問題についてより深刻にとらえるようになったという結果が示された。気候保全重視グループのメンバーは 1 名を除いて、人為的な温室効果ガスの排出によって気候変動が起こる蓋然性について「極めて大きい」を選択し、平均値は 5.83 (「非常に大きい」) と前回と変わらなかった。経済的繁栄重視グループのメンバーの考えは「非常に大きい」から「中程度」まで分かれたが、平均値は 2006・2007 年よりも上昇し、5.0 (「大きい」) だった。経済的繁栄重視グループのメンバーのうち、セメント産業連盟、バッテンファール、排出量取引作業グループは「非常に大きい」を選択した。いずれも「科学的知見に不確実性は残るものの、IPCC に基づけば、温暖化の原因は人為的な温室効果ガスの排出にあることがほぼ確実である。」と述べた [セメント産業連盟 2012; Vattenfall A 2012; AGE 2013]。一方で、IPCC は政治的な影響を免れていないとして、その評価報告書の内容の信頼性を疑問視し「わからない」と答えた聞取り対象者 [ThyssenKrupp 2012] や、科学的研究に対する信頼が前回と比較すると薄れたとして「わからない」と答えた聞取り対象者もいた [EnBW 2012]。このように 2012・2013 年の聞取り調査では、2006・2007 年時の聞取り調査では見られなかったフィルターファンクションと解釈できる発言が、一部の経済的繁栄重視グループメンバーから聞かれた。また IPCC 評価報告書の内容を信頼してはいるが、自分は科学者ではないので、評価できないと答えた者も 2 名いた

　　 示した。
　6) 質問は、それ以外の表記がある場合を除いて、聞取り調査対象者に、「非常に大きい (高い)」、「大きい (高い)」、「中程度」、「小さい (低い)」、「非常に小さい (低い)」、「プラスの影響」の 6 つの選択肢から選択することを求めた。「非常に大きい (高い)」は 6、「プラスの影響」は 0 で計算した。

[E.on 2012; BP 2012]。

地球全体に及ぶ気候変動の影響は、BAU（Business as usual）の政策措置（気候変動問題がなくてもとられたであろう対策）しかとられなかった場合、どの程度大きいと思いますか。

　2006・2007年の聞取り調査の結果は、気候保全重視グループのメンバーは、気候変動問題を深刻にとらえており、経済的繁栄重視グループのメンバーはそこまで深刻にとらえていないことを示している。気候保全重視グループメンバーの平均値は5.5（「非常に大きい」と「大きい」の中間）で、経済的繁栄重視グループのメンバーの平均値は4.39（「中程度」に近い）だった。

　2012・2013年の聞取り調査では、気候保全重視グループのメンバーは全員、「大きい」または「非常に大きい」を選択し、平均値は2006・2007年とほぼ同様の5.58（「非常に大きい」と「大きい」の中間）となった。これに対し経済的繁栄重視グループのメンバーは、気候変動が人為的な温室効果ガスの排出により起きている蓋然性に関する質問への回答と同様、影響をより大きくとらえるようになった。ドイツ産業連盟の聞取り対象者が「中程度」と「小さい」の中間を選択したほかは「大きい」を選択した者が多く、セメント協会の聞取り対象者にいたっては「非常に大きい」を選択した。その結果、平均値も4.9（「大きい」）まで上昇した。一方でこの質問に対しても、科学者ではないので評価できないと答えた者が3名いた［AGE 2013; EnBW 2012; BP 2012］。

あなたの国に及ぶ気候変動の影響は、BAUの政策措置しかとらなかった場合、どの程度大きいと考えますか。

　2006・2007年の聞取り調査ではどちらのグループのメンバーも、ドイツは気候変動の影響にさらされにくいと考えており、この問題への回答については、2つのグループ間で大きな違いはなかった。気候保全重視グループの平均値は3.92（「中程度」）であり、経済的繁栄重視グループの平均値は3.32（「小さい」）だった。緑の党の議員［緑の党A 2007］は、「どのようにカウントするかによる。悪影響は原則として先進国では小さい」と発言した。社会民主党環境派の議員は、ドイツへの影響と地球全体への影響は同じ程度であるが、ドイツは

適応する能力が高いとしながらも、「嵐、洪水、水問題が特に旧東独地域で起こる可能性はある。温度上昇は老人や病人にはこたえるだろう。また不可逆的な影響が、人口密集地域では観察されるかもしれない。」と述べた［社会民主党環境派 2007］。

2012・2013年の聞取り調査では、気候保全重視グループメンバーが、ドイツへの影響についてより深刻にとらえるようになっており、「中程度」と「小さい」の中間を選択したドイツ金属産業労働者団体（IGMetall）の聞取り対象者を除いて「中程度」あるいは「大きい」を選択した。その結果、気候保全重視グループメンバーの平均値は 4.33（「中程度」）に微増した。一方、経済的繁栄重視グループメンバーは、ドイツへの影響をより小さくとらえるようになり、バッテンファールが「非常に小さい」と「小さい」の中間を、ドイツ産業連盟の聞取り対象者が「非常に小さい」を、またテュッセンクルップの聞取り対象者はドイツについては「プラスの影響がある」を選択した。その結果、平均値は 2.9（「小さい」）まで下がり、2006・2007 年の聞取り調査では見られなかった両グループ間の差が観察された。ただしいずれのグループもドイツについては適応能力が高いため、他国と比較すると気候変動の影響を抑制することができるという見解を示した。唯一、排出量取引局の局長は「ドイツは途上国よりもより高度で繊細な技術を多用しているので、気候変動の影響がいったん起こると損失が大きいかもしれない。」と述べ、気候変動によるドイツへの悪影響が他の地域への悪影響よりも大きい可能性があるという見解を示した［排出量取引局 2012］。

5.2.2. 気候緩和対策の影響
気候緩和対策があなたの国の経済に与える影響はどの程度大きいと思いますか。

2006・2007 年の聞取り調査では、気候保全重視グループメンバーの平均値は 3.3（「小さい」）であり、経済的繁栄重視グループの平均値は 4.27（「中程度」）だった。したがって気候緩和対策が各国の経済に与える影響に関する 2 つのグループの見解の差は大きかった。気候保全重視グループメンバーは、気候政策手段の実施は自身の国の経済にプラスの影響を与えるという強い信念を

示した。連邦環境・自然保護・原子力安全省の高官は、「再生可能エネルギーの推進やエネルギー効率性の向上は、新たな雇用を生み、経済成長をもたらす。これは連邦環境・自然保護・原子力安全省だけの見解ではなく、ドイツが高い輸出率を維持することによって現在年間3％の経済成長を達成していることを示す統計によって証明されている。経済成長、雇用創出、環境保全は（同時に）達成できる。」と述べた［BMU 2007］。緑の党と社会民主党の環境派の議員は、もう少し控えめな表現を用いていたものの、連邦環境・自然保護・原子力安全省の高官と同様の考えを示した。緑の党の議員は「我々は、経済にプラスの影響をもたらす、あるいはそれほど大きなマイナスの影響を及ぼさないであろう政策手段から実施している（容易に手が届く果実から収穫している）。気候政策手段は、短期的にはエネルギー集約型の輸入経済にプラスの影響をもたらすが、長期的には経済成長を制約し、消費削減が必要となる。」と述べた［緑の党A 2007)]。社会民主党環境派の議員も「我々は費用を支払わなければならないであろう。ただし悪影響はより小さくなり、便益はより大きくなっていく。経済的繁栄は物質量を増加させることと、同じ量の物質からより大きな充足を得ることの2つの方法で達成される。」と述べた［社会民主党環境派2007]。

他方、経済的繁栄重視グループのメンバーは気候政策手段が経済に及ぼす悪影響への懸念を示した。例えばテュッセンクルップの聞取り対象者は、気候保全手段が鉄鋼生産量に及ぼす悪影響を懸念していた［ThyssenKrupp 2007］。連邦経済省の気候政策担当官は、ドイツの単独行動が企業の競争力に及ぼす影響について懸念を示した［BMWi 2006］。彼は「現在の状況では、経済成長と気候保全はトレードオフの関係にある。しかしもし（厳しい）気候政策手段を実施することについて地球規模で合意が得られれば、経済への悪影響は緩和されるだろう。」［同上］と述べた。E.onの聞取り対象者は「排出量取引制度の導入と予想を上回る排出量取引証の価格（2006年当時）は、E.onの競争力に影響を及ぼしている。」と指摘した［E.on 2006］。

気候保全重視グループのメンバーの中で、社会民主党環境派の議員は、再生可能エネルギーが非効率的な技術を駆逐し、技術開発を推進することに貢献してきたという例を引用して、「再生可能エネルギー分野におけるドイツの成功を見て、過去と比べてより楽観的になった。」と述べた［社会民主党環境派

2007]。排出量取引局の局長だけが、「気候緩和政策がドイツのような輸出に依存した経済に与える悪影響は、予想していたよりも大きいという事実に気がついたため、経済成長への悪影響を過去と比較してより大きくとらえるようになった。」と回答した（「小さい」から「大きい」へ変化）［排出量取引局 2007］。過去の理念に関する回答の平均値は 2.5 であった。

　気候保全重視グループのメンバーと異なり、経済的繁栄重視グループのメンバーのうち 3 名は見解を変えて、過去と比較して、聞取り調査時に影響をより大きくとらえるようになった。過去の理念に関する回答の平均値は 3.67（「小さい」と「中程度」の間）だった。連邦経済省の気候政策担当官は、見解を「非常に小さい」から「非常に大きい」へ大きく変えた。彼は「以前はウィンウィン状況を信じていたが、欧州連合（EU）排出量取引制度の導入以来、気候保全と経済的繁栄はトレードオフの関係にあると考えるようになった。」と述べた［BMWi 2006］。一方で EnBW の聞取り対象者は、「経済への悪影響は短期的にはあるものの、長期的にはないと信じている。企業は新たな競争条件に適応し、風力エネルギー技術や関連商品の輸出の増加によって利益を得るだろう。」と述べた［EnBW 2007］。BP の聞取り対象は「現在の気候緩和対策費用を負担することは、ドイツ社会にとって容易である」ため、いまだ見解を変えていなかった。しかし彼は「ドイツが第三世界のための気候緩和対策費用を負担しなければならない状況になれば、自分の考えも変わるだろう。」と続けた［BP 2007a］。

　2012・2013 年の聞取り調査では、両グループの差はさらに拡大した。気候保全重視グループのメンバーの中で WWF、ベルリン自由大学、再生可能エネルギー協会、連邦環境・自然保護・原子力安全省の聞取り対象者が「プラスの影響がある」を選択し、また「大きい」を選択した緑の党の聞取り対象者を除いて「大きい」や「非常に大きい」を選択した対象者はいなかった。またドイツ金属産業労働者団体は大きな負の影響を被る部門とプラスの影響を被る部門があるが、全体として見れば「小さい」と述べた［IGMetall 2013］。WWF の聞取り対象者は、2020 年については小さなプラスの影響があり、2050 年については大きなプラスの影響があると述べた［WWF Deutschland 2012］。気候保全重視グループメンバーの平均値は 2.33（「非常に小さい」）まで下がった。一方、

経済的繁栄重視グループのメンバーについては、「非常に大きい」[Thyssen Krupp 2012]、「非常に大きい」と「大きい」の中間 [AGE 2013] を選択した者こそ各1名しかいなかったが、後は「大きい」、「中程度」を選択しており、平均値は4.38（「中程度」）と微増した。セメント産業連盟は、ドイツ金属産業労働者団体と同様に、負の影響が及ぶ部門とプラスの影響を受ける部門があると述べ、全体として「中程度」を選択した [セメント産業連盟2012]。また RWE は、2020年については「小さい」、2050年について「大きい」を選択したため、中間をとって「中程度」と評価した [RWE 2012]。

気候緩和対策手段は、産業部門の国際競争力にどの程度の影響を与えると思いますか。

2006・2007年の聞取り調査では、2つのグループの差がこの質問に対する回答で最大となった。気候保全重視グループの平均値は2.33（「非常に小さい」）だったのに対し、経済的繁栄重視グループの平均値は4.55（「中程度」と「大きい」の中間）だった。

連邦環境・自然保護・原子力安全省の高官と、社会民主党の環境派および緑の党の議員（いずれも気候保全重視グループに属する）は、「企業は敗者と勝者に分かれる」と述べた。連邦環境・自然保護・原子力安全省の高官は「褐炭や硬質炭産業は長期的には敗者となるだろう。しかしエネルギー効率性の向上は、最終的には費用削減効果をもたらす。」と述べた [BMU 2007]。社会民主党の環境派の議員も「もし他の国が追随しなければ」という条件を付した上で、勝者と敗者が生じると述べ、「輸入関税などドイツ産業を保護するための手段をとる必要がある。」と主張した [社会民主党環境派2007]。

これとは対照的に、経済的繁栄重視グループのメンバーは、地球規模での参加の欠如について懸念を示した [電力会社A 2006; BMWi 2006]。ただし経済的繁栄重視グループのメンバーの中には、産業部門の国際競争力に対する悪影響を他のメンバーと比較すると小さくとらえる者もいた。自由民主党の聞取り対象者は、政策措置に関する政治決定が企業の国際競争力にもたらすだろうマイナスの影響については認識しつつも、エネルギー効率性の向上と再生可能エネルギー技術の推進がもたらすだろうプラスの影響に触れ、「非常に小さい」を選

択した［自由民主党 2006; 前半部分については EEFA 2006 も］。

　気候保全重視グループのメンバーでは、排出量取引局の局長だけが気候緩和対策手段が産業の国際競争力に及ぼす影響について見解を変え、過去には「小さい」と考えていたが「大きい」と考えるようになったと回答した［排出量取引局 2007］。気候保全重視グループの過去の見解の平均値は 1.4 だった。一方、経済的繁栄重視グループでは 5 名が過去と比較して、産業の国際競争力への悪影響をより大きくとらえるようになったと回答した。経済的繁栄重視グループの過去の平均値は 4.19 だった。産業部門の国際競争力への悪影響をより大きくとらえるようになった聞取り対象者は、「京都議定書の採択」［ドイツ産業連盟 2006］、「国際社会における京都議定書の受容の低下」［BMWi 2006］、「一国あるいは一地域単独での政策措置の実施」［Vattenfall A 2006; BP 2007a］、「排出量取引制度の導入」［ThyssenKrupp 2007］を理由としてあげた。

　2012・2013 年の聞取り調査では、両グループのこの質問に対する回答の差は、2006・2007 年時の聞取り調査と比較して拡大こそしなかったが、依然として大きかった。気候保全重視グループメンバーのうち 2 名が国際競争にさらされている鉄鋼、アルミニウムなどエネルギー集約型素材産業に大きな影響があるとして「中程度」を選択し、後のメンバーは、緩和対策の実施により再生可能エネルギー関連産業で雇用が生まれるとして「非常に小さい」を選択し、平均値は 2.42（「非常に小さい」と「小さい」の中間）だった。WWF は「気候緩和対策は多くの産業部門にとって成長する機会を提供するが、産業界の抵抗は依然として非常に強い。そこで気候緩和対策を実施する際には、産業エネルギー部門を優遇するさまざまな特別措置を設けており、特別措置を設けられない場合には、還付金を支給しているので、産業界の国際競争力に悪影響を及ぼしているということはない。それでも依然として産業界は気候保全対策の導入・実施に抵抗している。」と述べた［WWF Deutschland 2012］。一方、経済的繁栄重視グループのメンバーは「中程度」から「非常に大きい」を選択する者に分かれ、平均値は 4.55（「中程度」と「大きい」の中間）と変わらなかった。

5.2.3. 望ましい政策手段

産業エネルギー部門の温室効果ガス排出量を抑制する上で最適な政策措置はどの政策措置だと考えますか。

　2006・2007年の聞取り調査では、さまざまな政策手段のうちどの手段を優先するのかという質問で2つのグループ間に明確な差が観察された。気候保全重視グループのメンバーは、排出量取引制度や規制など、排出抑制権限が政府に与えられる手段を選好した。平均値が最も高かったのは、国際的な排出量取引制度（平均値は3.0）で、これに国内排出量取引制度（2.57）、税（2.57）、規制（2.14）、研究開発（2.14）、そして補助金（1.86）と続いた。最低値の肢は自主的取組み（1.29）だった。また2007年に聞取りを実施した気候保全重視グループのメンバーは全員、規制を選択した［排出量取引局 2007; 社会民主党環境派 2007; 緑の党A 2007; BMU 2007］。その理由として、コマンドアンドコントロールは排出抑制のための技術が使用可能な分野では効果を発揮することがあげられた［緑の党A 2007］。この質問ではなく、次の「気候保全をはかるために、技術以外に何が必要か。」という質問に対する回答ではあったが、連邦環境・自然保護・原子力安全省の担当官は、「究極の手段は、特定の活動を禁止することである。」と回答した［BMU 2007］。2005年に聞取り調査を実施したエコ研究所の対象者は、向こう5年間は市場メカニズムが有用だが、長期的には規制が必要だという見解を示した［Öko-Institut 2005］。規制への選好は、気候保全重視グループが、政府に排出量抑制のための権限を付与する政策措置を支持していることを示している。ただし、連邦環境・自然保護・原子力安全省担当官のアドバイザーを長年務めてきたドイツ経済研究所の専門家は、この点について意見を異にし、経済的な手段が最もよく機能し、排出量取引制度と税の組合せが二酸化炭素（CO_2）排出量を抑制する最も効果的な手段であると述べた［ドイツ経済研究所 2005］。しかし彼も、「もしエコ税が唯一の手段であるならば、税率は非常に高い水準に設定されなければならない。」ことを認めた［同上］。聞取り対象者の多くは税を選択したものの、優先順位は高くなかった。緑の党の議員は、税は運輸・家庭部門では有用であると主張した［緑の党A 2007］。

　排出量取引制度については、気候保全重視グループのメンバーのうち社会民主党の環境派の議員は国際制度のみを選択した［社会民主党環境派 2007］が、残

りのメンバーは国内（域内）制度と国際制度の双方を選択した［排出量取引局 2007; 緑の党 A 2007; BMU 2007; 緑の党 B 2006; Öko-Institut 2005; ドイツ経済研究所 2005］。ただし彼らは、現在の EU 排出量取引制度は改善を要するとした。

研究開発については、社会民主党環境派の議員が「ドイツはこの手段にあまり投資してこなかったが、今後、方向性を変えなければならない。」と述べた［社会民主党環境派 2007］。補助金については例として再生可能エネルギーの固定価格買取制度、ドイツ復興銀行基金、研究開発補助などがあげられた［排出量取引局 2007; BMU 2007; 緑の党 B 2006; ドイツ経済研究所 2005］。

自主的取組みについては、排出量取引局の局長が「自主的取組みは年間 100 万 t を削減しなければならない場合には、効果的である」と述べ、長期的に大幅な削減を実現する上で効果的であることを示唆した［排出量取引局 2007; Öko-Institut 2005 も同様の見解］。また自主的取組みを選択した社会民主党の環境派の議員は、「自主的取組みは追加的で補完的な排出削減の実現のために用いられるべきであり、不遵守の場合の制裁を準備する必要がある。」と述べた［社会民主党環境派 2007］。

一方で経済的繁栄重視グループのメンバーは、排出量を抑制する権限を市場に委ねる手段を選好した。第 1 位は国際的な排出量取引制度（CDM と JI を含む）（平均値＝1.94）で、これに新技術の研究開発（1.70）、税（1.0）、自主的取組み（0.88）、国内排出量取引制度（0.412）が続いた。最下位の選択肢は規制（0.353）と補助金（0.353）だった。

排出量取引制度については、経済的繁栄重視グループのメンバーが全員、国際制度を選択し、同制度を CDM や JI と連携しなければならないという意見だった［社会民主党エネルギー派 2006; Vattenfall A 2006; 自由民主党 2006; EnBW 2007; ドイツ産業連盟 2006; EEFA 2006; BP 2007a; 電力会社 A 2006; E.on 2006; BMWi 2006］。ただし国際的な制度と連携し、また現行制度を改良することを条件に、国内排出量取引制度を選択した者もいた［社会民主党エネルギー派 2006; Vattenfall A 2006; BMWi2006］。

税を選択した者も多数いたが、産業エネルギー部門からの排出削減対策としてではなかった。これらの聞取り対象者の中には、税はある部門、例えば小規模顧客［EnBW 2007］や、運輸・家庭部門［BP 2007a］に限定して用いられるべ

きだと主張する者もいた。連邦経済省の気候政策担当官は、税が「適切に設計されたならば」という条件つきで選択した［BMWi 2006］。自由民主党の聞取り対象者は、ドイツの現行のエコロジー税の目的は、歳入をあげることにあり、この点が問題だと指摘し、また歳入のうち一部は気候保全のために用いられるべきだという見解を示した［自由民主党 2006］。

2012・2013年の聞取り調査では、気候保全重視グループの選好順位は、規制 (3.5)、国内排出量取引制度 (2.3)、補助金（主に固定価格買取制度）(2.3)、技術研究開発 (2.17)、国際排出量取引制度 (1.17)、税 (1)、自主的取組み (0.5) となった。規制は2006・2007年の調査では2007年に聞取りを実施したすべての対象者により選択されたが、全体で見れば国際排出量取引制度、国内排出量取引制度、税に次いで4位だったのに対し、2012・2013年の調査では平均値が最も高く、6年余の間に気候保全グループの規制に対する選好が高くなったことが窺える。また国内排出量取引制度を選択する者はいたが、国際排出量取引制度を選択する者は減少し、排出量取引制度全般について支持が低下した。WWFの担当者は、「もし十分に排出抑制効果がある高い税率の税を導入できるのであれば税のほうが望ましい。」と述べた［WWF Deutschland 2012］。またWWFだけが自主的取組みにも一般論として一定の役割を認めたが、その他の聞取り対象者で自主的取組みを選択した者はいなかった。

経済的繁栄重視グループの選好は、国際排出量取引制度 (3.42)、技術研究開発 (2.75)、補助金 (1.25)、規制 (0.917)、国内排出量取引制度 (0.917)、税 (0.83)、自主的取組み (0.75) の順だった。経済的繁栄重視グループのメンバーに国際排出量取引制度の意味を尋ねたところ、前回とは異なり、全員がCDMやJIではなく、排出量取引制度の全世界あるいは少なくとも大排出国での実施を意味すると回答した。しかし多くの聞取り対象者は、世界全体で同一の排出量取引制度を導入することは現実には困難であることを認識しており、まずは各国の排出量取引制度の連携から始めなければならないと考えていた。また経済的繁栄重視グループでは技術研究開発を重視する傾向が高まった。排出量取引作業グループの聞取り対象者は、「技術開発は米国や日本と比較するとEUがあまり力を入れてこなかった手段で、強化しなければならない。」と述べた［AGE 2013］。BPの聞取り対象者も技術開発はドイツでは不十分（全投資

の 2.5％程度）であり、投資額をさらに増加させるべきだと述べた［BP 2012］。また気候保全重視グループと同様、経済的繁栄重視グループのほとんどが「自主的取組みはその役割を終えた。」と述べたが、中には自主的取組みを排出量取引が適用されない部門の排出を抑制する手段として［RWE 2012］、あるいは排出量取引制度で定められた排出削減分を超える削減をもたらす制度として［ドイツ産業連盟 2012］選択する者もいた。

　2006・2007 年と 2012・2013 年の聞取り調査の結果を比較すると、ドイツのアクター全般に技術研究開発の役割を重視する傾向が強くなり、また気候保全重視グループでは規制を、経済的繁栄重視グループでは国際排出量取引制度を選好する傾向が観察された。いずれのグループも排出量取引制度の有用性を認めつつも、EU 域内だけで実施することに疑問を感じており、排出量取引制度を 7 年以上にわたって実施した結果、浮き彫りになった問題点に対処する必要性を認識していた。

排出量取引制度の選好

　第 4 章で説明したように、自主的取組みを産業エネルギー部門からの排出量を抑制する主要手段として用いてきた日独両国で、キャップアンドトレーディング制度の導入は、上記 2 部門からの温室効果ガス排出量を抑制する権限を市場から政府に移行することを意味し、非漸進的政策転換の中でも特に大規模な政策転換を構成する。このようにキャップアンドトレーディング制度導入がもたらす変化の大きさを踏まえて、聞取り対象者には、さまざまな政策措置の優先順位に関する質問に加えて、特に排出量取引制度の選好を詳しく尋ねた。

　その結果、2006・2007 年の聞取り調査では、いずれのグループに属するかにかかわらず、聞取り対象者の多くが、排出量取引制度を支持した［社会民主党エネルギー派 2006; Vattenfall A 2006; 自由民主党 2006; EnBW 2007; 排出量取引局 2007; EEFA 2006; 社会民主党環境派 2007; 緑の党 A 2007; Öko-Institut 2005; BP 2007a; E.on 2006; BMU 2007; 緑の党 B 2006; ドイツ経済研究所 2005］。排出量取引制度を支持しなかった者は 2 名に過ぎず［ThyssenKrupp 2007; BMWi 2006］、また「排出量取引制度は理論上はとても良い制度であるが、EU 排出量取引制度には満足していない。」と主張した者が 1 名いた［ドイツ産業連盟 2006］。排出量取引制

度を支持した緑の党の議員は、ドイツ産業連盟の聞取り対象者が述べた意見を共有し、「排出量取引制度は理論的には完璧な制度であり、そのコンセプトを100％支持するが、現行の制度は理論からは程遠い。」と述べた［緑の党A 2007］。排出量取引制度を支持する理由として、3名［EEFA 2006; 社会民主党環境派 2007; ドイツ経済研究所 2005］が、予め定められた排出削減目標を達成すると同時に削減費用を低減することができる点をあげた。エコ研究所の聞取り対象者は、制度の設計次第であるとした上で、排出量取引制度を支持するが、長期的には政策の組合せが必要であるという見解を示した［Öko-Institut 2005］。社会民主党の環境派の議員は、排出量取引制度を規制、税、補助金と組み合わせ、さらに目標不達成の場合の罰金制度を設けることによって、ドイツはCO_2排出削減義務を果たすことができるだろうと主張した。さらに彼は、排出量取引制度は、市場で利用可能な最安価の技術の普及の促進に役立つことを指摘した［社会民主党環境派 2007］。

また支持派、反対派ともに、現行のEU排出量取引制度は改善されなければならないという見解を共有した［社会民主党エネルギー派 2006; ドイツ産業連盟 2006; 社会民主党環境派 2007; 緑の党A 2007; E.on 2006; 緑の党B 2006; BMWi 2006］。改善を要する点として、適用範囲の拡大［ドイツ産業連盟 2006］、あるいは例外措置の廃止［E.on 2006］、技術開発を促進するため、2012年以降、100％オークション割当てへ移行［社会民主党環境派 2007］、排出量取引制度対象部門全体の削減量の引上げ［緑の党B 2006］、排出量取引制度第1期（2005年～2007年）で電力会社に与えられたたなぼた利益（排出枠を無償で割り当てられていながら、排出枠価格を電気料金に上乗せして二重の利得を得ていた）の撤廃［社会民主党エネルギー派 2006; BMWi 2006］などが指摘された。

2006・2007年の聞取り調査で、排出量取引制度に関するアクターの考えは、京都議定書が採択され、国際排出量取引制度の導入が決定された時点から10年で大きく変わったことが明らかになった（Watanabe 2011）。アクターの多くは、10年前には排出量取引制度を知らなかったと述べた。一方、社会民主党環境派の議員は、彼の見解は変わっていないと述べた［社会民主党環境派 2007］。連邦環境・自然保護・原子力安全省の高官は、ドイツでは排出量取引制度についてほとんど議論していなかったが、彼は経済的手段を選好していた

と述べた［BMU 2007］。緑の党の議員は、共同実施活動（Activities Implemented Jointly: AIJ）が承認された1995年には、大気に価格をつけることには倫理的な問題があると感じていたが、AIJを検証した後、地球の環境容量の負担を軽減し、数量的な排出削減目標を市場を通じて達成する上で、国際的な排出量取引制度が有効であると納得するようになったと述べた［緑の党A 2007］[7]。一方、2007年に聞取りを実施した対象者は、EU排出量取引制度の実施過程を観察して、排出量取引制度に対して懐疑的になったと述べた。排出量取引局の局長は、自身は法学を専攻したと前置きした上で、「私は規制を強く支持し、排出量取引制度には反対していた。その後、私は排出量取引制度の有用性を認めるようになったが、現在は適切な政策の組合せが必要であると考えている。」と述べた［排出量取引局 2007］。また彼は、産業工程は国際競争にさらされているため、排出量取引制度は産業工程を対象とするべきではないと主張した［同上］。もともと排出量取引制度の支持者であり、連邦環境・自然保護・原子力安全省の高官とともに、ドイツにおける排出量取引制度導入の推進役を務めたBPの聞取り対象者でさえ、「かつてのほうが排出量取引制度を強く支持していた。」と述べた［BP 2007a］。

2012・2013年の聞取り調査では、すべての聞取り対象者が排出量取引制度を支持すると述べたが、排出量取引制度に対する支持が強くなったとは言い難い。例えばWWFは、「現在の排出量取引制度では炭素価格が6～7ユーロと極めて低いため、WWFとしては、排出量取引制度導入以前に導入を試みた炭素・エネルギー税のほうが政策措置としては望ましいと考えている。しかし実効性がある炭素・エネルギー税の導入はほぼ不可能なので、排出量取引制度をセカンド・ベストとして支持する。」と述べた［WWF Deutschland 2012］。WWF以外にも、税か排出量取引制度どちらかを導入すれば足りるとした上で、エコ税を支持する者がいた。その多くは気候保全重視グループのメンバーだったが、BP、バッテンファールの聞取り対象者など、1998年にドイツでエコロジー税導入を主導した社会民主党のメンバーとなっている聞取り対象者は、経

---

[7] 第1回締約国会合は、先進工業国（附属書Ⅰ国）が、他国で温室効果ガス排出量の削減あるいは吸収源による除去のためのプロジェクトを実施する共同実施（activities implemented jointly: AIJ）のパイロットフェーズを開始することを決定した（UNFCCC 1995）。京都議定書の下でのCDMやJIと異なり、AIJのパイロットフェーズでは、クレジットは発生しなかった。

済的繁栄重視グループメンバーでも税を支持した［BP 2012; Vattenfall A 2012］。これら例外を除くと、経済的繁栄重視グループメンバーは、税を支持せず、現行のエコ税も廃止するべきだという意見を述べる者もいた［EnBW 2012; RWE 2012］。また排出量取引制度導入前に自主的取組みを取りまとめており、かつて排出量取引制度導入に反対していたドイツ産業連盟担当者は、「排出量取引制度はすでに導入された。導入にかかった時間と費用を考えれば、排出量取引制度を活用することが望ましい。」と述べた［ドイツ産業連盟 2012］。また彼は「自身は、初めから排出量取引制度を支持していたが、ドイツ産業連盟としてそのような立場を公言することはできなかった。」とも主張した［同上］。これが現実を踏まえた、過去の理念の上書きに当たるのかどうかは判断できない。

　2012・2013年の聞取り調査では、再生可能エネルギーの固定価格買取制度についても支持・不支持を尋ねた。2012・2013年は、第4章で述べたように、ドイツで再生可能エネルギー、特に太陽光の買取価格が高く設定されていたことが問題となり、制度の改定が議論された時期だった。そのせいもあったのか、両グループともに、固定価格買取制度自体は、新技術の普及を促進したことを評価しつつも、現行の固定価格買取制度の問題点を指摘した者が多かった。例えばRWEの聞取り対象者は、「買取価格は、再生可能エネルギーの異なる技術の費用を考慮して設定されており、技術普及により費用が低減しても買取価格に反映されるとは限らない点で非効率的である。また消費電力ではなく発電に対して拠出されるため、電力消費者が、不必要な電力に対して高額の買取価格を支払っており、負担が重過ぎる（2013年には200億ユーロ）。」と述べた［RWE 2012］。またRWE、バッテンファール、BPの聞取り対象者は、太陽光発電部門で雇用が30万件創出されたという連邦環境・自然保護・原子力安全省の報告を引用しながら、これら1つの職につき約70,000ユーロの補助金が支出されている計算になり、補助金が支出されなくなれば失われる職であるという問題点も指摘した［RWE 2012; Vattenfall A 2012; BP 2012］。またバッテンファール、BPの聞取り対象者は、しばしば指摘されているように、固定価格買取制度によって、分配の不公平という問題、すなわち太陽光パネルを設置できる家を購入する資金がある者（全人口の約25％）は、銀行利子が低迷する中で、20年間、政府によって補償された投資の恩恵にあずかることができる一

方で、その費用は家を購入することができない貧しい者（全人口の約75％）によって支払われているという問題点を指摘した［Vattenfall A 2012; BP 2012］。さらにBPと再生可能エネルギー協会の聞取り対象者は、固定価格買取制度のエネルギー集約産業への例外措置が2011年に拡大され、エネルギー集約産業とはいえないパン屋などにも例外措置が適用されているため、固定価格買取制度の負担が一般消費者に集中している点についても改善が必要であると述べた［BP 2012; 再生可能エネルギー協会 2012］。加えてBPの聞取り対象者は、発電部門の排出総量は排出量取引制度によって決められており、太陽光発電を促進しても、排出総量を削減するものではないという排出量取引制度と再生可能エネルギー制度の二重規制の問題点を指摘した［BP 2012］。

気候変動問題に対処する上で技術はどのような役割を果たすと考えますか。
2006・2007年の聞取り調査では、経済的繁栄重視グループの平均値は3.55（「小さい」と「中程度」の間）であり、気候保全重視グループの平均値は3.2（「小さい」）だった[8]。気候保全重視グループのメンバー全員と経済的繁栄重視グループメンバーのうち8名は、「気候変動は部分的に技術によって解決される」という肢を選択し、経済的繁栄重視グループメンバー中3名だけが「気候変動は技術開発によってのみ解決される」という肢を選択した［EnBW 2007; ドイツ産業連盟 2006; E.on 2006］。この質問では、両グループの回答に大きな差は見られなかった。

「気候変動は部分的には技術によって解決される」という肢を選択した聞取り対象者には、さらに「ほかに何が必要か」と尋ねた。気候保全重視グループのメンバーは、行動、ライフスタイル、価値観、認識［排出量取引局 2007; 社会民主党環境派 2007; 緑の党A 2007; BMU 2007］、人間の行動の変化を導くインセンティブ［緑の党A 2007］、規制または税の導入［排出量取引局 2007］、教育または情報［社会民主党環境派 2007; 緑の党A 2007; BMU 2007（特に教師、技術者、建築家への情報提供は拡散効果があると指摘）］、気候保全の重要性に関する共通認識［緑

---

8)　「気候変動は技術によってのみ解決される」は5、「気候変動は部分的には技術によって解決される」は3、「気候変動は技術によっては解決されない」は1で計算した。なお「気候変動は主に技術によって解決される」と回答した者については4で計算した。

の党A 2007] などをあげた。社会民主党の環境派議員は、チープフライトを例にあげて、「我々は、気候変動問題を現在の生活態度を継続したまま解決することはできず、個人の行動を変えなければならないことを一般市民に伝える必要がある。仮に技術が進歩しても、我々は年に10回も15回も飛行機に乗り、なお気候系の危険な変化が回避される程度に排出を抑制することはできない。」と述べた [社会民主党環境派 2007]。経済的繁栄重視グループのメンバーは、ライフスタイル [ドイツ産業連盟 2006]、行動様式と消費パターン [社会民主党エネルギー派 2006]、超国家レベルでの手段の導入 [自由民主党 2006]、目標設定と政策 [BP 2007a; ThyssenKrupp 2007] をあげた。このように、多くの聞取り対象者が、気候変動問題を解決するには、技術に加えてパラダイム転換と行動パターンの変化が必要だと考えていた。

　2012・2013年の聞取り調査では、3名 [化学工業連盟 2012; Vattenfall B 2012; BP 2012] を除くすべての聞取り対象者が「気候変動は部分的には技術によって解決される」という肢を選択したが、その割合を40％程度としたWWF、再生可能エネルギー協会、「主に」ではないとしたセメント産業連盟を除く全員が「主に」あるいは「大部分は」技術によって解決されると述べた。望ましい政策措置の選好でも見られたように、ドイツのアクターの技術研究開発への支持が高まったことが窺える。経済的繁栄重視グループの平均値は4.29（「大きい」）であり、気候保全重視グループの平均値は3.75（「大きい」）で、いずれのグループの平均値も2006・2007年と比較すると大幅に上昇した。

　すべてが技術で解決されると回答した者を除いて、「ほかに何が必要か」という質問に対しては、人々の行動パターン、生活様式、考え方の変化を要すると答えた者が多かった [排出量取引局 2012; セメント産業連盟 2012; RWE 2012; EnBW 2012; ThyssenKrupp 2012] が、政策と回答した者 [WWF Deutschland 2012; 再生可能エネルギー協会 2012; E.on 2012; Vattenfall A 2012] もおり、WWFは行動の変化が政策を変化させるのではなく、政策の変化によって人々の行動が変化するという、パラダイム転換と理念変化の関係を考える上で興味深い考えを示した [WWF Deutschland 2012]。E.onも「需要サイドではなく供給サイドで行う排出削減対策が効果的である。」と述べ、需要サイドマネジメントの効果を疑問視する姿勢を見せた [E.on 2012]。さらに経済的繁栄重視グループのメンバー

の中には、意味のある国際条約、国際協力と回答した者［ドイツ産業連盟 2012; Vattenfall A 2012; 排出量取引局 2012］もおり、政策手段に関する選好についての質問に対する回答と同様に、EU だけが排出削減義務を負い、政策手段を実施する状況の改善を求める傾向が見られた。

5.3. 日本のアクターの経験則的な政策核心理念

5.3.1. 気候変動問題の深刻さ

まず日本の経済的繁栄重視グループのメンバーの中には、この質問群すべてについて「わからない」と答えた者が数名いたため、同グループについては平均値は有意ではないことを注記する。このような回答は、サバティエ（Sabatier）らが主張する、アクターが既存の政策理念、特に規範的政策理念の核心部分を確認するような情報を受け入れ、核心部分と相容れない情報を遮断する傾向（フィルターファンクション）（Sabatier and Jenkins-Smith 1999: 145）があることを示しているのかもしれない。ただし、後述するように 2012・2013 年の回答を見ると異なる解釈も成り立つため、ここではフィルターファンクションの可能性があることを指摘するにとどめる。

気候変動が人為的な温室効果ガスの排出によって起こる蓋然性はどの程度大きいと考えますか。

2006・2007 年の聞取り調査では、気候保全重視グループの平均値は 5.3（「大きい」）だった。平均値がドイツの気候保全重視グループと比較して低かったのは、IGES 理事長が「中程度」と「小さい」の中間を選択したからである。

経済的繁栄重視グループの平均値は 5.5（「大きい」と「非常に大きい」の間）で、気候保全重視グループの平均値よりも高かった。しかし 3 名が「わからない」と述べたため［研究者 A 2006; トヨタ 2006; 新日本製鐵 2006］、この平均値は有意ではない。トヨタの聞取り対象者は「科学者が言っていることを信じるとすれば、影響は深刻だろう。しかし科学者が言っていることが、（追加的な）政策措置をとるのに十分なほど正確なのかどうか、私にはわからない」と述べた［トヨタ 2006］。

2012・2013 年の聞取り調査では、気候保全重視グループのメンバーのうち 1 名が「大きい」と「非常に大きい」の中間を選択したほかは、全員が「非常に大きい」を選択し、平均値は 5.94（「非常に大きい」）まで上昇した。聞取り対象者はいずれも IPCC 第 4 次評価報告書で 'most likely' という表現が用いられていること、そして現実に異常気象などの気候変動を示す事象が発生していることを理由としてあげた。これに対し経済的繁栄重視グループのメンバーのうち「わからない」とした上で「非常に大きい」、「非常に大きい」と「大きい」の中間、「中程度」を選択した回答者がそれぞれ 1 名ずつおり、平均値は 5.17（「大きい」）となった。経済的繁栄重視グループの中には、「IPCC の評価を否定する材料を持っておらず、人為的である蓋然性が科学的な論文を査読して高いと言っているということを前提に考える。」と述べた聞取り対象者もいた［IEA 2013］。また 4 名は「わからない」と述べたが、いずれも IPCC 報告書の内容に精通しており、またノーリグレットよりも踏み込んだ対策は実施していると述べたため、「わからない」という回答を、蓄積された科学的知見が自身の規範的政策理念に合致しないから受け入れないというフィルターファンクションの表れであると解釈することもできるが、知見自体は受け入れた上で、コストの高い対策を実施するには時期尚早だと考えていたに過ぎないという解釈も成り立つ。例えばトヨタの聞取り対象者は、「我々にはわからない。しかし世界の科学者たちの知見を集約したわけだから、将来起こりうるリスクとして考えるべきで、そこから政治がスタートすると考えている。基本的に IPCC が言っている方向なのだろうと思って受け止め、企業の使命として CO_2 削減、GHG 削減に取り組んでいる。」と述べた［トヨタ 2012］。また新日鐵住金の聞取り対象者も「クライメートゲートが起きて、IPCC 報告書の内容を本当に信用できるのか疑問に思うところもあるが、IPCC 報告書を端から否定していれば、これほどの削減対策を実施してはいない。CO_2 削減は資源やエネルギーの効率的使用につながるが、ノーリグレットの対策よりももう少し踏み込んでやっている。ただし CCS などこれ以上踏み込んだ対策の実施は、その対策の実施に間に合うように、科学的な確実性を高めてもらわないと難しい。」と述べた［新日鐵住金 2012］。

地球全体に及ぶ気候変動の影響は、BAU（Business as usual）の政策措置（気候変動問題がなくてもとられたであろう対策）しかとられなかった場合、どの程度大きいと思いますか。

2006・2007年の聞取り調査では、気候保全重視グループのメンバーの平均値は5.8（「非常に大きい」に近い）だったのに対し、経済的繁栄重視グループのメンバーの平均値は4.75（「大きい」に近い）だった。ただし、トヨタの聞取り対象者は「異常気象を気候変動と結び付けるには、さらなる研究を実施する必要がある。」と述べる［トヨタ 2006］など、経済的繁栄重視グループのメンバーのうち3名は、この質問でも「わからない」と答えた［新日本製鐵 2006; 研究者A 2006; トヨタ 2006］ため、平均値は有意ではない。

2012・2013年の聞取り調査では、気候保全重視グループのメンバーのうち1名が「わからない」と答えたが、後は「非常に大きい」、「大きい」を選択し、平均値は5.64（「非常に大きい」と「大きい」の間）と微減した。一方、経済的繁栄重視グループのメンバーのうち回答した2名の平均は4.5（「大きい」と「中程度」の間）だったが、5名は「わからない」と答えたため、値は有意ではない。この質問に対する回答も、前の質問に対する回答と同様、フィルターファンクションが働いたのかどうか判断することは難しい。

あなたの国に及ぶ気候変動の影響は、BAUの政策措置しかとらなかった場合、どの程度大きいと考えますか。

2006・2007年の聞取り調査では、気候保全重視グループのメンバーの平均値は5.0（「大きい」）だったのに対し、経済的繁栄重視グループの平均値は4.0（「中程度」）だった。しかし経済的繁栄重視グループのうち3名は「わからない」と答えた［トヨタ 2006; 新日本製鐵 2006; 研究者B 2006］。したがってこの平均値は有意であるとはいえない。

2012・2013年の聞取り調査では、気候保全重視連合のメンバーは「中程度」、「大きい」あるいは「非常に大きい」と「大きい」の中間を選択し、平均値は4.64（「大きい」と「中程度」の間）だった。経済的繁栄重視グループのメンバーのうち回答した3名の平均値は3.67（「中程度」と「小さい」の間）だったが、この質問でも「わからない」と答えた者が4名おり、肢を選択した回答

者のうち2名も「わからない」と前置きした上での回答だったため、値は有意ではない。

5.3.2. 気候緩和対策の影響
気候緩和対策が日本の経済に与える影響はどの程度大きいと考えますか。

2006・2007年の聞取り調査では、ドイツと異なり、日本の2つのグループのこの質問に対する回答に大きな差は見られなかった。これは日本人は、自分の見解を明確に主張することを避ける傾向がある（Katzenstein 1996: 19参照）からかもしれないが、ドイツの経済的繁栄重視グループが、気候緩和対策が経済へ与える影響を過去と比較してより大きくとらえるようになった原因としてあげた排出量取引制度が、日本では導入されていなかったからかもしれない。気候保全重視グループの平均値は3.8（「中程度」に近い）だったのに対し、経済的繁栄重視グループの平均値は4.0（「中程度」）だった。

経済的繁栄重視グループの研究者は「枠組み次第」と前置きしつつも、「非常に大きい」を選択した［研究者A 2006］が、もう1人の研究者は「京都議定書を完全に実施すると『中程度』だが、現行の手段ならば『小さい』を選択する」と述べた［研究者B 2006］。東京電力の聞取り対象者は、「気候変動問題への対応は長期的には、エネルギー効率性の向上と原子力エネルギー利用の促進につながる。」として、「中程度」から「小さい」を選択した。彼はまた「もし京都議定書を遵守するための手段が導入されたら、経済的な影響はあるかもしれないが、現行の手段では大きな影響はない。」と述べた［東京電力 2006］。

2012・2013年の聞取り調査では、気候保全重視グループのメンバーが「小さい」、「中程度」、あるいは「小さい」と「中程度」の中間を選択し、平均値が3.57（「小さい」と「中程度」の間）で微減したのに対し、経済的繁栄重視グループのメンバーのうち回答した2名の平均値は4.5（「中程度」と「大きい」の中間）で上昇した。ただし経済的繁栄重視グループのメンバーのうち3名が「わからない」と答えているため、経済的繁栄重視グループのこの質問に対する回答の平均値は有意ではない。また2006・2007年にはこの質問に対して「わからない」と回答した経済的繁栄重視グループのメンバーはいなかったが、2012・2013年には「わからない」と回答した者が増加した。「大きい」を

選択した聞取り対象者は、「燃料の調達にかかる費用が変わってくるので、原子力が稼働すれば中程度になるかもしれない。」と述べた。新日鐵住金の聞取り対象者は「京都議定書上の目標の達成については、日本経済に大きな影響はなかった。（民主党政権が 2009 年に提案した）2020 年 25％削減目標を達成するのであれば経済活動を縮小せざるをえない。さらに 2050 年に 80～95％削減するとなると電力部門の温室効果ガス排出量をゼロに、また鉄鋼部門の排出量も 30％削減することになるので影響は大きい。」と述べた［新日鐵住金 2012］。トヨタの聞取り対象者も同様に「京都議定書の目標達成については、リーマンショックによる世界的景気悪化の影響で経済活動が停滞し、CO_2 排出量が削減されたところもあったものの、日本国としては京都クレジットを購入するのに費用がかかった。ただし自動車産業についていえば、省エネ対策の継続的取組みにより、（大きな費用を負担することなく）目標を達成することができた。」と述べた［トヨタ 2012］。

気候緩和政策措置の影響が、産業部門の国際競争力に与える影響はどの程度大きいと考えますか。

　2006・2007 年の聞取り調査では、気候保全重視グループの平均値は 3.2（「小さい」に近い）だったが、経済的繁栄重視グループの平均値は 2.7（「小さい」に近い）だった。この質問でもドイツと異なり、日本の 2 つのグループの差は大きくなく、また気候保全重視グループの平均値が経済的繁栄重視グループの平均値よりも大きくなるという逆転現象が生じていた。IGES からの聞取り対象者は、「個別企業のレベルで考えれば、産業界の競争力という意味で悪影響を受ける企業があるだろう。」と述べた［IGES 2006］。国立環境研究所の研究者は、「他国の削減目標次第」とした上で、「産業界のアクターがしばしば気候緩和政策措置の導入の結果起こると主張する工場の海外移転は、気候緩和政策だけで起こることはないだろう。」と述べた［研究者 E 2006］。

　過去と比較して考えを変えた気候保全重視グループのメンバーはいなかった。一方、経済的繁栄重視グループに属するトヨタの聞取り対象者は、その考えを「中程度」から「非常に小さい」あるいは「全くない」に変えた。彼は「自動車産業は、鉄鋼や電力のようなエネルギー集約産業とは異なる。自動車

の燃費基準は合理的な水準に設定されているので、自動車業界は国際競争力という意味で悪影響を受けることはない。しかしもし排出量取引制度が導入されれば、(日本国内の) 原材料価格が高騰するため、自動車業界も悪影響を被る。」と述べた [トヨタ 2006]。東京電力の聞取り対象者も、トヨタの聞取り対象者の見解を共有した。彼は「現行の気候緩和政策の影響は、対策費用が電力料金に反映されるほど大きくはない。もし追加的な手段が導入されたら、電力料金が上がるだろう。」と述べた [東京電力 2006]。一方、新日本製鐵の聞取り対象者は、「(経団連自主行動計画で宣言した目標を達成するための) 排出枠購入のために日本企業が支払った資金は、中国政府と企業に多大な利益をもたらしている。したがって京都議定書上の目標を達成するための政策措置は、日本企業の国際競争力に大きな悪影響を及ぼしている。」とした [新日本製鐵 2006]。

2012・2013 年の聞取り調査では、両者の差は拡大し、気候保全重視グループのメンバーの平均値が 3.43 (「小さい」と「中程度」の間) と微増し、経済的繁栄重視グループのメンバーの平均値は 4.67 (「中程度」と「大きい」の間) まで上昇した。ただし経済的繁栄重視グループのメンバーでこの質問に回答した者は 3 名しかおらず、4 名は「答えられない」と述べたため、経済的繁栄重視グループの値は有意ではない。日本の経済的繁栄重視グループのメンバーは、「産業部門によって異なるが、結果的に淘汰されて、長期的には産業界全体として成長軌道に乗る。」と述べた 1 名 [日本電機工業会 2013] を除いて、ドイツの聞取り対象者のように便益を得る部門と損失を被る部門があるという論を展開した者はいなかった。また新日鐵住金の聞取り対象者は、肢を選択しなかったものの、「京都議定書の目標達成については、新日鐵住金で自主的取組みで宣言した目標を達成するために 3,500 万 t の排出枠を購入したので、国際競争力に影響はあった。2020 年 25％、2050 年 80〜95％についてはさらに大きな影響がある。」と述べ、「大きい」を選択した 2006・2007 年時とほぼ同様の見解を示した [新日鐵住金 2012]。

5.3.3. 望ましい政策措置

産業エネルギー部門の温室効果ガス排出量を抑制する上で最適な政策措置はどの政策措置だと考えますか。

　2006・2007年の聞取り調査では、どちらのグループのメンバーも技術研究開発を最上位にランクしており、ドイツとの顕著な差が観察された。しかし2位となった政策手段では、気候保全重視グループが規制をランクしたのに対し、経済的繁栄重視グループは自主的取組みをランクしており、ドイツと同様に、気候保全重視グループのメンバーは政府に排出量を抑制する権限を付与する手段を選好し、経済的繁栄重視グループのメンバーは市場がより柔軟に排出量の削減水準を決定できる手段を選好した。

　気候保全重視グループのメンバーは、最も適切な手段として技術研究開発（平均値2.6）を選択し、これに規制（2.4）、税（1.8）、国際排出量取引制度（1.6）、国内排出量取引制度（1.2）、自主的取組み（0.6）が続いた。最下位にランクされたのは補助金（0.2）だった。IGESの理事長は、「適切な手段を選択するのは時期尚早である。最終的にはさまざまな政策措置の組合せが重要となる。」と述べた上で、「規制と大部分の部門を対象とする市場メカニズムを優先する。」とした［IGES 2006］。ドイツと比較して大きく異なったもう1つの点は、規制、国内排出量取引制度と税を選択した1名を除いて、気候保全重視グループのメンバーは誰も国内排出量取引を選択しなかった点である。その理由として、日本ではさまざまな部門における対策費用がほぼ等しいため、国内排出量取引制度は機能しないことを指摘した聞取り対象者がいた［研究者E 2006］。

　これに対し経済的繁栄重視グループのメンバーは、技術研究開発（平均値3.2）、自主的取組み（1.2）、規制（0.6）（ただし、ある行為の禁止ではなく、トップランナー方式のような基準設定）を選好した。また1名を除いて全員が技術研究開発を選択し、3名の産業界のアクターは自主的取組みを選好した。新日本製鐵の聞取り対象者は「自主的取組みは最適な手段である。しかし信頼性の確保が依然として問題である。適切な手段は産業分野により異なる。政府はどの産業分野でどの手段が最も排出抑制効果を発揮するのか理解していないので、削減のための適切なインセンティブを付与することはできない。排出量取引制度

は、家庭部門の対策としては適切だが、産業エネルギー部門の対策としては適切ではない。」と述べた［新日本製鐵 2006］。東京電力の聞取り対象者は、新日本製鐵の聞取り対象者と同様の見解を述べ、「他国が排出量取引制度を選択したからといって、自主的取組みの効果を評価することなく、排出量取引制度を導入するのは適切ではない。」と述べた［東京電力 2006］。トヨタの聞取り対象者も、規制（基準設定）と技術研究開発とともに自主的取組みを選好し、新日本製鐵、東京電力の聞取り対象者と同様の見解を示した。

2012・2013 年度の聞取り調査では、技術研究開発を明示しなかった 2 名を除くすべての聞取り対象者が技術研究開発を選択し、2006・2007 年と同様、日本のアクターは、所属するグループに関係なく、技術研究開発を選好する傾向が確認された。また経済的繁栄重視グループのアクターは全員、自主的取組みをあげ、気候保全重視グループのメンバーの中でも 3 名は自主的取組みを他の手段とともにあげた［気候政策センター 2012; 研究者 E 2012; UNSAGB 2012（ただし中小企業の排出抑制手段として）］。経済産業省の数多くのプロジェクトを実施している研究者は、「自主的取組みは日本固有の手段で、拘束力が弱くても実施の透明性を確保すれば効果が上がる。日本全体の目標の中での整合性、説明責任や透明性の確保のため、将来は業界単位ではなく企業単位で目標を設定せざるをえない。しかし観測・報告・検証が確保されれば、自主的取組みのほうがモチベーションが上がる。」と自主的取組みの利点を強調した。また化学工業会の聞取り対象者は、「フロンガス、N_2O、CH_4 の削減対策としては、規制と補助金と技術研究開発の組合せが望ましいが、CO_2 に関しては規制ではなく自主行動計画を用いるのが望ましい。」と述べた。気候保全重視グループの聞取り対象者で自主的取組みを選択したアクターのうち 1 名は、化学工業会の聞取り対象者と類似した見解を示したが、後の 2 名は自主的取組みは中小企業対策として［UNSAGB 2012］、あるいは手軽な対策として［研究者 E 2012］用いるのが望ましく、原則は規制と税［研究者 E 2012］あるいは排出量取引制度［UNSAGB 2012］を用いるのが望ましいと述べた。一方、2 名の NGO は自主的取組みで対応できる時期は過ぎたとして自主的取組みを選択しなかった。

また経済的繁栄重視グループのアクターは、IEA の専門家を除いて排出量取引制度を選択しなかった。IEA の専門家は、「経団連の新しい計画で引き続き

やっていくことになるのかもしれないが、市場メカニズムを活用するのは望ましい。排出量取引と税の両方を同じ部門を対象とする政策措置として用いることは効果的ではないが、どちらか一方を用いるのであれば、どちらが優っていてどちらが劣っているということはない。」と排出量取引と税のいずれが望ましいのか明言することを避けた［IEA 2013］。

経済的繁栄重視グループのメンバーの中には補助金を選択する者もいたが、彼らが意図したのは固定価格買取制度ではなく、中小企業の排出削減対策を促進する補助金だった［新日鐵住金 2012; トヨタ 2012］。また排出量取引か税のいずれかを導入するべきだとした IEA の専門家以外に、税を支持した者が 2 名いた［トヨタ 2012; 化学工業会 2013］。経済的繁栄重視グループの選好は、自主的取組み（4.25）、技術研究開発（4.0）、補助金（2.375）、税（1.875）、規制（0.625）、国内排出量取引制度（0.625）、国際排出量取引制度（0.625）となり、自主的取組みと技術研究開発への強い支持が窺えると同時に、税よりも排出量取引制度への支持が低いという結果となった。気候保全重視グループのメンバーは、1 名を除いて全員が規制を選択し（フロンガスに限定した者も含む）、また NGO の 2 名を除いて全員が税を選択した。一方、排出量取引制度については積極的に支持する者もいたが［UNSAGB 2012; 研究者 C 2012; WWF Japan 2013; 気候ネットワーク 2013］、排出量取引制度は、排出枠の価値を維持することが難しいとして排出量取引を選択しない者もいた［研究者 E 2012］。ただし排出量取引を選択しなかった聞取り対象者も「オフセットはあっても良い。」と述べ、その限りで排出量取引制度は必要だという見解を示した［同上］。また日本社会での受容という観点から、規制と自主的取組みを選択した上で、「国際的な排出量取引制度の実施が進まないのなら、待つことなく国内排出量取引制度を導入する可能性もある。排出量取引には一定の効果があると東京都の事例を見て思う。」と述べた対象者もいた［研究者 C 2012］。気候保全重視グループの選好の順位は、規制（3.125）、税（3.0）、技術研究開発（2.375）、国内排出量取引制度（2.25）、自主的取組み（1.125）、国際排出量取引制度（1.0）、補助金（1.0）となり、規制への支持が高くなった一方で、前回 1 位にランクされた技術研究開発は依然として支持されているものの、順位は下がった。

排出量取引制度の選好

2006・2007年の聞取り調査では、気候保全重視グループのメンバー全員が、排出量取引制度を支持した。多くのメンバーは、排出量取引制度は、温室効果ガスの排出量を予め設定された水準に抑制する上で効果的であると述べた。しかし国立環境研究所の研究者は、「我々は緩和対策としてこの制度に100％依存することはできない。」として、排出量取引制度の導入に慎重な態度を示した［研究者E 2006］。

経済的繁栄重視グループでは3名がこの制度に反対した［東京電力 2006; 新日本製鐵 2006; 研究者A 2006］が、1名の研究者は支持した［研究者B 2006］。トヨタの聞取り対象者は、排出量取引制度の導入に反対はしないものの、その排出削減効果には懐疑的だった。彼は「排出削減を誘引する効果について排出量取引制度を評価することが先だ。取引制度は、時間軸、技術開発、経済成長という点で柔軟性を確保する方策かもしれない。しかしキャップが合理的に、かつ技術的に適正な方法で設定できるのかが問題だ。」と述べた［トヨタ 2006］。

気候保全重視グループのメンバーのうち3名は、この10年間で見解が変わったと述べた［研究者D 2006; 研究者E 2006; IGES 2006］。経済的繁栄重視連合のメンバーのうち新日本製鐵の聞取り対象者は立場を変えておらず、「排出量取引制度は鉄鋼部門にとっては選択肢ではない。」と述べた［新日本製鐵 2006］。東京電力の聞取り対象者は、「排出量取引制度の役割はCDMとJIプロジェクトから排出枠を獲得することにあると考えていたが、このような考えは、EU域内での排出量取引制度の導入後、変わった。」と述べた［東京電力 2006］。また1名の研究者は、「排出量取引制度を京都議定書採択時は支持していたが、その後、同制度の日本社会への適用可能性について懐疑的になり、反対に転じた。」と述べた［研究者A 2006］。

2012・2013年の聞取り調査では、「日本の既存制度を活用できるという意味では税のほうが望ましいが、手段として排出量取引、税はどちらも同様の効果をもたらすはずなので、どちらかを導入できればよい。」［IEA 2013］、「資源を効率的に配分するというところは支持するが、設計と運用がうまくいっていないところが気になる。」［東京電力 2013］と述べた聞取り対象者2名を除くすべての経済的繁栄重視グループのメンバーが排出量取引制度導入に反対した。税

については、「シグナルとしては有効だ」[化学工業会 2013]、「排出削減効果を狙う税率の高いものではなく、研究開発を進めるには、公的支援が必要で、そのための歳入源としての低税率の税の導入が考えられる。」[研究者 A 2012] などIEA の専門家と同様、税導入を支持する見解が示された。気候保全重視グループのメンバーは、2名 [研究者 E 2012; 気候政策センター 2012] を除いて排出量取引制度を支持した。税については全員が支持した。一方、固定価格買取制度は導入直前あるいは導入されたばかりだったため、ドイツのアクターのように詳細な意見を述べた者はいなかった。

気候変動問題に対処する上で技術はどのような役割を果たすと考えますか。

気候変動問題に対応するための手段としての技術研究開発に対する日本のアクターの支持は、この質問への回答で再確認された。また 2006・2007 年の聞取り調査では、この質問を通じて、技術が果たす役割について 2 つのグループ間で多少の違いがあることが浮き彫りになった。経済的繁栄重視グループの平均値は 4.4 だったが、気候保全重視グループの平均値は 3.4 だった。

2名の経済的繁栄重視グループのメンバーは「気候変動は技術によってのみ解決される」という肢を選択した [研究者 B 2006; トヨタ 2006]。他の 3 名は「気候変動は部分的に技術によって解決される」を選択したが、「ほとんど技術によって」と付け加えた [東京電力 2006; 新日本製鐵 2006; 研究者 A 2006]。気候保全重視グループのメンバーの中で「気候変動は部分的に技術によって解決される。」を選択した聞取り対象者のうち、2 名は、気候変動問題は技術によって 70～80％解決されると述べた [研究者 C 2006; 研究者 D 2006]。一方、50％という数字に言及した聞取り対象者 [国連大学 2006] や、部分的という以上に具体的な数字には言及しなかった聞取り対象者 [IGES 2006] もいた。

「技術のほかに何が必要か。」という質問に対しては、気候保全重視グループのメンバーは、需要サイドの合理的な態度、エネルギー使用を削減し、制限することについての人々の認識、ライフスタイルの変化 [研究者 C 2006; 研究者 E 2006; 研究者 D 2006; 国連大学 2006]、規制 [研究者 D 2006; IGES 2006; 国連大学 2006] などをあげた。経済的繁栄重視グループに属する研究者のうち 1 名は、規制と人々の意識をあげ [研究者 A 2006]、もう 1 名は、炭素に価格を付与する

排出量取引制度あるいは炭素税をあげた［研究者 B 2006］。トヨタの聞取り対象者は、技術、ベンチマーキング、財政的メカニズムをあげた［トヨタ 2006］。ドイツの気候保全重視グループと同様に、日本の気候保全重視グループも、気候変動問題を解決するにはパラダイム転換が必要であると考えていたが、経済的繁栄重視グループは、ドイツの同グループと異なり、パラダイム転換が必要であると必ずしも考えていなかった。産業部門のアクターのうち 1 名は「人々が行動様式を変えなくても、技術によって気候変動問題は解決されるであろう。」と述べた［トヨタ 2006］。

2012・2013 年の聞取り調査では、「技術でしか解決できない」［新日鐵住金 2012］と答えた回答者を除いて、気候保全重視グループ、経済的繁栄重視グループを問わず全員が「気候変動問題は部分的には技術によって解決される」という肢を選択し、しかも「技術進歩に頼ってはいけない」［UNSAGB 2012］、「効果的なマーケットプルの政策がない限り、技術は普及しない」［IGES 2012］と答えた 2 名を除いて「大部分は技術によって解決される」と回答した。また「技術でしか解決できない」と答えた回答者も、「技術普及・開発を促進する政策や意識の変化が必要」［新日鐵住金 2012］と述べていたので、彼の見解は実は「部分的に技術によって解決される。」に近かったと思われる。「技術以外に何が必要か。」という質問に対しては、技術は重要だが、技術だけでは解決できないので、技術への需要を創出する、あるいは普及するためのインセンティブを付与する制度［研究者 C 2012; 研究者 E 2012; 気候政策センター 2012; 気候ネットワーク 2013; IEA 2013; 化学工業会 2013; 連合 2013; WWF Japan 2013（仕組みづくり）; 研究者 E 2012（強制的でなくても良いので温室効果ガスの数値抑制目標）］、技術をシステムへ統合させる・制御するためのインフラストラクチャー［研究者 A 2012］、政策や制度導入への国民の支持［研究者 C 2012］、規制緩和（風力発電や地熱立地のため）［研究者 D 2012］、やる気（選び取る政治的意思決定）［研究者 C 2012; UNSAGB 2012］、情報［気候ネットワーク 2013; 研究者 A 2012; トヨタ 2012（今どういう状況にあるのかを知る）］、見える化［トヨタ 2012; 研究者 E 2012］、意識変革［IGES 2012; 新日鐵住金 2012; 化学工業会 2012; IEA 2013; 研究者 A 2012］、行動変化をもたらす倫理［東京電力 2013］、教育（啓蒙）［新日鐵住金 2012; IEA 2013］などがあげられた。

5.4. 日独アクターの政策核心理念の比較

本節では、上記の聞取り調査の結果に基づいて、日本とドイツの気候エネルギー政策サブシステムに長年にわたり関与したアクターが保有する政策核心理念を比較分析する。まず第1章で提示した4つの仮説のうち1番目の仮説、すなわち政策核心理念は日独の気候エネルギー政策サブシステムで起きた政策転換のタイプとレベルの差を説明する主要因として機能したのかどうかという仮説を検証するために、日独のアクターの理念を2006・2007年時点、2012・2013年時点の2時点で比較する。聞取り調査の結果は285頁の表5-2を参照されたい。日独の同じグループに属するアクターは、政策核心理念のいくつかの要素で差を示したものの、その差は両国の政策転換のタイプとレベルの差を説明するほど大きくはなかった。

まずアクターの規範的な政策核心理念（経済的繁栄という価値と気候保全という価値間の重みづけと、2つの価値のバランスを保つ手段）については、日独のアクターは2006・2007年の聞取り調査では、大きな差を示さなかった。すなわち、気候政策分野における政策核心理念の規範的部分を構成する気候保全と経済的繁栄という価値の重みづけについては、26件中4件を除いて、いずれの国でもアクターは、「気候保全はいかなる犠牲を払っても追求されなければならない」、あるいは「気候保全は、短期的には、経済的繁栄を犠牲にしてでも追求されなければならない」という肢を選択したグループと、「気候保全は、短期的にも経済的繁栄とバランスを保ちながら追求されなければならない」、あるいは「経済的繁栄が優先して追求されなければならない」という肢を選択したグループ、すなわち気候保全重視グループと経済的繁栄重視グループに二分された。気候保全重視グループの中には、気候変動対策の実施を通じて、経済的繁栄を追求するパターンが変化し、したがって短期的に気候保全を重視することが、結果として長期的には気候保全と経済的繁栄を両立することにつながるという見解を示したアクターもいた。一方で経済的繁栄重視グループからは、経済的繁栄は気候保全の前提条件であり、短期的にも犠牲にすれば経済活動が立ち行かなくなり、結果、気候保全も実現されないという意見が聞かれた

(Watanabe 2011)。2012・2013年の聞取り調査では、気候保全と経済的繁栄間の重みづけについて、ドイツの気候保全重視グループメンバーのうち4名（うち2名は2012・2013年に新たに追加した聞取り対象者）が、「気候保全は、短期的にも経済的繁栄とバランスを保ちながら追求されなければならない」という回答を選択した。しかしいずれの回答者も、この肢を選択した理由として政治的受容をあげており、国際交渉が行き詰まり、ドイツを除く欧州の経済状況が不安視される中、表面的にではあっても「気候保全は、短期的にも経済的繁栄とバランスを保ちながら追求されなければならない」という肢を選択せざるをえなかったのかもしれない。このような政治的受容をあげる声は経済的繁栄重視グループのメンバーからも聞かれた。「気候保全は、短期的にも経済的繁栄とバランスを保ちながら追求されなければならない」という肢を選択した回答者に、「本当に短期的にも経済的繁栄をバランスを保ちながら、気候保全を追求することができると思うのか。」と尋ねたところ、複数名が「短期」と「経済的繁栄」の定義によると回答した。これらアクターは「経済的繁栄」を伝統的なものとサービスの生産の増加ととらえる考え方から、質の向上ととらえる考え方へ変化するパラダイム転換が長期的に起こることにより、気候保全と経済的繁栄を同時に実現することができると考えていると解釈することもできる。日本のアクターでは、日本エネルギー経済研究所の1名の研究者が、「気候保全は、短期的にも経済的繁栄とバランスを保ちながら追求されなければならない」から「経済的繁栄が優先して追求されなければならない」へ理念を変化させたが、その他のアクターで理念を変化させた者はいなかった。またこの研究者もドイツのアクターと同様、経済的繁栄の定義が問題であるという見解を示した。さらに「気候保全は、短期的には経済的繁栄を犠牲にしてでも追求されなければならない」という肢を選択した日本の気候保全重視グループメンバーもドイツのメンバーと同様、「短期」の定義によると述べており、日独両国で、アクターは「短期」や「経済的繁栄」の定義をより精緻に考えるようになったという傾向が見られた。このように2006・2007年の聞取り調査と2012・2013年の聞取り調査結果を比較した限りでは、気候変動問題が重要な政治課題として認識されてから25年が経過しても、多くのアクターは、政策核心理念の規範的部分を変えていないことが明らかになった。

2006・2007年時点で、気候変動が人為的な温室効果ガスの排出によって起きている蓋然性について、日本の気候保全重視グループの平均値は「大きい」、ドイツの気候保全重視グループの平均値は「非常に大きい」だった。また気候変動が起きた場合の地球規模での悪影響の程度について、日本の気候保全重視グループの平均値は「非常に大きい」、ドイツの気候保全重視グループの平均値は「非常に大きい」と「大きい」の中間だった。一方でドイツの経済的繁栄重視グループの平均値は蓋然性については「中程度」と「大きい」の間、程度については「中程度」で、気候保全重視グループのアクターと比較すると、蓋然性も程度も小さくとらえていた（同上）。他方、日本の経済的繁栄重視グループについては、いずれの問いについても「わからない」と答え、気候変動に関する政府間パネル（International Panel on Climate Change: IPCC）の評価報告書の内容を慎重に評価した対象者が3名おり、平均値は有意ではなかった。これらのアクターはIPCC報告書の内容には精通していたので、2006・2007年の聞取り調査結果に基づく限り、「わからない」という回答は、情報の欠如や知見不足によるのではなく、自身の規範的政策核心理念と合致しない情報を受け入れることを拒否する、いわゆるフィルターファンクションの表れだと解釈した。2012・2013年の聞取り調査では、日本、ドイツともに気候保全重視グループのメンバーの平均値は、蓋然性については「非常に大きい」で、程度については「非常に大きい」と「大きい」の中間となり、2006・2007年時と比較して、日本の気候保全重視グループのアクターは気候変動が起きる蓋然性を大きく評価する傾向が見られた。一方、ドイツの経済的繁栄重視グループの中には、日本の経済的繁栄重視グループメンバーと同様に、IPCC等の科学的知見に疑念を示し、「わからない」と回答したアクターが2名いたものの、総じて2006・2007年時よりもはるかに気候変動問題を懸念するようになり、学習効果と理念変化が見られた。日本の経済的繁栄重視グループメンバーのうち回答した3名は気候変動問題をより懸念するようになったが、依然として「わからない」と答え、科学的知見の不確実性を指摘した者が4名いた。ただし「わからない」と答えたアクターは、いずれもIPCC報告書の内容に精通していただけではなく、ノーリグレットよりも踏み込んだ対策を実施していると述べていた。したがって日本の経済的繁栄重視グループの「わからない」という回答

は、2006・2007 年の聞取り調査時には、蓄積された科学的知見が自身の規範的政策理念に合致しないから受け入れないというフィルターファンクションの表れだと解釈したが、2012・2013 年の聞取り調査結果も踏まえると、知見自体は受け入れた上で、コストの高い対策を実施することを納得するには至っていないという解釈も成り立ち、フィルターファンクションだと断定することはできないことが明らかになった。また「わからない」と回答した日本の経済的繁栄重視グループメンバー 4 名とドイツの経済的繁栄重視グループメンバー 2 名を除くと、いずれのアクターも科学的知見と現実に起きている事象を踏まえて気候変動問題をより深刻にとらえるようになっていたので、気候保全重視グループメンバーがその政策核心理念を強めただけではなく、経済的繁栄重視グループメンバーも政策核心理念の規範的部分は変化させていないものの、経験則部分を変化させたという解釈も成り立つ。

またそれぞれの国に及ぶ気候変動の悪影響に関する質問では、2006・2007 年時点では、日本の気候保全重視グループも経済的繁栄重視グループも、気候変動が自国に及ぼす悪影響を、ドイツの各グループのメンバーよりも潜在的に大きいととらえていた。これは日本が島国で、気候変動の悪影響にさらされやすいからだと思われる。しかし両国のアクターは、それぞれの国が、途上国よりもはるかに大きな気候変動適応能力を有するという見解を共有していた。2012・2013 年の聞取り調査では、ドイツの気候保全重視グループのメンバーは、気候変動がドイツに与える影響を 2006・2007 年時よりも大きくとらえるようになり、経済的繁栄重視グループのメンバーは、小さくとらえるようになっており、ドイツの両グループのこの質問に対する回答の平均値の差は拡大した。一方、日本の気候保全重視グループのメンバーは気候変動が日本に与える悪影響をより小さくとらえるようになり、経済的繁栄重視グループのメンバーは「わからない」と答える者が増えた。その結果、2006・2007 年に観察された、日本のアクターのほうがドイツのアクターよりも気候変動の自国への悪影響を懸念しているという傾向は観察されなかった。

気候緩和対策が経済全体あるいは産業の国際競争力に及ぼす影響については、2006・2007 年には両国のアクター間で大きな差が観察された。ドイツの気候保全重視グループは、気候緩和対策が経済全体あるいは産業の国際競争力

に及ぼす影響について「小さい」あるいは「便益がある」と回答し、平均値が「小さい」だったが、経済的繁栄重視グループの平均値は「中程度」だった。日本の気候保全重視グループのメンバーの平均値は「中程度」に近く、経済的繁栄重視グループの平均値は「中程度」と「大きい」の中間だった。したがって日本の対立するグループ間の見解は、ドイツのそれよりも小さかった。この結果を見れば、日本の気候エネルギー政策システムのほうがドイツよりも非対立的で、日本のほうが大きな政策転換を経験していそうであるが、現実は逆の結果となっている。これは、日本人が自分の見解を明確に主張することを避け、相手の意向を汲み取る傾向があること（Katzenstein 1996）に起因するのかもしれないが、各国ですでに実施されている政策措置の影響に起因するところもあると考えられる。ドイツでは産業エネルギー部門の排出量を抑制する政策手段が自主的取組みから排出量取引制度に移行し、結果、産業エネルギー部門の排出量を抑制する権限が産業界から政府に移行しているので、ドイツの経済的繁栄重視グループのメンバーは政策措置の悪影響を日本のアクターよりも大きいと感じたのかもしれない（Watanabe 2011）。このような見解は、京都議定書を遵守するために新たな政策措置を導入すれば経済への影響はあるかもしれないが、2006年時点で導入されている手段では大きな影響はないという日本の経済的繁栄重視グループのメンバーの見解でも裏づけられた［東京電力 2006］。

　2012・2013年の聞取り調査では、ドイツの気候保全重視グループのメンバーは、経済全体への悪影響を2006・2007年時点以上に小さくとらえるようになり、経済的繁栄重視グループのメンバーはより大きくとらえるようになり、その差は2006・2007年時からさらに拡大し、回答の中で最大の差を示した。一方、日本の気候保全重視グループのメンバーの平均値は、2006・2007年時の「中程度」から2012・2013年時には「中程度」と「小さい」の中間に微減し、一方、経済的繁栄重視グループの平均値は変わらなかったため、両者の差は若干拡大した。また産業部門の国際競争力への影響については、ドイツの気候保全重視グループのメンバーの平均値が微増し、経済的繁栄重視グループのメンバーの平均値は変わらなかったため、2012・2013年時の両グループの差は2006・2007年時とほぼ同じだった。一方、日本の気候保全重視グループの平

均値は微増し、経済的繁栄重視グループメンバーについては「わからない」と回答する者が多かったため、この質問に対する回答で両者の差が拡大したかどうか判断できなかった。このようにどちらの国でも、政策措置が経済あるいは産業の国際競争力に及ぼす影響については、時間の経過に伴ってグループ間の意見の差が縮小したとはいえなかった。

望ましい政策手段については、2006・2007年時点では、ドイツのいずれのグループのアクターも国際排出量取引制度を1位にランクし、日本のいずれのグループも技術研究開発を1位にランクした。これは日独で導入された政策のアプローチが異なることを説明する1つの理由となるかもしれない。しかし最も望ましい政策手段を除けば、いずれの国でも、経済的繁栄重視グループは、産業エネルギー部門からの温室効果ガス排出抑制対策として、市場がより柔軟に排出削減水準や方法を決定できる手段を選好し、一方で気候保全重視グループは、当該部門からの温室効果ガス排出量を抑制する権限を政府に付与する手段を選好した。

2012・2013年の聞取り調査では、ドイツの気候保全重視グループの平均値は、2006・2007年時も2007年に聞取り調査を実施したすべての対象者が選択したものの、全体で見れば国際排出量取引制度、国内排出量取引制度、税に次いで4位だった規制が最も高かった。また国内排出量取引制度を選好する者はいたが、国際排出量取引制度を支持する者は減少した。これに対し経済的繁栄重視グループは、国際排出量取引制度を最も選好し、技術研究開発がこれに続いた。一方、国内排出量取引制度については、EU排出量取引制度の運用を踏まえて、排出量取引制度の問題点が明らかになり、支持する者が減少した。2006・2007年と比較すると排出量取引への選好が変化した以外に、どちらのグループも技術研究開発への支持が高まった。また気候保全重視グループでは規制を、経済的繁栄重視グループでは国際排出量取引制度を選好する傾向が見られた。さらに気候保全重視グループ、経済的繁栄重視グループ問わず自主的取組みは役割が終わったとする者が多かった。これに対し、日本のアクターは3名を除く、すべての聞取り対象者が技術研究開発を選択し、2006・2007年と同様、技術研究開発への支持が高かった。また経済的繁栄重視グループのアクターは全員、自主的取組みをあげたため、自主的取組みの平均値が最も高く、

これに技術研究開発が続いた。このように日本の経済的繁栄重視グループは、依然として自主的取組みを産業エネルギー部門の温室効果ガスを抑制する主要政策手段として支持した。また税か排出量取引制度のいずれかと回答した1名を除く全員が排出量取引制度の導入に反対だった。気候保全重視グループのアクターの平均値が最も高かったのは規制で、これに技術研究開発、税が続き、気候保全重視グループでも排出量取引よりも税を支持する傾向が観察された。

　比較の結果、2006・2007年時点の聞取り調査結果を見る限り、日独で同じグループに属しているアクターの政策核心理念の規範的部分も経験則部分も、それほど大きな差はなかったことが明らかになった。差が観察されたのは、1)日本の経済的繁栄重視グループのメンバーの中に、気候変動問題が起こる蓋然性と起きた場合の地球規模での悪影響の程度について「わからない」と答えるアクターがいた点、2)気候緩和対策が産業の国際競争力に及ぼす悪影響について、ドイツの気候保全重視グループのアクターの平均値が「非常に小さい」で、経済的繁栄重視グループのアクターの平均値が「大きい」と「中程度」の間だったのに対し、日本の気候保全重視グループの平均値は「小さい」で経済的繁栄重視グループの平均値が「中程度」だった点、3)産業エネルギー部門からの排出量を抑制するための望ましい政策措置について、日本の経済的繁栄重視グループに属するアクターが自主的取組みを、気候保全重視グループに属するアクターが規制を選好し、またすべてのアクターに共通して技術研究開発を選好する傾向が観察されたのに対し、ドイツのアクターは排出量取引制度を選好する傾向が強かった点の3点だった。

　このような傾向は2012・2013年時点でも大きくは変わらず、気候緩和政策措置がそれぞれの国の経済全体に及ぼす影響について、気候保全重視グループの平均値の差が拡大した点を除くと、日独の各グループのアクターが保有する政策核心理念の経験則部分の差は小さくなった。まず日本の経済的繁栄重視グループのメンバーの中には、気候変動問題が起こる蓋然性と起きた場合の地球規模での悪影響の程度、そして起きた場合の日本への悪影響の程度についても「わからない」と回答する者が4～5名おり、ドイツの経済的繁栄重視グループメンバーの中にも、IPCC評価報告書などの科学的知見に対して懐疑的な見方を示し、気候変動問題が起こる蓋然性と起きた場合の地球規模での悪影響の程

度について「わからない」と回答する者が2名現れた。また気候緩和対策が産業部門の国際競争力に及ぼす影響について、日本の経済的繁栄重視グループメンバーのうち回答した者の平均値が「大きい」と「中程度」の中間となり、ドイツの経済的繁栄重視グループの平均値と近くなった。さらに産業エネルギー部門の排出量を抑制する望ましい政策手段についても、経済的繁栄重視グループの平均値が最も高かったのは日本が自主的取組みでドイツが国際排出量取引という違いはあったものの、気候保全重視グループの選好が最も高かったのは両国とも規制であり、また日独ともに多くのアクターが技術研究開発を選好した。したがって2006・2007年、2012・2013年の聞取り調査結果に基づく限りでは、両国のアクターが保有する理念の差は、ドイツが日本よりも早期に大きな政策転換を経験したことを説明する主要独立変数であるとはいえない。

　次に、日独それぞれの2006・2007年時点と2012・2013年時点のアクターの理念を比較する。まず日本のアクターについては、1)気候保全重視グループのメンバーが気候変動が人為的な温室効果ガスの排出によって起こる蓋然性をより大きくとらえるようになった、2)気候保全重視グループの一部のメンバーおよび回答した経済的繁栄重視グループのメンバーが、気候緩和対策が産業の国際競争力に与える悪影響をより大きくとらえるようになったという変化を見せた。後者については、京都議定書の目標達成については大幅な排出削減をもたらす政策措置は導入されず、国外から購入した排出枠を活用したが、2020年、2050年の温室効果ガス排出量大幅削減という目標達成に向けて、今後、導入されるであろう政策措置を考えると、悪影響が大きくなると考えたアクターが多かった。次にドイツのアクターについては、1)気候変動が起こる蓋然性についても、また起きた場合の地球規模での悪影響についても、経済的繁栄重視グループのメンバーの中に、2006・2007年にはいなかった「わからない」と回答する者が2012・2013年には2名現れたが、同グループのその他のメンバーはいずれについてもより大きくとらえるようになった、2)気候変動が起きた場合のドイツへの影響については気候保全重視グループメンバーがより大きくとらえるようになり、経済的繁栄重視グループのメンバーはより小さくとらえるようになった、3)気候緩和政策の経済全体への悪影響について、気候保全重視グループメンバーがより小さくあるいはプラスの影響があるととらえるように

第5章　日本とドイツのアクターの理念

表5-2：日独のアクターが保有する政策核心理念の比較

	ドイツ				日本			
	気候保全重視グループ		経済的繁栄重視グループ		気候保全重視グループ		経済的繁栄重視グループ	
	政策核心理念の規範的な部分							
	2006・2007	2012・2013	2006・2007	2012・2013	2006・2007	2012・2013	2006・2007	2012・2013
気候保全と経済的繁栄の重みづけ	気候保全は、短期的には、経済的繁栄を犠牲にしてでも追求されなければならない。		気候保全は、短期的にも経済的繁栄とバランスを保ちながら追求されなければならない。		気候保全は（少なくとも短期的には）経済的繁栄を犠牲にしてでも追求されなければならない。		気候保全は、短期的にも経済的繁栄とバランスを保ちながら追求されなければならない。	
	政策核心理念の経験則に関する部分							
問題の深刻さ								
気候変動が起こる蓋然性	5.83「非常に大きい」(0.83)	5.83「非常に大きい」(0.39)	4.5「中程度」と「大きい」の中間(0.5)	5.0「大きい」(0.72)	5.3「大きい」(0.96)	5.94「非常に大きい」(0.072)	-「わからない」2名のみ回答（平均5.5)	「わからない」3名のみ回答（平均5.17)
気候変動が起きた場合の程度（地球規模で）	5.5「大きい」と「非常に大きい」の中間(1.52)	5.58「大きい」と「非常に大きい」の中間(0.47)	4.39「中程度」(0.56)	4.9「大きい」(0.56)	5.8「非常に大きい」(0.25)	5.64「大きい」と「非常に大きい」の中間(0.26)	-「わからない」2名のみ回答（平均4.75)	「わからない」2名のみ回答（平均4.5)
気候変動が起きた場合の程度（日本あるいはドイツで）	3.92「中程度」(0.95)	4.33「中程度」(1.10)	3.32「小さい」(0.65)	2.9「小さい」(1.03)	5.0「大きい」(0.48)	4.64「中程度」と「大きい」の中間(0.49)	-「わからない」2名のみ回答（平均4.0)	「わからない」3名のみ回答（平均3.67)
気候緩和対策の影響								
気候緩和対策が、GDPに及ぼす影響	3.30「小さい」(4.00)	2.33「非常に小さい」(4.80)	4.27「中程度」(1.56)	4.38「中程度」と「大きい」の中間(0.99)	3.8「中程度」(0.65)	3.57「中程度」と「小さい」の中間(1.93)	4.0「中程度」(1.43)	-「わからない」2名のみ回答（平均4.5)
気候緩和対策が、産業界の国際競争力に及ぼす影響	2.33「非常に小さい」(6.33)	2.42「非常に小さい」と「小さい」の間(4.15)	4.55「中程度」と「大きい」の中間(2.32)	4.55「中程度」と「大きい」の中間(1.79)	3.2「小さい」(3.55)	3.43「小さい」と「中程度」の中間(0.55)	2.7「小さい」(3.27)	-「わからない」3名のみ回答（平均4.67)

注：（　）内に分散値を表示。日本の経済的繁栄重視グループについては平均値を表示。
出典：Watanabe (2011) に2012・2013年の聞取り調査のデータを追加。

なり、経済的繁栄重視グループメンバーはより大きくとらえるようになった、という変化が見られた。このように一部のアクターの政策核心理念の経験則部

分に変化が生じた理由については、第7章の理論面での検討（**7.3.**）で立ち返る。

第6章　ドイツにおける排出量取引制度の導入事例

　第5章で実施した、日本とドイツの気候エネルギー政策サブシステムに長年関わってきたアクターの政策核心理念の比較分析により、2006・2007年と2012・2013年の2回にわたるアクターへの聞取り調査に基づく限り、政策核心理念は、ドイツが日本よりも早期に大きな政策転換を経験したことを説明する主要独立変数として機能していないという結論が導かれた。本章では、なぜドイツが日本より早期に大規模な非漸進的政策転換を経験したのかという疑問に、ドイツにおける排出量取引制度の導入を事例として取り上げ、第1章で提示した4つの仮説それぞれがこの事例の説明変数として機能しているのかどうかを検証することにより、答えることを試みる。第4章で説明したように、ドイツではキャップアンドトレーディング制度の導入により、政府に個別施設、さらにはその結果として産業エネルギー部門全体の温室効果ガス排出量に上限を設定する権力が付与された。化石燃料を同等の価格で代替する燃料がない現実を踏まえると、温室効果ガス、特に二酸化炭素（CO_2）排出量に上限を設定するキャップアンドトレーディング制度の導入は、生産活動や経済活動を制限することにつながり、ものとサービスの生産・消費の継続的な拡大を追求する経済的繁栄重視派の政策核心理念の規範的部分に抵触するため、非漸進的政策転換の中でも特に大規模なものだと見なされる。このレベルの政策転換が、ドイツの気候エネルギー政策分野で起きたことはかつてなかったし、日本の気候エネルギー政策分野ではいまだない。したがってドイツにおける排出量取引制度の導入を説明する要因は、両国の政策転換のタイプとレベルの差を説明するはずである。本章で検証される仮説は、1) 伝統的に政策サブシステムでより多くの資源を持つ経済的繁栄重視派メンバーが政策理念の核心部分を変化させ

た、2) 欧州連合（EU）の重層的ガバナンスシステムを通じて、EU レベルの政策決定がドイツの政策決定に影響を及ぼした、3) ドイツにおいて政権交代が定期的に起き、その結果、ドイツで緑の党が政権に参加するに至った、4) 政策起業家が存在した、の4点である。

本章では、EU レベルで排出量取引制度導入に関する交渉が始まった1990年代末から、欧州共同体内で排出量取引制度設置に関する指令の採択という形で制度導入が合意された2003年10月までの約5年間の過程を詳細に検証する。検証するに当たっては、上記期間をさらにアジェンダ設定（1998年～2000年）、政策形成（2000年～2001年）、政策決定（2001年～2003年）に分け、主に二次文献と、2004年に実施したドイツおよびEU の利害関係者への聞取り調査に基づいて、上記期間におけるドイツアクターの排出量取引制度に関する立ち位置の変化と政策転換を引き起こした政策起業家の活動を分析する。

6.1. 排出量取引制度の導入経緯：アジェンダ設定―京都議定書における市場メカニズムの導入（1998年～2000年）

EU は、気候変動問題が国際政治の主要課題となった1980年代後半から、産業エネルギー部門の温室効果ガス排出量を抑制するための政策措置の導入を議論してきた。当初の議論は、炭素エネルギー税の導入に焦点をあてていた。しかし課税主権は国家に存すると主張する英国に代表されるように、EU レベルでの税の導入に反対する構成国も少なくなく、また EU 域外の企業との競争力に悪影響が及ぶことを懸念する産業界の反対にもあったため、炭素エネルギー税は導入されず、自主的取組みが、ドイツを含む多くの欧州諸国で産業エネルギー部門の CO_2 排出量を抑制するための主な政策措置として用いられるようになった。

このような背景の下で、京都議定書の交渉中、EU は、国際レベルで共通の炭素・エネルギー税を導入することを試み、市場メカニズムの導入にはどちらかといえば反対だった。一方、米国のクリントン政権にとっては、市場メカニズムが導入されて、目標達成のための柔軟性が確保されることが、法的拘束力がある排出抑制・削減数値目標を設定した京都議定書を採択する条件だった

(Grubb et al. 1999: 90; Oberthür and Ott 1999: 188; 田辺 1999: 207 のほか、第 1 章、第 2 章も参照)。

　EU が排出量取引制度導入に反対したのは、同制度が締約国に国内での排出削減努力なくして温室効果ガス排出抑制削減目標を達成させる方法を与えることを懸念したからである[1]。最終的に、締約国は、排出量取引制度（17 条）のほか、共同実施、クリーン開発メカニズムという 3 つの柔軟性メカニズムを京都議定書に盛り込むことに合意した。米国が柔軟性メカニズムを導入することに成功したのとは対照的に、EU が盛り込むことを望んだ政策措置に関する条項は、京都議定書の最終文書で、今後の締約国会合で引き続き検討すると言及されたにとどまった（Oberthür and Ott 1999: 103）。

　このような経緯を踏まえると、京都議定書採択時点では、EU が他国に先駆けて排出量取引制度導入のイニシアティブをとることを予想した者は少なかっただろう（Vis 2006：39）。しかし気候変動枠組条約第 3 回締約国会合（COP3）の結果を受けて、欧州委員会、特にヨス・デルベケ（Jos Delbeke）とピーター・フィス（Peter Vis）が率いた環境総局のチームは、欧州共同体レベルで協調して導入することができる、すべての政策措置について精査する必要性があることを認識しており、特に EU およびその構成国にとって大気汚染分野の政策措置としては新しい排出量取引制度を精査することに強い関心を抱いた［DG Env 2004］[2) 3)]。その理由として第 1 に、基準年と比較して温室効果ガス排出量を 8％

---

1) ロシア連邦とウクライナは、共産党支配の終焉後の経済停滞により、1990 年から温室効果ガス排出量が大幅に減少していたにもかかわらず、京都議定書上、温室効果ガス排出量を 1990 年水準に安定化させるという目標を負ったため、余剰排出枠を売却できた。

2) 気候変動枠組条約は、締約国に、国別報告書と呼ばれる温室効果ガス排出削減プログラムを策定することを義務づけている（気候変動枠組条約 4 条 1 項および 4 条 12 項）が、国別の排出抑制・削減数値目標を定めていない。したがって、構成国および欧州共同体は国別報告書を提出しさえすれば、気候変動枠組条約の下での義務という観点からは、EU レベルで温室効果ガス排出抑制対策を策定する必要はなかった（Collier 1996: 16 参照）。

3) 欧州共同体の影響は、国際交渉の分野でますます大きくなっている。EU は、気候変動枠組条約の締約国として、2002 年 5 月に京都議定書を批准した。気候政策は構成国と共同体の管轄にまたがる政策分野である。委員会は、共同体所管事項について、全会一致で閣僚理事会により委任された権限に基づいて交渉する（EU 機能条約 220 条）。しかし COP3 の準備過程では、委員会は閣僚理事会に交渉権限の委任を求めなかった。委員会は、すべての先進工業国共通の温室効果ガス排出削減数値目標として 15％を提案するなど、気候変動問題に関する国際交渉のための立ち位置や提案を盛り込んだコミュニケを公表し、これに従って EU の立ち位置を決定した。これ以降、委員会がまず最初にコミュニケを公表し、このコミュニケに基づい

削減するという京都議定書上の目標に、欧州共同体としてコミットしたことがあげられる (Slingenberg 2006: 34 参照)。第2に、気候変動問題への対処について構成国間に温度差があり、EU によって強制されなければ効果的な排出抑制行動を実施しない構成国が出る可能性があった (Collier 1997: 163)。第3に、全構成国の企業が互いに競争しあう単一欧州市場を創出するには、産業・エネルギー部門からの排出抑制対策については、EU レベルで調整された政策措置を導入する必要があった(Commission of the European Communities 2000b: COM (2000) 88 final)。

また、この当時、環境総局には経済学を専攻し、経済的な政策手段としての排出量取引制度を支持する担当官がデルベケを含め、数名いた。欧州委員会環境総局の排出量取引制度への関心は、「気候変動―欧州連合の京都議定書以降の戦略に向けて」('Climate Change – Towards an EU Post-Kyoto Strategy' to the Council of the European Union (Council) and the European Parliament (EP)) というコミュニケに表れている。このコミュニケには、「共同体は 2005 年までに独自の域内排出量取引制度を導入する。(中略)これは、共同体に取引の実地経験を積む機会を提供し、2008 年から効力を発する国際排出量取引制度の開始に向けて入念に準備することを可能にする」と記載されている (Commission of the European Communities 1998: 20)。

1998 年秋に、この新たな政策措置に関する関係者の理解を深め、またこの問題に関する正式の協議の開始へ向けて準備するために、環境総局は国際公法の専門家で構成され、ロンドンに拠点を置く非営利団体、国際環境開発法機関 (The Foundation for International Environmental Law and Development: FIELD) に、排出量取引制度に関する調査の実施を要請した。この調査には、二酸化硫黄の排出量取引で知見を蓄積した米国の研究所やシンクタンクも応募したが、環境総局は、気候変動問題に対処するための国際交渉において小島嶼国を代表していたことに見られるように、環境保全志向を総局と共有する FIELD を調査実施

て、閣僚理事会が COP 前あるいは COP 期間中に結論を採択し、これを EU の立ち位置とするという交渉方法が慣例となった (Slingenberg 2006: 22)。いったん交渉の立ち位置が合意されると、EU は当期議長国、次期議長国、委員会(トロイカと呼ばれる)によって代表される。しかし EU 議長国は構成国が交替で務めるので、委員会は、EU を継続的に代表する唯一の機関として、国際交渉でその役割の重要性を増している(同上: 23 参照)。

機関として選択した［DG Env 2004］。FIELD は、米国の二酸化硫黄の排出量取引制度運用の経験から教訓を得るために、ワシントンに拠点を置くシンクタンクである大気浄化政策センター（Center for Clean Air Policy: CCAP、筆者訳）に調査に参加することを依頼した。

1999 年 5 月、当時の環境・原子力安全・市民保護担当コミッショナーだったマルゴット・エリザベス・ヴァルストローム（Margot Elisabeth Wallström）の主導の下、委員会は、閣僚理事会と欧州議会に「京都議定書の実施の準備」（'Preparing for Implementation of the Kyoto Protocol'）[4] （Commission of the European Communities 1999）という題名のコミュニケを提出した。このコミュニケには、「欧州委員会は、2000 年に、グリーンペーパーに基づいて、排出量取引制度の EU における含意に関し全関係者が参加する協議を開催することを検討している。もし適切だと判断すれば、排出量取引制度を共同体内で 2005 年までに設立することも念頭に置いている。」（同上：3）と記載されており、欧州委員会が排出量取引制度に強い関心を抱いていたことが窺える。1999 年 7 月および 12 月に、FIELD は、排出量取引制度の導入に関連する問題を、他の総局や利害関係者とともに検討するために 2 つのワークショップを開催した。環境総局はさらに非公式に、NGO や産業界と個別に協議を実施した［CAN Europe 2004; UNICE 2004］。これらのワークショップや協議を通じて、FIELD は最終報告書「欧州共同体における温室効果ガス排出量取引レジームの実施のためのオプションの設計」（'Designing options for implementing an Emissions Trading Regime for Greenhouse Gases in the EC'）を 2000 年 2 月 22 日に公表した。排出量取引制度には理論的には、キャップアンドトレーディング制度とベースラインアンドクレジット制度という 2 つの異なるタイプの制度がある[5] が、報告書はキャップ

---

[4] マルゴット・エリザベス・ヴァルストロームはスウェーデンの社会民主党の党員であり、デンマークの社会民主党員ユイッテ・リット・ビエルガード（Jytte Ritt Bjerregaard）の後任として、1999 年 3 月より欧州委員を務めた。

[5] キャップアンドトレーディング制度の下では、同制度の対象施設および部門からの排出総量に予め上限が設定される。施設は、予め定められ、個別に割り当てられた排出量に相当する排出許可証を取引することができる。ベースライン・クレジット制度の下では、排出総量は予め定められることはない。施設は排出削減活動を実施し、このような削減活動を実施しなかった場合のベースラインと実際の排出量の差に相当する排出許可証あるいはクレジットを獲得する。

アンドトレーディング制度に焦点をあてており、環境総局が、排出量取引制度の中でも、規制対象施設の排出量に上限を課す権力を政府に与えるキャップアンドトレーディング制度導入を志向していたことが窺える。

　欧州委員会は、FIELD が作成した報告書と利害関係者との協議内容に基づき、2000 年 3 月 8 日に EU 域内での排出量取引導入に関するグリーンペーパー（Green Paper on greenhouse gas emissions trading within the European Union (COM (2000) 87)）を提出した（Commission of the European Communities 2000a）。環境総局のキャップアンドトレーディング制度への傾倒は、グリーンペーパーの「制度の対象となる、すべての企業に割り当てられたすべての排出枠の合計が、制度が許容する排出量の上限である。この上限が、制度の環境保全効果を担保する。」（同上: 7-8）という表現に表れている。上記のような内容のグリーンペーパーの提出は、すでに独自の国内排出量取引制度を設計し始めた英国やデンマークの動きを見て、競争条件の歪曲を防ぎ、域内単一市場を創設するために、各構成国ごとに設計された異なる制度を調整し統合するのではなく、EU 全体で共通の制度を導入したいという意向を環境総局が持っていることを、EU の気候政策に関与しているアクターに広く知らしめた（Commission of the European Communities 2000a: 5; Zapfel and Vainio 2002; Christiansen and Wettestad 2003）。

6.2.　政策形成（2000 年〜2001 年）

6.2.1.　利害関係者のダイアログ：議論フォーラムの設置

　グリーンペーパーの提出後、排出量取引制度導入は、2000 年 9 月 15 日を期限とするペーパーへのコメント提出（Commission of the European Communities 2001a）と、欧州気候変動プログラム（ECCP）（Commission of the European Communities 2000b）の枠組みで 2000 年 6 月から 2001 年 5 月まで開催された利害関係者との 10 度にわたるダイアログという 2 つのトラックで議論された。利害関係者とのダイアログには、気候政策形成に常時関与している 20 以上の機関が参加した。代表的な機関は、産業総局、税総局、オーストリア、フランス、ドイツ、スウェーデン、英国など構成国の代表、ドイツ産業連盟など EU およ

び構成国の産業団体、そして環境 NGO である（同上）。

　当初、利害関係者の排出量取引制度に関する知見のレベルには大きな開きがあった［CAN Europe 2004］。排出量取引制度に精通していたのは、英国、デンマーク、そして委員会関係者などごく少数で、ほとんどの関係者は制度をよく理解していなかった。しかし議論が進むにつれて、すべての関係者の制度への理解が深まり、割当地点（上流か下流か）、割当方法（オークションかグランドファザリングか）、目標設定の単位（原単位か絶対量か）、参加の柔軟性（強制的か自主的か）など、関係者によって意見が異なる点が明確になった［DG Env 2004］。

　2000年にグリーンペーパーが提出され、EUレベルで排出量取引制度の議論が開始したことを受けて、ドイツ連邦環境・自然保護・原子力安全省（Bundesministerium für Umwelt, Naturschutz und Reaktorsicherhiet: BMU）は、担当官のフランツヨーゼフ・シャフハウゼン（Franzjosef Schafhausen）を中心に、ブリティッシュ・ペトロリウム（British Petlorium: BP）のルッツ・フォン・マイアーリンク（Lutz von Meyerinck）らを含む排出量取引制度導入支持派と非公式の会合を開催した［BMU 2004; BP 2004］。この事前の議論に基づいて、2000年10月18日に公表された第5次気候政策プログラムの中で、シャフハウゼンは、ドイツ国内で排出量取引作業グループ（Arbeitsgruppe Emissionshandel: AGE）を立ち上げた（第4章参照）。AGEは2001年に11回開催された。また、2002年に設置された、他の政策措置との調整（サブグループ1）、割当方法（サブグループ2）、大規模燃焼施設令との調整（サブグループ3）、そしてJI・CDMプロジェクトからのクレジット（サブグループ4）などのサブグループでの会合を含めると、2003年末までに80回を超える会合が開催された。

　欧州レベルでのイニシアティブにより開いた政策の窓を利用して、シャフハウゼンは排出量取引制度導入をドイツ気候政策の主要課題に押し上げることに成功した。彼は、産業界の利害関係者でありながら、排出量取引制度導入を支持していたBPのマイアーリンクを、AGEの事務局に招き、またAGEの費用のうち40％を政府が、60％を企業が支払うという仕組みを整えた。こうしてシャフハウゼンは、連邦環境・自然保護・原子力安全省や、排出量取引制度導入支持派だけではなく、ほとんどが制度導入に反対していた産業界も参加する間連合フォーラムというAGEのイメージを創出することを試みた。

他方でEUの環境総局と同様に、彼は、エコ研究所、ドイツ経済研究所、フラウンホーファーシステムイノベーション研究所、ハンブルグ国際研究所など、環境保全志向の研究所の専門家に、AGEの準備のために調査を実施することを依頼し、排出量取引制度を導入する方向で、議論を牽引することを試みた。

当初は、排出量取引制度導入を支持する者は、連邦環境・自然保護・原子力安全省、緑の党の環境スポークスマンだったラインハルト・ロスケ (Reinhard Loske) に代表されるごく少数の緑の党議員、そしてBPやShellなど排出量取引を社内で実施した経験がある企業などに限られていた [BP 2004; BMU 2004]。これらアクターは、キャップアンドトレーディング制度を、産業エネルギー部門からのCO_2排出量を抑制する上で適切な手段であると見ていた。このように排出量取引制度導入支持という点では立ち位置を共有していたが、連邦環境・自然保護・原子力安全省、緑の党議員とBPやShellといった企業では、支持を裏づける動機あるいは理念が異なった。連邦環境・自然保護・原子力安全省および緑の党の議員は、政府が排出量に絶対量での上限を予め設定し、排出総量を抑制するというキャップアンドトレーディング制度の効果、すなわち気候保全に資する点に魅力を感じていた（例：BMU 2001）。他方、BPやShellは、排出量取引制度を社内で実施した経験に基づいて、キャップアンドトレーディング制度の効率性、すなわち経済的繁栄とバランスを保ちながら、気候保全を追求できるという費用対効果に着目して同制度導入を支持した。またすでに社内で排出量取引制度を導入していたBPとShellは、将来ドイツあるいはEUで導入される排出量取引制度を彼らの社内制度と類似のものとするために、制度設計に影響を及ぼすことも企図していた。

排出量取引制度導入を支持する上記のアクターに対し、気候保全重視派に属するユルゲン・トリッティン (Jürgen Trittin) 環境・自然保護・原子力安全大臣を含む大部分の緑の党の議員、環境NGO、そして経済的繁栄重視派に属する産業界、キリスト教民主同盟・社会同盟、自由民主党、社会民主党エネルギー派などは、強制的なキャップアンドトレーディング制度導入に反対した。京都議定書の交渉中のEUおよび構成国の担当官と同様に、緑の党と環境NGOは、排出量取引制度は、自社施設で実際に排出を削減せずに、排出枠を

購入することで、目標を達成したと見なされる安易な排出抑制目標達成方法だと見ていた［EnBW 2004; 緑の党 B 2004］。緑の党や環境 NGO とは対照的に、多くの産業部門の利害関係者は、自主的取組みこそが産業エネルギー部門の CO_2 排出量を抑制し、また経済的繁栄と気候保全とのバランスを保ちながら、両者を追求する最も効率的で効果的な手段であるという理念を保有していた。

6.2.2. 公式提案の提出

環境総局は 2001 年初頭に排出量取引指令案の起草を開始した（Lefevere 2004: 176）［DG Env 2004］。EU のハイレベルの政治家は、欧州議会と閣僚理事会に早期に指令案を提出することは、当時、難局に直面していた気候変動に関する国際交渉プロセスを牽引するために重要だと考えていた（同上）。というのも、気候変動枠組条約締約国は 2000 年 11 月に開催された COP6 で京都議定書の細則に合意することができず、さらに 2001 年 3 月 28 日に米国が京都議定書プロセスから離脱することを宣言したからである（Zapfel and Vainio 2002: 12）。

2001 年 5 月 31 日、環境総局は委員会内で総局間協議を実施するために、他の総局に草案を送付した (Commission of the European Communities 2001b)。7 月、ヴァルストロームコミッショナーは、環境総局の気候担当部門に、ボンで開催される COP6 再開会合（2001 年 7 月開催）に先駆けて、排出量取引の草案を議会と閣僚理事会に提出するよう要請した（ENDS Environment Daily, 3 July 2001）。ヴァルストロームは、この時点で排出量取引制度の具体的な条項を提案することによって、COP6 再開会合で京都議定書の運用細則の合意を目指す EU の動きを後押ししようとした。EU のハイレベルの政治家の京都プロセスを前進させたいという意図は、2001 年 6 月にゲーテンブルグで開催された欧州閣僚理事会の結論にも垣間見える。この結論には「ボンで 7 月半ばに開催される締約国会合は、成功させなければならない。欧州共同体とその構成国は、京都議定書の下でコミットした目標を達成することを決定する。」(European Council 2001) という箇所がある。

このようなハイレベルの政治家の試みがあったにもかかわらず、キャップアンドトレーディング制度を経済成長に上限を設定するものと見なす産業界の懸念を反映して、産業総局が強制的な参加に異議を唱えたため、この提案は取り

下げられた [DG Entr 2004]。割当方法に関する指針や、大規模燃焼施設令と EU 排出量取引指令との関係性について不明瞭な点が残っていることも問題視された [DG Env 2004; CAN Europe 2004]。このような難局を打開し、モロッコのマラケシュで開催される COP7（2001 年 11 月開催）前に公式提案を提出することを目指して、環境総局は 2001 年 9 月に、利害関係者との会合を 2 度開催した。

　ドイツでは、EU レベルでの利害関係者協議およびドイツ国内での作業グループでの議論を通じて、ドイツ国内利害関係者が排出量取引制度を学習し、当初、気候保全重視派と経済的繁栄重視派が入り乱れていた排出量取引導入支持派と反対派の対立構造は、ドイツの気候政策サブシステムで通常観察される、気候保全重視派対経済的繁栄重視派の対立構造へ収斂した。まずトリッティン連邦環境・自然保護・原子力安全大臣を含む緑の党と環境 NGO は、キャップアンドトレーディング制度が規制対象施設や部門の排出総量を抑制し、よって気候保全を促進することを認識すると、排出量取引制度導入反対派から支持派へと立場を変えた [緑の党 B 2004; EnBW 2004; BMU 2004; BMWi 2004[6]]。トリッティン大臣は、排出量取引指令案が議論された環境閣僚理事会の交渉でドイツを代表する立場にあったため、トリッティン大臣を導入支持派に迎えたことは、連邦環境・自然保護・原子力安全省とシャフハウゼンにとって大きな意味を持った。

　経済的繁栄重視派も、キャップアンドトレーディング導入に伴う問題点について理解を深め、その結果、自主的取組みの継続の支持とドイツにおける排出量取引制度導入の反対という立場を固めるに至った。経済的繁栄重視派の立場は、環境総局が開催した利害関係者の協議の直前の 2001 年 8 月 21 日に、ドイツ産業連盟が公表したポジションペーパーからも窺える。ドイツ産業連盟は、同ペーパーで、「ドイツにおける排出量は適正に削減されている。(中略) 長期的な協定（自主的取組み）はドイツにおいて信頼性があり、効率的な気候保全手段であることが立証された。(中略) 強制的な排出量取引制度を導入するこ

---

[6]　連邦経済省 (Bundesministerium für Wirtschaft: BMWi) は、2004 年の聞取り調査当時は、連邦経済労働省 (Bundesministerium für Wirtschaft und Arbeit: BMWA) という名称だった。混乱を避けるため、本書では、一貫して連邦経済省 (Bundesministerium für Wirtschaft: BMWi) という名称を用いる。

とは、数年にわたり十分に機能してきた手段（自主的取組み）と整合性を保つものではないだろう。」という見解を示している（BDI 2001）。

EU レベルでは、環境総局が、2001 年 9 月 14 日に、再び委員会内協議のために、修正草案を関連総局へ送付した。5 月 31 日に提出された提案には排出量取引制度への強制的な参加が盛り込まれていたが、この修正案では産業界の利害関係者と産業総局の懸念に配慮して適用除外条項が盛り込まれていた。しかし環境総局だけではなく、他の総局の高官も適用除外条項の挿入には反対した［DG Env 2004; DG Ecfin 2004; DG Tren 2004］。

特に、欧州共同体内で公正な競争条件を確保し、単一市場を創設することを使命とする競争総局と経済財務総局は、強制的な参加を草案に再度盛り込むことを支持した［同上］。草案がコミッショナーに送付された後、多くのコミッショナーも、気候保全を推進するために、あるいは市場の歪曲を防止するために、適用除外の限定的な適用を支持した。その結果、少なくとも最初の 3 年間については適用除外条項を盛り込むべきだと主張する産業および情報社会担当コミッショナー、エリキ・リーカネン（Errki Liikanen）は、孤立した（ENDS Environment Daily, 9 October 2001, ENDS Environment Daily, 14 October 2001）。結局、適用除外条項のない草案（A draft on establishing greenhouse gas emissions trading scheme within the Community (COM (2001) 581)）が、2001 年 10 月 23 日に全会一致で採択され、欧州議会と閣僚理事会に送付された（Commission of the European Communities 2001c）。

ドイツの経済的繁栄重視派にとって、参加の柔軟性が全く認められない公式指令案は、受け入れがたかった（例 BASF 2002）。しかし、構成国の半数以上が公式指令案を好意的に受け止めているという状況を踏まえ、ドイツ政府は、排出量取引制度導入に反対していた連邦経済省や社会民主党エネルギー（右）派も含めて、EU レベルでの排出量取引制度導入に正面から反対するのではなく、EU レベルで取引が導入されても、ドイツの産業エネルギー部門は、CO_2 排出量を抑制する主要手段として自主的取組みを継続して利用できるように、部門ごとの適用除外など制度設計に関する建設的な提案を行うことに合意した［BMU 2004; BMWi 2004］、（BDI 2002 も参照）。

参加の柔軟性が全く認められない指令案の提出は、EU の重層的ガバナンス

の下では、欧州委員会各総局が、構成国の省庁に代わって利害調整を行うものの、域内市場の統合という構成国では考慮する必要がない政策要素が加わるため、利害調整の結果が構成国レベルとは異なるものとなる場合があることを示している。

6.3. 政策決定（2001年～2003年）：欧州議会と閣僚理事会での交渉

6.3.1. 欧州議会での議論

欧州委員会が提出した法案は、議会の各委員会（環境政策の場合には環境・衛生・消費政策委員会）で審議され、委員会での議決を経て本会議で審議される。議会は通常、委員会提出案に修正を施し、修正案を採択して、委員会に差し戻す。

欧州議会第1読会は、欧州議会環境・衛生・消費政策委員会においてポルトガル出身で欧州人民・欧州民主党（EPP-ED：欧州議会内のキリスト教民主・保守グループ）選出のモレイラ・ダ・シルヴァ（Moreira da Silva）議員を報告者に任命した。欧州議会環境・衛生・消費政策委員会は、排出量取引指令案を審議し、100点以上にわたる修正を39対7で承認した（European Parliament 2002a）。欧州議会総会はこの修正案を2002年10月10日に採択した（European Parliament 2002b）。

欧州議会でも、排出量取引制度への参加の柔軟性は、排出枠の競売制度導入や対象ガスの種類などと並んで主要な争点となった。欧州議会での議論で、ドイツの経済的繁栄重視派は、2005年1月1日から2007年12月31日までの最初の3年間については、構成国の判断で、特定の産業部門を排出量取引制度の適用から除外し、これら部門は欧州レベルで排出量取引制度が導入されても自主的取組みを使用することを認めるという修正案を盛り込むことを試みた。このような試みは、ドイツの社会民主党出身で欧州社会党グループ選出のベルント・ランゲ（Bernd Lange）や、ドイツのキリスト教民主同盟出身で欧州人民党選出のカール・ハインツ・フローレンツ（Karl-Heinz Florenz）らが、英国、フィンランド出身議員とともに提出した修正案に現れている（修正案62, 63, 64）（European Parliament 2002a, b, c）。

適用除外に関する修正案は、2002年10月10日の第1読会の最後の会合で採択されたが、その内容はドイツの経済的繁栄重視派が意図したものとは異なっていた。同修正案は、構成国が、特定の施設（ドイツ産業界が主張していたのとは異なり、部門ではない）について、これら施設を国内割当計画で明示することにより、欧州排出量取引制度の適用対象外とすることを委員会に申請し、これを委員会が承認すれば、適用除外が認められると定めている。さらに修正案は、1)一時的に適用を除外される施設は、排出量取引指令と同程度に厳格な構成国内排出抑制政策を遵守し、2)指令で要求するのと同様の観測、報告、検証を受け、3)国内政策の要件を満たすことができない場合には、少なくとも指令の下で定められる罰則と同程度の罰則を適用されるという条件を設定した（European Parliament 2002d）。

6.3.2. 欧州閣僚理事会（環境閣僚理事会）での交渉

参加の柔軟性に関する利害関係者の意見の対立は、利害関係者が各国の代表を通じて、「共通の立場」と呼ばれる構成国間の合意にその理念や利害を盛り込もうとする閣僚理事会でより鮮明になった（例：Mazey and Richardson 2006）。欧州議会が近い将来、第1読会で修正案を採択するという状況を見て、2002年8月28日、2002年後半に議長国を務めたデンマークは、環境総局の助けを借りて作成した共通の立場の草案（Council of the European Union 2002a）を提示した［DG Env 2004］。

デンマーク案は、予め構成国が国内割当計画の中で列挙し、しかも欧州委員会が承認した施設についてのみ排出量取引の適用対象外とすることを認めるとしており、適用除外に欧州議会の修正案とほぼ同様の条件を付けた（Council of the European Union 2002a）。オランダ、スウェーデン、オーストリア、ポルトガル、ベルギーはEUが京都議定書上負った排出削減目標を達成するための効率的な手段として排出量取引制度の導入を支持しており、デンマーク案を支持した（AGE 2002a: 2）。

英国は、当初、ドイツとともに、参加の柔軟性を確保しようと試みたが、その理由はドイツと異なっていた。英国は2002年に、英国国内で運用する排出量取引制度を開始することを計画しており、同制度は2007年まで運用される

予定だったため、もし欧州排出量取引制度が計画通りに導入されると、最後の2年間については英国の制度が欧州排出量取引制度と並行して実施されるはずだった。英国の制度は、欧州排出量取引制度と異なっており、排出量取引制度への参加に金銭的なインセンティブが付与される自主的制度だったので、欧州排出量取引制度が導入されると、英国は2つの制度を調整しなければならなかった。このような事態を避けるために、英国は参加の柔軟性を確保しようと試みた（Skjærseth and Wettestad 2008: 112）。しかし英国は、政策措置として排出量取引制度を使用することは支持していた。したがって2001年11月28日に欧州委員会が英国の排出量取引制度の開始を承認し、また欧州排出量取引指令の交渉過程で、最初の3年間については、施設単位の適用除外を認める条項が挿入されると（AGE 2002b: 2; Council of the European Union 2002b）、英国は、委員会が国内割当計画を拒否する権限を保持する（同上：7）ことには難色を示したものの、EUレベルでの排出量取引制度の導入自体は支持した。こうしてドイツは部門ごとの適用除外を主張し、議長国案に反対する数少ない構成国のうちの1国となった（Council of the European Union 2002b）、[DG Env 2004; DG Tren 2004; DG Entr 2004]。

閣僚理事会でドイツを代表して交渉に臨んだトリッティン大臣と環境・自然保護・原子力安全省の担当官は、一方で自主的取組みを産業エネルギー部門の排出を抑制する主要手段として用いることを依然として主張するドイツ国内の経済的繁栄重視派の利害に、他方で参加を強制されるキャップアンドトレーディング制度の導入を支持するEUの他の構成国の意向に配慮し、部門ごとの適用除外に解決策を見出そうとした。

しかしドイツ産業連盟に参加するすべての施設と産業部門が排出量取引制度の適用を除外されるオプションを、ドイツ産業界に与えるような適用除外条項を草案に盛り込むことが難しいことは明らかだった。そこでドイツ政府は、新たな妥協案としてプール制の導入を提案した。ドイツが提案したプール制は、信託人となる組織を指定し、プール制度に参加する企業・施設分の排出枠総量をまとめて、その組織に割り当てるというものだった。このようなプール制の下では、ドイツ産業連盟の自主宣言の目標に相当する排出枠をまとめて、個別施設の排出枠量を特定することなく、信託人（おそらくドイツ産業連盟）に割り

当てることにより、ドイツ産業連盟の自主宣言に参加する施設や部門は、キャップアンドトレーディング制度の適用を免れることができるはずだった。

プール制提案のイニシアティブをとったのは首相官邸（Bundeskanzleramt）だった。社会民主党のエネルギー（右）派に属するゲルハルト・シュレーダー首相は、産業界、特に電力部門の利害に配慮した［連邦首相府 2004］。しかし閣僚理事会は、同種企業を構成国によって異なる取扱いをすれば市場を歪曲させる可能性があるとして、プール制を認めなかった（AGE 2002b: 1-3）。また EU 構成国内で最大の CO_2 排出量を占めるドイツ産業界が参加しなければ欧州排出量取引制度が機能しないことが懸念されたことも、プール制が認められなかった理由の１つである。

共通の立場は、閣僚理事会の交渉担当官レベルの交渉では採択されず、適用除外のほかにも多くの争点を残したまま、2002年12月4日に開催された常任代表委員会（COREPER）に送付された（ENDS Environment Daily, 9 December 2002）。しかし常任代表委員会も共通の立場の草案に合意することはできず、50以上の脚注を残したままの草案を大臣レベルの交渉に送付した［DG Entr 2004］。表面上、交渉は行き詰まったかに見えたが、2002年12月の閣僚理事会で共通の立場が採択される可能性は残っていた。第１に、排出量取引指令は環境指令として共同体設置条約251条、175条に基づいて提出された[7]ため、閣僚理事会は加重投票制度により共通の立場を採択することができた。加重投票制度の下では、全構成国が有する87票中62票で共通の立場が採択された（2002当時）。一方、閣僚理事会における共通の立場の採択阻止には26票を要し（2002年当時)[8]ため、構成国１国はもとより大国２国が協力しても共通の立場の採択を阻止することはできず、構成国が拒否権を行使できる可能性は減

---

[7] 委員会の提案に反対した構成国は、まず、排出量取引指令提出の法的根拠は、欧州共同体設置条約175条1項ではなく、2項とするべきだと主張した（Skjærseth and Wettestad 2008）。全会一致で共通の立場を採択することを求める欧州共同体設置条約175条2項は、財政的な政策措置を導入する場合、あるいは異なるエネルギー源とエネルギー供給の全体構造に関する構成国の選択に重要な影響を及ぼす場合に適用される。

[8] 各構成国の投票数は、ベルギー5、デンマーク3、ドイツ10、ギリシャ10、スペイン8、フランス10、アイルランド3、イタリア10、ルクセンブルグ2、オランダ5、ポルトガル5、英国10、オーストリア4、フィンランド3、スウェーデン4（合計87票）だった。2004年5月に中東欧10カ国が EU に加盟し、2007年にはブルガリアとルーマニアが加盟、その後クロアティアも加盟したため、各国および合計投票数は変わっている。

殺されていた。さらに、排出量取引指令案が175条の下で議論されるということは、各国環境大臣が交渉を担当する環境閣僚理事会で交渉されることを意味した。1990年代後半から2000年代初頭にかけて、多くの構成国で、社会党、労働党、さらには緑の党が政権を掌握し、また環境大臣の中には、保守党政治家よりも環境や気候保全を重視する、上記の党出身者が複数名いた。このような要因が働いて、環境閣僚理事会内での交渉は、キャップアンドトレーディング制度導入支持に傾いた。

このような状況の下で、ドイツ政府には、ドイツの合意がなくても閣僚理事会で採択されたであろう共通の立場の採択に反対票を投じるという選択肢は、事実上なかった。ドイツは、構成国中、最も多くの指令対象施設を抱えており、指令が採択された場合、最大の影響を受ける国だった［連邦首相府2004］。さらにいずれにせよ採択される共通の立場に反対票を投じたとなれば、ドイツ政府はEU政治における影響力を失うことになりかねなかった。こうした状況を踏まえ、常任代表委員会会合の後、首相官邸が仲裁に入り、社会民主党出身の連邦経済大臣ヴォルフガング・クレメント（Wolfgang Clement）と同省長官ゲオルグ・ヴィルヘルム・アダモヴィッチ（Georg Wilhelm Adamowitsch）（社会民主党出身で、ノートラインヴェストファリア州政府の前経済・空間計画・農業大臣）と、緑の党出身の環境・自然保護・原子力安全大臣ユルゲン・トリッティンと同省長官ライナー・ベアケ（Rainer Baake）（緑の党出身で、ヨシュカ・フィッシャー〈Joschka Fischer〉の下でヘッセン州の元環境・エネルギー・外務長官を務めた）は、ドイツが共通の立場採択に賛成票を投じるための条件に合意した。そのうちの1つが、共通の立場にプール制度を盛り込むことだったといわれている［BMU 2004］。

2002年12月9日、トリッティン大臣は、閣僚理事会で適用除外とプール制度を名目的に盛り込んだ共通の立場の採択に合意した。しかしこれらの制度は、ドイツ政府が当初提案していたものとは全く異なるものだった。適用除外は、EU排出量取引制度と同程度に厳格な国内の政策措置によって排出が抑制される施設と活動についてのみ認められた。また共通の立場に盛り込まれた「プール制」は、施設が自主的にプールに参加することを決定した場合にのみ適用され、ドイツの経済的繁栄重視派のメンバーが当初、盛り込むことを画策

した、ドイツ産業連盟の自主宣言に参加するすべての施設と部門を排出量取引制度の適用から除外する強制的なプール制とは異なっていた。さらに共通の立場に盛り込まれたプール制では、仮に指名された信託人が、プール制に参加する施設の排出総量に相当する排出枠を提出することができなければ、個別施設がその排出超過分について責任を負うことになった。これはすなわち個別施設の排出量が特定されることを意味した。こうしてドイツの産業エネルギー部門に属する施設には、EU 排出量取引制度が導入された後も、自主的取組みを使用し続ける余地は残されなかった。閣僚理事会が 2003 年 3 月 18 日に指令草案に関する共通の立場を法的に採択した後、共通の立場は欧州議会第 2 読会に戻された（Council of the European Union 2003）。環境・公衆衛生・消費政策委員会は 2003 年 4 月 29 日と 6 月 11 日に、指令の修正案について議論し、共通の立場にいくつかの重要ではない修正を施した案を 47 対 3 で承認した。指令修正案の欧州議会第 2 読会通過という成功を手に、報告者ダ・シルヴァは、構成国高官との会談を開始し、欧州議会、閣僚理事会そして議長国で開催される三者会談で、提案への非公式の合意を確保した。2003 年 7 月 2 日、提案は欧州議会の総会で採択され、欧州議会により修正された草案が、7 月 22 日、閣僚理事会により採択された。欧州共同体内で排出量取引制度を設立する EU 指令は、2003 年 10 月 13 日に議会と閣僚理事会の署名を得て、同年 10 月 25 日に発効した（Commission of the European Communities 2003）。

6.4. ドイツにおけるキャップアンドトレーディング制度導入を説明する決定的な要因

本章では、日本とドイツの政策転換のレベルあるいはタイプの差を象徴する、キャップアンドトレーディング制度がドイツで導入されるに至った過程を詳細に検討した。本節では、前節までの過程の詳細な分析に基づいて、本書で取り上げる 4 つの仮説、すなわち気候エネルギー政策形成に関与するアクターの理念の変化、EU レベルの政策決定がドイツの政策決定に及ぼす影響、ドイツにおける定期的な政権交代とそれによって可能となった緑の党の政権参加、そして政策起業家の存在のいずれが、ドイツにおけるキャップアンドトレー

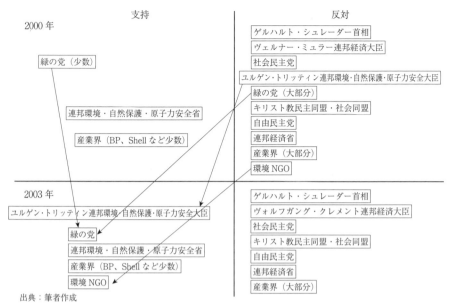

図6-1：2000年から2004年までのドイツの利害関係者の立ち位置の変化

ディング制度の導入という、非漸進的政策転換の中でも大規模な非漸進的政策転換を説明する主要因なのか検討する。

　前節までの分析に基づくと、気候エネルギー政策に関与するアクターの理念の変化という第1の要因は、ドイツにおけるキャップアンドトレーディング制度の導入を説明する主要因ではなかったという結論が導かれる。ドイツで排出量取引制度導入に関する議論が開始した当初、アクターは、この新たな政策措置について明確な立ち位置を形成していなかった。同制度導入に関する議論がドイツ国内そしてEUレベルで進むにつれ、アクターは排出量取引制度の導入を彼らの政策核心理念と関連づけて理解するようになり、ドイツにおける排出量取引導入支持派と反対派の対立は、気候エネルギー政策分野における政策核心理念に基づいた通常の対立へと収斂した。すなわち気候保全重視派は、キャップアンドトレーディング制度の導入を支持し、経済的繁栄重視派は、排出量取引制度運用の経験を積んでいたBPやShellなどを除くと、導入に反対し、自主的取組みの使用継続を求めた。こうしていったんアクターがキャップアンドトレーディング制度を、彼らの政策核心理念に関連づけて理解すると、

経済的繁栄重視派に属する政府アクターを除く、いずれのアクターも排出量取引指令が採択されるまで上述の立ち位置を維持した。唯一、その立ち位置を変化させた経済的繁栄重視派に属する政府アクターは、ドイツ産業界の意向を受けて、自主的取組みの使用継続を求め、キャップアンドトレーディング制度導入に反対していたが、閣僚理事会の最終段階で、産業エネルギー部門の CO_2 排出量を抑制する主要政策手段として自主的取組みを使用し続ける余地を残さない適用除外条項やプール制条項が盛り込まれた共通の立場の採択を受け入れた。ただし前節までの排出量取引制度導入に至る過程の詳細な分析に基づく限り、このような経済的繁栄重視派に属する政府アクターの立ち位置の変化は、彼らが気候保全と経済的繁栄という価値の重みづけ（政策核心理念の規範的な部分）はもとより、望ましい政策手段に関する考え（政策核心理念の経験則部分）を変化させたからではなく、EU 政治におけるドイツの影響の維持という利害に基づくものだったと考えられる。

　上記の分析結果は、EU 排出量取引指令が採択された後の 2004 年 2 月・3 月と 7 月に実施した聞取り調査の結果からも裏づけられた。これらの聞取り調査では、産業界の利害関係者数名と連邦経済省の気候政策担当官が、キャップアンドトレーディング制度に懐疑的で、自主的取組みを選好していたことが明らかになった。例えば「京都議定書上 EU が負った温室効果ガスを基準年比で 8％削減するという目標を EU 内で分担した結果、ドイツが負うことになった基準年比で温室効果ガスを 21％削減するという目標を達成するために、産業部門の排出抑制対策として適切な手段は何だと思いますか。」という質問に対し、5 名の経済的繁栄重視派のメンバーが「自主的取組み」と回答した。彼らは、自主的取組みは政策手段として実績をあげており、ドイツはこの手段を用いて目標を達成することができるので、EU レベルで議論が実施されたために導入されたキャップアンドトレーディング制度をドイツで実施する必要はないという考えを示した [VDEW 2004; Hydro Aluminium 2004; VCI 2004; BDI 2004; BMWi 2004]。

　さらに彼らは、キャップアンドトレーディング制度は官僚的でドイツにとっては有害だという見解も共有していた [同上]。例えば連邦経済省の気候政策担当官は、理論上はキャップアンドトレーディング制度を支持するが、EU 排

出量取引制度はあまりにも官僚的で、必ずしも他の政策手段に優先するとはいえないと述べた［BMWi 2004］。またドイツ産業連盟の聞取り対象者は、「京都議定書は国際的な排出量取引制度を盛り込んでいるので、もし排出量取引制度が全世界の施設を対象とするのであれば、その導入に何ら問題はない。しかし、限られた国の限られた施設を対象とする排出量取引制度は競争を歪める。」と述べた［BDI 2004］、（BDI 2004 も参照）。

　次に第4の要因、すなわち政策起業家の存在という要因について検討する。キャップアンドトレーディング制度導入という非漸進的政策転換の端緒は、国際的な排出量取引制度を盛り込んだ1997年の京都議定書採択にさかのぼる。当初、ドイツのみならずEUの官僚は、排出量取引制度を使用した経験がなかったこともあり、同制度の温室効果ガス排出抑制効果に懐疑的だった。しかしEUレベルでは、環境総局のデルベケ（Delbeke）、フィス（Vis）らが国際環境開発法団体（Foundation of International Environmental Law and Development: FIELD）に排出量取引制度に関する研究を実施するよう要請し、またドイツでは連邦環境・自然保護・原子力安全省ZIII6部局「連邦政府の気候保全プログラム：環境、エネルギーに関する作業グループ」のフランツヨーゼフ・シャフハウゼン（Franzjosef Schafhausen）がエコ研究所（Öko-Institute）、ドイツ経済研究所（Deutsches Institut für Wirtschaftforschung: DIW）、フラウンホーファーシステムイノベーション研究所（Fraunhofer Institut für System- und Innovationsforschung）、そしてハンブルグ経済研究所（Hamburgisches Welt-Wirtschafts-Archivs: HWWA）に同様の調査を依頼した。政策起業家は、このような調査を通じて、排出量を予め設定した量に抑えるという取引制度の効用を理解すると、この政策措置の導入を積極的に推進した。EUレベルでは、環境総局が、キャップアンドトレーディング制度導入に関連して生じる問題を議論するために関係者協議を開始した。EUレベルでの議論の開始に呼応して、ドイツでもシャフハウゼンが省庁のみならず産業界やNGO、地方政府が参加する作業グループ（Arbeitsgruppe für Emissionshandel: AGE）を設置した。このような協議、フォーラム、そして緊密なネットワークを活用することにより、彼らは、ドイツや他の総局、他国の大臣、担当官、環境NGO、そして研究者などの人的資源を動員し、排出量取引支持派を強化した。

欧州レベルでは、環境総局がこの問題を欧州共同体の根本的な目的である単一市場形成と関連づけて定義（フレーミング）した。このような戦術により、環境総局は委員会内協議で、画一的で強制的なキャップアンドトレーディング制度導入について、他の総局、特に欧州で単一市場の形成を目指す競争総局や財務金融総局の支持を獲得し、産業界のアクターの利害を反映して強制的なキャップアンドトレーディング制度導入に反対した産業総局を孤立させることに成功した。こうして適用除外の余地がない域内排出量取引制度設立の正式指令案が採択された（Commission of the European Communities 2001c）。ドイツでは、緑の党および環境NGOは、当初、排出枠を購入すればいくらでも温室効果ガスを排出することができるという制度に難色を示した。しかし排出量取引に関する作業グループ（Arbeitsgruppe Emissionshandel: AGE）における政策学習効果を通じて、この制度が気候保全を追求する上で効果的であることを理解すると、彼らは制度導入を支持する側に転じた。政策起業家は、またフォーラムにおける議論を通じて、経済的繁栄重視派メンバーの利害と理念を理解するようになった。ドイツあるいはEUにおけるキャップアンドトレーディング制度の導入は、利害関係者の協議の場を組織し、複雑な制度について自身のグループに与する可能性があるメンバーの理解を深め、気候エネルギー政策にそれほど関心がなかったアクターの関心を引くように問題を再定義し、あるいは経済的繁栄重視派のメンバーを懐柔するための妥協案を策定して、より強大な気候保全重視派を築いた構成国そしてEUの政策起業家の活躍がなければ、実現しなかっただろう。

　ただしデルベケ、フィス、シャフハウゼンいずれも実は1990年代初頭にEUおよびドイツにおける炭素税導入の議論に関わっており、その際には炭素・エネルギー税導入に失敗している。したがってキャップアンドトレーディング制度導入を導いた決定的要因を、政策起業家の存在や個人の働きだけに求めるのは論理的ではない。もちろん1990年代の初頭から20年余に及ぶ経験と知見の蓄積により、彼ら自身が政策起業家として成熟したという要素を看過してはならないが、ドイツにおけるキャップアンドトレーディング制度の導入は、政策起業家の存在だけでは説明されず、彼らが活躍する条件を作り出したその他の要因、すなわち緑の党の政権参加を可能にしたドイツにおける定期的

な政権交代と、EUの重層的なガバナンス制度に基づくEUレベルの政策決定がドイツの政策決定に及ぼした影響によるところが大きかったと考えられる。

そこでこれら2つの要因のうち、EUレベルの政策形成がドイツの政策決定に及ぼした影響について検討する。EUレベルでの政策形成は、産業界のアクターが政策形成過程に過剰な影響を及ぼすことを防ぎ、ドイツの気候保全重視派と経済的繁栄重視派の対立を緩和した。もし仮に議論がドイツ国内レベルで行われていたら、産業界のアクターは確実に結果に直接より大きな影響を及ぼしたことだろう。さらにキャップアンドトレーディング制度導入の場合には、EU排出量取引指令案が欧州共同体設置条約175条1項に基づき環境指令として提出され、環境閣僚理事会で交渉されたため、気候エネルギー政策起業家が政策形成過程をコントロールできる立場にあった。

特に排出量取引指令が交渉された1990年代後半から2000年代初めにかけて、欧州諸国の環境大臣の中には社会党、労働党、あるいは緑の党出身の大臣が複数名存在した。環境閣僚理事会での交渉に社会党、労働党、あるいは緑の党出身の大臣も加わっていたことは、保守党出身の環境大臣ばかりで交渉されたであろう場合よりも、気候エネルギー政策起業家が彼らの政策核心理念を交渉に盛り込むことを容易にした。さらに環境関連指令の採択には加重投票制度 (2003年当時は87票中62票で指令が採択され、26票で採択を阻止できた) が用いられたため、個別の構成国が拒否権を発動することはできなかった。これは炭素エネルギー税が税指令 (欧州共同体設置条約93条) として1国の反対票により採択を阻止できたのとは大きく異なる。共通の立場はたとえドイツが反対しても、閣僚理事会で採択される可能性があった。そのためドイツ政府の連立政権第1党である社会民主党で主流だったエネルギー (右) 派は、経済的繁栄重視派の一員として、自主的取組みを産業エネルギー部門からのCO_2排出量を抑制するための主要手段として継続して用いることを模索しながらも、欧州レベルでの排出量取引制度の設立に反対するという立ち位置をとるのではなく、建設的な提案を示して、ドイツの経済的繁栄重視派の立ち位置をできる限り反映させるという戦術をとらざるをえなくなった。

最後に定期的な政権交代という第3の要因について検討する。気候保全重視派にとっての好機は、1998年の連邦議会選挙で社会民主党と連合90・緑の党

の連立政権が誕生し、この連立政権が2002年の連邦議会選挙で再選されたことによってさらに拡大した。連立政権の多数派である社会民主党の中でも主流だったエネルギー（右）派は、産業エネルギー部門からのCO_2排出量を抑制する主要手段として自主的取組みを維持することを試みた。しかし欧州閣僚理事会でドイツを代表したのは、気候保全重視派のメンバーでキャップアンドトレーディング制度導入を支持する（といっても初めから支持していたわけではなかったが）緑の党のユルゲン・トリッティン（Jürgen Trittin）連邦環境・自然保護・原子力安全大臣だった。トリッティン大臣はその交渉立ち位置について緑の党の完全な支持を得ていた。1990年代初頭の炭素エネルギー税の交渉当時のドイツの政治状況と比較すると、当時のクラウス・テプファー（Klaus Töpfer）連邦環境・自然保護・原子力安全大臣自身は税導入を支持していたが、その立ち位置はテプファー大臣が所属するキリスト教民主同盟・社会同盟の多数派から支持されていたわけではなかった。さらに炭素エネルギー税問題は、環境・エネルギー閣僚理事会だけではなく、気候保全をそれほど重視しない財務大臣が交渉を担当する経済財務理事会でも交渉された。当時のテオ・ヴァイゲル（Theo Weigel）財務大臣は、キリスト教民主同盟・社会同盟の伝統的な議員としては当然のことながら、気候保全に大きな関心を抱いてはいなかった。したがってキャップアンドトレーディング制度の導入においては、定期的な政権交代とそれにより可能となった緑の党の政権参加という要因も大きく作用したと考えられる。

　上記からキャップアンドトレーディング制度導入は、欧州レベルの政策形成のドイツ政策形成への影響と定期的な政権交代という要因が重なって、国内の政策決定では通常弱い立場にある、気候保全を志向するドイツの政策起業家が、欧州委員会の官僚や、他国の大臣、官僚、環境NGO、そして研究者と強力な連合を形成したことによって、実現したことが明らかになった。このような要因がなければ、ドイツの気候エネルギー政策史上初めて、産業エネルギー部門からのCO_2排出量に上限を課す実質的な権限を政府に与えたキャップアンドトレーディング制度導入は実現しなかったかもしれない。

　本章では、日本と比較して、ドイツがより大きな非漸進的政策転換を経験したことを示す象徴的な事例である、ドイツにおけるキャップアンドトレーディ

ング制度導入を説明する要因を分析した。その結果、気候エネルギー政策形成に深く関与するアクターの政策理念の変化はドイツにおけるキャップアンドトレーディング制度導入を説明する主要因ではなかったという結論が導かれた。一方、政策起業家は、キャップアンドトレーディング制度の導入において重要な役割を果たした。しかし同じ政策起業家が1990年代初頭にはEUそしてドイツ国内で炭素税導入に失敗していたことを踏まえると、この大規模政策転換の実現を可能にした決定的な要因は、重層的ガバナンスシステムに基づいたEU政策形成がドイツの政策形成に与えた影響とドイツにおける定期的な政権交代だったと結論づけられる。これら2要因が、日独の気候エネルギー政策転換のタイプ（レベル）の違いを説明するのかどうかは、第7章で検証する。

第7章　日本とドイツの気候エネルギー政策転換
：パラダイム転換のメカニズム

　これまでの章では、日本とドイツの25年にわたる気候エネルギー政策の進展を比較した。本章では両国の気候エネルギー政策転換の比較実証研究に基づいて、第1章で提示した研究上の問いに立ち返る。まず実証研究上の問いである、日本とドイツの気候エネルギー政策転換のタイプ（レベル）に差があるのか、差があるとしたらどのような要因によるものかという問いに答えるために、両国の政策転換のタイプ（レベル）の差を説明する要因を同定することを試みる。さらに日独の25年に及ぶ気候エネルギー政策転換の比較実証分析に基づいて、漸進的政策転換、中期的な非漸進的政策転換を説明する先行研究の有効性と限界について検証する。最後に、理念は政策転換においてどのような役割を果たすのか、そして根本的なパラダイム転換がどのようにして起こるのかという理論研究上の問いについて考察する。

7.1.　日本とドイツの気候エネルギー政策転換のタイプ（レベル）

　本書の第1章で日本とドイツの気候エネルギー政策形成過程を概観した際には、ドイツは日本よりも早期に非漸進的政策転換を数多く経験したように見えた。第3章と第4章で実施した、1987年から2012年までの気候エネルギー政策形成過程のアクターの立ち位置に焦点をあてた詳細な分析は、1990年代後半までは、ドイツが日本よりも早期に気候変動問題に対処する必要性とCO_2排出量の削減に関する数値目標に合意し、再生可能エネルギーの固定価格買取制度を導入したという違いはあったものの、産業エネルギー部門からのCO_2

排出抑制政策手段としてはともに自主的取組みを用いており、両国の政策転換にそれほど大きな差はなかったことを示している。しかし1990年代後半以降、両国は、産業エネルギー部門からのCO_2排出抑制政策手段でも違いを示すようになった。ドイツは2000年に部門ごとの排出抑制・削減数値目標を設定し、1999年にエコロジー税を、2005年にキャップアンドトレーディング制度を導入したほか、1990年代前半に導入した再生可能エネルギー普及のための制度を2000年に強化し、また2011年には、2001年に決定していた原子力発電所の段階的廃止を加速化させる決定を採択した。一方、日本は、2002年に部門ごとの排出抑制・削減数値目標を設定し、温室効果ガス排出量報告制度を導入したほか、ドイツに遅れはしたものの2013年に地球温暖化対策のための税を導入し、また2012年には再生可能エネルギー普及のための固定価格買取制度も導入した。しかしキャップアンドトレーディング制度のように、産業エネルギー部門のCO_2排出量に上限を課す政策措置はいまだ導入しておらず、原子力エネルギーの利用についても決定していない。したがって1980年代後半から2012年の期間を見る限り、ドイツが日本よりも早期に、より規模が大きい非漸進的政策転換を数多く経験したという第1章の観察は、日本とドイツの気候エネルギー政策形成過程の現実を反映している。

ただしキャップアンドトレーディング制度が導入されさえすれば、温室効果ガスの排出量が大幅に減少し、気候変動問題が解決されるわけではない。EU排出量取引の第1期間（2005年～2007年）のドイツの対象施設の全CO_2排出割当量は498.39Mtで、これは基準年（2002年～2004年）の対象施設の全CO_2排出量よりもわずか4t少ないに過ぎない。また第1期の実際の排出量も2005年が474.99Mt、2006年が478Mt、2007年が487Mtといずれの年も割当枠を下回ったものの、2005年から2007年までを見ると排出量が増加している[1]（Commission of the European Communities 2008）。さらに2008年のリーマンショック以降の景気低迷により欧州製造業の排出量が全般的に減少したため、排出枠1tあたりの価格は2011年時点で6～7ユーロという極めて低い水準にある。排出量取引指令では第2期（2008年～2012年）、第3期（2013年～2020年）の排出削減目標未達成の場合の罰金が100ユーロに設定されていたことを踏まえると、

---

1) ただし対象施設も1,842施設から1,915施設に増加した。

キャップアンドトレーディング制度の、現実の温室効果ガスの排出抑制効果は予想していたよりもはるかに小さかったといえる。IPCC 第5次評価報告書が気候系の危険な変化を回避するために必要であるとしている、地球全体の温室効果ガス排出量を 2010 年水準と比較して 2050 年までに 40〜70％削減するという目標を達成するためには、先進工業国がこの数値目標を超える排出削減を実現しなければならないことを考えると、日本はもとよりドイツも、根本的なパラダイム転換のレベルに到達している、あるいはパラダイム転換の途上にあるといえるのかは疑問である。温室効果ガス排出削減数値目標という点では、日本は 2010 年に、2020 年までに 25％削減するという目標をコペンハーゲンアコードの下で宣言したが、2011 年に起きた福島原子力発電所事故を受けて、2013 年に、2005 年水準から 3.8％削減するという目標に改定した。2005 年水準から 3.8％削減するということは 1990 年水準からは 3.1％の増加となる。このように日本は、温室効果ガスの大幅な排出削減を可能とする低炭素社会を実現するには程遠い状況にある。一方、ドイツは 2007 年にエネルギー気候保全統合プログラム（Integrated Energy and Climate Protection Program：IKEP）の下で、2020 年までに温室効果ガス排出量を 1990 年比で 40％削減するという目標を採択し、2010 年にはエネルギー転換（Energiewende）というコンセプトの下で、2050 年までに温室効果ガス排出量を 1990 年比で 80〜95％削減するという目標を採択した。しかしドイツも前者については 40％削減を実現するに足りる措置は導入しておらず、また後者を達成する具体的措置についても模索しているため、パラダイム転換のきざしは見えるものの、その途上にあると断言することはできない。

7.2. 日本とドイツの気候エネルギー政策転換の差を決定する要因

本書の第1章では、日本とドイツの政策転換のタイプ（レベル）の違いを説明する可能性がある4つの仮説を提示した。4つの仮説とは、日独の気候エネルギー政策形成に長年にわたり深く関与する主要アクターの政策核心理念の違い、上位の政策あるいは緊密な関係にある対外パートナーの政策の影響、政権

交代の頻度の違い、そして政策起業家の存在・不存在である。本書の第5章で実施した日独の気候エネルギー政策形成に長年にわたり関与してきたアクターの政策核心理念の比較分析は、日独両国で対立するグループ（経済的繁栄重視派、気候保全重視派）に属するアクターの政策核心理念には、ほとんど差がなかったことを示している。まず2006・2007年時点の聞取り調査では、両国とも、気候保全重視派は、「気候保全は、短期的には経済的繁栄を犠牲にしてでも追求されなければならない」、あるいは「気候保全は、いかなる犠牲を払っても追求されなければならない」という理念を保有しており、経済的繁栄重視派は「気候保全は、短期的にも経済的繁栄とバランスを保ちながら追求されなければならない」あるいは「経済的繁栄が優先する」と考えていたことが明らかになった。また気候変動問題の深刻さと気候政策が経済的繁栄に及ぼす悪影響については、気候保全重視派は前者をより大きく、後者をより小さく、場合によってはプラスの影響があるととらえる傾向にあった。一方、経済的繁栄重視派は、前者をより小さく、後者をより大きくとらえる傾向にあった。さまざまな政策措置の優先順位については、経済的繁栄重視派は、産業エネルギー部門の排出量を抑制する上で市場がより柔軟に対応できる措置を優先し、気候保全重視派は、産業エネルギー部門からのCO_2排出量を抑制する権限を政府に付与する手段を選好した。

　このような傾向は2012・2013年時点の聞取り調査でも大きくは変わらず、ドイツの気候保全重視グループのメンバーの考えが「小さい」から「非常に小さい」に変化したため、日本とドイツの差が拡大した、気候緩和対策が経済全体に及ぼす影響を除くと、むしろ日独の各連合のアクターが保有する政策核心理念の経験則部分の差は縮小した。まず日本の経済的繁栄重視派は、気候変動問題が起こる蓋然性と起きた場合の地球規模での悪影響の程度に加えて、起きた場合の日本への悪影響の程度についても「わからない」と回答する者が多く、ドイツの経済的繁栄重視派にも数は少ないものの、IPCC評価報告書などの科学的知見に対して懐疑的な見方を示し、気候変動問題が起こる蓋然性と起きた場合の地球規模での悪影響について「わからない」と回答する者が2名出現した（表5-2参照）。さらに産業エネルギー部門の排出量を抑制する望ましい政策手段についても、経済的繁栄重視派の選好が最も高かったのは、日本が自

主的取組みでドイツが国際排出量取引という違いはあったものの、気候保全重視派の選好が最も高かったのは両国とも規制であり、また日独共に多くのアクターが技術研究開発を選好した。したがって筆者が実施した 2006・2007 年、2012・2013 年の 2 回にわたる聞取り調査の結果に基づく限りでは、日本とドイツの気候エネルギー政策形成に深く関与するアクターの政策核心理念の差は、なぜドイツが日本よりも早期に気候エネルギー政策分野でより多くのより大規模な、非漸進的政策転換を経験したのか説明する要因として単独では不十分であるといえる。

　アクターの理念が日独の気候エネルギー政策転換の差を説明する主要因ではないという第 5 章の結論は、第 6 章で実施した日独の気候エネルギー政策転換のタイプ（レベル）の差を象徴する、ドイツにおけるキャップアンドトレーディング制度導入を可能にした要因の同定からも裏づけられる。すなわちドイツの経済的繁栄重視派に属するアクターの多くは、排出量取引指令採択後の 2004 年になっても排出量取引制度を支持せず、ましてや経済的繁栄と気候保全の重みづけに関する政策核心理念の規範的部分を変えてはいなかった。それにもかかわらず、ドイツは欧州環境閣僚理事会で、ドイツ産業界が排出量取引制度の適用を免れ、産業・エネルギー部門からの主要排出抑制政策として自主的取組みを使用し続けることがほぼ不可能となる排出量取引指令の採択に同意した。第 6 章の分析によれば、ドイツにおけるキャップアンドトレーディング制度の導入は、アクター、特に経済的繁栄重視派の理念が変化したからではなく、排出量取引指令が EU レベルで議論されたため、ドイツ政府が自主的取組みを使用し続ける提案を盛り込むのには限界があったこと（EU 重層的ガバナンスの影響）、そして 1998 年の政権交代によって緑の党が政権に参加し、EU における排出量取引指令の交渉において、キャップアンドトレーディング制度導入を支持する、緑の党のトリッティン大臣がドイツを代表していたこと（定期的な政権交代の影響）によって拡大した政策転換の機会を、政策起業家が活用し、可能となったという結論が導かれた。

　このようにして導入されたキャップアンドトレーディング制度だったが、排出量取引制度第 1 期の排出削減効果は、ドイツにおける国内実施のための割当計画策定過程で、産業界のアクターが盛り込んだ多くの例外規定によって減殺

された。他の構成国も同様の問題に直面しており、その結果、EU 排出量取引制度対象部門の排出量は第 1 期には減少するどころか 8.3％増加した。さらに EU 排出量取引制度第 1 期では排出枠を無償で割り当てたため、排出枠価格を電力料金に上乗せすることができる電力会社が二重の利得を得たという問題も生じた。

　これらの問題に対処し、EU 排出量取引制度を 2008 年から開始した第 2 期において強化する上で大きな役割を果たしたのも重層的ガバナンスという要因だった。第 2 期の国内割当計画策定時にドイツで連立政権を形成していたのは、キリスト教民主同盟・社会同盟と社会民主党であり、産業界のアクターと緊密な関係を維持している両党にとって、大幅な排出削減をもたらす国内割当計画を策定することは困難だった。ここで排出量取引制度の本来の効用を発揮させるような国内割当計画策定を主導したのは、欧州委員会だった。欧州委員会は第 2 期国内割当計画策定のための共通規則を草案し、また構成国に排出量取引制度対象施設に配分される全割当量を 2005 年水準から平均 6.5％削減することを要請した。この欧州委員会の要請に応えて、ドイツ政府は最終的に 2005 年水準より 8.6％少ない排出枠を割り当てた国内割当計画を策定した (BMU 2006)。

　上記のキャップアンドトレーディング制度導入とその強化に関する分析は、日本とドイツの気候エネルギー政策転換のタイプ（レベル）の違いも説明するのだろうか。まず政策起業家の存在・不在という要因について検討する。ドイツと EU における気候エネルギー政策起業家の存在と彼らが果たした役割は、官僚が長期にわたり同じ分野を担当する行政慣行により可能となった。例えばかつて連邦環境・自然保護・原子力安全省の気候政策部長を務め、2007 年から 2011 年まで同省の総括副部長を務め、2014 年初頭までエネルギー転換（エナギーヴェンデ：Energiewende）を担当していたシャフハウゼンは、1987 年以来現在に至るまで気候・エネルギー政策形成に携わり、気候・エネルギー政策のあらゆる側面に精通している。その経験と専門的な知見に基づいて、彼は欧州の他の構成国や欧州機関の代表と緊密な関係を維持している。また欧州委員会環境総局の気候エネルギー部長だったヨス・デルベケと副部長のピーター・フィスは、同職を 1998 年から 2005 年まで務めた。のちにデルベケは最初の気

候総局の局長に就任し、フィスはコニー・ヘテルガード欧州委員会委員の秘書官を務めた。デルベケもフィスも、環境総局で気候政策関連問題を担当し、規制的アプローチの使用を好んだヨルゲン・ヘニングセン（Jorgen Henningsen）が多くのスタッフと同時に環境総局を去った後に、他の経済専門家とともに気候エネルギー部に配属された［DG Env 2004］（Lefevere 2005: 174; Skjærseth and Wettestad 2008: 74）。デルベケとフィスは、かつて環境分野における経済的・財政的手法の活用に関わっており、経済的・財政的手法は温室効果ガスの排出量を抑制する上で効果があると考えていた（同上）。彼らは1990年代初期に炭素エネルギー税指令を導入することを試みて失敗した経験から、炭素エネルギー税の導入を阻んだ要因の1つが、税指令が欧州共同体設置条約93条の下で提案され、よって閣僚理事会で共通の立場を採択するのに全会一致を要することだったことを理解していた。また2011年に起きた福島原子力発電所事故後に、ドイツにおける原子力発電所の2022年完全廃止を決定したメルケル（Angela Merkel）首相は、1994年から1998年までコール首相の下で連邦環境・自然保護・原子力安全大臣を務め、またメルケル首相が設置したエネルギーの安定供給のための倫理委員会の共同座長を務めたテプファーは、1987年から1994年まで連邦環境・自然保護・原子力安全大臣を務めた。両者ともにキリスト教民主同盟に属しながらも気候保全を推進する、あるいは少なくとも気候保全の推進に理解を示す政策起業家である。彼らは1990年代前半のEUあるいはドイツにおける炭素エネルギー税の導入失敗に見られるように、環境大臣時代には決して強い大臣ではなかったが、20年の時を経て、社会民主党と連合90・緑の党が2001年に決定した原子力発電所の段階的廃止のスケジュールを加速化する決定の採択を主導した。

　欧州における状況とは異なり、日本の行政システムは、官僚がさまざまな政策分野を1～2年で異動するため、経験という意味でも専門性という意味でも政策起業家として機能する機会が限られている。しかしこと気候政策に関しては極めて複雑な問題であることから、日本の環境省は担当官を通常の異動期間よりも長く配属する傾向にある。例えば本書の聞取り調査対象者の1人である浜中裕徳は、10年以上にわたって気候変動問題に対処するための国際交渉の主担当官を務めた。また国立環境研究所のセンター長だった森田恒幸も政策起

業家の1人である。森田は、のちに森田を引き継いだ甲斐沼美紀子とともに、気候変動問題が政治問題として意識されるようになった1980年代後半に、IPCC報告書で引用されている主要モデルの1つであるアジア統合モデル(Asian Integrated Model: AIM)を開発した。当時、国立環境研究所は環境省所管研究所だったこともあり、彼は数年間、環境省でも勤務し、国内・国際レベルの政治と研究をつなぐ役割を果たした。また民主党政権下でエネルギー環境会議を開催するにあたり、当時国家戦略大臣を務めた玄葉光一郎の誘いを受けて内閣官房企画調整官に就任した元経済産業省官僚の伊原智人、経済産業省から出向した日下部聡ら内閣官房国家戦略室の担当官もまた、原子力発電所の2030年代廃止を盛り込んだ革新的エネルギー環境戦略の策定の鍵を握った政策起業家だった。

　気候エネルギー政策起業家は、ドイツにおけるキャップアンドトレーディング制度導入に重要な役割を果たしはしたものの、彼らの活躍は他の要因が作り出した環境に依存するところが大きかったこと、そして気候エネルギー政策起業家は同じ分野での就業年数は短くても日本にも存在することを踏まえれば、気候エネルギー政策起業家の存在は、日独の気候エネルギー政策転換のタイプあるいはレベルの差を説明する決定的要因ではなかったといえる。

　次に定期的な政権交代の有無という要因を検討する。すでに述べたようにドイツにおける連立政権の交替、特に1998年連邦議会選挙の結果、社会民主党と連合90・緑の党がキリスト教民主同盟・社会同盟と自由民主党から政権を奪取し、さらに2002年連邦議会選挙で社会民主党と連合90・緑の党の第2期連立政権が成立し、連立政権内で緑の党の影響力が拡大したことは、ドイツにおけるキャップアンドトレーディング制度導入を実現する上で重要だった。第1章で述べたように、日本とドイツの政治はこの点で大きな違いを示している。日本の政治は、1993年から1994年までの11カ月間を除いて、1955年から2009年までの間、農家と企業から強い支持を得ている自由民主党（自民党）によって支配されてきた。さらに環境および気候保全の追求を主要政策課題として、全国で展開するドイツの緑の党のような政党も日本には存在しない。

　緑の党の政府における影響力の拡大、そして環境大臣ポスト確保を可能にした定期的な政権交代は、1998年から2005年までのドイツの気候エネルギー政

策起業家の活動を支えた。しかし連立政権第1党の社会民主党の主流派だったエネルギー（右）派が経済的繁栄重視派に属しており、産業エネルギー部門からのCO_2排出量を抑制する主要手段として自主的取組みを使用し続けることを主張していたことを考えれば、この要因は、非漸進的政策転換の実現を単独で説明するには足りない。また日本では2009年、自民党から民主党に政権が交代した後、首相に就任した鳩山由紀夫が、温室効果ガスの25％排出削減という2020年の中期目標を宣言した。しかしこの目標を達成するための具体的な措置として策定された地球温暖化関連税、再生可能エネルギーの固定価格買取制度、そしてキャップアンドトレーディング制度の導入を盛り込んだ温暖化対策基本法案は廃案となった。のちに地球温暖化関連税は石油石炭税の上乗せという形で導入されたものの低率で温室効果ガス排出抑制効果に乏しく、またキャップアンドトレーディング制度は導入されずじまいだったことも、非漸進的政策転換を導く上で、政権交代の効果が限定的であることを示している。

　ドイツに目を転じても、2005年に誕生したキリスト教民主同盟・社会同盟と社会民主党の大連立政権は、2020年までに温室効果ガスを40％削減するという中期目標を採択しており、緑の党が政権に参加しなくなったにもかかわらず、気候エネルギー政策は進展した。さらに2009年には、キリスト教民主同盟・社会同盟と自由民主党の保守連立政権が誕生し、社会民主党も政権から離脱したが、この保守連立政権は、2050年までに温室効果ガス排出量を80〜95％削減するという長期目標を2010年に採択しており、ここでも気候エネルギー政策が停滞したとはいえない。もちろん2050年という、現在、政権の重要なポストに就いている政治家が現役を退いているであろう長期の目標を公約することは、短期や中期の目標設定とそのための政策措置の導入と比較すればはるかにたやすく、野心的な長期目標の採択をもって非漸進的政策転換が起きた、あるいは気候エネルギー政策が進展したと一概に判断することはできない。また同政権は、温室効果ガスを2050年までに80〜95％削減するという長期目標を実現するための一手段として、原子力発電所の稼働期間を平均12年延長することを決定しており、一見、野心的に見える長期目標の採択は、実は気候エネルギー政策転換の停滞を意味する可能性もある。このように原子力発電所の稼働期間が延長され、気候エネルギー政策の進展が停滞するかに見えた

矢先の 2011 年 3 月 11 日に福島原子力発電所の事故が起きた。この事故を受けて、メルケル首相は原子力発電所の稼働期間の延長という 2010 年 12 月に採択した決定を覆し、2022 年までに原子力発電所を全廃するという決定を採択した。この決定が、社会民主党と連合 90・緑の党の政権下で採択された原子力発電所の稼働期間を 32 年とする決定よりもさらに原子力発電所の廃止のスケジュールを加速化させたことからすると、社会民主党と連合 90・緑の党から大連立政権、そして保守政権への政権交代がドイツの気候エネルギー政策の進展に与えた影響は必ずしも大きいとはいえない。

そこで次に上位レベルの政策形成あるいは対外パートナーの政策形成の影響という要因を検討する。日本とドイツは、気候エネルギー政策転換において、この要因で大きな違いを示している。1980 年代後半から 2012 年までの期間を通じて、国際気候政治の進展は日本の気候エネルギー政策形成に影響を及ぼす最大の要因だった。例えば 2009 年にデンマークのコペンハーゲンで開催された COP15/CMP5 で、京都議定書の第 1 約束期間以降の気候変動問題を規律する国際的な枠組みに合意することを目指すという期限が設定されたことを受けて、麻生政権は 2009 年 6 月に、2020 年までに温室効果ガスを 2005 年水準と比較して 15％削減するという日本の温室効果ガス排出削減数値目標を採択した。国際気候変動交渉の圧力がそれほど強くなかった前任者の安倍、福田両政権下では、中期目標については議論しても、具体的な削減数値目標を採択していなかったことは、国際気候政治の進展が日本の気候エネルギー政策転換に及ぼす影響の大きさを物語っている。ただし米国が 1997 年に京都議定書を採択しながら、批准しなかった事例が示すように、国際法が主権国家を拘束する程度には限界がある。

一方、日本の長年の対外パートナーである米国は、日本の主要政策分野における決定に大きな影響を及ぼしてきたが、その米国は京都議定書を批准してもいなければ、議定書で採択した温室効果ガス削減数値目標を達成するための政策措置も導入してこなかった。したがって米国の気候エネルギー政策は、日本の気候エネルギー政策の進展を促進するというよりは阻む方向で機能した。日本の気候政策は、アジア地域政治によっても推進されることはなかった。EU がドイツの政策形成に対して影響力を及ぼす法的権限を持っているのに対し、

日本が属している地域共同体、例えば APEC は、日本政治に対して影響力を及ぼす権限を持っていない。さらに経済発展や成長は、多くのアジア諸国で、依然として最重要政治課題である。加えて、日本を除くいかなるアジア諸国も京都議定書上排出削減数値目標を負っていなかった。他のアジア諸国は日本により野心的な温室効果ガスの排出抑制・削減目標を採択し、自国を財政面・技術面で援助するよう圧力をかけるが、彼ら自身あるいは彼らが属している地域共同体は気候政策を推進する圧力にはさらされていない。一方、第6章の分析から、EU における政策形成がドイツ政策形成に及ぼす影響 (重層的ガバナンス) が、経済的繁栄重視派の中で政策転換の鍵を握る社会民主党エネルギー派の立ち位置を変え、ドイツにおけるキャップアンドトレーディング制度導入を可能にした主要因だったことが明らかになった。当時の EU 域内政治の傾向を反映した他の EU 構成国の投票選好そして個別構成国の拒否権発動を不可能にする欧州共同体設置条約 175 条 1 項、275 条の下での加重投票制度の適用により、ドイツ社会民主党のエネルギー派は、自主的取組みの継続的使用を主張し続けるのではなく、名目上、適用除外条項とプーリング条項を盛り込んだ共通の立場の採択に同意せざるを得なかった。

　このように重層的ガバナンスは、日本とドイツの気候エネルギー政策転換に反対方向で作用しており、日本とドイツの気候エネルギー政策転換のタイプあるいはレベルの差を説明する主要因だと考えられる。

　さらに重層的ガバナンスという要因は、EU が構成国政府に及ぼすような、上位のレベルの政策形成の下位のレベルの政策形成への影響、あるいは対外パートナーの影響だけではなく、下位のレベルの政策形成の上位のレベルの政策形成への影響という形で機能することもある。例えば福島原子力発電所事故後のバーデン・ヴュルテンブルグ (Baden Württemberg)、ラインラント・プファルツ (Rheinland Pfalz) 州選挙におけるキリスト教民主同盟の敗北は、ドイツ連邦政府が 2022 年までに原子力発電所を段階的に廃止すると決定するにあたり大きな影響を及ぼしたと考えられている。特にバーデン・ヴュルテンブルグ州は、伝統的にキリスト教民主同盟が強く、同州での敗北は、もともと反対派も多かった、原子力発電所の稼働期間の延長という 2010 年の決定に対する市民の抵抗と受け止められた。

上記から、第1章で提示した、日本とドイツの気候エネルギー政策転換の差を説明する可能性がある4つの仮説のうち、日独両国の気候エネルギー政策形成に深く関与するアクターの政策理念の相違という要因は、なぜ気候エネルギー政策分野で、ドイツが日本よりも早期に、より多くの、より大規模な非漸進的政策転換を経験したのかを説明する主要因ではないと考えられる。また政策起業家の存在・不在という要因は、ドイツでそれまで起きたどの政策転換よりも大きく、政策核心理念の規範的部分に関わる非漸進的政策転換を構成するキャップアンドトレーディング制度の導入において大きな役割を果たした。しかし数は少なく、経験もドイツやEUの政策起業家と比較すると浅いかもしれないが、少なくとも気候エネルギー政策分野では日本にも政策起業家が存在する。またドイツやEUの同じ起業家が1990年代初頭には炭素税導入に失敗したことを踏まえれば、非漸進的政策転換の実現は、政策起業家の存在やその活躍だけではなく、その他の要因がいかに大きく、いかに長く政策起業家のために政策の窓を開くのかにかかっている。このように本書で実施した事例研究からは、日独の1987年から2012年までの気候エネルギー政策転換のタイプあるいはレベルの差を決定づける要因は、定期的な政権交代と重層的ガバナンスだったという結論が導かれる。さらに政権交代という要因は、ドイツでは緑の党の政権交代を可能にし、1998年から2005年までの気候エネルギー政策起業家の活動を支える環境を創出したが、それ以外では日本でもドイツでも気候エネルギー政策の進展に決定的な影響を及ぼしたとはいえない。したがって日本とドイツの1987年から2012年までの気候エネルギー政策転換のタイプあるいはレベルの差を決定づける最大の要因は、重層的ガバナンスだったと考えられる。

7.3. 理論面での検討

本節では、1987年から2012年までの日独の気候エネルギー政策転換の比較実証研究に基づいて、第1章で理論先行研究に基づいて同定した非漸進的政策転換を導く要因の有効性を確認するとともに、その限界について考察する。さらに理念は政策転換においてどのような役割を果たすのか、そして長期的にパ

ラダイム転換を導くメカニズムはどのようなものかという本書の冒頭に掲げた理論上の問いに立ち返る。

7.3.1. 大規模政策転換を導く要因と条件
利害、理念、立ち位置

第5章で示した、日本とドイツの気候エネルギー政策形成に長年にわたり関与してきたアクターに対し2006・2007年、2012・2013年に実施した聞取り調査の結果は、アクターの理念、特に政策核心理念の規範的部分はなかなか変わらないことを示している。またドイツにおけるキャップアンドトレーディング制度導入を決定づけた要因を分析した第6章の事例研究は、ドイツの経済的繁栄重視派の政府内アクターが、閣僚理事会の最終段階でその立ち位置を変化させて、それまで主張していたプーリング制度や適用除外制度が排出枠取引指令に盛り込まれなかったにもかかわらず、共通の立場採択に同意したこと、しかしこのような立ち位置の変化は、彼らが政策核心理念を変えたからではなく、EU政治におけるドイツの影響を維持するという利害のためだった可能性が高いことを明らかにした。この事例研究の結果は、外部要因の変動の影響下で、支配連合の構成員が理念を変更していないにもかかわらず、立ち位置を変更する上で利害が作用するという第1章で提示した仮説を裏づける。

またドイツの気候エネルギー政策転換を検証した第4章は、利害と理念が複雑な関係にあることを示唆している。例えばドイツの社会民主党のエネルギー派は、彼らにとってより重要な他の政策分野の政策核心理念と相反する場合には、気候保全を推進することにどちらかといえば消極的だった。社会民主党の根幹を形成する政策理念は労働者、特にドイツ社会民主党の場合には、ノートラインヴェストファリア州の石炭産業の労働者の福祉の維持・向上だった。このような社会民主党の気候エネルギー政策における立ち位置を特徴的にとらえたのが、第4章で説明した石炭・電力産業とその被雇用者の利害に触れるCHP割当制導入の事例である。他方で社会民主党は、再生可能エネルギーの固定価格買取制度の導入や再生可能エネルギー法の改正に見られるように、気候エネルギー政策措置の導入が石炭・電力労働者の利害に抵触しない場合には、気候保全を積極的に推進した。

利害がアクターの立ち位置に及ぼす影響は、1980年代後半から1990年代初頭にかけて、気候保全プログラムの採択や政策措置導入について支持とまではいかなくても少なくとも中立の立場に立っていたキリスト教民主同盟・社会同盟が、党の支持基盤である大規模電力会社にとって重要だった原子力エネルギーの利用推進を気候政策との関連で打ち出すことが難しいことを認識するや否や、消極的な姿勢を示すようになったことにも表れている。

上記の事例は、ある政策サブシステムにおける利害が別の政策サブシステムでは理念として機能する可能性があることを示している。このような見解を敷衍すると、本書が利害として説明した要因は、他の政策サブシステムの理念として、利害という概念を用いずに説明することができるのかもしれない。事実、ペフリーとヒューウィッツ (Peffley and Hurwitz 1985: 882) は、政策理念システムは階層的で、ある政策サブシステムでより高次で広範なレベルにある理念が、具体的で低次に位置する理念を規定するのみならず、ある政策サブシステムの具体的な理念は別の政策サブシステムのより高次の理念にも左右される可能性があると主張する。政策転換をもたらす利害と理念の役割を説明するには、ある政策サブシステムの利害と、別の政策サブシステムの政策核心理念との関係を探求する必要がある。

重層的ガバナンス、制度的構造、効果

多くの政治学者、政策科学者は、非漸進的政策転換を引き起こす要因として、上位の機関の政策決定の影響（または重層的ガバナンス）を指摘する (Putnam 1988; Bache and Flinders 2005; Hooghe and Marks 2001)。第6章で示したドイツにおける排出量取引制度導入事例は、重層的ガバナンスが排出量取引制度導入を決定した要因であり、かつ日独の気候エネルギー政策の差を説明する要因として機能したことを示しており、非漸進的政策転換を起こす要因として重層的ガバナンスの重要性を浮き彫りにした。

さらに日独における気候エネルギー政策転換の比較は、非漸進的政策転換をもたらす上で、この要因がどのような役割を果たすのか説明するには、上位機関の決定が下位機関をどの程度拘束するのか、その程度について検討する必要があることを示している。ドイツにおけるキャップアンドトレーディング制度

導入事例では、ドイツ政府は欧州共同体設置条約175条1項および275条の下で加重投票制度により、ドイツの同意がなくても指令が採択される可能性があることを認識していた。そこでドイツ政府は、閣僚理事会において共通の立場の採択に反対するのではなく、建設的な提案を行うという戦術を用いた。加重投票制度を適用する規則がなければ、言い換えればEUが構成国に政策決定を強制する制度がなければ、キャップアンドトレーディング制度導入という大規模な非漸進的政策転換が実現しなかった可能性もある。上位の機関が行使する権力の程度が重要な意味を持つことは、この事例を全会一致を要する欧州共同体設置条約93条に基づいて1990年代初めに提出された炭素税に関する指令が不採択となった事例と比較すると浮き彫りになる。

上位機関が行使する権限の程度について検討する必要性は、EUにおける政策決定がドイツ政策形成過程に及ぼす影響と、気候変動問題に対処するための国際条約交渉が日本とドイツの気候エネルギー政策形成過程に及ぼす影響を対比すると一層明らかになる。EU指令がいったん採択されると、構成国は、実施方法については裁量があるものの実施自体は強制される。仮に構成国が国内法を期日までに制定することができず、先決裁定手続きの際に実施の欠如が解消されなければ、共同体法の不履行として欧州裁判所に提訴され、欧州委員会の要請により欧州共同体設置条約258条に基づいて罰金を科せられる。このような法的強制力がなければ、欧州レベルでの決定がドイツを含む構成国の政策決定にこれほど大きな影響を与えることはなかっただろう。

一方で主権国家が国際条約を採択したとしても、米国による京都議定書からの離脱の事例が示すように、国際法は主権国家に条約の批准を強制することはできない。さらに主権国家が京都議定書のように法的拘束力のある温室効果ガス排出削減目標を盛り込んだ国際条約を批准した後、目標を遵守しなかった場合に、国際法は主権国家に目標達成を強制することもできない。ただし京都議定書の場合には、議定書の細則を定めるマラケシュアコードが一種の罰則（当該約束期間における不履行分の1.3倍を次期約束期間から差し引く）を定めている（UNFCCC 2001）。それでも国際法が主権国家に対して、このような罰則を法的に執行するのは難しい。したがって気候変動問題に対処するための国際条約交渉の進展は、日本やドイツで、気候変動問題を重要政治課題に押しあげる要因

としては機能したものの、国際レベルでの政策決定を主権国家に強制するまでの効果はなかったといえる。

同じことは、中央政府が地方政府に対して及ぼす影響にも当てはまる。地方政府に与えられる裁量権によっては、中央政府が地方政府に、その決定に従うことを強制する権限に限界が生じる。重層的ガバナンスが、中期的な非漸進的政策転換を説明する決定要因となるという説明を一般化するには、上位の機関に与えられた権限を含め、異なるレベルの統治機関の関係を規律する制度の役割についてさらに検証する必要がある。

また日本がドイツからは遅れたものの、地球温暖化対策のための税や再生可能エネルギーの固定価格買取制度を2012年に導入したのに対し、キャップアンドトレーディング制度をいまだ導入していないという事実は、国内レベルの政策決定に、その大きな資源を駆使して影響力を及ぼす産業界の利害が絡む分野では、上位レベルの政策決定の影響がなければ、非漸進的政策転換が起こる可能性が小さくなることを示唆している。重層的ガバナンスが非漸進的政策転換を導く上で決定的な役割を果たす分野と重層的ガバナンスという要因がなくても非漸進的政策転換が起こる分野があるのかどうか、それは国内レベルの政策決定におけるアクターの影響力の有無によって左右されるのかどうか、さらに検討する必要がある。

また第4章で説明したEU排出量取引指令の2009年の改定事例は、EUという上位のレベルでの政策形成（重層的ガバナンス）は、EU排出量取引第3期（2013年〜2020年）以降のキャップアンドトレーディング制度の強化という観点から見れば、ドイツ気候エネルギー政策の進展に貢献したが、ドイツの2020年温室効果ガス40％削減手段という観点から見れば、ドイツの非漸進的気候エネルギー政策転換の足かせとなってしまう可能性があることを示している。すなわち欧州排出量取引指令は、ドイツ全体で2020年までに温室効果ガスを40％削減するという野心的な目標を実現する上で、排出量取引対象部門の削減分を20％（ドイツについては30％）で固定してしまい、その結果、民生、運輸、エネルギー転換部門の排出削減負担が増加するという結果を招いている。このように重層的ガバナンスという要因には、上位のレベルの政策形成が下位のレベルの政策形成に及ぼす影響だけではなく、下位のレベルの政策形成が上位の

レベルの政策形成に及ぼす影響、あるいは同等のレベルに位置する対外パートナーに、あるいはパートナーから及ぼされる影響があり、またその効果として、分析の対象となるレベルの政策形成における非漸進的政策転換の展開を促進するだけではなく、妨げる可能性があることも指摘しておく。

政策サブシステム拡大の影響（エネルギー政策との統合）

第1章の理論的基盤と分析枠組みの節（**1.2.**）で述べたように、政策サブシステムはいったん形成されると、徐々に成熟していく。本書で扱った日本とドイツの気候エネルギー政策転換事例では、気候政策サブシステムが成熟した後、エネルギー政策サブシステムと融合し、サブシステムの射程が拡大した。政策システムの統合により、今まで気候政策形成過程に関与したアクターに加えて、再生可能エネルギーに利害関心を有するアクター、原子力エネルギーに利害関心を有するアクターが、気候エネルギー政策形成過程に関与するようになり、政策起業家等が意識的にヴェニューショッピング（20頁参照）を行わなくても、ヴェニューショッピングと同様の効果が生じた。ただし日本では、2012年末の自民党の政権返り咲きにより、内閣府下に設置されたエネルギー環境会議は解体され、エネルギー政策、気候政策がそれぞれ経済産業省、環境省下で審議される従前の体制に戻った。このような政策サブシステムの統合と分裂が政策転換に及ぼす影響についてさらに検討する必要がある。

また本章の事例は、サブシステムの拡大が、政策核心理念に基づくアクターの分類に影響を及ぼす可能性があることを示唆している。ドイツはすでに気候変動問題が政治の主要課題として認識されるようになった1980年代後半から原子力エネルギーを温暖化対策として用いるかどうかを議論し、2001年には原子力発電所の段階的廃止を決定し、また1990年代初頭にはエネルギーの安定供給を確保するために再生可能エネルギーの固定価格買取制度を導入したため、2000年代後半の気候政策サブシステムとエネルギー政策サブシステムの統合によって、政策核心理念に基づくアクターの分類が変化した形跡は見られなかった。これに対し日本は、京都議定書批准時には温室効果ガス排出抑制対策の1つとして、原子力発電所の20基新増設を掲げていた。この目標を実現することは難しく、すでに京都議定書批准時の2002年に原子力発電所新増設

数は 10〜13 基まで削減されたものの、2010 年までに実際に新設された原子力発電所は 3 基しかなかった。このように原子力発電所の新増設が極めて難しい状況にあったにもかかわらず、2009 年に民主党政権は 2020 年までに温室効果ガスの排出量を 25％削減するという目標を打ち出し、2010 年には、この目標を達成することを 1 つの目的として、原子力発電所を 2020 年までに 9 基、2030 年までに合計で 14 基新設するというエネルギー基本計画を採択した。一方で再生可能エネルギーについては 2004 年に電気事業者による新エネルギーの利用に関する特別措置法が導入されたが、再生可能エネルギーの普及につながらず、福島原子力発電所事故後の 2012 年になってようやく固定価格買取制度が導入された。このように日本では、温室効果ガスを排出する化石燃料を代替するエネルギー源として再生可能エネルギーの普及が進んでおらず、原子力エネルギーに依存していたため、2012・2013 年に実施した第 2 回目の聞取り調査で望ましいエネルギー供給源について尋ねた際に、日本の気候保全重視派は、原子力エネルギーを排除すると回答した者と経済的繁栄重視派と同様に排除しないと回答した者に分かれた。このように気候政策サブシステムとエネルギー政策サブシステムが統合し、新たな要素が政策核心理念に加わった結果、理念に基づくアクターの分類が変わる、あるいは細分化しなければならなくなる場合もある。

政策起業家とその他の要因

多くの政治学者は、政策起業家が政策転換において果たす役割の重要性を指摘している。事例研究をすれば、政策決定過程で欠かせない役割を果たした 1 人または複数の個人が同定される（Kingdon 1995: 180, 184, 189; Polsby 1984: 157）。ドイツにおける排出量取引制度の導入事例は、ドイツにおける非漸進的な気候エネルギー政策転換を可能にした決定的な要因は、重層的ガバナンスシステムに基づいた EU レベルの政策決定がドイツに与えた影響と定期的な政権交代（特にドイツについては、これによりもともとは非政府環境団体であった緑の党の政権参加が可能になった）の 2 つの要因だったという結論が導かれた。これら 2 点が組み合わさって、政策の窓が拡大し、気候保全重視派にとってその理念を実現する好条件が創出された。外部要因が大きければ大きいほどそして機会が

広がれば広がるほど、政策起業家がその機会を利用して政策転換を実現する可能性が大きくなる。

第6章で述べたように、デルベケ、フィス、そしてシャフハウゼンといった、EUおよびドイツにおけるキャップアンドトレーディング制度導入を実現した官僚は、気候変動問題について一般大衆の関心が高まった1990年代初めに、EU全体であるいはドイツ1国で炭素税導入を試みた際には失敗した。もちろん1990年代初頭から、EUの統合は進み、欧州委員会は単一市場の創設と関連する政策分野では、より大きな権限を持つようになった。そして政策起業家も25年にわたり、気候エネルギー政策分野で経験を積んだ。それでもなお、租税政策を規律する欧州共同体設置条約93条の投票規則（全会一致）と環境指令を規律する175条の投票規則（87票中62票で指令採択、単独ではもちろんのこと2カ国でも共通の立場の採択を阻止できない）の差は無視できない。すなわち上位の機関が行使できる強制力が重要だったのである。

他方で非常に多くの、しかも経験豊かな政策起業家は、そうではない政策起業家よりも、同じ機会をより効果的に利用することができるかもしれない。例えば1980年代後半、科学的知見の蓄積、気候変動問題に対処するための国際条約交渉の進展、そして一般市民の気候変動問題への関心の高まりにより、日本とドイツ両国で気候変動問題が政治の重要課題として認識されるようになった。この時点でドイツが議会の諮問機関（Enquête-Kommission）を創設し、国としてCO_2を1990年比で25％削減するという目標を設定したのに対し、日本は2000年までに1人当たりCO_2排出量を1990年水準で安定化させるという目標しか採択していない。この日本とドイツの差は、おそらくドイツの気候政策形成過程初期に活躍した、テプファーやシュミットバウアーなど、冷戦終結後の国際政治において重要性を一気に増した地球環境政治分野でリーダーシップを発揮することに、自身の政治家としてのキャリアアップの可能性を見た政策起業家の存在によるところが大きいのかもしれない。

また1990年代初頭の炭素税導入失敗を受けて、ドイツで産業・エネルギー部門の対策として、自主的取組みを用いることを決定した際の環境大臣は、アンゲラ・メルケル（Angela Merkel）だった。テプファーもメルケルも、1990年代には、ドイツの気候政策を気候保全の方向で牽引する強い指導者ではなかっ

た。しかし福島原子力発電所事故が発生してからわずか3カ月後の2011年6月、ドイツで原子力発電所の段階的廃止の加速化を決定したのはメルケルであり、この決定を勧告したエネルギーの安全供給に関する倫理委員会の共同座長の1人はテプファーだった。彼らは25年の月日を経て、経験と知見を蓄積し、気候エネルギー政策を牽引する政策起業家として活躍するようになった。

　また日本で原子力発電所の2030年代廃止を盛り込んだ革新的エネルギー環境戦略が採択された過程は、日本における非漸進的政策転換の芽が、通常、政策起業家が輩出される少数連合ではなく支配連合に属する、あるいは支配連合にかつて属していたメンバーから出てきたことを示している。さらにドイツで原子力発電所の段階的廃止を加速化させるという決定が採択されたのも、支配連合に属しつつも、気候保全に重きを置く政策理念を少数連合と共有するテプファーら政策起業家によるところが大きかった。これら事例は、長期的なパラダイム転換が起こるには、少数連合の政策起業家だけではなく、支配連合に属しつつも政策理念の一部を少数連合と共通にする政策起業家が出現する必要があるのかもしれないことを示唆している。支配連合に属しつつも政策理念の一部を少数連合と共通にする政策起業家がどのような過程を経て現れるのか、危機の効果とあわせてさらに検討する必要がある。また上記の分析は、政策起業家の役割を事例ごとに説明するのではなく、政策過程論の中で体系的に位置づけるには、政策起業家のタイプ、属する連合（支配連合か少数連合か）、能力、そして経験と、政策起業家が活躍するための外部条件との関連性を検証する必要があることを示している。

危機の効果

　福島原子力発電所事故という危機は、ドイツでは事故から約3カ月後の2011年6月30日に原子力発電所の段階的廃止スケジュールを加速化させる決定、日本では事故から1年半後の2011年9月14日に原子力発電所の2030年代廃止を盛り込んだ革新的エネルギー環境戦略の採択という非漸進的政策転換を引き起こすきっかけを創出した。1.2.で説明したように、政治学者や政策科学者は、非漸進的政策転換が起こるには危機、ショック、フォーカシング・イベントなどの触媒が必要だと考えている。先行研究の中には、その触媒がサブ

システム外で起こるのかサブシステム内で起こるのかで分けているものもある（Sabatier and Weible 2007）が、両者の効果に違いがあり、区別する必要があるのか明らかにしていない。

　触媒がサブシステム内で起こる場合には、その他の外部要因（社会経済状況の変化、世論の変化、政権交代〈システム統治構造の変化〉、そして他の政策システムにおける政策決定の影響など）と異なり、当該政策サブシステムの既存の理念の問題点が浮き彫りになる。例えば福島原子力発電所事故は、交通事故が起こる確率よりも小さいといわれていた大規模原子力災害が実際に起きること、そして事故が起きれば、周辺住民は避難・移転を余儀なくされ、さらに巨額の汚染除去費用をかけても原状回復が難しいことを浮き彫りにした。こうして、サブシステム内で起きた危機は、日本の原子力政策サブシステムの支配連合アクターが保有していた、原子力は戦後日本の再建、生産増加、経済成長を可能とし、ひいては国民福祉を向上させる唯一の利用可能な技術である、原子力発電所はいったん建設されれば他の発電所よりも安価であるという原子力の便益に関する理念、日本の原子炉はスリーマイルアイランド（TMI）やチェルノブイリ事故の原子炉とはタイプが異なるため、日本の原子力発電所では事故は起きない、あるいは日本の原子力発電所の作業員は大規模事故を回避するために十分な教育を受けているので、日本では大規模原子力事故は起きないという原子力のリスクに関する理念を見直すきっかけとなった。このようにサブシステム内で起こる危機は、支配連合内のアクターの理念の見直しを迫るという効果がある。しかし福島原子力発電所事故によって、支配連合が理念を見直したのかどうかは疑問である。

　東京電力を含め電力会社は、福島原子力発電所事故が予想を超える高さの津波によって起きた可能性が高いことを踏まえて、事故後、既設原子力発電所の津波対策のために、堤防の補強工事を実施した。また2012年9月に設置された原子力安全規制委員会は、原発立地地点の活断層調査も開始した。このように原発事故が地震や津波によって再び起こることがないよう安全対策は強化されている。しかしこのような対応は裏を返せば、津波や地震という自然災害への対応策さえ施せば原子力発電所の安全性が確保されると電力会社が考えていると解釈することもできる。事実、東京電力が立ち上げた福島原子力事故調査

委員会の報告書は、事故の根本的な原因は想定外の津波であるとし、また運転員の操作や情報共有の遅れによる事故対応への影響はない（日本科学技術ジャーナリスト会議 2013）としており、この報告書を見る限り、東京電力は、原子力のリスクについて、「想定外」の自然災害による事故への対応を含めるという見直しを行ったものの、日本の作業員は深刻な事故を防ぐための十分な教育を受けているという理念を維持しているように見える[2]。また事故処理に膨大な費用がかかっているものの、稼働を停止している原子力発電所を代替する火力発電所を稼働させる燃料費が、2011 年度で 2.3 兆円、2012 年度で 3.1 兆円がかかり、2013 年度は 3.8 兆円にのぼるという試算が出たこともあり（経済産業省 2013）、原子力安全規制委員会が再稼働の基準を示すや否や、北海道、関西、四国、九州の 4 電力が 5 原発の再稼働を申請した。上記の事実は、電力会社が原子力発電所の新増設を計画するほどに原子力の便益に関する理念を維持しているのか否かはわからないものの、既設原発の早期稼働を求める程度には原子力の便益に関する理念を維持していることを示している。

　また革新的エネルギー環境戦略発表後の 2012 年 9 月 18 日に、日本経済団体連合会の米倉会長が、「政府は、この程、2030 年代に原発稼働ゼロを目指す『革新的エネルギー環境戦略』をとりまとめた。これにより、国内産業の空洞化は加速し、雇用の維持が困難になることは明らかで、国家戦略会議がとりまとめた成長戦略とも全く整合性がとれていない。原発稼働ゼロを宣言すれば、原子力の安全を支える技術や人材の確保が困難となる。(中略) 経済界として、このような戦略を到底受け入れることはできない。政府には責任あるエネルギー戦略をゼロからつくり直すよう、強く求める。」（日本経団連 2011）と強い調子で、2030 年代に原子力発電所の稼働を停止することに反対したことから、経済界も原子力政策に関する理念を変えたとはいえない。また原子力推進派の中核をなしていた自民党も、2012 年末に衆議院選挙で勝利し、政権を奪還し

---

[2] これに対し、内閣が設置した東京電力福島原子力発電所における事故調査・検証委員会（畑村委員会）、国会が設置した東京電力福島原子力発電所における事故調査・検証委員会（黒川委員会）、そして政府から独立した福島原発事故独立検証委員会（独立）は、事故の原因を津波による可能性が高いとしながらも地震による可能性も否定せず、また運転員が IC 操作に習熟していなかったという人災が加わった可能性がある、あるいは明らかに人災である（黒川委員会）としている（日本科学技術ジャーナリスト会議 2013）。

た後、直ちに、革新的エネルギー環境戦略を白紙に戻すとし、その後、既設原発の再稼働に向けて準備を進めたことから、原子力の便益やリスクに関する理念を変えていたとは言えない。

このようにサブシステム内で起きた危機は非漸進的政策転換を引き起こす端緒となるが、実際に支配連合のアクターがまず変えるのは立ち位置であって理念ではないのだとしたら、その効果は重層的ガバナンスなどサブシステム外の外部要因の効果と何ら変わらない。したがって本書の事例に基づく限りでは、触媒がサブシステム内で起きるのかサブシステム外で起きるのかで効果は変わらず、両者をあえて分類する必要はないという結論が導かれる。

また事故が起きた地である日本よりもドイツで早期に危機の効果が表れたことは、危機の効果と地理的な遠近が必ずしも関連するわけではないことを示している。ただし変化の度合いを考えれば、ドイツの場合は、すでに2001年に原子力発電所の段階的廃止を決定しており、2011年6月の決定はすでに決まっていた原子力発電所の段階的廃止のスケジュールを加速化させるという小さな変化をもたらしたに過ぎなかった。またドイツの原子力発電所の段階的廃止加速化の決定は、1990年に導入され、2000年以降強化された固定価格買取制度によって再生可能エネルギーがすでに普及していること、また国内で供給電力が不足した場合には、欧州の他国から電力を購入できる状況にあることに支えられている。一方、日本は2010年に採択されたエネルギー基本計画では原子力発電所を2020年までに9基、2030年までに合計14基増設するとして原子力エネルギーへの依存を強める方向性を打ち出していたため、革新的エネルギー環境戦略に盛り込まれた、原子力発電所の2030年代廃止という決定は、大きな政策転換だった。したがって危機の効果と地理的な遠近との関係は、過去の政策からの変化の度合い、変化が起きるまでのスピードなどを踏まえて多角的に検討する必要がある。

政策学習：政策核心理念は変わるのか？

日本とドイツの気候エネルギー政策形成過程に深く関与しているアクターへの聞取り調査では、2006・2007年時点から6年余を経た2012・2013年時点でも、日独両国のアクターが、気候保全と経済的繁栄という2つの価値の重みづ

けに関する考え（政策核心理念の規範部分）を変えていなかったことが明らかになった。さらに IPCC に代表される、科学的知見の蓄積にもかかわらず、日本の経済的繁栄重視派は、2006 年末時点で気候変動が起こる可能性についてもまた起きた時の程度についても「わからない」と述べており、このような傾向は 2012・2013 年でも変わっていなかった。このように日独の気候エネルギー政策形成に深く関与するアクターへの聞取り調査結果は、政策核心理念、特に政策核心理念の規範的部分はなかなか変わらないというサバティエらの仮説を確認する結果を示している（Sabatier and Jenkins-Smith 1999: 145）。

またドイツにおける排出量取引制度導入事例は、アクターが排出量取引制度のような専門的・技術的な事項について十分な知見を持っていない場合に、知見が蓄積されるにつれて表層的な理念（secondary level）が変化することを示しており、ここでもサバティエらの仮説が確認された。本書では、政策措置の選好を表層的な理念には分類せず、政策核心理念の経験則部分に分類したが、いずれにせよ規範的部分より表層に位置づけられる点で変わりはない。排出量取引制度の導入に関する議論が始まった時点で、ドイツの NGO や緑の党の議員は、排出量取引制度が自社施設で排出を削減するのではなく、排出枠を購入することによって目標を達成する安易な方法を企業に与えることを危惧し、同制度の導入に懐疑的だった。しかし彼らは、取引制度が政府に対象施設からの排出量に上限を設定する権限を与え、気候系の保全に貢献することを理解すると迅速に立ち位置を変えた。

さらに 2012・2013 年の聞取り調査の結果から、日本の気候保全重視派、ドイツの気候保全重視派だけではなく、ドイツの経済的繁栄重視派も、気候変動問題が起こる蓋然性も、また起きた場合の程度も、より大きくとらえるようになったことが明らかになった。このような結果は、政策核心理念の問題や限界をアクターに認識させる科学的知見や現実の事象が長年にわたり積み重なると、支配連合のメンバーが、政策核心理念の経験則部分を変える可能性があることを示している。一方で 2012・2013 年の聞取り調査では、気候緩和対策が経済全体に及ぼす悪影響について、ドイツの経済的繁栄重視派は考え方を変えていなかったのに対し、ドイツの気候保全重視派はより小さく、あるいはプラスの影響があるととらえるようになったため、両者の理念の差は拡大してい

表7-1:政策学習効果の定義

	内因性学習効果	外因性学習効果		
学習により変わる部分	表層部分	政策核心理念のうち経験則に従った理念		政策核心理念のうち規範的なもの
		自然現象に関する部分	適切な政策、政策の経済への影響など社会科学的部分	
政策変化との関連性	漸進的政策変化	非漸進的政策変化		パラダイム転換
変化の容易さ	容易	比較的容易	困難	極めて困難
変化にかかる時間	短・中・長期	(短)・中・長期	中・長期	長期

出典:Watanabe (2011)

た。この調査結果から、政策核心理念の経験則部分でも、気候変動が起こる蓋然性や起きた時の程度、すなわち自然現象に関する部分については知見の蓄積とともに変化することがあるが、リスクを回避するために政策核心理念の規範的部分に触れる、すなわち経済的繁栄を短期的には犠牲にする可能性がある対策をとるという社会的な決定に関する部分については変化しにくいという仮説が導かれる。したがって第1章で提案した外因性学習効果は、自然現象に関する部分と社会的決定に関する部分に分類する必要がある(表7-1参照)。

さらに第6章で紹介したドイツのアクターに対して排出量取引制度が導入された直後に実施した聞取り調査と、第5章で紹介した排出量取引が実際に始まった2006・2007年に実施した聞取り調査の結果を比較すると、排出量取引制度に関してアクターの見解に変化が見られた。すなわち多くの聞取り調査対象者は、経済的繁栄重視派も含め、排出量取引制度を支持するようになった[社会民主党エネルギー派 2006; Vattenfall A 2006; 自由民主党 2006; EnBW 2007; EEFA 2006; 社会民主党環境派 2007; 緑の党A 2007; E.on 2006; BMU 2007; 緑の党B 2006]。その理由として、排出量取引制度が排出抑制・削減目標の達成を促し、かつ限界削減費用が価格に反映される点があげられた[EEFA 2006; 社会民主党環境派 2007]。ドイツの産業部門のアクターによる排出量取引制度への積極的評価は、ドイツ連邦環境省と日本の環境省が共催した2つのワークショップでも確認された(Ott et al. 2007; IGES 2007)。このような変化は、アクターの政策核心理念のうち経験則部分については、非漸進的政策転換でいったん新しいプログラムや政策措置(排出量取引制度など)が導入されると、次第に受容が高まっていく可能性を示唆しているのかもしれない。ただしドイツの経済的繁栄重視派は、

気候保全と経済的繁栄という価値の重みづけに関する考え方（政策核心理念の規範的部分）を変えていないため、排出量取引制度の背後にある、産業・エネルギー部門からの温室効果ガス排出量に上限を設定するという考え方を受け入れていない可能性が高い。このように政策核心理念の規範的部分に関わる制度の受容が高まるのは、実はその制度が規範的部分に抵触しないように運用されていることに起因するのかもしれない。実際2006・2007年の聞取り調査では、電気事業者が排出量取引制度について高い受容性を示していたが、これは、ドイツのEU排出量取引制度の第1期における国内割当計画が野心的な排出抑制・削減目標を設定しておらず、しかも排出枠を無償で交付したため、企業は、EU排出量取引制度が一方で利益を追求しながら、他方で気候変動問題に対処する、あるいは対処していると見せかける上で都合のよい政策措置であると見ていた可能性もある。特に電気事業者は、排出枠が無料で交付されたにもかかわらず、その価格を一般消費者が支払う電気料金に上乗せして、二重の利得を得る機会に恵まれた（McKinsey and Ecofys 2006）。

　上記の分析は、経済的繁栄重視派による排出量取引制度の受容は、非漸進的政策転換により導入された政策措置の運用を通じた学習効果による政策核心理念の経験則部分の変化、すなわち外因性学習効果によるものではなく、政策核心理念の規範的部分を達成するよりよい手段として経験則部分の理念を調整したからに過ぎないことを示唆している。このような分析は、ドイツの経済的繁栄重視派の多くが国際排出量取引制度を選好したが、国内排出量取引制度については支持する者が減少したという2012・2013年の聞取り調査結果からも裏づけられる。日独2カ国の気候エネルギー政策形成過程に深く関与しているアクターへの聞取り調査に基づくと、**1.2.** で示した政策学習効果の定義と分類は表7-1のように修正される。

7.3.2. 根本的なパラダイム転換のメカニズム

　上記では、理念変化と政策転換に関する先行研究の有効性と限界を確認した。先行研究は、漸進的政策転換や非漸進的政策転換を中期的に導く要因やメカニズムを解明しつつあるものの、長期的なパラダイム転換が起こる過程、そしてアクターの政策核心理念が変化する過程については説明していない。本書

では、最後に、1つの事例を一般化する危険性を承知しつつも、日本とドイツの25年に及ぶ気候エネルギー政策転換という事例に基づいて、上記で提示したアクターの政策理念の変化や学習効果に関する仮説をまとめて、長期的なパラダイム転換と理念変化が起こる過程をモデル化し、パラダイム転換はどのようなメカニズムを通じて起こるのかという問いに迫る。

非漸進的政策転換が起こるスピードについては、学者の中には、ショック、危機、フォーカシング・イベント、その他外部要因の変動の影響下で、突然起こると主張する者もいる（例：Kingdon 1995; Sabatier and Jenkins-Smith 1993）。しかし本書で実施した日本とドイツの気候エネルギー政策の比較事例分析に基づくと、気候変動問題が国際、国内政治上の主要課題として認識されてから25年が経過し、この間、日本そして、おそらくいずれの国よりも非漸進的政策転換を経験しているドイツでさえ、気候系の危険な変化を回避するために、温室効果ガスの排出量を40〜70％を超えて削減するだけの政策措置を導入・実施するに至っていないことを考えると、パラダイム転換は、長い期間をかけて漸進的に起こるという仮説が成り立つ。このような仮説は、第1章で触れた人種差別政策における政策転換とも合致する。したがってここでは、少数連合に支配連合から権力を奪うのに十分な資源を与え、支配連合のメンバーに立ち位置だけではなく、政策核心理念をも一挙に変化させるような大規模災害や惨事がある場合は別として、社会に深く根ざしているパラダイムを転換させるほどの大規模な政策転換は、通常は、長い時間をかけて、漸進的に起こり、その過程と理念変化との関係は以下のようなものであると仮定する（表7-2参照）。

第1段階—漸進的政策転換と内因性政策学習

科学的証拠や知見の蓄積、気候変動問題に対処するための国際条約交渉の進展、そしてこれらの影響の下での気候変動問題に対する一般大衆の関心の高まりを受けて、支配連合のメンバーは、理念やパラダイムの変更を要する可能性がある新たな問題（気候変動）の存在を認識する。このようなそれほど大きくはない危機、ショック、その他、外部要因の変動の影響下で、支配連合のメンバーは、内因性学習効果を通じて、理念の表層部分を調整し、その結果、漸進的政策転換が起こる。気候政策でいえば、比較的容易に達成することができる排出削減目標の設定（原単位目標の設定）や、産業・エネルギー部門自らがその

表 7-2：政策転換のメカニズムと理念変化

政策転換		支配連合の表層的理念に関する立ち位置	支配連合の表層的理念	支配連合の政策核心理念の経験則部分に関する立ち位置	支配連合の政策核心理念の経験則部分	支配連合の政策核心理念の規範的部分に関する立ち位置	支配連合の政策核心理念の規範的部分
例外パターン		変化	変化	変化	変化	変化	変化
通常パターン	変化なし	変化なし	変化なし	変化なし	変化なし	変化なし	変化なし
	第1段階（漸進的政策転換と内因性学習効果）	変化	変化	変化なし	変化なし	変化なし	変化なし
	第2段階（非漸進的政策転換）	変化	変化	変化	変化なし	変化なし	変化なし
	第3段階（外因性学習効果と制度化の過程）	変化	変化	変化	変化	変化なし	変化なし
	第4段階（パラダイム転換）	変化	変化	変化	変化	変化	変化

出典：Watanabe（2011）

排出量を抑制する方法や水準を決定する自主的取組みのような手段の導入、これら手段を実施する過程での適用範囲の拡大や目標の改定が、事例としてあげられる。

第2段階―非漸進的政策転換

既存システムや理念の問題点を明らかにするより大きな外部要因の変動が発生し、他の要因（例えば EU レベルでの政策決定が構成国へ与える影響）もあいまって、支配連合のメンバーが表層理念を調整するだけでは、問題に対処しきれなくなる。そこで支配連合のメンバーは、政策核心理念を変えることなく、異なる政策措置の優先順位など、政策核心理念の主に経験則部分に関連する立ち位置を変える。温室効果ガス、特に CO_2 は経済発展や成長に欠かせない化石燃料の燃焼から排出されるので、その排出量の抑制はしばしば生産量、経済成長、あるいは物質的豊かさ（いまだにその追求が社会における支配的理念の1つとなっている）への制限と見なされる。したがって温室効果ガス排出量を抑制する権限を政府に付与する政策プログラムや措置の導入は、支配連合メンバーの立ち位置の変更を要し、大規模な非漸進的政策転換を構成する。例えば、産業・エネルギー部門から排出される温室効果ガスの総量に上限を設定する効果

を持つ税や排出量取引制度の導入は、この段階にあたる。ただし、それぞれの手段がどこまで支配連合のメンバーの立ち位置の変更を要し、どの程度の非漸進的政策転換を構成するのかは、制度の内容により異なる。例えば減免措置が設けられていたり、税率が著しく低ければ、税が導入されても、排出量に上限を設定する効果はないし、排出枠の上限を現時点での排出量からそれほど削減しなくてもよい水準で設定したり、排出枠を無償で割り当てたり、あるいは有償でも排出枠の価格が低ければ、排出量取引が導入されても、上限設定の効果は低い。

第3段階—外因性学習効果とさらなる外部要因の変動

支配連合のメンバーは、第2段階でその立ち位置を変更した後、変更したプログラムや措置の便益や問題点について学習する。その間に、既存のシステムや政策核心理念の問題や限界を示す新たな外部要因の変動が発生する。例えば、熱波やハリケーンなどの異常気象、海面上昇などが危機にあたる。変更されたプログラムが実施される中で起きる外因性学習効果とさらなる外部要因の変動が合わさって、支配連合のメンバーはかつての政策核心理念の経験則部分を断念し、新たな政策核心理念を受け入れ始める。例えば、ドイツの経済的繁栄重視派は、排出量取引制度が産業エネルギー部門からの排出量を抑制する権限を、市場から政府に移行する（通常、経済活動の制限と見なされる）ため、その導入に反対した。しかしEU政治が構成国の政治に与える影響とドイツにおける政権交代（その結果として、緑の党が政権に参加）があいまった結果、排出量取引制度が導入された。ドイツの経済的繁栄重視派の中には、排出量取引指令採択直後は、依然として排出量取引制度に反対した者もいたが、2006・2007年、2012・2013年と時が経過するにつれ、制度を受容するようになった。またドイツでは、2020年までに温室効果ガスを40％削減するという目標が2007年に採択され、さらに2050年には原子力発電所を段階的に廃止しながら、温室効果ガスを80〜95％削減するという目標が2010年に採択された。2012・2013年に至っても、まだ経済的繁栄重視連合のメンバーは、経済的繁栄と気候保全の重みづけに関する理念（政策核心理念の規範的部分）を変えてはいないが、このようなプログラムや制度の導入は、新制度を維持することに利害関心を有する新たなアクターを出現させた。さらに既存の経済活動様式の問題点を明らかに

する、新たな外部要因の変動が起こり、人為的な温室効果ガスの排出が気候系に与える影響に関する新たな知見が積み重なれば、企業、各部門、そして個人が排出する温室効果ガスの排出量を制限するという理念の受容性が高まり、新たな政策核心理念の規範的部分も社会の中で制度化される。

第4段階—新たな政策理念の制度化とパラダイム転換

第1段階から第3段階の繰り返しを通じて、新たな政策核心理念の規範的部分が制度化の過程をたどり (Radaelli 1995; Hall 1993)、最終的には過去の社会的価値や規範に置き換わる (Radaelli 1995; Hall 1993; Jänicke and Weidner 1997b 参照)。気候エネルギー政策分野でいえば、経済的繁栄を伝統的かつ物質的豊かさを重視して追求する考え方が、経済的繁栄を多少犠牲にしてでも温室効果ガスの排出量を抑制する必要性を受容する考え方に取って代わられる。このプロセスが進行するのとあいまって、新たな世代、すなわち旧世代で浸透していたパラダイムとは異なるパラダイムを掲げる世代が、政治を担うようになり、パラダイムが転換する (Inglehart 1990 参照)。

上記のモデルでは、パラダイム転換が起こる過程を異なる段階に分けて説明した。しかし筆者はパラダイム転換が第1段階から第4段階まで順を踏んで起こると考えているわけではない。政策転換は通常、第1段階から第3段階までを行ったり来たりする。危機やショック、その他外部要因の変動が繰り返して起こらなければ、支配連合のメンバーが、その政策核心理念を変えることはなく、パラダイム転換には至らない。またプロセスが長期にわたって、第2あるいは第3段階で止まってしまうことも考えられる。さらに理念やパラダイムが社会に深く根差していれば、支配連合のメンバーは第1段階で理念の表層部分を調整することにさえ強い抵抗を示すことが予想される。

7.4. 将来の研究課題

最後に、実証および理論研究上の今後の課題に触れて本書を締めくくる。

本書で実施した、1980年代後半から2012年までの25年に及ぶ、日本とドイツの気候エネルギー政策転換の詳細な比較分析を通じて、気候エネルギー政策分野では、ドイツが日本よりも早期に、より多くの、より大規模な、そして

おそらくより進んだ段階の政策転換を経験したこと、またドイツと日本の気候エネルギー政策転換の差は重層的ガバナンスと定期的な政権交代という2つの要因によって説明されることが明らかになった。これら2つの要因は、2012年以降も変化し続けている。

　日本についていえば、重層的ガバナンスという要因として、気候変動問題に対処するための国際条約交渉の行き詰まりがあげられる。国際社会は2009年にコペンハーゲンで開催されたCOP15/CMP5で、気候変動問題を規律する2013年以降の国際枠組みに合意することを予定していた。しかし締約国はコペンハーゲンでは法的合意はおろか政治合意にも至らず、コペンハーゲンアコードに留意するにとどまった。その後2011年に開催されたダーバン会合で、気候変動問題を規律する2020年以降の国際枠組みに2015年に合意することを目指すという決定が採択された。このように気候変動問題を規律する新たな枠組みは2020年以降の期間を対象とするため、2013年から2020年までの期間については、京都議定書の第2約束期間として、参加する意思がある国はコペンハーゲンアコードで提出した数値目標を京都議定書の第2約束期間の目標値とすることを表明することを求められた。しかし日本は2010年12月10日に、京都議定書の第2約束期間には参加しないことを表明し、国際的に法的拘束力のある温室効果ガスの削減目標は負っていないため、国際気候政治の影響は減少した。

　次に政権交代という要因を見てみよう。日本は2012年末の衆議院議員選挙で、自民党が政権に返り咲いたため、2009年に続いて再度政権交代を経験した。2012年末に自民党が衆議院選挙で大勝した後、首相に返り咲いた安倍晋三は、民主党政権時に採択され、原子力発電所の2030年代廃止を盛り込んだ革新的エネルギー環境戦略をゼロベースで見直す方針を打ち出した。その結果、2014年4月に採択された新しいエネルギー基本計画では、政府は原子力エネルギーの利用についてさまざまな立場から表明された意見を「正面から真摯に受け止めなければならない。」（経済産業省 2014: 41）としながらも、「原子力の利用においては、原子力技術・人材を維持し、今後増加する廃炉を円滑に進めつつ、東京電力福島第1原子力発電所事故の発生を契機とした規制強化に対し迅速かつ最善の安全対策を講じ、地球温暖化対策やベースロード電源によ

る安定的な供給に貢献することが求められている。」(同上：43) としており、原子力エネルギーを利用する道を模索していることを窺わせた。またコペンハーゲンアコードの下で提出した温室効果ガス排出量の削減目標についても、福島原子力発電所事故の結果、原子力発電所が稼働していない状況が続いているため、電力供給における化石燃料への依存が高まり、2020年までに2005年水準から温室効果ガス排出量を25％削減するという目標が取り下げられ、2005年水準から3.8％削減する (1990年水準では3.1％増加) という目標に改められた。このように日本における2012年の政権交代の影響は、気候エネルギー政策を停滞させる方向で機能した。

　一方でドイツを含むEUは京都議定書第2約束期間への参加を表明し、EUとして温室効果ガスを2020年までに20％削減する目標を負った。国際気候変動交渉の停滞は、過去25年にわたる気候エネルギー政策形成過程において、国際交渉の影響に左右されるというよりは国際交渉を牽引する立場にあったドイツの政策転換にそれほど大きな影響を及ぼしていないように見える。ただし第5章のアクターの理念の分析では、経済的繁栄重視派の多くが、国際的な合意がない状況でEU単独で排出量取引制度を運用し続けることに疑問を感じていたため、国際交渉の停滞はこれらアクターの態度を硬化させるという間接的な悪影響をドイツの気候政策形成過程に及ぼす可能性がある。またEUの政策決定がドイツ政策形成に及ぼす影響については、2013年以降のEU排出量取引制度がEU全体で温室効果ガスを20％削減（この場合、ドイツは30％削減）する前提で排出上限を設定しているため、ドイツが40％削減目標を実現するには、民生・運輸・エネルギー転換部門での負担が重くなるという不公平を招いた。

　また政権交代については、ドイツは2013年に実施された連邦選挙の結果、キリスト教民主同盟・社会同盟と自由民主党の連立政権に代わってキリスト教民主同盟・社会同盟と社会民主党の大連立政権が成立するという変化を経験した。新しい政権には社会民主党が加わったため、気候エネルギー政策が推進されるかに思えたが、実際には社会民主党の党首で、連立政権で経済大臣を務めるジグマー・ガブリエル (Sigmar Gabriel) が、経済技術省下ですべてのエネルギー政策を統合的に扱うと決定したため、2002年に連邦環境・自然保護・原

子力安全省が獲得した再生可能エネルギーの所管は経済技術省に戻された。

このように2012年以降の日本とドイツの気候エネルギー政策の展開と、双方における重層的ガバナンス、政権交代という要因の変化を見ていくと、政策転換と2つの要因の関係はそれほど単純なものではないことがわかる。さらに日本の2020年の温室効果ガス数値削減目標の見直しが政権交代に起因するのか、それとも福島原子力発電所事故という危機に起因するのか、特定することは難しい。重層的ガバナンス、政権交代、そして危機といった要因がどのように政策転換を引き起こすのか、異なる国における気候エネルギー政策転換のタイプとレベルを決定する要因について理解を深めるために、今後も日本とドイツの気候エネルギー政策転換の比較実証研究を継続する。

また理念は政策転換においてどのような役割を果たすのか、パラダイム転換はどのようにして起こるのかという本書の理論研究上の問いへの答えを模索する試みとして、この7章では、パラダイム転換は通常漸進的に長い期間をかけて起こり、それは3つの異なるタイプとレベルの政策転換の組合せによる4つの段階に分けて起こるという仮説モデルを提示した。このモデルは、本書の前身である英文出版本（Watanabe 2011）で、日本とドイツの1980年代後半から2005年までの気候エネルギー政策転換の分析と2006・2007年に実施した第1回聞取り調査に基づいて構築したものである。本書では、気候エネルギー政策転換の分析対象期間を2012年まで延長し、さらに2012・2013年に実施した聞取り調査に基づいて、モデルを見直した。しかし依然として、日本はもとよりドイツがパラダイム転換モデルの第3段階、すなわち経済的繁栄重視派が経済的繁栄と気候保全の重みづけに関する考えを変える段階に入っていると結論づけられるような事実は見つからなかった。本書で提示したモデルの有効性を確認し、精緻化するために、今後も日本とドイツの気候エネルギー政策に深く関与しているアクターに定期的に聞取り調査を実施する。

最後に本書の第5章では、経済的繁栄重視派のメンバーは政策核心理念をなかなか変えないという結論が導かれたが、筆者は彼らが気候エネルギー問題に対処することに単純に抵抗していると考えているわけではない。経済的繁栄重視派のメンバー、特に産業界のアクターは経済的繁栄の追求を犠牲にすることなく、気候保全を実現する新たな技術の開発に励んでおり、気候変動問題を解

決する鍵を握っているのは産業界のアクターだといっても過言ではない。本書の第5章で示した2012・2013年の聞取り調査結果で明らかになったように、日本、ドイツともにいずれのグループに属するアクターも技術の役割を重視している。技術進歩は、一般市民が大きな犠牲を払うことなくライフスタイルや行動パターンを変えることを可能にするため、産業エネルギー部門だけではなく、民生・運輸部門での排出削減を実現する上で重要な役割を果たす。しかし多くのアクターは、それでもなお技術だけで気候変動問題を解決することは難しく、技術普及や開発を後押しする制度、そして国民の意識の変化が必要だと主張した。本書で提示したパラダイム転換の仮説モデルをさらに精緻化するには、理念変化と技術、制度の相互関係を明らかにしていく必要がある。

参照文献

著書・論文

Agrawala, S. (1999) 'Early science-policy interactions in climate change: lessons from the Advisory Group on Greenhouse Gases', *Global Environmental Change*, 9: 157-169.

秋吉貴雄（2000）「公共政策決定過程分析フレームの再構築に関する考察：政策科学の視覚から」熊本法学 98 号, 25-65.

―― (2007)『公共政策の変容と政策科学』有斐閣.

秋月謙吾（1992）「利益・制度・イデオロギー」法学論叢 131 巻 2 号, 1-30.

Asayama, T. and Ishii, A. (2011) Reconstruction of the boundary between climate science and politics: The IPCC in 2007 the Japanese mass media, 1988 - 2007, *Public Understanding of Science*, published online 3 August 2012, DOI: 10.1177/0963662512450989.

Axelrod, R. (1976a) 'The Cognitive Mapping Approach to Decision Making', in R. Axelrod (ed.) *Structure of Decision*, Princeton: Princeton University Press.

―― (1976b) 'Decision for Neo-imperialism: The Deliberations of the British Eastern Committee in 1918', in R. Axelrod (ed.) *Structure of Decision*, Princeton: Princeton University Press.

Bache, I. and Flinders, M. (2005) *Multi-level Governance*, Oxford: Oxford University Press.

Bang, G. (2000) *'Climate change policymaking: Three explanatory models'*, CICERO Working Paper 2000:6, ISSN: 0804-452X.

Baumgartner, F.R. and Jones, B.D. (1993) *Agendas and Instability in American Politics*, Chicago: University of Chicago Press.

――, and Leech, B.L. (1998) *Basic Interests: The Importance of Groups in Politics and in Political Science*, Princeton: Princeton University Press.

Bennett, C.J., and Howlett, M. (1992) 'The lessons of learning: Reconciling theories of policy learning and policy change', *Policy Sciences*, 25: 275-294.

Betsill, M. and Bulkeley, H. (2006) Cities and the Multilevel Governance of Global Climate Change, *Global Governance*, 12 (2), 141-59.

Beuermann, C. and Jäger, J. (1996) 'Climate Change Politics in Germany. How long will any double dividend last?', in T. O'Riordan and J. Jaeger (eds.) *Politics of Climate Change. A European Perspective*, London: Routledge.

Beyme, K. von. (1985) 'Policy-making in the Federal Republic of Germany: a systemic introduction', in K. von Beyme and M. G. Schmidt (eds.) *Policy and Politics in the Federal Republic of Germany*, New York: St. Martin's Press, Inc.

Birkland, T. (1997) *After Disaster: Agenda Setting, Public Policy, and Focusing Events*, Washington D.C.: Georgetown University Press.

―― (2006) *Lessons of Disaster, Policy change after Catastrophic Events*, Washingon D.C.: Georgetown University Press.

Bodansky, D. (1993) 'The United Nations Framework Convention on Climate Change: A Commentary', *Yale Journal of International Law*, 18.

Böhmer-Christiansen, S. and Skea, J. (1991) *Acid Politics*, London: Belhaven Press.

Bonham, G. M. and Shapiro, M. (1976) 'Explanation of the Unexpected: The Syrian Intervention in Jordan in 1970', in R. Axelrod (ed.) *Structure of Decision*, Princeton: Princeton University Press.

Börzel, T. A. (2005) 'Pace-setting, Foot-dragging and Fence-sitting: Member State Responses to Europeanization', in A. Jordan (ed.) *Environmental Policy in the European Union. Actors, Institutions & Processes*, 2nd edn, London: Earthscan.

Buttermann, H. and Hillebrand, B. (2000) '*Untersuchungen des Rheinisch-Westfälischen Instituts für Wirtschaftsforschung. Heft 40. Die Klimaschutzerklärung der deutschen Industrie vom März 1996 - eine abschliessende Bilanz, Monitoring-Bericht 2000'*, Essen: RWI.

Campbell, J. (2002) "Ideas, politics and public policy," *American Review of Sociology*, 28: 21-38.

Castles, F. (1998) *Comparative Public Policy: Patterns of Post-War Transformation*, Cheltenham: Edward Elgar.

Cater, D. (1964) *Power in Washington: A Critical Look at Today's Struggle in the Nation's Capital*, New York: Random House.

Catton, Jr. W. R. (1980) *Overshoot: The Ecological Basis of Revolutionary Change*, Urbana: University of Illinois Press.

Cavender, J. and Jäger, J. (1993) 'The History of Germany's Response to Climate Change', *International Environmental Affairs*, 5 (1): 3-18.

Christiansen, A.C. and Wettestad, J. (2003) 'The EU as a frontrunner on greenhouse gas emissions trading: how did it happen and will the EU succeed?,' *Climate Policy*, 1: 3-18.

Cobb, R. and Elder, C.D. (1972) *Participation in American Politics: The Dynamics of Agenda-Building*, Boston: Allyn and Bacon.

—— , Ross, J. and Ross. H. (1976) 'Agenda Building as a Comparative Political Process', *American Political Science Review*, 70(1): 126-138.

Collier, U. (1996) 'The European Union's climate change policy: limiting emissions or limiting powers?', *Journal of European Public Policy*, 3(1): 122-138.

—— (1997) 'Developing responses to the climate change issue in the EU: the role of subsidiarity and shared responsibility', in U. Collier, J. Golub, and A. Kreher (eds.) *Subsidiarity and Shared Responsibility. New Challenges for EU Environmental Policy*, Baden-Baden: Nomos Verlagsgesellschaft.

—— (1998) 'The Environmental Dimensions of Deregulation. An Introduction', in: U. Collier (ed.) *Deregulation in the European Union, Environmental Perspectives*, London: Routledge.

deHaven-Smith, L. and Van Horn, C. (1984) 'Subgovernment Conflict in Public Policy', *Policy Studies Journal*, 12(4): 627-642.

deLeon, P. (1988) *Advice and Consent, The Development of the Policy Sciences*, New York: Russel Sage Foundation.

Deutsch, K. W. (1987) 'Prologue: achievements and challenges in 2000 years of comparative research', in M. Dierkes, H.N. Weiler and A.B. Antal (eds.) *Comparative Policy Research. Learning from Experience*, Aldershot: Gower Publishing Company Limited.

Diekmann, J. and Kemfert, C. (2005) 'Erneuerbare Energien: Weitere Förderung aus Klimaschutzgründen unverzichtbar', *DIW Wochenbericht*, No. 29 /2005. Berlin: DIW.

Dunlap, R. and Van Liere, K.D. (1984) 'Commitment to the Dominant Social Paradigm and Concern for Environmental Quality', *Social Science Quarterly*, 65: 1013-1028.

枝野幸男（2012）『叩かれても言わねばならないこと。「脱近代化」と「負の再分配」』東洋経済新報社.

Edwards, P. and Schneider, S.H. (1997) 'The 1995 IPCC Report: Broad Consensus or "Scientific Cleansing"?' *Ecofable/Ecoscience*: 3-9.

Eisgruber, J., Franz, P., Jacob, K. and Tidow, S. (2008) *Die Dritte Industrielle Revolution-Aufbruch in*

参照文献 347

ein Ökologisches Jahrhundert. Dimensionen und Herausforderungen des industriellen und gesellschaftlichen Wandels, Berlin: Bundesministerium für Umwelt, Naturschutz und Reaktorsicherheit (BMU).

den Elzen, M. and Höhne, N. (2008) 'Reduction of Greenhouse Gas Emissions in Annex I and Non - Annex I Countries for Meeting Concentration Stabilisation Targets', *Climate Change*, 2008 (91): 249-74.

Etheredge, L. and Short, J. (1983) 'Thinking about Government', *Journal of Management Studies*, 20 (1): 41-58.

European Environmental Agency (EEA). (1997) *Environmental Agreements – Environmental Effectiveness. Summary*, Copenhagen: European Environment Agency.

Fisher, D. (2004) *National Governance and the Global Climate Change Regime*, Lanham: Rowman & Littlefield Publishers, Inc.

Franz, P., Mayer, F. and Tidow, S. (2008) *Ökologische Industriepolitik. Nachhaltige Politik für Innovation, Wachstum und Beschäftigung*, Berlin: Bundesministerium für Umwelt, Naturschutz und Reaktorsicherheit (BMU).

George C. Marshall Institute (2001) *Climate Science and Policy: Making the Connection*, Washington, D.C.: George C. Marshall Institute.

Giddens, A. (1998) *The Third Way. The Renewal of Social Democracy*, Cambridge: Polity Press.

Goldstein, J. and Keohane, R.O. (1993) 'Ideas and Foreign Policy: An Analytical Framework', in J. Goldstein and R. O. Keohane (eds.) *Ideas & Foreign policy: Beliefs, Institutions, and Political change*, New York: Cornell University Press.

Grant, W., Duncan, M. and Newell, P. (2000) *The Effectiveness of European Union Environmental Policy*, London: Macmillan Press Ltd.

Grubb, M. with Vrolijk, C. and Brack, D. (1999) *The Kyoto Protocol. A Guide and Assessment*, London: Royal Institute of International Affairs.

Hall, P. (1989) *The Political Power of Economic Ideas, Keynesianism across Nations*, Princeton: Princeton University Press.

—— (1990) 'Policy Paradigms, Experts, and the State: The Case of Macroeconomic Policy-Making in Britain', in S. Brooks and A. Gagnon (eds.) *Social scientists, policy, and the state*, New York: Praeger Publishers.

—— (1993) 'Policy Paradigms, Social Learning and the State: The Case of Economic Policy Making in Britain', *Comparative Politics*, 25(3): 275-296.

—— (1997) 'The Role of Interests, Institutions and Ideas in the Comparative Political Economy of Industrialized Nations', in M. Lichbach and A. Zuckerman (eds.) *Comparative Politics: Rationality, Culture and Structure*, Cambridge: Cambridge University Press.

Hann, A. (1995) 'Sharpening up Sabatier: Belief Systems and Public Policy', *Political Studies Association*, 19-26.

Harrison, K. and Sundstrom, L.M. (eds.) (2010) *Global Commons, Domestic Decisions, The Comparative Politics of Climate Change*, Cambridge (Mass.): The MIT Press.

浜中裕徳（編著）（2006）『京都議定書をめぐる国際交渉：COP3 以降の交渉経緯（改訂増補版）』慶應義塾大学出版会.

浜本光紹（2008）『排出権取引制度の政治経済学』有斐閣.

—— （2009）「地方自治体の地球温暖化対策と排出量取引」獨協大学環境共生研究所紀要「環境共生研究」2 号：13-19.

服部崇（1999）「京都議定書の実施体制に関する課題と展望：地球温暖化対策推進本部の設置から地

球温暖化対策推進大綱の策定まで」環境経済政策学会(編)『地球温暖化への挑戦』環境経済政策学会年報4号.
Hayes, M. (2001) *The Limits of Policy Change: Incrementalism, Worldview, and the Rule of Law*, Washington, D.C.: Georgetown University Press.
Heclo, H. (1974) *Modern Social Politics in Britain and Sweden*, New Haven and London: Yale University Press.
—— (1978) 'Issue Networks and the Executive Establishment', in A. King (ed.), *The New American Political System*, Washington, D.C.: American Enterprise Institute for Public Policy Research.
—— (1994) 'Ideas, Interests and Institutions', in L.C. Dodd and C. Jillson (eds.), *The Dynamics of American Politics: Approaches and Interpretations*, San Franscisco: Westview.
Heidenheimer, A., Heclo, H. and Adams, C.T. (1990) *Comparative Public Policy. The Politics of Social Choice in America, Europe, and Japan*, 3rd edn, St. New York: St. Martin's Press.
Heintz, J., Laumann, E., Salisbury, R., and Nelson, R. (1990) 'Inner Circles or Hollow Cores', *Journal of Politics*, 52 (2): 356-390.
Heritier, A., Knill, C. and Mingers, S. (1996) *Ringing the Changes in Europe: Regulatory Competition and the Transformation of the State, Britain, France, Germany*, Berlin/New York: Walter de Gruyter Inc.
Hjern, B. and Hull, C. (1982) 'Implementation Research as Empirical Constitutionalism', *European Journal of Political Research*, 10: 105-115.
Hogwood, B. and Gunn, L. (1984) *Policy Analysis for the Real World*, New York: Oxford University Press.
本田宏(2005)『脱原子力の運動と政治:日本のエネルギー政策の転換は可能か』北海道大学図書刊行会.
Hooghe, L. and Marks, G. (2001) *Multi-Level Governance and European Integration*, Lanham: Rowman & Littlefield Publishers, Inc.
細野豪志・鳥越俊太郎(2012)『証言 細野豪志:「原発危機500日」の真実に鳥越俊太郎が迫る』講談社.
Howlett, M. (1993) 'Post-Keynesianism in Canada in the 1990s: An Emerging Paradigm or a Hopeless Muddle?', *The American Review of Canadian Studies*, 01/1993; 23: 539-64.
——, and Ramesh, M. (2003) *Studying Public Policy. Policy Cycles and Policy Subsystems*, Ontario: Oxford University Press.
飯尾潤(2004)「日本における二つの政府と政官関係」レヴァイアサン34号:7-19.
—— (2007)『日本の統治構造:官僚内閣制から議院内閣制へ』中央公論社.
Imura, H. (2005) 'Environmental Policy Instruments', in H. Imura and M. A. Schreurs (eds.) *Environmental Policy in Japan*, Cheltenham (UK) and Northampton (USA): Edward Elgar.
——, and Watanabe, R. (2002) 'Voluntary Approaches: Two Japanese cases, Pollution Control Agreements in Yokohama City and Kitakyushu City', ENV/EPOC/WPNEP (2002) 12, Paris: OECD.
Inglehart, R. (1990) *Culture Shift in advanced industrial society*, Princeton: Princeton University Press.
猪口孝(1983)『現代日本政治経済の構図』東洋経済新報社.
——・岩井泰正(1987)『族議員の研究』日本経済新聞出版社.
Jachtenfuchs, M. (1996) *International Policy-Making as a Learning Process? The European Union and the Greenhouse Effect*, Aldershot: Ashgate Publishing Ltd.
Jänicke, M. (1990) *State Failure. The impotence of politics in industrial society;* translated by Alan Braley, Cambridge: Polity Press.
—— (2006) 'Ecological modernisation: New Perspectives', in M. Jänicke and K. Jacob (eds.) *Environ-

mental Governance in Global Perspective, New Approaches to Ecological and Political Modernisation, Berlin: Freie Universität Berlin.
—— (2011) 'German climate change policy: Political and economic leadership', in R.K.W. Wurzel and J. Connelly (eds.) *The European Union as a Leader in International Climate Change Politics*, Oxford: Routledge.
——, and Weidner, H. (1997a). 'Germany', in M. Jänicke and H. Weidner (eds.) *National Environmental Policies: A Comparative study of Capacity-Building*, Berlin, Dordrecht: Springer Verlag.
—— (1997b) 'Summary', in M. Jänicke and H. Weidner (eds.) *National Environmental Policies: A Comparative study of Capacity-Building*, Berlin, Dordrecht: Springer Verlag.
——, and Jörgens, H. (2006) 'New Approaches to Environmental Governance', in M. Jänicke and K. Jacob (eds.) *Environmental Governance in Global Perspective, New Approaches to Ecological and Political Modernisation*, Berlin: Freie Universität Berlin.
Jenkins, W. I. (1978) *Policy Analysis: A Political and Organisational Perspective*, London: Martin Robertson.
Jenkins-Smith, H.C. and St. Clair, G. (1993) 'The Politics of Offshore Energy: Empirically Testing the Advocacy Coalition Framework', in P. Sabatier and H. Jenkins-Smith (eds.) *Policy Change and Learning: An Advocacy Coalition Approach*, Boulder: Westview Press.
——, St. Clair, G. and Woods, B. (1991) 'Explaining Change in Policy Subsystems: Analysis of Coalition Stability and Defection over Time', *American Journal of Political Science*, 35 (4): 851-880.
——, and Sabatier, P. (1993a) 'The Study of Public Policy Processes', in P. Sabatier and H.C. Jenkins-Smith (eds.) *Policy Change and Learning: An Advocacy Coalition Approach*, Boulder: Westview Press.
—— (1993b). 'The Dynamics of Policy-Oriented Learning', in P. Sabatier and H.C. Jenkins-Smith (eds.) *Policy Change and Learning: An Advocacy Coalition Approach*, Boulder: Westview Press.
Jones, C.O. (1970) *An Introduction to the Study of Public Policy*, 3rd edn, Belmont, Calif: Wadsworth.
Jordan, A., Wurzel, R. and Zito, A. (2003) 'New Environmental Policy Instruments: An Evolution or a Revolution in Environmental Policy?', in A. Jordan, R. Wurzel and A. Zito (eds.) *New Instruments of Environmental Governance? National Experiences and Prospects*, London/Portland: Frank Cass.
——, and Brückner, L. (2005) 'European Governance and the Transfer of "New" Environmental Policy Instruments (NEPIs) in the European Union', in A. Jordan (ed.) *Environmental Policy in the European Union. Actors, Institutions & Processes*, 2nd edn, London: Earthscan.
開沼博（2011）『「フクシマ」論　原子力ムラはなぜ生まれたのか』青土社.
亀山康子（Kameyama, Y.）(2008) The "beyond 2012" debate in Japan, in Y. Kameyama, A.S. Sari, H.S. Moekti and N. Kanie (eds.) *Climate Change in Asia: Perspectives on the Future Climate Regime*, Tokyo: United Nations University Press.
——・高村ゆかり（2011）『気候変動と国際協調：京都議定書と多国間協調の行方』慈学社出版.
菅直人（2012）『東電福島原発事故　総理大臣として考えたこと』幻冬舎新書.
金井利之（2007）『自治制度』東京大学出版会.
加藤淳子（1997）『税制改革と官僚制』東京大学出版会.
Katzenstein, P. (1987) *Policy and Politics in West Germany*, Philadelphia: Temple University Press.
—— (1996) *Cultural Norms and National Security, Police and Military in Postwar Japan*, Ithaca and London: Cornell University Press.
川島康子（Kawashima, Y.）(1994)「地球環境問題における政策決定過程の日米比較分析」計画行政 17 (3): 64-78.
—— (1997) 'A Comparative Analysis of the Decision-making Processes of Developed Countries toward

CO_2 Emissions Reduction Targets', *International Environmental Affairs*, 9 (2): 95-126.
木寺元（2012）『地方分権改革の政治学：制度・アイディア・官僚制』有斐閣.
Kingdon, J. (1995) *Agendas, Alternatives, and Public Policies*, 2nd edn, Addison-Wesley Educational Publishers Inc.
Knöpfel, P., Lundqvist, L., Prud'homme, R. and Wagner. P. (1987) 'Comparing Environmental Policies: Different Styles, Similar Content', in M. Dierkes, H. Weiler and A. Antal (eds.) *Comparative Policy Research. Learning from Experience*, Aldershot: Gower Publishing Company Limited.
河野勝（2002）「第6章　新しい比較政治学への序奏」河野勝・岩崎正洋編著『アクセス比較政治学』日本経済評論社：111-127.
Kübler, D. (2001) 'Understanding policy change with the advocacy coalition framework: an application to Swiss drug policy', *Journal of European Public Policy*, 8 (4) 1: 623-641.
久保はるか（2011）「地球温暖化対策の中期目標決定過程における専門的知識の活用」季刊環境研究161号：201-28.
Kuhn, T. (1962) *The Structure of Scientific Revolutions*, Chicago: The University of Chicago Press.
Lasswell, H. (1956) *The Decision Process*, College Park: University of Maryland Press.
Lefevere, J. (2004) 'Greenhouse Gas Emission Allowance Trading in the EU: A Background', in H. Somsen (ed.) *The Yearbook of European Environmental Law*, 3, Oxford: Oxford University Press.
Liefferink, D. and Andersen, M. S. (2005) 'Strategies of the "Green" Member States in EU Environmental Policy-making', in A. Jordan (ed.) *Environmental Policy in the European Union. Actors, Institutions & Processes*, 2nd edn, London: Earthscan.
――, and Enevoldsen, M. (2000) 'Interpreting Joint Environmental Policy-making: between Deregulation and Political Modernization', in A.P.J. Mol, V. Lauber and D. Liefferink (ed.) *The Voluntary Approach to Environmental Policy, Joint Environmental Approach to Environmental Policy-making in Europe*, Oxford: Oxford University Press.
――, Lowe, P. and Mol. A.P.J. (1993), 'The Environment and the European Community: The Analysis of Political Integration', in D. Liefferink and A.P.J. Mol (eds.) *European Integration and Environmental Policy*, London and New York: Belhaven Press.
Lindblom, C. E. and Woodhouse, E. J. (1993) *The Policy-making Process*, 3rd edn, New Jersey: Prentice-Hall, Inc.
Lomborg, B. (2001) *The Sceptical Environmentalist: Measuring the Real State of the World*, Cambridge: Cambridge University Press.
Loske, R. (1997) *Klimapolitik, Im Spannungsfeld von Kurzzeitinteressen und Langzeiterfordernissen*, Marburg: Metropolis Verlag.
真渕勝（1987）「アメリカ政治学における制度論の復活」思想11月号：126-154.
――（1991）「新しい制度の展望」阪大法学40巻3-4号：949-967.
牧原出（2009）『行政改革と調整のシステム』東京大学出版会.
March, J. and Olsen, J. (1998) 'The Institutional dynamics of international political orders', *International Organization*, 48 (2): 943-969.
Matsuno, Y. (2005) 'Local Government, Industry and Pollution Control Agreement', in H. Imura and M. A. Schreurs (eds.), Cheltenham: Edward Elgar Publishing Limited.
Matthes, F., Graichen, V. and Reppening, J. (2005) 'The environmental effectiveness and economic efficiency of the European Union Emissions Trading Scheme. Structural aspect of allocation, A report to WWF', November 2005, Online. Available HTTP: http://www.wwf.de/imperia/md/content/klima/2005_11_08_full_final_koinstitut.pdf (accessed on 24 October 2010).
Mazmanian, D. and Sabatier, P. (1989) *Implementation and Public Policy*, Lanham, MD: University

Press of America.
Mazey, S. and Richardson, J. (2006) 'Interest Groups and EU policy-making. Organisational Logic and Venue Shopping', in J. Richardson (ed.) *European Union. Power and Policy-Making*, New York: Routledge.
Meijerink, A. (2005) 'Understanding policy stability and change. The interplay of advocacy coalitions and epistemic communities, windows of opportunity, and Dutch coastal flooding policy 1945-2003', *Journal of European Public Policy*, 12(6): 1060-1077.
Mendonca, M. (2009) *Feed-In Tariffs. Accelerating the Deployment of Renewable Energy*, London: Earthscan.
Mez, L. (1997) 'Klimaschutzpolitik als CO_2-Minderungspolitik. Dänemark und Deutschland im nationalen Alleingang', in: L. Mez and M. Jänicke (ed.) *Sektorale Umweltpolitik, Analysen im Industrieländervergleich*, Berlin: Edition Sigma.
―― (2006) 'Ecological Tax Reform-An environmental policy innovation in an international comparison', in M. Jänicke and J. Klaus (eds.) *Environmental Governance in Global Perspective, New Approaches to Ecological and Political Modernisation*.
――, and H. Weidner (2008) 'German Climate Change Policy: A Success Story With Some Flaws', *The Journal of Environment and Development*, December 2008, 17(4): 356-378.
Mintrom, M. (1997) 'Policy Entrepreneurs and the Diffusion of Innovation', *American Journal of Political Science*, 41 (3): 738-770.
―― (2000) *Policy Entrepreneurs and School Choice*, Washington, D.C.: Georgetown University Press.
――, and Norman, P. (2009) 'Policy Entrepreneurship and Policy Change', *Policy Studies Journal*, 37(4): 649-667.
――, and Vergari, S. (1996) 'Advocacy Coalitions, Policy Entrepreneurs, and Policy Change', *Policy Studies Journal*, 24 (3): 420-434.
宮川公男(1990)『政策科学入門』東洋経済新報社.
――(1999)『政策科学の新展開』東京大学出版会.
Mol, A.P.J., Liefferink, D. and Lauber, V. (2000) 'Introduction', in A.P.J. Mol, V. Lauber and D. Lieferink (eds.) *The Voluntary Approach to Environmental Policy, Joint Environmental Approach to Environmental Policy-making in Europe*, Oxford: Oxford University Press.
諸富徹(2000)『環境税の理論と実際』有斐閣.
――(編著)(2009)『環境政策のポリシー・ミックス』ミネルヴァ書房.
――・山岸尚之(編)(2010)『脱炭素社会とポリシーミックス:排出量取引制度とそれを補完する政策手段の提案』日本評論社.
Müller, E. (1990) 'Unweltreparatur oder Umweltvorsorge? Bewältigung von Querschnittsaufgaben der Verwaltung am Beispiel des Umweltschutzes', *Zeitschrift für Beamtenrecht*, 6: 165-174.
―― (1998) 'Differences in Climate Change Policy in Germany and the United States from a Political Science Perspective', *Energy and Environment*, 9 (4): 463-477.
Nakamura, R. (1987) 'The Textbook Process and Implementation Research', *Policy Studies Review*, 7(1): 142-154.
中野実(1992)『現代日本の政策過程』東京大学出版会.
New Hope Environmental Services (2000) *State of the Climate Report: Essays on Global Climate Change*, Arlington: Greening Earth Society.
Nielson, K., Jessop, B. and Hausner, J. (1995) 'Institutional Change in Post-socialism', in J. Hausner, B. Jessop and K. Nielsen (eds.) *Strategic Choice and Path-Dependency in Post-socialism: Institutional Dynamics in the Transformation Process*, Hants, UK: Edward Elgar.

西尾勝(1993)『行政学』有斐閣.
――・村松岐夫(編)(1994)『講座行政学 第1巻 行政の発展』有斐閣.
Nohrstedt, D. (2005) 'External shocks and policy change: Three Mile Island and Swedish nuclear energy policy', *Journal of European Public Policy*, 12(6): 1041-1059.
―― (2007) 'Crisis and Policy Reformcraft: The Advocacy Coalition Framework and Swedish Nuclear Energy Policy', PhD dissertation, Uppsala University.
―― (2008) 'The Politics of Crisis Policymaking: Chernobyl and Swedish Nuclear Energy Policy', *Policy Studies Journal*, 36 (2): 257-78.
Oberthür, S. and Ott, H. (1999) *The Kyoto Protocol*, Berlin: Springer Verlag.
O'Connor, J. (1991) 'On the Two Contradictions of Capitalism', *Capitalism, Nature, Socialism*, 2: 107-109.
大島堅一(2010)『再生可能エネルギーの政治経済学:エネルギー政策のグリーン改革に向けて』東洋経済新報社.
太田宏(2003)「第2章 環境と開発のガバナンスの理論的視座」太田宏・毛利勝彦(編著)『持続可能な地球環境を未来へ:リオからヨハネスブルグまで』大学教育出版:33-58.
大嶽秀夫(1990)『政策過程』東京大学出版会.
――(1994)『戦後政治と政治学』東京大学出版会.
大矢根聡(2005)「コンストラクティヴィズムの視座と分析:規範の衝突・調整の実証分析へ(規範と国際政治理論)」国際政治143号:124-40.
――(2013)『コンストラクティビズムの国際関係論』有斐閣.
岡俊明・吉村英俊(2012)「日本におけるRPS制度の導入とその成果に関する検討」都市政策研究所紀要第6号:1-16.
Okimoto, D. (1989) *Between MITI and the Market. Japanese Industrial Policy for High Technology*, Stanford: Stanford University Press.
Öko-Institut (1998) *New Instruments for Sustainability - The New Contribution of Voluntary Agreements to Environmental Policy, Summary Final Report*, April 98, Darmstadt: Öko-Institut.
O'Neill, M. (1997) *Green Parties and Political Change in Contemporary Europe*, Aldershot: Ashgate.
小野一(2013)「『政策過程』としての脱原発問題:シュレーダー赤緑連立政権からメルケル中道保守政権まで」若尾祐司・本田宏(編)『反核から脱原発へ:ドイツとヨーロッパ諸国の選択』昭和堂:56-104.
Organization of Economic Co-operation and Development (OECD). (1999) *Voluntary Approaches for Environmental Policy. An Assessment*, Paris: OECD.
Ostrom, E. (1990) *Governing the commons: The evolution of institutions for collective action*, Cambridge: Cambridge University Press.
―― (1999). 'Institutional Rational Choice. An Assessment of the Institutional Analysis and Development Framework', in: P. Sabatier (ed.) *Theories of the Policy Process*, Boulder: Westview Press.
Ott, H. (2001) 'Climate Change: an important foreign policy issue', *International Affairs*, 77(2): 277-296.
――, Watanabe, R. Holl, K. and Mersmann, F. (2007) 'Documentation of the Second German-Japanese Workshop on Economic Instruments for Climate Protection organised by the German and Japanese Ministries for the Environment, IGES and the Wuppertal Institute of Climate, Environment and Energy', 31 January/1 February 2007, Wuppertal: Wuppertal Institut für Klima, Umwelt, und Energie.
Peffley, M. and Hurwitz, J. (1985) 'A Hierarchical Model of Attitude Constraint', *American Journal of Political Science*, 29: 871-890.

Polsby, N. (1984) *Political Innovation in America. The Politics of Policy Initiation*, New Haven and London: Yale University Press.
Pressmann, J. and Wildavsky, A. (1984) *Implementation*, Berkeley: University of California Press.
Putnam, R. (1988) 'Diplomacy and Domestic Politics: The Logic of Two-Level Games', *International Organizations*, 42: 427-60.
Radaelli, C. (1995) 'The role of knowledge in the policy process', *Journal of European Public Policy*, 2(2): 159-83.
Reiche, D. and Krebs, C. (1999) *Der Einstieg in die Ökologische Steuerreform. Aufstieg, Restriktionen und Durchsetzung eines umweltpolitischen Themas*, Frankfurt am Main: Peter Lang.
Rhodes, R. A. W. (1984) 'Power-Dependence, Policy Communities and Intergovernmental Networks', *Public Administration Bulletin*, 49: 4-31.
Richardson, J., Gustafsson, G. and Jordan, G. (1982) 'The Concept of Policy Style', in J. Richardson (ed.) *Policy Styles in Western Europe*, London: George Allen and Unwin.
——, and Jordan, G. (1979) *Governing Under Pressure: The Policy Process in a Post-Parliamentary Democracy*, Oxford: Martin Robertson & Company Ltd.
Roberts, N. and King, P. (1991) 'Policy Entrepreneurs: Their Activity Structure and Function in the Policy Process', *Journal of Public Administration Research and Theory*, 1(2): 147-175.
Rose, R. (1973) 'Comparing public policy: An Overview', *European Journal of Political Research*, 1: 67-94.
—— (1991) 'What is Lesson-Drawing?', *Journal of Public Policy*, 11(1): 3-30.
Sabatier, P. (1986) 'Top-Down and Bottom-Up Approaches to Implementation Research: a Critical Analysis and Suggested Synthesis', *Journal of Public Policy*, 6(1): 21-48.
—— (1987) 'Knowledge, Policy-Oriented Learning, and Policy Change', *Knowledge*, 8 (June): 21-48.
——, and Brasher, A. (1993) 'From Vague Consensus to Clearly Differentiated Coalitions: Environmental Policy at Lake Tahoe, 1964-1985', in P. Sabatier and H. C. Jenkins-Smith (eds.) *Policy Change and Learning: An Advocacy Coalition Approach*, Boulder: Westview Press.
——, and Jenkins-Smith, H.C. (1993) 'The Advocacy Coalition Framework: Assessment, Revisions, and Implications for Scholars and Practitioners', in P. Sabatier and H.C. Jenkins-Smith (eds.) *Policy Change and Learning: An Advocacy Coalition Approach*, Boulder: Westview Press.
—— (1999) 'The Advocacy Coalition Framework: An Assessment', in P. Sabatier (ed.) *Theories of the Policy Process*, Boulder: Westview Press.
——, and Hunter, S. (1988) 'The Incorporations of Causal Perceptions into Models of Elite Belief Systems', *Western Political Quarterly*, 4(3): 229-261.
——, and Weible, C. (2007) 'The Advocacy Coalition Framework: Innovations and Clarifications,' in P. Sabatier (ed.) *Theories of the Policy Process*, Boulder: Westview Press.
西條辰義（編著）（2006）『地球温暖化対策：排出権取引の制度設計』日本経済新聞出版社.
Sato, H. (1999) 'The Advocacy Coalition Framework and the Policy Process Analysis: The Case of Smoking Control in Japan', *Policy Studies Journal*, 27(1): 28-44.
佐藤誠三郎・松崎哲久（1986）『自民党政権』中央公論社.
澤昭正・菊川啓五（2004）「京都議定書批准と国内対策をめぐるゲーム」澤昭正・関総一郎（編）『地球温暖化問題の再検証：ポスト京都議定書の交渉にどう臨むか』東洋経済新報社.
Schlager, E. (1995) 'Policy making and collective action: Defining coalitions within the advocacy coalition framework', *Policy Sciences*, 28: 243-270.
Schleich, J., Eichhammer, W., Böde, U., Gagelmann, F., Jochem, E., Schlomann, E. and Ziesing, H. (2001) 'Greenhouse gas reductions in Germany - lucky strike or hard work?', *Climate Policy*, 1(3):

363-380.
Schnaiberg, A. and Gould, K. (1994) 'Environment and Society. The Enduring Conflict', New York: St. Martin's Press.
Schreurs, M.A. (1997). 'Domestic institutions and international environmental agendas in Japan and Germany', in M.A. Schreurs and E.C. Economy (eds.) *The Internationalization of Environmental Protection*, Cambridge: Cambridge University Press.
—— (2002) *Environmental Politics in Japan, Germany, and the United States*, Cambridge: Cambridge University Press.
——, and Yoshida, F. (2013) *FUKUSHIMA: A Political Economic Analysis of a Nuclear Disaster*, Sapporo: Hokkaido University Press.
Schröder, H. (2001) *Negotiating the Kyoto Protocol: An Analysis of Negotiation Dynamics in International Negotiations*, Münster: LIT Publisher.
仙石由人（2013）『エネルギー・原子力大転換：電力会社、官僚、反原発派との交渉秘録』講談社.
Sewell, W. (1996) 'Three Temporalities: Toward an Eventful Sociology', in T. I. McDonald (ed.) *The Historic Turn in the Human Sciences*, Ann Arbor, MI: University of Michigan Press.
Sewell, G. (2005) 'Actors, Coalitions and the Framework Convention on Climate Change', PhD Dissertation, Cambridge (Mass.): Massachusetts Institute of Technology.
城山英明・大串和雄（2008）『政策革新の理論』東京大学出版会.
Skjærseth, J. B. and Wettestad, J. (2008) *EU Emissions Trading: Initiation, Decision-making and Implementation*, Surrey: Ashgate.
下村健一（2013）『首相官邸で働いて初めてわかったこと』朝日新書.
Slingenberg, Y. (2006) 'Chapter 2. International climate policy developments of the 1990s: The UNFCCC, the Kyoto protocol, the Marrakech accords and the EU ratification decision', in J. Delbeke (ed.) *EU Energy Law Volume IV. EU Environmental Law. The EU Greenhouse Gas Emissions Trading Scheme*, Belgium, Leuven. Claeys & Casteels.
Steinberg, P. and Van Deveer, S.D. (2012) *Comparative Environmental Politics: Theory, Practice, and Prospects*, Cambridge (Mass.): The MIT Press.
Stone, D. (1989) 'Causal Stories and the Formation of Policy Agendas', *Political Science Quarterly*, 104 (2): 281-300.
Streeck, W. and Thelen, K. (2005) *Beyond Continuity: Institutional Change in Advanced Capitalist Economies*, Oxford: Oxford University Press.
Sugiyama, R. and Imura, H. (1999). 'Voluntary Approaches in Japan: Proven Record of Pollution Control Agreements and New Industrial Initiatives for the Protection of the Global Environment', *Eco-Management and Auditing*, 6: 128-134.
高村ゆかり（2012）ダーバン会議（COP17）の合意とその法的含意：気候変動の国際レジームの課題，排出クレジットに関する会計・税務論点調査研究委員会（2012年2月23日）.
——・亀山康子（2002）「京都議定書の国際制度：地球温暖化交渉の到達点」
—— (2005)「地球温暖化交渉の行方：京都議定書第1約束期間後の国際制度設計を展望して」
田村譲（2008）「議員立法」Online. Available HTTP: http://www.cc.matsuyama-u.ac.jp/~tamura/giin-rippou.html (accessed on 18 March 2008).
田辺敏明（1999）『京都議定書批准と国内対策をめぐるゲーム，地球温暖化と環境外交』時事通信社.
手塚洋輔（2002）「政策変化とアイディアの共有：地下鉄補助事業における省庁間紛争と政党」法学（東北大学）66巻6号：684-725.
Timmins, G. (2000) 'Germany', in J.A. Chandler (ed.) *Comparative Public Administration*, London: Routledge.

辻清明（1969）『日本官僚制の研究』東京大学出版会.
辻中豊（1988）『利益集団』東京大学出版会.
槌田敦（2006）『CO$_2$温暖化説は間違っている：誰も言わない環境論』ほたる出版.
徳久恭子（2008）『日本型教育システムの誕生』木鐸社.
植田和弘（2013）『緑のエネルギー原論』岩波書店.
――, 梶原恵司（2011）『国民のためのエネルギー原論』日本経済新聞出版社.
Vahrenholt, F. and Luening, S. (2012) *Die Kalte Sonne: Warum die Klimakatastrophe nicht stattfindet*, Hamburg: Hoffmann U Campe Vlg Gmbh.
Vis, P. (2006) 'Chapter 3. Basic design options for emissions trading', in J. Delbeke (ed.) *EU Energy Law Volume IV. EU Environmental Law. The EU Greenhouse Gas Emissions Trading Scheme*, Belgium, Leuven. Claeys & Casteels.
Vogel, D. with the assistance of Kun, V. (1987) 'The Comparative Study of Environmental Policy: A Review of the Literature', in M. Dierkes, H. Weiler and A. Antal (eds.) *Comparative Policy Research. Learning from Experience*, Aldershot : Gower Publishing Company Limited.
Wallach, P. and Fancisco, R. (1992) *United Germany. The Past, Politics, Prospects*, Westport: Paeger Publishers.
Walt, S.M. (1998) 'International Relations: One World, Many Theories,' *Foreign Policy*, 110: 29-46.
渡邉理絵（Watanabe, R.）（2001）「エネルギー政策における自主的取組の活用：ヨーロッパ4か国の比較分析と日本への教訓」環境政策学会誌 5: 133-152.
――（2004）「EU排出枠取引導入におけるドイツの経験」季刊環境研究 133: 73-85.
――（2005a）'5: Japan,' in T.Y. Jung (ed.) *Asian Perspectives on Climate Regime Beyond 2012: Concerns, Interests and Priorities*.
――（2005b）'The German Experience in the Introduction of the EU Emissions Trading Scheme', *IGES Working Paper 005*, Hayama: IGES.
――（2006a）「EU排出量取引の実施：ドイツ」季刊環境研究 40: 144-155.
――（2006b）「排出量取引」資源環境対策 42（2）: 44-51.
――（2008）「EU排出枠取引」ジュリスト 1357: 61-69.
――（2009a）'Who should pay for climate change? Back to Legal Principles,' Wuppertal: Wuppertal Institut für Klima, Umwelt, und Energie.
――（2009b）「重層的ガバナンスと政策変化：ドイツにおける排出枠取引制度導入を事例に」諸富徹（編）『環境政策のポリシーミックス』ミネルヴァ書房.
―― (2011) *Climate Policy Changes in Germany and Japan: A Path to Paradigmatic Policy Change*, Oxford: Routledge.
――, and Mez, L. (2004) 'Climate Policy Development in Germany', *International Review of Environmental Studies (IRES)*, 4(2): 109-126.
渡邊斎志（2005）「特集 再生可能エネルギー，ドイツの再生可能エネルギー法」外国の立法, 225: 61-86. Online. Available HTTP: http://www.ndl.go.jp/jp/diet/publication/legis/225/022506.pdf (accessed on June 30, 2014)
Weale, A. (2005) 'Environmental Rules and Rule-making in the EU', in A. Jordan (ed.) *Environmental Policy in the European Union. Actors, Institutions & Processes*, Second Edition, London: Earthscan.
――, Pridham, G., Cini, M., Konstadakopulos, D., Porter, M. and Flynn, B. (2000) *Environmental Governance in Europe*, New York: Oxford University Press.
Weible, C. (2005) 'Comparing Policy Networks: Marine Protected Areas in California', *Policy Studies Journal*, 33: 181-202.
Weidner, H. (1995) '25 Years of Modern Environmental Policy in Germany. Treading a Well-Worn Path

to the Top of the International Field', *Discussion Paper: FS II 95-301*, Berlin: Wissenschaftszentrum Berlin für Sozialforschung.
Weiss, C. (1977) 'Research for Policy's Sake: The Enlightenment Function of Social Research', *Policy Analysis*, 3(4): 531-45.
Wilensky, H. (1975) *'The Welfare State and Equality: Structural and Ideological Roots of Public Expenditures'*, Berkeley: University of California Press.
――, Lübbert, G., Reed, S., Hahn and Jamieson, A. (1985) *Comparative Social Policy: Theories, Methods and Findings*, Berkeley: University of California Institute of International Studies.
Wurzel, K.W.R. and Connelly, J. (2011) *The European Union as a Leader in International Climate Change Politics*, Oxford: Routledge.
――, Jordan, A., Zito, A. and Brückner, L. (2003) 'From High Regulatory State to Social and Ecological Market Economy? New Environmental Policy Instruments in Germany', in A. Jordan, R.K.W. Wurzel and A. R. Zito (eds.) *New Instruments of Environmental Governance? National Experiences and Prospects*, London/Portland: Frank Cass.
山口定夫（1989）『現代政治学叢書3　政治体制』東京大学出版会.
山本吉宣（2008）『国際レジームとガバナンス』有斐閣.
吉岡斉（2009）『新版 原子力の社会史：その日本的展開（朝日選書）』朝日新聞出版.
Zafonte, M. and Sabatier, P. (2004) 'Short-Term Versus Long-Term Coalitions in the Policy Process: Automotive Pollution Control, 1963-1989', *The Policy Studies Journal*, 32(1): 75-107.
Zahariadis, N. (1999) 'Ambiguity, Time, and Multiple Streams', in P. Sabatier (ed.) *Theories of the Policy Process*, Boulder: Westview Press.
Zapfel, P. and Vainio, M. (2002) 'Pathways to European Greenhouse Gas Emissions Trading History and Misconceptions', *FEEM Working Paper* (85), October 2002.
Zerle, P. (2005) 'Ökologische Effektivität und ökonomische Effizienz von umweltbezogenen Selbstverpflichtungen', *Zeitschrift für Umwelt*, 3/2005: 289-319.

報告書
安倍晋三（2007）地球温暖化対策に関する内閣総理大臣演説．美しい星へのいざない「Invitation to 『Cool Earth 50』」～3つの提案．3つの原則～．2007年5月24日．Online. Available HTTP: http://www.kantei.go.jp/jp/abespeech/2007/05/24speech.html (accessed on July 21, 2014)
Arbeitsgruppe Emissionshandel (AGE) (2002a) *Ergebnisvermerk über die Sitzung der Ratsarbeitsgruppe zum Thema Emissionshandel am 5. September 2002 in Brüssel*, Berlin: AGE.
―― (2002b) *Ergebnisvermerk über die Sitzung der Ratsarbeitsgruppe zum Thema Emissionshandel am 12. November 2002 in Brüssel*, Berlin: AGE.
―― (2010) *Mandat für 2010*, Berlin: AGE.
朝日新聞特別報道部（2013）『プロメテウスの罠5：福島原発事故．渾身の調査報道』学研.
Barzantny et.al (2009) *Klimaschutz: Plan B 2050, Energiekonzept für Deutschland*, Berlin: Greenpeace, e.V.
BASF (2002) *Emissions trading from the viewpoint of an energy-intensive company, Effects of the EU draft directive of 23rd October 2001 on competitiveness, employment and climate protection*, Ludwigshausen: BASF.
Beer, M., Corradini, R., Fieger, C., Gobmaier, T., Köll, L., Podhajsky, R., Steck, M., Zotz, M. and Karl, H.D. (2009) *Energiezukunft 2050*, München: Forschungsstelle für Energiewirtschaft, e.V.
Bundeskanzleramt (2007) *Eckpunkte für ein intergriertes Energie- und Klimaprogramm*, Berlin: Bundeskanzleramt.

Bundesministerium der Justiz (BMJ) (2004) *Gesetz über nationalen Zuteilungsplan für Treibhausgas-Emissionsberechtigungen in der Zuteilungsperiode 2005 bis 2007 (ZuG 2007)*, 26.08.2004.

Bundesministerium für Umwelt, Naturschutz und Reaktorsicherheit (BMU). (1990) *Beschluss der Bundesregierung zur Reduzierung der CO_2-Emissionen in der Bundesrepublik Deutschland bis zum Jahr 2005, 07. November 1990*, Bonn: BMU.

—— (1991a) *Dokumentation Anhörung der Interministeriellen Arbeitsgruppe "CO_2-Reduktion" am 13. und 14. Mai 1991 im Wissenschftszentrum Bonn aufgrund des Beschlüssen der Bundesreguierung vom 7. November 1990 zur Reduzierung der CO_2-Emissionen in der Bundesrepublik Deutschland bis zum Jahre 2005*, Bonn: BMU.

—— (1991b) *Umweltpolitik Vergleichended Analyse der in den Berichten der Enquête-Kommission "Vorsorge zum Schutz der Erdatmosphäre" und in den Beschlüssen der Bundesregierung ausgewiesenen CO_2-Minderungspotentiale und Massnahmen, August, 1991*, Bonn: BMU.

—— (1991c) *Beschluss der Bundesregierung zur Reduzierung der energiebedingten CO_2-Emissionen in der Bundesrepublik Deutschland auf der Grundlage des Zweiten Zwischenberichts der Interministeriellen Arbeitsgruppe "CO_2-Reduktion" (IMA CO_2-Reduktion), 09. Dezember 1991*, Bonn: BMU.

—— (1994) *Beschluss der Bundesregierung zur Verminderng der CO_2-Emissionen und anderer Treibhausgasemissionen in der Bundesrepublik Deutschland auf der Grundlage des Dritten Berichts der Interministeriellen Arbeitsgruppe "CO_2-Reduktion" (IMA CO_2-Reduktion), 05. October 1994*, Bonn: BMU.

—— (1995) *CO_2-Minderungsprogramm der Bundesregierung - Aktuelle Bilanz und Dokumentation, April 1995*, Bonn: BMU.

—— (2000) *Nationales Klimaschutzprogramme, Beschluss der Bundesregierung vom 18. Oktober 2000, Fünfter Bericht der Interministeriellen Arbeitsgruppe 'CO₂-Reduktion'*, Berlin: BMU.

—— (2001) *Arbeitsgruppe "Emissionshandel zur Bekämpfung des Treibhauseffekts" Strukturierung und Organisation der Arbeitsgruppe. Februar 23, 2001*, Berlin: BMU. Arbeitsgruppe Z III 6.

—— (2004a) *Die Ökologische Steuerreform: Einstieg, Fortführung und Fortentwicklung zur Ökologischen Finanzreform, Februar 2004*, Berlin: BMU.

—— (2004b) *National Allocation Plan for the Federal Republic of Germany 2005–2007, 31 March, 2004* (translation: 07 May, 2004), Berlin: BMU.

—— (2006) *Hintergrundpapier, Nationaler Allokationsplan 2 (2008–2012), June 28, 2006*, Berlin: BMU.

—— (2007) *The Integrated Energy and Climate Programme of the German Government*, Berlin: BMU.

—— (2008) *Ökologische Industriepolitik: Nachhaltige Politik für Innovation, Wachstum und Beschäftigung*, Berlin: BMU.

—— (2010) *Government billions for environmental protection*, Online. Available HTTP: http://www.bmu.de/english/the_ministry/tasks_organisation_financing/budget/doc/3109.php (accessed on 19 October 2010)

—— (2011) *The Federal Government's energy concept of 2010 and the transformation of the energy system of 2011*, Berlin: BMU.

Bundesministerium für Wirtschaft und Technologie (BMWi) (2010a) *Ministerium*, Online. Available HTTP: http://www.bmwi.de/BMWi/Navigation/Ministerium/geschichte.html (accessed on 19 October 2010)

—— (2010b) *Haushalt*. Online. Available HTTP: http://www.bmwi.de/BMWi/Navigation/Ministerium/haushalt.html (accessed on 19 October 2010)

Bundesverband der Deutschen Industrie e.V. (BDI). (1995) *Declaration by German Industry and Trade on Global Warming Prevention,* March 10, 1995, Cologne: BDI.

—— (1996) *Updated and Extended Declaration by German Industry and Trade on Global Warming Prevention,* 27. March 1996, Cologne: BDI.

—— (1997) *BDI Pressemitteilung: Durchbruch in Kyoto doch noch gelungen - BDI Präsident Hans-Olaf Henkel: Ein wichtiger erster Schritt, um mögliche Klimaänderungen realistrisch anzugehen,* December 11, 1997, Cologne: BDI.

—— (1998a) *Position of German Industry and Trade on Climate Policy after Kyoto,* April 1998, Cologne: BDI.

—— (1998b) *A Contribution by German Industry and Trade to Future Climate Policy on the Basis of the Kyoto Protocol,* October, 1998, Cologne: BDI, Environmental Policy Department.

—— (2000) *Vereinbarung zwischen der Regierung der Bundesrepublik Deutschland und der deutschen Wirtschaft zur Klimavorsorge,* Berlin: BDI.

—— (2001) *BDI-Position on an EU-wide Emissions Trading System, 21 August 2001,* Berlin: BDI.

—— (2002) *Position of the German Business on the Proposal for a Directive Establishing a Framework for Greenhouse Gas Emissions Trading within the European Community,* BDI, VDEW, BGW, VIK, January 21, 2002, Berlin: BDI.

—— (2004) *Beim Emissionshandel unnütze Bürokratie verhindert – aber internationale Benachteiligung bleibt,* Pressemitteilung Berlin, den 28. Mai 2004 55/04, Berlin: BDI.

Bundesverband Solarwirtschaft (2010) *Development of the German PV market,* Online. Available HTTP: http://en.solarwirtschaft.de/fileadmin/content_files/pv_germ_market.pdf (accessed on October 19, 2010)

地球温暖化問題に関する閣僚委員会（2009a）「第1回タスクフォース会合議事要旨平成21年10月23日（金）」内閣官房副長官補室（地球温暖化問題懇談会担当）．

—— (2009b)　第1回タスクフォース資料2「タスクフォースへの依頼事項」平成21年10月23日，地球温暖化問題に関する閣僚委員会副大臣級検討チーム．

—— (2009c)「タスクフォースの中間とりまとめ」平成21年11月24日，地球温暖化問題に関する閣僚委員会副大臣級検討チーム・タスクフォース．

—— (2009d)「参考資料8-1 経済・社会への影響の分析結果（日本経済モデルによる）」日本経済研究センター．

—— (2009e)「参考資料8-2 経済・社会への影響の分析結果（日本経済モデルによる）」国立環境研究所．

—— (2009f)「参考資料8-3 経済・社会への影響の分析結果（日本経済モデルによる）」慶応義塾大学野村准教授．

地球温暖化対策推進本部（1998）「地球温暖化対策推進大綱」地球温暖化対策推進本部．

—— (2002a)「京都議定書の締結に向けた今後の方針2002年2月12日」地球温暖化対策推進本部．

—— (2002b)「地球温暖化対策推進大綱，平成14年3月19日」地球温暖化対策推進本部．

—— (2005a)「京都議定書目標達成計画」2005年4月28日，地球温暖化対策推進本部．

—— (2005b)「京都議定書目標達成計画別表1　エネルギー起源二酸化炭素に関する対策・施策の一覧」2005年4月28日，地球温暖化対策推進本部．

—— (2005c)「京都議定書目標達成計画別表1　京都議定書目標達成計画の個別対策・施策の進捗状況」2005年4月28日，地球温暖化対策推進本部．

—— (2008)「排出量取引の国内統合市場の試行的実施について」2008年10月21日，地球温暖化対策推進本部．

地球環境戦略研究機関（Institute for Global Environmental Strategies: IGES）(2007) 地球温暖化問題と企業戦略，日独の温暖化対策の現状と今後．Online. Available HTTP: http://www.iges.or.jp/jp/

参照文献 359

cp/pdf/activity18/summary.pdf (accessed on 26 December 2007)
Climate Action Tracker (2010) *Press release*, 29 July 2010, Online. Available HTTP: http://www.climateactiontracker.org/pr_2010_07_29.pdf (accessed on 2 September 2010)
Commission of the European Communities (1992) *Proposal for a Council Directive Introducing a Tax on Carbon Dioxide Emissions and Energy*, COM (92) 226 final, Brussels: Commission of the European Communities.
—— (1998) *Climate Change-Towards an EU Post-Kyoto Strategy*, COM (98) 353, Brussels: Commission of the European Communities.
—— (1999) *Preparing for Implementation of the Kyoto Protocol*, COM (99) 230, Brussels: Commission of the European Communities.
—— (2000a) *Green Paper on greenhouse gas emissions trading within the European Union*, COM (2000) 87, Brussels: Commission of the European Communities.
—— (2000b) *Communication from the Commission to the Council and the European Parliament on EU policies and measures to reduce greenhouse gas emissions: Towards a European Climate Change Programme (ECCP)*, 8.3.2000, COM (2000) 88 final, Brussels: Commission of the European Communities.
—— (2001a) *Summary of Submissions; Green Paper on Greenhouse Gas Emissions Trading Within the European Union*, May 14, 2001, Brussels: Commission of the European Communities.
—— (2001b) *Proposal for a Directive of the European Parliament and of the Council amending the Directive establishing a scheme for greenhouse gas emission allowance trading within the Community*, May 31, 2001, COM (2001) XXX, Version for Interservice Consultation, Brussels: Commission of the European Communities
—— (2001c) *A draft on establishing greenhouse gas emissions trading scheme within the Community*, COM (2001) 581, Brussels: Commission of the European Communities.
—— (2003) *Proposal for a Directive of the European Parliament and of the Council amending the Directive establishing a scheme for greenhouse gas emission allowance trading within the Community, in respect of the Kyoto Protocol's project mechanisms*, COM (2003) 403 final, Brussels: Commission of the European Communities.
—— (2005) *Communication from the Commission to the Council, the European Parliament, the European Economic and Social Committee and the Committee of the Regions 'Winning the Battle against Global Climate Change'*, SEC (2005) 180, Brussels: Commission of the European Communities.
—— (2006) Commission Decision of 29 November 2006 concerning the national allocation plan for the allocation of greenhouse gas emission allowances notified by Germany in accordance with Directive 2003/87/EC of the European Parliament and of the Council.
—— (2008) *Emissions trading: 2007 verified emissions from EUETS businesses*, IP/08/787, 23 May 2008, Brussels: Commission of the European Union.
—— (2009) *Directive 2009/29/EC of the European Parliament and of the Council of 23 April 2009 amending Directive 2003/87/EC,* Official Journal of the European Union, L140/63.
Council of the European Union (2002a) *Proposal for a Directive of the European Parliament and of the Council establishing a scheme for greenhouse gas emission allowance trading within the Community and amending Council Directive 96/61/EC*, August 28, 2002, Working Document ENV/02/08, Brussels: Council of the European Union.
—— (2002b) *Proposal for a Directive of the European Parliament and of the Council establishing a scheme for greenhouse gas emission allowance trading within the Community and amending Council Directive 96/61/EC*, September 9, 2002, Interinstitutional file 2001/0245 (COD), Brussels: Council

of the European Union.

―― (2003) *Common position adopted by the Council on 18 March 2003 with a view to the adoption of Directive of the European Parliament and of the Council establishing a scheme for greenhouse gas emission allowance trading within the Community and amending Council Directive 96/61/EC*, 15792/1/02/REV1, Brussels: Council of the European Union.

Deutsche Bundestag (ed.) (1991a) *Protecting the Earth's Atmosphere: A Status Report with Recommendations for a New Energy Policy. Third Report of the Enquete Commission of the 11th German Bundestag 'Preventive Measures to Protect the Earth's Atmosphere'* Vol. 1, Bonn: Deutscher Bundestag.

―― (1991b) *Protecting the Earth: A Status Report with Recommendations for a New Energy Policy. Third Report of the Enquete Commission of the 11th German Bundestag 'Preventive Measures to Protect the Earth's Atmosphere'* Vol. 2, Bonn: Deutscher Bundestag.

―― (1995) *Mehr Zukunft für die Erde. Nachhaltige Energiepolitik für dauerhaften Klimaschutz. Schlussbericht der Enquête-Kommission "Schutz der Erdatmosphäre" des 12. Deutschen Bundestages*, Bonn: Deutscher Bundestag.

Deutsches Institut für Wirtschaftsforschung (DIW) (1994) *Ökosteuer – Sackgasse oder Königsweg? Wirtscharftliche Auswirkungen einer ökologischen Steuerreform, Gutachten im Auftrag von Greenpeace e.V.*, Hamburg: Greenpeace e.V.

Deutsches Windenergie Institut (DEWI) (2001) *Weiterere Ausbau der Windenergienutzung im Hinblick auf den Klimaschutz – Teil 1- im Rahmen des F&E Vorhabens 999 46 101*, Online. Available HTTP: http://www.erneuerbare-energien.de/files/pdfs/allgemein/application/pdf/offshore02.pdf. (accessed on October 24, 2010).

Doll, C., Eichhammer, W., Fleiter, T., Ragwitz, M., Schade, W., Schlomann, B., Sensfuss, F., Wietschel, M., Harthan, R., Matthes, F., Hansen, P., Kleemann, M., Markewitz, P. (2007) *Wirtschaftliche Bewertung von Massnahmen des Integrierten Energie- und Klimaprogramms (Zusammenfassung des Zwischenberichts)*, Karlsruhe/Berlin/Jülich: Fraunhofer ISI/Öko Institut/ Forschungszentrum Jülich.

European Council (2001) *Presidency Conclusions, Gothenburg, European Council 15 and 16 June 2001*, SN 200/1/01 REV1.

―― (2005) *Presidency Conclusions*, Brussels, 22/23 March 2005, European Council, 7619/1/05 REV 1.

―― (2007) *Presidency Conclusions*, Brussels, 8/9 March 2007, European Council, s7224/1/07 REV 1.

European Parliament (2002a) *European Parliament Report on the proposal for a European Parliament and Council directive establishing a scheme for greenhouse gas emission allowance trading within the Community and amending Council Directive 96/61/EC*, Final A5-0303/2002, September, 13. 2002, Strasbourg: European Parliament.

―― (2002b) *Minutes of the sitting of Thursday, 10 October 2002*, P5_PV (2002)10-10, PE 323.626, Strasbourg: European Parliament.

―― (2002c) *European Parliament, Amendments 26–338*, PE 232.374/26.338, Strasbourg: European Parliament.

―― (2002d) *Texts adopted at the sitting of Thursday 10 October 2002*, P5_TA-PROV (2002), Strasbourg: European Parliament.

Grohe, R. (1999) *Freiwillige Vereinbarungen und Selbstverpflichtungen*, September, 1999, Berlin: BDI, Umweltpolitik Abteilung.

鳩山由紀夫（2009）気候変動に関する国連サミットにおける鳩山由紀夫首相の発言，2009年9月22日，国際連合，Online. Available HTTP: http://www.kantei.go.jp/foreign/hatoyama/statement/

200909/ehat_0922_e.html (accessed on January 25, 2010).
平沼赳夫・鈴木俊一（2002）『エネルギー政策の改定に関する合意』2002 年 11 月.
福井俊彦（編）（2009）『地球温暖化対策中期目標の解説』ぎょうせい.
福田康夫（2008）「低炭素社会に向けて，2008 年 6 月 9 日，東京：日本記者クラブ」Online. Available HTTP: http://www.kantei.go.jp/jp/hukudaspeech/2008/06/09speech.html (accessed on 25 March 2009)
International Institute for Sustainable Development (IISD) (2001) *Summary of the Resumed Sixth Session of the Conference of the Parties to the UN Framework Convention on Climate Change: 16–27 July 2001*, Earth Negotiations Bulletin, 12 (176), Online. Available HTTP: http://www.iisd.ca/download/pdf/enb12176e.pdf (accessed on August 9, 2009)
Institut für praxisorientierte sozialforschung (IPOS) (1991) *Einstellungen zu Fragen des Umweltschutzes 1991*, Mannheim: IPOS.
—— (1992) *Einstellungen zu Fragen des Umweltschutzes 1992*, Mannheim: IPOS.
—— (1993) *Einstellungen zu Fragen des Umweltschutzes 1993*, Mannheim: IPOS.
—— (1994) *Einstellungen zu Fragen des Umweltschutzes 1994*, Mannheim: IPOS.
Intergovernmental Panel on Climate Change (IPCC). (1990) *Climate Change: The IPCC Response Strategies*, Online. Available HTTP: http://www.ipcc.ch/ipccreports/far/wg_III/ipcc_far_wg_III_full_report.pdf (accessed on January 15, 2009)
—— (1992) *Climate Change: The IPCC 1990 and 1992 Assessments. IPCC First Assessment Report and Policymaker Summaries and 1992 IPPC Supplement*, Online. Available HTTP: http://www.ipcc.ch/ipccreports/far/IPCC_1990_and_1992_Assessments/English/ipcc-90-92-assessments-full-report.pdf (accessed on 9 September 2009)
—— (1995) *IPCC Second Assessment. Climate Change 1995*, Online. Available HTTP: http://www.ipcc.ch/pdf/climate-change-1995/ipcc-2nd-assessment/2nd-assessment-en.pdf (accessed on 9 August 2008)
—— (2000) *Emissions Scenarios*, Cambridge: Cambridge University Press.
—— (2001) *Climate Change 2001: Synthesis Report*, Cambridge: Cambridge University Press.
—— (2007a) *Climate Change 2007: The Physical Science Basis*, Cambridge: Cambridge University Press.
—— (2007b) *Climate Change 2007: Impacts, Adaptation, Vulnerability*, Cambridge: Cambridge University Press.
—— (2007c) *Climate Change 2007: Mitigation of Climate Change*, Cambridge: Cambridge University Press.
—— (2013) Summary for Policymakers, in T.F. Stocker, D. Qin, G.-K. Plattner, M. Tignor, S.K. Allen, J. Boschung, A. Nauels, Y. Xia, V. Bex and P.M. Midgley (eds.) *Climate Change 2013: The Physical Science Basis, Contribution of Working Group I to the Fifth Assessment Report of the Intergovernmental Panel on Climate Change*, Cambridge and New York: Cambridge University Press.
—— (2014) Summary for Policymakers, in O. Edenhofer, R. Pichs-Madruga, Y. Sokona, E. Farahani, S. Kadner, K. Seyboth, A. Adler, I. Baum, S. Brunner, P. Eickemeier, B. Kriemann, J. Savolainen, S. Schlomer, C. von Stechow, T. Zwickel and J.C. Minx (eds.) *Climate Change 2014, Mitigation of Climate Change, Contribution of Working Group III to the Fifth Assessment Report of the Intergovernmental Panel on Climate Change*, Cambridge and New York: Cambridge University Press.
International Energy Agency (IEA). (1994) *Climate Change Policy Initiatives*, Paris: Organisation for Economic Co-operation and Development (OECD).
—— (2007) *Energy Balances of OECD Countries 2004–2005, 2007 edn*, Paris: Organisation for Eco-

nomic Co-operation and Development (OECD).
International Monetary Fund (IMF) (2014) World Economic Outlook Database, April 2014, Online. Available HTTP: http://www.imf.org/external/pubs/ft/weo/2014/01/weodata/index.aspx (accessed on June 17, 2014)
Jochem, E., Jäger, C., Battaglini, A., Bradke, H., Cremer, C., Eichhammer, W., Förster, H., Haas, A., Henning, E., Idrissova, F., Kasper, B., Köhler, J., Köwener, D., Krause, J., Lass, W., Lilliestam, J., Mannsbart, W., Müller, M., Meißner, F., Pflüger, B., Radgen, P., Ragwitz, M., Rauschen, M., Reitze, F., Riffeser, L., Saure, K., Schade, W., Sensfuß, F., Toro, F., Walz, R. and Wietschel, M. (2008) *Investitionen in ein klimafreundliches Deutschland, Eine Studie im Auftrag des Bundesministeriums für Umwelt, Naturschutz, und Reaktorsicherheit*, Berlin: BMU.
環境省（2001a）「中央環境審議会，地球環境部会，国内制度小委員会とりまとめ」中央環境審議会地球環境部会，国内制度小委員会．
―― (2001b)「枠組における温暖化対策税制にかかる制度面の検討について：これまでの審議のとりまとめ（案）」中央環境審議会総合政策部会・地球環境部会合同会議，税に関する専門家委員会．
―― (2001c)「既存エネルギー関連税制について」中央環境審議会総合政策部会・地球環境部会合同会議，税に関する専門家委員会．
―― (2002a)「京都議定書の締結に向けた国内制度の在り方に関する答申」中央環境審議会地球環境部会．
―― (2002b)「我が国における温暖化対策税制について」中央環境審議会総合政策部会・地球環境部会合同会議，税に関する専門家委員会．
―― (2003a)「温暖化対策税制の具体的制度の案」中央環境審議会，総合政策部会・地球環境部会合同会議，税に関する専門家委員会．
―― (2003b)「平成15年度の既存関連税の見通しについて」中央環境審議会総合政策部会・地球環境部会合同会議，税に関する専門家委員会．
―― (2003c) *A report on undertakings on the simulation of CO_2 emissions trading in Mie Prefecture*, Tokyo: Ministry of the Environment.
―― (2004a)「地球温暖化対策推進大綱の評価・見直しに関する中間とりまとめ」2004年8月，中央環境審議会．
―― (2004b)「温暖化対策税制とこれに関連する施策に関する論点のとりまとめ」中央環境審議会総合政策部会・地球環境部会合同会議，総合政策小委員会．
―― (2004c) *Climate Regime Beyond 2012, Key Perspectives, Interim Report*（気候変動問題に関する今後の国際的な対応について，中間報告）2004年12月，中央環境審議会地球環境部会，国際気候戦略小委員会．
―― (2005)「地球温暖化対策推進大綱の評価・見直しを踏まえた新たな地球温暖化対策の方向性について（第2次答申）」中央環境審議会，2005年3月，中央環境審議会．
―― (2007a)「自主行動計画のフォローアップについて」中央環境審議会第43回地球環境部会・産業構造審議会第6回環境部会地球環境小委員会配布資料2007年1月19日，中央環境審議会・産業構造審議会．
―― (2007b)「自主参加型国内排出量取引制度（第1期）の排出削減実績と取引結果について」Online. Available HTTP: http://www.env.go.jp/press/press.php?serial=8779 (accessed on 9 August 2010)
―― (2008a)「京都議定書目標達成計画の評価見直しに関する最終報告　2008年2月2日」中央環境審議会地球環境部会・産業構造審議会，地球環境小委員会．
―― (2008b)「国内排出量取引制度のあり方について　中間まとめ」環境省・経済産業省．

── (2008c)「平成 21 年度環境省税制改正要望の結果について」平成 20 年 12 月，環境省.
── (2009a)「国内排出量取引制度の法的課題について　平成 21 年 4 月 7 日」中央環境審議会地球環境部会国内排出量取引制度の法的課題に関する検討会.
── (2009b)「平成 22 年度環境省税制改正要望の結果について」平成 21 年 12 月，環境省.
── (2010a) 資料 1-2「中長期ロードマップ小委員会の趣旨等について」中央環境審議会地球環境部会第 1 回中長期ロードマップ小委員会.
── (2010b)「中長期の温室効果ガス削減目標を実現するための対策・施策の具体的な姿（中長期ロードマップ）（中間整理）」平成 22 年 12 月，中央環境審議会地球環境部会中長期ロードマップ小委員会.
── (2010c) 中長期ロードマップ小委員会参考資料 1「中長期ロードマップを受けた温室効果ガス排出量の試算（再計算）」Online. Available HTTP: https://www.env.go.jp/council/06earth/y0611-19/ref01-1.pdf (accessed on 22 July 2014)
── (2010d)「国内排出量取引制度導入に関する論点，平成 22 年 5 月 21 日，一般社団法人自動車工業会」Online. Available HTTP: https://www.env.go.jp/council/06earth/y0610-03/mat04.pdf (accessed on 22 July 2014)
── (2010e)「国内排出量取引制度小委員会説明資料，平成 22 年 5 月 21 日，日本鉄鋼連盟」Online. Available HTTP: https://www.env.go.jp/council/06earth/y0610-03/mat03.pdf (accessed on 22 July 2014)
── (2010f)「セメント産業における持続可能な社会に向けたこれまでの取組み，平成 22 年 5 月 25 日，社団法人セメント協会」Online. Available HTTP: https://www.env.go.jp/council/06earth/y0610-04/mat03.pdf (accessed on 22 July 2014)
── (2010g) 2010 年 5 月 25 日「排出権取引制度に関する基本的考え方について，平成 22 年 5 月 25 日，電気事業連合会」Online. Available HTTP: https://www.env.go.jp/council/06earth/y0610-04/mat06.pdf (accessed on 22 July 2014)
── (2010h)「地球温暖化対策のための石油石炭税の税率の特例等について」Online. Available HTTP: https://www.nta.go.jp/shiraberu/ippanjoho/pamph/kansetsu/ondanka.pdf (accessed on 22 July 2014)
── (2012)「地球温暖化対策の選択肢の原案として提示すべきケース，平成 24 年 5 月 29 日に中央環境審議会地球環境部会事務局が委員に対して行った意見照会の結果」中央環境審議会地球環境部会第 108 回・2013 年以降の対策・施策に関する検討小委員会第 21 回合同会合第 3 回, Online. Available HTTP: https://www.env.go.jp/council/06earth/y060-108.html (accessed on July 22, 2014)
──・経済産業省（2007）資料 1「京都議定書目標達成計画の評価・見直しに係る検討の進め方について（案）」中央環境審議会第 38 回地球環境部会，産業構造審議会第 32 回地球環境小委員会合同会合, Online. Available HTTP: http://www.meti.go.jp/committee/materials/downloadfiles/g61121c02j.pdf (accessed on July 22, 2014)
環境庁（1998a）「今後の地球温暖化防止対策のあり方について」中央環境審議会，企画政策部会.
──（1998b）「中央環境審議会企画政策部会第 51 回議事録 1998 年 1 月 26 日」中央環境審議会.
──（1998c）「中央環境審議会企画政策部会第 52 回議事録 1998 年 2 月 25 日」中央環境審議会.
──（1998d）「中央環境審議会企画政策部会第 53 回議事録 1998 年 3 月 6 日」中央環境審議会.
経済産業省（2001a）「産業構造審議会環境部会地球環境小委員会中間とりまとめ平成 13 年 12 月」産業構造審議会環境部会・地球環境小委員会.
──（2001b）「今後のエネルギー政策について」総合資源エネルギー調査会，総合部会，需給部会.
──（2001c）「新エネルギー部会報告書─今後の新エネルギー対策のあり方について」総合資源エネルギー調査会，新エネルギー部会.

—— (2003)「エネルギー基本計画，平成 15 年 10 月」Online. Available HTTP: http://www.enecho. meti.go.jp/category/others/basic_plan/pdf/0301007energy.pdf (accessed on July 22, 2014).
—— (2004a)「今後の地球温暖化対策について（案）2004 年 8 月」産業構造審議会環境部会，地球環境小委員会．
—— (2004b) *Sustainable Future Framework on Climate Change*, 産業構造審議会，地球環境部会，将来枠組小委員会．
—— (2004c)「バックエンド事業全般にわたるコスト構造，原子力発電全体の収益性等の分析・評価：コスト等検討小委員会から電気事業分科会への報告，平成 16 年 1 月 23 日，総合資源エネルギー調査会　電気事業分科会　コスト等検討小委員会」Online. Available HTTP: http://www.enecho.meti.go.jp/committee/council/electric_power_industry_subcommittee/010_pdf/010_005.pdf (accessed on July 22, 2014)
—— (2005a)「今後の地球温暖化対策について，京都議定書目標達成計画の策定に向けたとりまとめ」産業構造審議会環境部会，地球環境小委員会，2005 年 3 月 14 日，産業構造審議会環境部会，地球環境小委員会．
—— (2005b)「2030 年のエネルギー需給展望」．
—— (2010)「エネルギー基本計画，平成 22 年 6 月」Online. Available HTTP: http://www.enecho. meti.go.jp/category/others/basic_plan/pdf/100618honbun.pdf (accessed on July 22, 2014)
—— (2012)「エネルギーミックスの選択肢の原案について～国民に提示するエネルギーミックスの選択肢の策定に向けて～（見え消し版），平成 24 年 6 月 19 日」総合資源エネルギー調査会　基本問題委員会，Online. Available HTTP: http://www.enecho.meti.go.jp/committee/council/basic_problem_committee/027/pdf/27-1-1.pdf (accessed on July 22, 2014)
—— (2013)「資料 3　燃料コスト増の影響及びその対策について」総合資源エネルギー調査会，総合部会，電力需給検証小委員会，平成 25 年 4 月 17 日，Online. Available HTTP: http://www.meti.go.jp/committee/sougouenergy/sougou/jukyu_kensho/pdf/003_01_00.pdf (accessed on July 22, 2014)．
—— (2014)「エネルギー基本計画，平成 26 年 4 月」Online. Available HTTP: http://www.enecho. meti.go.jp/category/others/basic_plan/pdf/140411.pdf (accessed on July 22, 2014)．
経済産業省・省エネルギーセンター (2006)「トップランナー基準はやわかり」経済産業省，資源エネルギー庁・省エネルギーセンター．
——・環境省 (2009)「2009 年度試行排出量取引スキーム目標設定参加者実績等について」2009 年 12 月　資料 4-2．
Kirchner, A, Schlesinger, M., Weinmann, B., Hofer, P., Rits, V., Wünsch, M., Köpp, M., Kemper, L., Zweers, U., Straßburg, S., Matthes, F.C., Busche, J., Graichen, V., Zimmer, W., Hermann, H., Penninger, G., Mohr, L. and Ziesing, H.J. (2009) *Modell Deutschland: Klimaschutz bis 2050*, Basel/Berlin: Prognos/Öko-Institut.
国会（日本）(2001)「京都議定書発効のための国際合意の実現に関する決議」参議院第 151 国会，2001 年 4 月 18 日，国会．
国家戦略会議 (2011)「コスト等検討委員会報告書，平成 23 年 12 月 19 日，エネルギー・環境会議コスト等検討委員会」Online. Available HTTP: http://www.cas.go.jp/jp/seisaku/npu/policy09/pdf/20111221/hokoku.pdf (accessed on July 22, 2014)
—— (2012)「エネルギー・環境に関する選択肢，平成 24 年 6 月 29 日，エネルギー環境会議」Online. Available HTTP: http://www.cas.go.jp/jp/seisaku/npu/policy09/pdf/20120629/20120629_1.pdf (accessed on July 22, 2014)
Machnig, M. (2007) *Ökologische Industriepolitik-Strategie für Umwelt und Wirtschaft*, Böll, Thema, Ausgabe 1/2007.

McKinsey (2007) *Costs and Potentials of Greenhouse Gas Abatement in Germany, A report by McKinsey & Company, Inc., on behalf of "BDI initiative – Business for Climate,"* Berlin: McKinsey.
――, and Ecofys (2006) *Review of EU Emissions Trading Scheme. Survey Results. European Commission*, Directorate General for Environment.
内閣府（日本）(2001)「地球温暖化防止とライフスタイルに関する世論調査2001年7月」内閣府大臣官房政府広報室.
――(2005)「地球温暖化対策に関する世論調査2005年7月」内閣府大臣官房政府広報室.
――(2007)「地球温暖化対策に関する世論調査2007年8月」内閣府大臣官房政府広報室.
――(2008a)「地球温暖化問題に関する懇談会の開催について」平成20年2月22日，閣議決定，Online. Available HTTP: http://www.kantei.go.jp/jp/singi/tikyuu/konkyo.html (accessed on July 22, 2014)
――(2008b)「地球温暖化問題に関する懇談会提言～「低炭素社会・日本」をめざして～平成20年6月16日 」Online. Available HTTP: http://www.kantei.go.jp/jp/singi/tikyuu/kaisai/dai05/05siryou1.pdf (accessed on July 22, 2014)
――(2008c)「低炭素社会づくり行動計画平成20年7月」Online. Available HTTP: https://www.env.go.jp/press/file_view.php?serial=11912&hou_id=10025 (accessed on July 22, 2014)
――(2008d)「資料3　中期目標検討委員会の設置の趣旨」地球温暖化問題に関する懇談会　中期目標検討委員会（第1回）平成20年11月25日，Online. Available HTTP: http://www.kantei.go.jp/jp/singi/tikyuu/kaisai/dai01tyuuki/01siryou3.pdf (accessed on July 22, 2014)
――(2009)　麻生内閣総理大臣記者会見「未来を救った世代になろう」平成21年6月10日，Online. Available HTTP: http://www.kantei.go.jp/jp/asospeech/2009/06/10kaiken.html (accessed on July 22, 2014)
――，経済産業省，環境省（2010）目標確定企業一覧，Online. Available HTTP: http://www.shikou-et.jp/entries (accessed on 16 October 2010)
日本科学技術ジャーナリスト会議（2013）『4つの「原発事故調」を比較・検証する：福島原発事故13のなぜ？』水曜社.
日本経済団体連合会（経団連）(1997)「経団連自主行動計画の概要1997年6月17日」日本経済団体連合会.
――(1998)「政府一体となった温暖化対策を望む1998年3月9日」日本経済団体連合会.
――(1999a)「第1回経団連環境自主行動計画フォローアップ概要1999年1月2日」日本経済団体連合会.
――(1999b)「第2回経団連環境自主行動計画フォローアップ概要1999年11月24日」日本経済団体連合会.
――(2000)「第3回経団連環境自主行動計画フォローアップ概要2000年11月2日」日本経済団体連合会.
――(2001a)「第4回経団連環境自主行動計画フォローアップ概要2001年10月19日」日本経済団体連合会.
――(2001b)「自主協定検討会報告書2001年6月21日」日本経済団体連合会.
――(2001c)「中央環境審議会，国内制度小委員会，中間とりまとめに対する意見，2001年7月2日」日本経済団体連合会.
――(2001d)「実効性のある地球温暖化対策を望む2001年8月8日」日本経済団体連合会.
――(2001e)「地球温暖化問題へのわが国の対応について」日本経済団体連合会.
――(2001f)「今後の地球温暖化対策に冷静な判断を望む2001年11月19日」日本経済団体連合会.
――(2002)「第5回経団連環境自主行動計画フォローアップ概要2002年10月17日」日本経済団体連合会.

―― (2003)「環境自主行動計画（温暖化対策編）2003 年度，2003 年 11 月 21 日」日本経済団体連合会.
―― (2004a)「地球温暖化対策の着実な推進に向けて 2004 年 7 月 7 日」日本経済団体連合会.
―― (2004b) Keidanren brochure, October 2004, Tokyo: Keidanren.
―― (2004c)「環境自主行動計画（温暖化対策編）2004 年度フォローアップ調査結果 2004 年 11 月 26 日」日本経済団体連合会.
―― (2005a)「地球温暖化防止に取り組む産業界の決意 2005 年 2 月 15 日」日本経済団体連合会.
―― (2005b)「環境自主行動計画（温暖化対策編）2005 年度フォローアップ調査結果 2005 年 11 月 18 日」日本経済団体連合会.
―― (2011)「環境自主行動計画［温暖化対策編］2011 年度フォローアップ結果」日本経済団体連合会.
Nitsch, J., Pregger, T., Scholz, Y., Naegler, T., Sterner, M., Gerhardt, N., von Oehsen, A., Pape, C., Saint-Drenan, Y.M. and Wenzel, B. (2010) Langfristszenrien und Strategien für den Ausbau der erneuerbaren Energien in Deutschland bei Berücksichtigung der Entwicklung in Europa und global "Leitstudie 2010" BMU- FKZ 03MAP146, Stuttgart/Kassel/Teltow: DLR/IWES/IfnE.
埼玉県（2008）「ストップ温暖化・埼玉ナビゲーション 2050（仮称）」埼玉県地球温暖化対策実行計画（大綱）平成 20 年 10 月，埼玉県環境部.
市民 NGO 持続可能な社会研究会（1999）「市民による経団連環境自主行動計画の評価報告書：地球温暖化防止に向けて第 2 回 1999 年版 CO_2 編 1999 年 6 月 11 日」市民 NGO.
Schlesinger, M., Hofer, P., Kemmler, A., Kirchner, A., Strassburg, S., Lindenberger, D., Fürsch, M., Nagl, S., Paulus, M., Richter, J., Trüby, J., Lutz, C., Khorushun, O., Lehr, U., and Thobe, I. (2010) *Energieszenarien für ein Energiekonzept der Bundesregierung*, Basel/Osnabrück/Köln: Prognos/GWS/EWI.
商事法務研究会（2001）『自主協定検討会』商事法務研究会.
総理府（日本）（1984）「環境問題に関する世論調査 1984 年 6 月」総理府広報室.
―― (1988)「環境問題に関する世論調査 1988 年 10 月」総理府広報室.
―― (1990)「地球環境問題に関する世論調査 1990 年 3 月」総理府広報室.
―― (1993)「環境問題に関する世論調査 1993 年 2 月」総理府広報室.
―― (1995)「環境問題に関する世論調査 1995 年 1 月」総理府広報室.
―― (1997)「地球温暖化問題に関する世論調査 1997 年 6 月」総理府広報室.
―― (1998)「地球環境とライフスタイルに関する世論調査 1998 年 11 月」総理府広報室.
Stern, N. (2007) Stern Review on the Economics of Climate Change, London: HM Treasury, Online. Available HTTP: http://www.hm-treasury.gov.uk/sternreview_index.htm (accessed on 15 April 2009)
東京都（2008）「都民の健康と安全を確保する環境に関する条例（環境確保条例）の改正について 答申（案）」2008（平成 20）年 3 月，東京都環境審議会. Online. Available HTTP: https://www.kankyo.metro.tokyo.jp/attachement/siryou_soukai_080328.pdf (accessed on July 22, 2014)
通商産業省（1990）「地球再生計画」
―― (1998)「長期エネルギー需給見通し（1998 年 6 月）」総合エネルギー調査会需給部会. Online. Available HTTP: http://www.rist.or.jp/atomica/data/dat_detail.php?Title_No=01-09-09-05 (accessed on July 22, 2014).
通商産業省資源エネルギー庁（1998）「21 世紀：地球環境時代のエネルギー戦略」通商産業調査会出版部.
Umwelt Bundes Amt (UBA). (2000) *Umweltbewusstsein in Deutschland 2000 Ergebnisse einer repräsentativen Bevölkerungsumfrage, 299 11 132*, Berlin: Bundesministerium für Umwelt, Naturschutz und Reaktorsicherheit (BMU).

—— (2002) *Umweltbewusstsein in Deutschland 2002 Ergebnisse einer repräsentativen Bevölkerungsumfrage*, 200 17 109, Berlin: Bundesministerium für Umwelt, Naturschutz und Reaktorsicherheit (BMU).
—— (2004) *Umweltbewusstsein in Deutschland 2004 Ergebnisse einer repräsentativen Bevölkerungsumfrage*, 203 17 132/01, Berlin: Bundesministerium für Umwelt, Naturschutz und Reaktorsicherheit (BMU).
—— (2006) *Umweltbewusstsein in Deutschland 2006 Ergebnisse einer repräsentativen Bevölkerungsumfrage*, 203 17 132/01, Berlin: Bundesministerium für Umwelt, Naturschutz und Reaktorsicherheit (BMU).
—— (2008) *Umweltbewusstsein in Deutschland 2008 Ergebnisse einer repräsentativen Bevölkerungsumfrage*, 203 17 132/01, Berlin: Bundesministerium für Umwelt, Naturschutz und Reaktorsicherheit (BMU).
—— (2010) *Umweltbewusstsein in Deutschland 2010 Ergebnisse einer repräsentativen Bevölkerungsumfrage*, 299 11 132, Berlin: Bundesministerium für Umwelt, Naturschutz und Reaktorsicherheit (BMU).
—— (2012) *Umweltbewusstsein in Deutschland 2012 Ergebnisse einer repräsentativen Bevölkerungsumfrage*, 299 11 132, Berlin: Bundesministerium für Umwelt, Naturschutz und Reaktorsicherheit (BMU).
United Nations Framework Convention on Climate Change (UNFCCC). (1995) *Report of the Conference of the Parties on its First Session, held at Berlin from 28 March to 7 April 1995, Addendum. Part Two: Action Taken by the Conference of the Parties at its First Session*, FCCC/CP/1995/7/Add.1. Decision1/CP.1, 6 June 1995, Bonn: UNFCCC.
—— (1996a) *Report of the Conference of the Parties on its Second Session, held at Geneva from 8 to 19 July 1996*, FCCC/CP/1996/15, 29 October 1996, Bonn: UNFCCC.
—— (1996b) *Report of the Conference of the Parties on its Second Session, held at Geneva from 8 to 19 July 1996, Addendum. Part Two: Action Taken by the Conference of the Parties at its second session*, FCCC/CP/1996/15/Add.1, 29 October 1996, Bonn: UNFCCC.
—— (1998) *Plan of Action. Draft decision proposed by the President of the Conference*, FCCC/CP/1998/L.23, 14 November 1998, Bonn: UNFCCC.
—— (2001) *Report of the Conference of the Parties on its Seventh Session, held at Marrakech from 29 October to 10 November*, FCCC/CP/2001/13/Add.2, 21 January 2012, Bonn: UNFCCC.
—— (2005) *Report of the Conference of the Parties on its Eleventh Session, held at Montreal from 28 November to 10 December 2005, Addendum, Part Two: Action taken by the Conference of the Parties at its eleventh session*, FCCC/CP/2005/5/Add.1, 30 March 2006, Bonn: UNFCCC.
—— (2007) *Decision1/CP.13, Bali Action Plan*, FCCC/CP/2007/6/Add.1, 14 March 2008, Bonn: UNFCCC.
—— (2010a) *Report of the Conference of the Parties on its Fifteenth Session, held in Copenhagen from 7 to 19 December 2009, Addendum, Part Two: Action taken by the Conference of the Parties at its fifteenth session*, 30 March 2010, FCCC/CP/2009/11/Add.1, Bonn: UNFCCC.
—— (2010b) *Appendix I – Quantified economy-wide emissions targets for 2020*, Online. Available HTTP: http://unfccc.int/home/items/5264.php, Bonn: UNFCCC.
—— (2010c) *Appendix II – Nationally appropriate mitigation actions of developing country Parties*, Online. Available HTTP: http://unfccc.int/home/items/5265.php, Bonn: UNFCCC.
—— (2010d) Information provided by Annex I Parties relating to the Appendix I of the Copenhagen Accord, Online. Available HTTP: http://unfccc.int/meetings/copenhagen_dec_2009/items/5264.

php (accessed on July 22, 2014)

—— (2010e) Appendix II – Nationally appropriate mitigation actions of developing country Parties, Online. Available HTTP: http://unfccc.int/meetings/cop_15/copenhagen_accord/items/5265.php (accessed on July 22, 2014)

—— (2011) *Report of the Confererence of the Parties on its sixteenth session, held in Cancun from 29 November to 10 December 2010, Addendum, Part Two: Action taken by the Conference of the Parties at its fifteenth session*, 15 March 2011, FCCC/CP/2010/7/Add.1, Bonn: UNFCCC.

—— (2014a) *National Greenhouse Gas Inventories. Common Reporting Format Germany.* submitted on April 15, 2014, Online. Available HTTP: http://unfccc.int/files/national_reports/annex_i_ghg_in ventories/national_inventories_submissions/application/zip/deu-2013-crf-11apr.zip (accessed on July 22, 2014)

—— (2014b) *National Greenhouse Gas Inventories. Common Reporting Format Japan.* submitted on April 15, 2014, Online. Available HTTP: http://unfccc.int/files/national_reports/annex_i_ghg_in ventories/national_inventories_submissions/application/zip/jpn-2013-crf-12apr.zip (accessed on July 22, 2014)

—— (2014c) Submitted National Communications from non-Annex I Parties, Online. Available HTTP: https://unfccc.int/national_reports/non-annex_i_natcom/submitted_natcom/items/653.php (accessed on May 30, 2014)

United Nations General Assembly. (1988) *Resolution A/RES/43/53, 70th plenary meeting, 6 December 1988*, New York: United Nations.

—— (1990) Protection of global climate for present and future generations of mankind, 45/212, A/45/851, New York: United Nations.

Wissenschaftlicher Beirat für Globale Umwelt (WBGU). (1995) *Scenario for the derivation of global CO_2- reduction targets and implementation strategies*, Statement on the occasion of the First Conference of the Parties to the Framework Convention on Climate Change in Berlin, Bremerhaven: WBGU.

—— (2003) *Climate Protection Strategies for the 21st Century: Kyoto and Beyond*, Berlin: WBGU.

World Bank (2014) "Manufacturing, value added (% of GDP)," Online. Available HTTP: http://data.worldbank.org/indicator/NV.IND.MANF.ZS (accessed on July 31, 2014)

World Resource Institute (WRI). (2010) Climate Analysis Indicators Tool, Online. Available HTTP: http://cait.wri.org/login-main.php?log=7&postlogin=cait (accessed on 16 October 2010)

新聞報道
毎日新聞，2002 年 3 月 20 日
読売新聞，2002 年 3 月 30 日
電気新聞，2004 年 11 月 8 日
日本経済新聞，2004 年 11 月 24 日
ENDS Environment Daily. 15 February 2001.
ENDS Environment Daily. 3 July 2001.
ENDS Environment Daily. 9 October 2001.
ENDS Environment Daily. 14 October 2001.
ENDS Environment Daily. 09 December 2002.
Süddeutsche Zeitung. 24 August 2002. 'Anzeichen für Trendwende in der Wählergunst'.

附則 1　聞取り調査対象者

ドイツ排出量取引作業グループ（Arbeitsgruppe Emissionshandel: AGE）	… 2013 年 3 月 17 日、ベルリンにて
ブリティッシュペトロリウム（BP）	… 2004 年 2 月 22 日、電話にて 2007 年 3 月 8 日、電話にて 2007 年 10 月 31 日、東京にて 2012 年 12 月 12 日、ベルリンにて
ドイツ連邦首相府（Bundeskanzleramt）	… 2004 年 3 月 9 日、ベルリンにて
ドイツ連邦環境・自然保護・原子力安全省（Bundesministerium für Umwelt, Naturschutz und Reaktorsicherheit: BMU）	… 2004 年 3 月 19 日、ベルリンにて 2007 年 3 月 30 日、ベルリンにて 2013 年 3 月 18 日、ベルリンにて
ドイツ連邦環境・自然保護・原子力安全省（予備調査のため本文では引用していない）	… 2005 年 9 月 22 日、ヴッパタール‐ケルン間列車上にて
ドイツ連邦経済省（Bundesministerium für Wirtschaft）、2002 年〜連邦経済労働省（Bundesministerium für Wirtschaft und Arbeit: BMWA）、2005 年〜連邦経済技術省（Bundesministerium für Wirtschaft und Technologie: BMWi）、2013 年〜連邦経済エネルギー省（Bundesministerium für Wirtschaft und Energie: BMWi）すべて連邦経済省（BMWi）と表記	… 2004 年 3 月 12 日、ベルリンにて 2004 年 7 月 1 日、ベルリンにて 2006 年 2 月 17 日、ベルリンにて
ドイツ産業連盟（Bundesverband der Deutschen Industrie e.V.: BDI）	… 2004 年 3 月 9 日、ベルリンにて 2006 年 2 月 15 日、ベルリンにて 2012 年 3 月 5 日、ベルリンにて
連合 90・緑の党（Bündnis 90/Die Grünen）A 緑の党 A と表記	… 2007 年 2 月 25 日、ベルリンにて
連合 90・緑の党（Bündnis 90/Die Grünen）B 緑の党 B と表記	… 2004 年 3 月 8 日、ベルリンにて 2006 年 2 月 14 日、ベルリンにて 2013 年 3 月 15 日、ベルリンにて
気候ネットワーク　欧州オフィス（Climate Action Network, Europe: CAN Europe）	… 2004 年 3 月 3 日、ブラッセルにて
ドイツ排出量取引局（Deutsche Emissionshandelsstelle: DEHSt）	… 2007 年 2 月 26 日、ベルリンにて 2012 年 3 月 8 日、ベルリンにて
ドイツ経済研究所（Deutsches Intitut für Wirtschaftforschung: DWI）	… 2005 年 9 月 29 日、ザルツブルグにて
欧州委員会　経済財務総局（DG Economic and Financial Affairs, the European Commission: DG Ecfin）	… 2004 年 3 月 3 日、ブラッセルにて
欧州委員会　エネルギー運輸総局（DG Energy and Transport, the European Commission: DG Tren）	… 2004 年 3 月 3 日、ブラッセルにて
欧州委員会　産業総局（DG Enterprise, the European Commission: DG Entr）	… 2004 年 3 月 4 日、ブラッセルにて

欧州委員会　環境総局（DG Environment, the European Commission: DG Env）	… 2004年3月2日、ブラッセルにて
バーデン・ヴュルテンブルグ電力会社（Energie Baden-Württemberg AG：EnBW）	… 2004年10月25日、カールスルーエにて 2007年3月30日、ベルリンにて 2012年2月21日、カールスルーエにて
エネルギー環境予測分析（Energy Environment Forecast Analysis: EEFA）	… 2006年2月16日、ベルリンにて
E.on	… 2006年2月23日、デュッセルドルフにて 2012年2月23日、デュッセルドルフにて
フラウンホーファーシステムイノベーション研究所（Fraunhofer Institut für System- und Innovations Forschung: Fraunhofer ISI）	… 2012年12月2日、カールスルーエにて
ベルリン自由大学環境政策研究所（Free University of Berlin, Environmental Policy Research Centre）	… 2012年3月7日、ベルリンにて
ドイツ自由民主党（Freie Demokratische Partei: FDP）	… 2004年10月28日、ベルリンにて 2006年2月20日、ベルリンにて 2012年3月1日、ベルリンにて
Green Earth Institute（元内閣官房）	… 2014年2月20日、東京にて
ハイドロアルミニウム（Hydro Alminium）	… 2004年2月23日、電話にて
日本エネルギー経済研究所（研究者A）	… 2006年12月25日、東京にて 2012年8月16日、東京にて
ドイツ金属産業労働者団体（IGMetall）	… 2013年3月18日、フランクフルトにて
地球環境戦略研究機関（Institute for Global Environmental Strategies: IGES）・慶應義塾大学（2006年時点）（元環境省地球環境審議官）	… 2006年12月22日、葉山にて 2007年7月6日、電話にて 2012年5月9日、東京にて
国際排出量取引連盟（International Emissions Trading Association：IETA）（2004年時点、元欧州産業連盟〈Union of Industrial and Employers' Confederations of Europe：UNICE〉）	… 2004年3月2日、ブラッセルにて
気候ネットワーク　日本オフィス	… 2013年4月3日、東京にて
マックスプランク気象研究所（MaxPlanck Institut für Meteologie）（本文では引用していない）	… 2013年9月4日、ハンブルグにて
日本化学工業会	… 2013年4月5日、東京にて
国際エネルギー機関（International Energy Agency: IEA、経済産業省から出向）	… 2013年9月16日、パリにて
国連大学（2006年時点、環境省から出向）、国連水と衛生に関する諮問委員会（United Nations Secretary General's Advisory Board on Water and Sanitation: UNSAGB、2012年時点、環境省から出向）	… 2006年12月26日、横浜にて 2012年8月12日、電話にて
三菱総合研究所（研究者B）	… 2006年12月25日、東京にて
国立環境研究所（研究者D）	… 2006年12月20日、筑波にて 2012年5月7日、筑波にて
国立環境研究所（研究者E）	… 2006年12月20日、筑波にて 2012年5月7日、筑波にて

附則 1　聞取り調査対象者

国立環境研究所（2006 年時点）、IGES 研究顧問（2012 年時点）（研究者 C）	⋯ 2006 年 12 月 20 日、筑波にて 2012 年 5 月 9 日、東京にて
日本電機工業会	⋯ 2013 年 4 月 5 日、東京にて
エコ研究所（Öko-Institut）	⋯ 2005 年 9 月 26 日、ベルリンにて
気候政策センター	⋯ 2012 年 11 月 20 日、東京にて
再生可能エネルギー連盟（Renewable Energy Association）	⋯ 2012 年 12 月 17 日、ベルリンにて
日本労働組合総連合会（連合）	⋯ 2013 年 4 月 2 日、東京にて
電力会社 A	⋯ 2006 年 2 月 23 日、エッセンにて
ラインヴェストファーレン電力会社（Rheinisch-Westfälisches Elektrizitätswerk AG : RWE）	⋯ 2012 年 12 月 6 日、エッセンにて
ラインヴェストファリア経済研究所（Rheinisch-Westfälisches Institut für Wirtschaftsforschung e.V: RWI）（予備調査のため、本文では引用していない）	⋯ 2005 年 9 月 20 日、エッセンにて
新日本製鐵（2006 年時点、2012 年時点は新日鐵住金）	⋯ 2006 年 12 月 25 日、東京にて 2012 年 11 月 21 日、東京にて
ドイツ社会民主党（Sozialdemokratische Partei Deutschlands: SPD）エネルギー派	⋯ 2004 年 3 月 11 日、ベルリンにて 2006 年 2 月 17 日、ベルリンにて 2012 年 3 月 5 日、ベルリンにて
ドイツ社会民主党（Sozialdemokratische Partei Deutschlands: SPD）環境派	⋯ 2007 年 5 月 2 日、ボンにて
ドイツ国際安全問題研究所（Stiftung Wissenschaft und Politik: SWP）（予備調査のため、本文では引用していない）	⋯ 2005 年 9 月 23 日、ベルリンにて
東京電力	⋯ 2006 年 12 月 26 日、東京にて 2013 年 4 月 2 日、東京にて
テュッセンクルップ（ThyssenKrupp）	⋯ 2007 年 2 月 28 日、デュイスブルグにて 2012 年 12 月 3 日、デュイスブルグにて
トヨタ自動車	⋯ 2006 年 12 月 25 日、東京にて 2012 年 11 月 12 日、東京にて
バッテンファール（Vattennfall）A	⋯ 2004 年 10 月 28 日、ベルリンにて 2006 年 2 月 14 日、ベルリンにて 2012 年 12 月 21 日、ベルリンにて
バッテンファール（Vattennfall）B	⋯ 2012 年 3 月 6 日、ベルリンにて
ドイツ化学産業連盟（Verband der Chemischen Industrie e.V.: VCI）	⋯ 2004 年 2 月 25 日、フランクフルトにて 2013 年 2 月 28 日、フランクフルトにて
ドイツ電力産業連合（Verband der Elektrizitätswirtschaft: VDEW）	⋯ 2004 年 2 月 27 日、フランクフルトにて
ドイツセメント産業連盟（Verein Deutscher Zementwerke）	⋯ 2012 年 12 月 5 日、デュッセルドルフにて
世界自然保護基金ドイツ支部（WWF Deutschland）	⋯ 2004 年 3 月 8 日、ベルリンにて 2012 年 12 月 20 日、ベルリンにて
世界自然保護連合日本支部（WWF Japan）	⋯ 2013 年 4 月 4 日、東京にて
ヴッパタール気候・環境・エネルギー政策研究所 A（Wuppertal Institut für Klima, Umwelt und Energie:	⋯ 2005 年 9 月 21 日、ヴッパタールにて

WI)
ヴッパタール気候・環境・エネルギー政策研究所（WI）　…　2005 年 9 月 20 日、ヴッパタールにて
　　B（予備調査のため、本文では引用していない）
ヴッパタール気候・環境・エネルギー政策研究所（WI）　…　2005 年 9 月 26 日、ベルリンにて
　　C（予備調査のため、本文では引用していない）

附則2 アクターの理念に関する質問票

Japan and Germany are the largest economies that committed to make emissions reductions under the Kyoto Protocol. In 2009, Japan and Germany were respectively the third and fourth largest economies in the world, after the US and China. Both countries' economies are still manufacturing-based, and government and heavy industry cooperate closely with regard to policy-making. Excluding land use, land use change and forestry (LULUCF), these two countries were, respectively, the third- and fourth-largest emitters of greenhouse gases (GHG) among industrialized nations. With regard to their general environmental policies, both countries had a long tradition of relying on a command-and-control approach, but shifted towards greater use of voluntary approaches, especially in the wake of global environmental issues in the late 1980s. Neither country had experienced in utilizing market-based instruments until relatively recently.

Despite the above similarities in economic and policy contexts, the two countries have marked differences in climate policy development. With regard to policy outcomes in emissions reductions up to 2007, Germany was one of the most successful industrialized countries, managing to reduce GHG emissions by 18.1% including LULUCF (21.3% excluding LULUCF) in 2007 compared to the Kyoto Protocol base year level. In contrast, Japan was one of the laggard countries, experiencing its peak emission in 2007 (9% increase on the base year level). The difference between the two countries has been diminishing recently in terms of emissions reductions, perhaps partly due to the economic recession. Germany over-achieved its Kyoto target with a 23% reduction including LULUCF in 2009 (26.3% excluding LULUCF). Japan's GHG emissions have also been declining since 2008, and the country achieved a 5% reduction in 2009 compared to the Kyoto Protocol base year level – just 1% away from achieving its Kyoto target. **This research attempts to identify factors to determine the difference between Germany and Japan in terms of climate policy development, focusing on stakeholders' perceptions on the issue.**

Before going into questions, let me confirm the followings.
Would you allow me to mention you as an interviewee in my paper/book?

Yes---Please give me the following information.
No---I will not mention your name but please let me mention your organization and include data given by you in statistics.
Name, Title, Organization

Questionnaire

[Climate Protection vs. Economic Prosperity]
· Which value do you prioritize, climate protection or economic prosperity?
Eg.
· Climate Protection should be prioritized at any cost.
· Climate Protection should be prioritized even sacrificing economic prosperity for a short term.
· Climate Protection should be addressed in balance with economic prosperity even in a short term.
· Economic Prosperity should be prioritized.
If your view is different from the above options, please describe it.
[   ]

[Energy supply for achieving the selected option]
· In achieving the option selected above, do you think that energy demand of your country will increase?
Yes,   No
  Please explain the reasons for the selection.
  [   ]

· With what kind of sources should energy be supplied, in view of achieving the selected option?

Fossil fuel (coal) with CCS, Fossil fuel (coal) without CCS, Fossil fuel (oil), Fossil fuel (gas), Biomass, Geothermal, Hydropower, Nuclear, Photovoltaics, Wind, Other renewable sources

[The Role of your country]
· My country should achieve a more ambitious GHG reduction target than other industrialized countries.
· My country should achieve a more ambitious GHG reduction target than developing countries (rapidly industrializing + developing + LDCs).
· My country should achieve a more ambitious GHG reduction target than developing countries (excluding rapidly industrializing countries).
· My country should achieve a more ambitious GHG reduction target than LDCs.
· My country should achieve the same level of GHG reduction target as any other countries.
· My country does not need to reduce GHG any longer.
· Others

Please explain the reasons for selecting the option.

In view of the option that you selected, what is your evaluation of the 40% target that Germany commits to for 2020? (for Japan, 25% target that Japan commits to for 2020)

[Seriousness of the Problem]
· How great will be the possibility that human activities induced GHG emissions will have negative impacts on the climate with current measures?

Very large,   Large,   Medium,   Small,   Very small,   Positive impact
    Please explain the reasons for selecting the option.
    [   ]

· How great will the impact on the global climate system be, assuming BAU? (The magnitude of the impact at the global level)

Very large,   Large,   Medium,   Small,   Very small,   Positive impact
    Please explain the reasons for selecting the option.
    [   ]

· How great will the impact of climate change on your country be, assuming BAU in your country (The magnitude of the impact on your own country)?

Very large,   Large,   Medium,   Small,   Very small,   Positive impact
    Please explain the reasons for selecting the option.
    [   ]

[The Impacts (Burdens) of Climate Mitigation Policies]

· How great are the impacts of climate mitigation policies on the economy of your country?

Very large,   Large,   Medium,   Small,   Very small,   Positive impact
    Please explain the reasons for selecting the option.
    [   ]

· How great will the impacts of climate mitigation policies on industrial competitiveness be?

Very large,   Large,   Medium,   Small,   Very small,   Positive impact
    Please explain the reasons for selecting the option.
    [   ]

[Desirable Policy Instruments]
· How do you think government and market should share a role in climate policy making?

· Who do you think *in reality* get involved in the climate policy making of your country?

Parliament, Government, Industries, NGOs, Experts,
Others [   ]

· Who do you think *should* get involved in the climate policy making of your country?
Parliament, Government, Industries, NGOs, Experts,
Others [   ]

· What do you think are the appropriate instruments to address climate change for the industrial and the energy sectors in your country? (Please rank if you choose more than two options.)
Regulation, Domestic ET, International ET, Tax, Voluntary approaches, Subsidies, R&D (technology development), R&D (research on policy impact etc)
Others [Please identify;   ]

· What do you think are the appropriate instruments to address climate change for the household sector in your country? (Please rank if you choose more than two options.)
Regulation, Domestic ET, International ET, Tax, Voluntary approaches, Subsidies, R&D (technology development), R&D (research on policy impact etc)
Others [Please identify;   ]

· What do you think are the appropriate instruments to address climate change for the transportation sector in your country? (Please rank if you choose more than two options.)
Regulation, Domestic ET, International ET, Tax, Voluntary approaches, Subsidies, R&D (technology development), R&D (research on policy impact etc)
Others [Please identify;   ]

[Positions on specific policy instruments]
· What is your position on environmental tax?
Proponent,   Opponent
Please describe the reasons for the above.
[   ]

· What is your position on a cap and trading scheme in general?
Proponent,   Opponent
Please describe the reasons for the above.
[   ]

· What is your position on the EUETS from 2013?
Proponent,   Opponent

[The Role of Technology]
· What extent do you think technologies can contribute to solving climate change issue?
    1.Climate change will be solved only by technologies,
    2.Climate change will be partly solved by technologies,

3.Climate change will not be solved by technologies.

· If you select 1 or 2, what kind of technologies do you have in your mind?
   [   ]
· When do you think that the technologies will be available with market cost?
   Already developed, very near future (by 2015), near future (2020), mid-term (2030), long term (2050)
   Comment [   ]

· If you select 2 or 3, please describe what others are necessary.
   [   ]

謝辞

　私が研究者の道を歩み始めてから15年あまりが過ぎた。私が博士論文をベルリン自由大学で執筆し、その改訂版を2011年にRoutledge社から出版し、その内容をさらに更新・改訂したものを今度は母国語日本語で出版することができたのは、多くの方々のご助力、ご支援によるところが大きい。

　本書出版にあたってまずお礼を申し上げたいのは、大矢根聡先生である。先生は、2012年の国際政治学会で筆者が報告したセッションで、別の方の討論者を務めておられた。先生はそのセッションを早めに退席されたのだが、私に激励のメッセージを残してくださった。実を結ぶかどうか定かではないアイデアと毎年公表される膨大な理論および実証研究に関連する論文と格闘しながら、楽しくも孤独な時間を過ごすことが多い一研究者にとって、これほど勇気づけられたことはなかった。すぐにお礼のメールを差し上げると、先生から、筆者が博士論文を改訂し、Routledge社から出版した英文著書を日本語で出版することを考えたほうがよいというご助言を頂いた。その後、先生は有信堂高文社をご紹介くださり、またお時間を割いて、この本の草稿を読んでくださった。博士論文を英語で執筆し、指導教官も米国人とドイツ人だった筆者にとって、日本語で建設的かつ批判的なコメントを頂いた初めての機会だった。英文著書を出版した時からいつか日本語でも著書を出版したいと考えていたが、ドイツから日本に帰国してわずか4年で本書を出版することができたのは、大矢根先生のお蔭である。

　本書の前身で、2009年4月にベルリン自由大学Otto-Suhr Institutに提出し、10月に口頭試問に合格した博士論文の指導教官Miranda SchreursとLutz Mezにも感謝する。1998年に地球環境戦略研究機関に入所してから常に厳しく、そして暖かく指導してくださった森島昭夫先生、西岡秀三先生、浜中裕徳先生にもお礼を申し上げる。森島先生、西岡先生には、2003年2月から2004年3

月までドイツに派遣して頂いた。1年間のドイツ滞在は、2006年10月以降、筆者がドイツのヴッパタール研究所に転職し、同研究所での主任研究員兼プロジェクトコーディネーターとしての勤務を通じて、母国日本とともにドイツを事例対象国として取り上げられるほどに理解するきっかけとなった。

筆者を研究プロジェクトに参加させてくださり、本書第5章、第6章に盛り込んだ聞取り調査の実施を可能としてくださった植田和弘先生、大塚直先生、亀山康子先生、西岡秀三先生、諸富徹先生にも感謝申し上げる。また筆者は本書を完成させるために2014年度前期の講義を数回振り替えたが、このような柔軟な対応を認めてくださった新潟県立大学の猪口孝先生をはじめとする諸先生方、科研費申請・実施をサポートしてくださる熊谷さんはじめ事務局の方々にもお礼申し上げる。

本書の出版を快諾してくださった英国Routledge社にも感謝する。本書では日独の1987年から2012年までの気候エネルギー政策形成過程を比較したが、これは筆者が2011年に英国Routledge社から出版した、日独の1987年から2005年までの気候政策形成過程を比較した博士論文の改訂版をさらに改訂・更新したものである。また出版事情の厳しい折に、本書の出版を引き受けてくださった有信堂の髙橋明義社長にも感謝申し上げる。社長には、初校校正にあたり大変なご迷惑をおかけした。

本書の出版にあたっては、科学研究費の学術書出版助成金（265146）を頂いた。また本書の第5章で公表した聞取り調査は、2006・2007年については、地球環境総合研究推進費「H-7 中長期的な地球温暖化防止の国際制度を規律する法原則に関する研究」（研究代表者大塚直）、地球環境総合研究推進費「H-064 気候変動に対処するための国際合意構築に関する研究」（研究代表者亀山康子）、2012・2013年については、科学研究費新領域研究18078007「持続可能な社会の重層的ガバナンス」（研究代表者植田和宏）のサブプロジェクト「環境政策のポリシーミックス」（研究代表者諸富徹）、「低炭素社会ネットワーク」（環境省委託事業、研究代表者西岡秀三）、新潟県立大学教育研究活動推進事業「日独気候政策変化の比較分析‐アクターの理念と政策変化」（研究代表者筆者）の助成を受けて実施した。また2013・2014年に科学研究費助成金80360775「気候・エネルギー政策の日独比較：地方と中央の政策形成の相互作用とアクターの理

念」（研究代表者筆者）で実施した聞取り調査の結果もできる限り盛り込んだ。

　末尾になったが、家族と友人たちに感謝したい。研究は本質的に孤独な作業であり、孤独だからこそ自身のアイデアを形にすることができるのかもしれない。筆者が2006年から勤務していたヴッパタール研究所でプロジェクト獲得から報告書執筆までの作業をこなす傍ら、4年という比較的短い期間で博士論文を仕上げられたのは、家族や友人がいる日本から離れ、勤務後、週末、年間30日の有給休暇を博士論文執筆にあてることができる環境にあったことが大きい。それでも異国の地で博士論文を執筆していて、時に襲ってくる孤独に耐えかねたこともあった。そんな時に筆者を支えてくれたのは、博士論文指導教官であるMirandaであり、HeikeとBerndという2人の友人である。執筆作業に入り込むとその存在をすっかり忘れてしまう筆者を温かく見守ってくれたHeikeとBerndがいなければ、筆者は博士論文を提出する前にナーバスブレークダウンしてしまっていたかもしれない。学会で会うたびに筆者がふっかける議論に付き合ってくれる石井敦さん、今は元同僚というよりも良い友人となってくれているSueさんをはじめとする、地球環境戦略研究機関での勤務、特に気候変動枠組条約交渉日本政府代表団の一員としての勤務を通じて知り合った方々にもお礼を言いたい。

　筆者が研究という道を見つけ、それを歩み続けられているのは、両親のお蔭である。1999年に亡くなった父俊彦は、産業用ロボットの研究開発に携わっており、専門分野こそ違え研究が花開くには10年以上の歳月がかかるということを背中で教えてくれた。アイデア、規律、忍耐、希望、楽観、研究者として必要な要素を知らず知らずのうちに教えてくれた父には、娘としてだけではなく人として感謝と敬意を表したい。父亡き後、筆者を見守り続けてくれている母尚美にも感謝する。本書は、感謝の思いを込めて父と母に捧げる。

　2014年11月22日
　　　　鎌倉にて

　　　　　　　　　　　　　　　　　　　　　　　　　　　　　　渡邉　理絵

人名索引

あ行

麻生太郎　　　　　　　　　　　124, 128
安部晋三　　　　　　　　　　　121-122
ヴァイゲル（Weigel, T.）　　　　309
ヴァルストローム（Wallström, M. E.）　64, 291, 295
オストロム（Ostrom, E.）　　　　16
オバマ（Obama, B.）　　　　　　27

か行

キングダン（Kingdon, J.）　　　　17
クーン（Kuhn, T.）　　　　　　　12
クレメント（Wolfgang, C.）　　　302
小泉純一郎　　　　　　　　　　121
コール（Kohl, H.）　166, 168, 169, 172, 181

さ行

サバティエ（Sabatier, P.）　10, 11, 14, 18, 22, 25, 28, 147, 265
ジェンキンス・スミス（Jenkins-Smith, H.C.）
　　　　　　　　　　　　11, 14, 18, 28
シャフハウゼン（Schafhausen, F.）　173, 193, 306-307, 329
シュミットバウアー（Schmidbauer, B.）　168, 172-173, 329
シュレーダー（Schröder, G.）　190, 198, 201, 301
ジョーンズ（Jones, B.D.）　　　　12, 20

た行

竹下登　　　　　　　　　　　　81
ダ・シルヴァ（Moreira da Silva）　298, 303
テプファー（Töpfer, K.）　172-173, 177, 180, 223, 309, 317, 329
デルベケ（Delbeke, J.）　289, 306-307, 316-317, 329
トリッティン（Trittin, J.）　188, 197, 198, 294, 296, 300, 309

な行

西岡秀三　　　　　　　　　　　140

は行

バークランド（Birkland, T.）　16, 17, 18, 22, 147
橋本龍太郎（橋本）　　81, 85, 87-88, 96, 156
鳩山由紀夫（鳩山）　　　　　137, 159
浜中裕徳　　　　　　　　　　　317
フィッシャー（Fischer, J.）　　190, 302
フィス（Vis, P.）　289, 306-307, 316-317, 329
福田康夫　　　　　　　　　　121-122, 124
ブッシュ（Bush, G.W.）　　　　　64
ヘクロ（Heclo, H.）　　　　　　5, 25
ボームガルトナー（Baumgartner, F.R.）　12, 20
ホール（Hall, P.）　　　　　14, 22, 27

ま行

マイアーリンク（Meyerinck, L. von）　293
宮沢喜一　　　　　　　　　　　84
メルケル（Merkel, A.）　209, 223, 226, 317, 329
森田恒幸　　　　　　　　　　　317

ら行

ラスウェル（Lasswell, H.）　　　15
ラフォンテーヌ（Lafontaine, O.）　190

事項索引

あ 行

アジア太平洋経済協力（Asia-Pacific Economic Cooperation: APEC） 46
安全な電力供給の倫理的側面に関する委員会（Etik-Kommission Sichere Energieversorgung） 223
ヴェニュー・ショッピング（venue shopping） 20, 327
エネルギー環境会議 148-152, 160
エネルギー気候保全統合プログラム（Integriertes Energie- und Klimaprogramme: IKEP） 210, 313
エネルギー基本計画 106, 146, 160
エネルギー政策基本法 106
エネルギー転換（Energiewende） 219
温室効果ガス排出量報告制度（排出量報告制度） 115, 161

か 行

改正エネルギー使用の効率化に関する法律（改正省エネルギー法、改正省エネ法） 88, 91, 97, 156
革新的エネルギー（・）環境戦略 147, 160-161, 163, 332
加重投票制度 301, 308, 321, 325
環境税（炭素・エネルギー税、エコロジー税、地球温暖化対策のための税、地球温暖化関連税） 83-84, 101, 103, 112-113, 141, 144-145, 160-61, 177-179, 186, 188, 190-192, 202, 228, 312, 319
関連審議会合同会議 85, 88, 96
危機 7, 16, 17, 28, 330, 333
気候変動に関する政府間パネル（Intergovernmental Panel on Climate Change: IPCC） 3, 44, 53, 55-59, 167, 279, 313
気候変動問題に関する議会諮問委員会（地球の大気を保護する予防的手段に関する諮問委員会、気候諮問委員会）（Enquête-Kommission Vorsorge zum Schutz der Erdatmosphäre; Enquête-Kommission） 166-168, 176, 329
気候変動枠組条約 4, 60-62, 76, 82-83
気候変動枠組条約締約国会合（Conference of the Parties: COP） 62, 181
キャップアンドトレーディング制度 50, 135, 141, 213, 287, 303-310, 312, 315-316, 319, 325
京都議定書 4, 62-64, 76, 79, 157, 288
（京都）議定書締約国会合（Conference of the Parties serving as the meeting of the Parties to the Kyoto Protocol: CMP） 65
京都議定書目標達成計画（目標達成計画、目達計画） 104, 109, 116, 134, 158
キリスト教民主同盟・社会同盟（Christrich Demokratische Union Deutschlands/ Christrich- Sozial Union in Bayern e.V.: CDU/CSU） 46, 165
クールアース 50（Cool Earth 50） 121
クールアース推進構想 122
（経団連）自主行動計画 88, 92-95, 129-130, 132-133, 135, 159
原子力規制委員会 153
原子力発電所の段階的廃止 198, 226
国際環境開発法機関（The Foundation for International Environmental Law and Development: FIELD） 290-292, 306
固定価格買取制度 37, 105, 141, 153, 157, 160-161, 163, 172, 195, 262, 273, 312, 319
固定枠制度 105, 157
コペンハーゲンアコード 66-68, 141, 313

さ 行

再生可能エネルギー法（Erneuerbare-Energien-Gesetz: EEG） 195-196, 206, 215, 225, 229
再統一 174
CO_2削減に関する省庁間作業部会（Interministerielle Arbeitsgruppe 'CO_2-Reduktion': IMA） 169-171, 176
自主的取組み 13, 33, 157, 161, 259, 262, 271, 288, 329
社会民主党（Sozial Partei Deutschland: SPD） 46, 165, 188
重層的ガバナンス 8, 19, 44, 308, 310, 321-322,

索引　385

324, 326, 328, 333
自由民主党（自民党、日本）　47, 79, 81, 137, 159
自由民主党（Freie Demokratische Partei: FDP）　46, 165
唱道連携モデル（Advocacy Coalition Framework : ACF）　7, 21, 23, 48
唱道連合　11, 48
スリーマイルアイランド（Three Mile Island: TIM）原子力発電所事故　24
政策学習効果（政策学習、学習効果）　20, 23, 333, 335, 337-339
政策核心理念（policy-core beliefs）　20, 21, 23, 28, 48-51, 99, 161, 234-235, 240, 244, 247-248, 265, 277-280, 283, 285, 313-315, 323, 333-336, 339
政策起業家　8, 25-26, 48, 314, 316, 318, 328, 330
政策サブシステム　10
政策志向学習（policy-oriented learning）　7, 21-22
政策転換　3, 5, 7, 11-16, 26, 44, 51, 233, 311, 313, 333, 337, 338
総合資源エネルギー調査会基本政策委員会　146
総合資源エネルギー調査会基本問題委員会　149-150

　　た　行

対策の促進のためのダーバンプラットフォーム（The Ad hoc Working Group on the Durban Platform for Enhanced Action: ADP）　69-70, 76
地球温暖化対策基本法（温暖化対策基本法）　140, 142-143, 145, 160-161, 319
（地球）温暖化対策推進大綱　88-89, 91, 94, 100, 156
（地球）温暖化対策推進法（温暖化対策推進法）　88, 95-97, 103-104, 156
地球温暖化対策推進本部　87-88, 96, 98-99, 104
地球温暖化防止行動計画　82-83, 86
地球温暖化問題に関する閣僚委員会　137
地球温暖化問題に関する懇談会　123, 137
地球環境保全に関する関係閣僚会議　81
地球変化に関する諮問委員会（Wissenschaftlicher Beirat der Bundesregierung globale Umweltveränderungen: WBGU）　182, 207

チェルノブイリ原子力発電所事故　166
中期目標検討委員会　124-125, 128, 138, 140
中長期ロードマップ　140
ドイツ産業連盟の地球温暖化防止宣言（自主行動宣言、自主宣言）　183, 185, 187, 189, 193, 200
討論型世論調査　150-152, 160
トップランナー方式　90, 92, 111

　　な　行

2013年以降の対策・施策を検討する委員会　149-150

　　は　行

排出量取引　13, 113-115, 133-135, 142-144, 159, 160, 192, 203, 210, 213-215, 256-261, 272-274, 282-283, 287, 312, 315-316
排出量取引に関する作業グループ（Arbeitsgruppe Emissionshandel zur Bekämpfung des Treibhauseffektes: AGE）　193, 293, 307
鳩山タスクフォース（タスクフォース）　137, 140
パラダイム転換　4, 5, 12, 27-28, 38, 42 -3, 51, 234, 311, 330, 336-337, 340
バリ行動計画（Bali Action Plan）　65-66, 76
フィルターファンクション（filter function）　21, 265, 279-280
プール制　300-303
フォーカシングイベント（focusing event）　7, 17, 28
福島原子力発電所事故　147, 160, 163, 223, 331
副大臣級検討チーム　138
福田ヴィジョン　122-124
ベルリンマンデート　62
保守新党　103-104
ボン合意　64

　　ま　行

マラケシュ・アコード　64
民主党　137, 159

　　ら　行

利害　6, 11, 23, 25, 28, 323
理念（アイデア）　5, 11, 20, 23, 25, 44, 48-50, 323-324

連合90・緑の党（Bündnis 90/ Die Grünen）
  47, 165, 188

著者紹介

渡邉　理絵（わたなべ　りえ）

　1968年　神奈川県に生まれる。
　1992年　東京大学法学部卒業（法学士）
　1994年　東京大学法学政治学研究科修了（法学修士）
　2009年　ベルリン自由大学オットスアー政治社会学研究所修了（政治学博士）
　1998年〜2006年　地球環境戦略研究機関研究員
　2006年〜2010年　ヴッパタール気候・エネルギー・環境政策研究所主任研究員兼
　　　　　　　　　プロジェクトコーディネーターを経て、
　現　在　新潟県立大学国際地域学部准教授。

主な著作に、*Climate Policy Changes in Germany and Japan: A Path to Paradigmatic Policy Change*（単著、Routledge、2011年）、"A Comparative Analysis of Climate Policy Changes in Germany and Japan: Multilevel Governance, Governing-Coalition Change and Policy Entrepreneurship" in Niizawa, Hidenori and Toru Morotomi (eds.) *Governing Low-Carbon Development and Economy*（United Nations University Press、2014年）、「重層的ガバナンスと政策変化」諸富徹編『環境政策のポリシー・ミックス』（ミネルヴァ書房、2009年）など。

日本とドイツの気候エネルギー政策転換──パラダイム転換のメカニズム

2015年2月27日　初　版　第1刷発行　　　　　　　　〔検印省略〕

著者Ⓒ渡邉 理絵／発行者　髙橋 明義　　　　　　日之出印刷／中條製本

東京都文京区本郷1-8-1　振替　00160-8-141750
　　　〒113-0033　TEL　(03)3813-4511
　　　　　　　　　FAX　(03)3813-4514
　　　　http://www.yushindo.co.jp
　　　ISBN978-4-8420-5571-8

発　行　所
株式会社　有信堂高文社

Printed in Japan

国際政治と規範──国際社会の発展と兵器使用をめぐる規範の変容	足立研幾著	三〇〇〇円
レジーム間相互作用とグローバル・ガヴァナンス──通常兵器ガヴァナンスの発展と変容	足立研幾著	二六〇〇円
オタワプロセス──対人地雷禁止レジームの形成	足立研幾著	六三〇〇円
核不拡散をめぐる国際政治──規範の遵守、秩序の変容	秋山信将著	五五〇〇円
東アジアの国際関係──多国間主義の地平─制度と実践	大矢根聡編	三九〇〇円
輸出管理──制度と実践	浅田正彦編	七八〇〇円
民族自決の果てに──マイノリティをめぐる国際安全保障	吉川元著	三〇〇〇円
来たるべきデモクラシー──暴力と排除に抗して	原百年著	二九〇〇円
ナショナリズム論──社会構成主義的再考	山崎望著	六〇〇〇円
国際協力のレジーム分析──制度・規範の生成とその過程	稲田十一著	二七〇〇円
国連開発援助の変容と国際政治──UNDPの40年	大平剛著	四〇〇〇円
国際関係学──地球社会を理解するために	滝田賢治・大芝亮・都留康子編	近刊

★表示価格は本体価格（税別）

有信堂刊

国際法の構造転換	石本泰雄 著	五〇〇〇円
二一世紀国際法の課題 安藤仁介先生古稀記念	浅田正彦 編	九〇〇〇円
国際立法の最前線 藤田久一先生古稀記念	坂元茂樹 編	九二〇〇円
新版 国際人道法〔再増補〕	藤田久一 著	四八〇〇円
軍縮条約・資料集〔第三版〕	浅田正彦 編	四五〇〇円
違法な命令の実行と国際刑事責任	佐藤宏美 著	七〇〇〇円
国際海洋法	林司宣 編	二六〇〇円
国際環境法における事前協議制度	島田征夫 編	二六〇〇円
テキスト国際環境法	児矢野マリ 著	六六〇〇円
新版 国際環境法	西井正弘 編	三三〇〇円
国際関係法入門	臼杵知史 編	三三〇〇円
	櫻井雅夫 著	
	岩瀬真央美 著	二五〇〇円
国際人権法概論〔第四版〕	畑博行 編 水上千之 編	三四〇〇円

★表示価格は本体価格（税別）

有信堂刊

分権国家の憲法理論	大津　浩 著	七〇〇〇円
公共空間における裁判権	日仏公法セミナー編	五八〇〇円
憲法 四重奏〔第二版〕	大津・大藤・長谷川・佐藤 著	三〇〇〇円
自治体外交の挑戦	羽貝正美 編	二三〇〇円
亡命と家族	大津浩美 編	近刊
憲法と人権条約	水鳥能伸 著	近刊
地方自治権の国際的保障	建石真公子 著	近刊
フランス憲法と現代立憲主義の挑戦	廣田全男 著	七〇〇〇円
市民主権の可能性——21世紀の憲法・デモクラシー・ジェンダー	辻村みよ子 著	四二〇〇円
憲法の「現在」——いまなぜ日本国憲法か	辻村みよ子 著	三〇〇〇円
財政民主主義と経済性——ドイツ公法学の示唆と日本国憲法	杉原泰雄 著	五〇〇〇円
外国人の退去強制と合衆国憲法	石森久広 著	七〇〇〇円
アメリカ連邦議会と裁判官規律制度の展開	新井信之 著	四六〇〇円
ロールズの憲法哲学	土屋孝次 著	五〇〇〇円
リベラリズム／デモクラシー〔第二版〕	大日方信春 著	二〇〇〇円
世界の憲法集〔第四版〕	阪本昌成 著	三五〇〇円
	阿部照哉・畑博行 編	

★表示価格は本体価格（税別）

有信堂刊